新工科建设·计算机类系列教材

Web程序设计
（第5版）

◆ 吉根林　　顾韵华　　主　编
◆ 吴军华　　殷红先　　副主编

电子工业出版社
Publishing House of Electronics Industry
北京·BEIJING

内 容 简 介

本书是"十二五"普通高等教育本科国家级规划教材，以 JSP 程序设计技术为主线介绍 Web 程序设计的方法与技术。全书共 10 章，包括：Web 基础知识和开发运行环境；HTML、XML 和 CSS；JavaScript 程序设计；JSP 基本语法与内置对象；Servlet 与 JavaBean；JSP 数据库应用；JSP 实用组件；表达式语言与标签；Java EE 框架技术基础；JSP 综合应用实例。每章配有大量实例、习题和上机实验题及实验指导，免费提供 PPT 教学课件和程序源代码。

本书可作为高校计算机科学与技术、软件工程、网络工程、电子商务、人工智能、数据科学与大数据技术、信息管理与信息系统、现代教育技术等相关专业的教材，也是 Web 程序开发人员实用的技术参考书。

未经许可，不得以任何方式复制或抄袭本书之部分或全部内容。
版权所有，侵权必究。

图书在版编目（CIP）数据

Web 程序设计 / 吉根林，顾韵华主编. —5 版. —北京：电子工业出版社，2019.11
ISBN 978-7-121-36443-3

Ⅰ．① W… Ⅱ．① 吉… ② 顾… Ⅲ．① 网页制作工具－程序设计－高等学校－教材
Ⅳ．① TP393.092.2

中国版本图书馆 CIP 数据核字（2019）第 083134 号

责任编辑：章海涛
印　　刷：三河市君旺印务有限公司
装　　订：三河市君旺印务有限公司
出版发行：电子工业出版社
　　　　　北京市海淀区万寿路 173 信箱　　邮编：100036
开　　本：787×1 092　1/16　　印张：22　　字数：562 千字
版　　次：2002 年 8 月第 1 版
　　　　　2019 年 11 月第 5 版
印　　次：2025 年 2 月第11次印刷
定　　价：59.00 元

凡所购买电子工业出版社图书有缺损问题，请向购买书店调换。若书店售缺，请与本社发行部联系，联系及邮购电话：（010）88254888，88258888。
质量投诉请发邮件至 zlts@phei.com.cn，盗版侵权举报请发邮件至 dbqq@phei.com.cn。
本书咨询联系方式：192910558（QQ 群）。

前 言

承蒙广大读者的支持，本书自第 1 版出版以来，被几十所高校选为相关课程教材，已连续印刷几十次。在第 4 版教材出版后的几年中，Web 应用程序开发技术有了新的发展，同时从服务教学、服务读者的角度看，本书还需进一步完善，为此有必要对第 4 版进行修订。

本书是"十二五"普通高等教育本科国家级规划教材，也是精品课程和优秀教材建设的成果。

本次修订继续保持原书的基本风格，根据 Web 应用程序开发技术的发展趋势，内容做了较大的调整：

① 以 JSP 程序设计技术为主线介绍 Web 应用程序开发技术。
② 坚持"Web 程序设计"课程的教学目标：学会建网站。
③ 对部分章节的内容进行了优化，进一步提高了本书的先进性和实用性。

本次修订的具体内容如下：

① 调整、优化本书的结构框架，主要介绍 JSP 程序设计的基本内容与相关技术，读者学会利用 JSP 技术开发 Web 应用程序，学会建网站。
② 删除了第 4 版中有关 ASP.NET 程序设计基本内容和开发技术。
③ 调整 Web 应用程序开发运行环境，使用 JDK、Tomcat、Eclipse 进行 Web 应用程序的开发，介绍了它们的下载、安装与配置方法。
④ 增加了网站安全的知识和技术。
⑤ "综合应用实例"章将 ASP.NET 综合应用实例替换为两个 JSP 综合应用程序开发实例，以培养学生对 JSP 程序设计技术的综合应用能力。

本教材的参考教学时数约为 90～100 学时，其中理论教学 54～60 学时，上机实验 36～40 学时。全书配有大量例题，每章安排了习题和上机实验题，其内容可能比教学时数所允许的分量稍多，可供教师讲课时选取或让学生自学。

本教材为任课教师提供 PPT 教学课件及例题源程序。任课老师可在华信教育资源网 http://www.hxedu.com.cn 免费注册后下载。欢迎任课教师及时反馈您的授课心得和建议。

在修订过程中，第 1 章由南京师范大学吉根林教授执笔；第 2、3、4 章由南京信息工程大学顾韵华教授执笔；第 5、6 章分别由南京工业大学吴军华副教授执笔；第 7、8、9、10 章由南京师范大学殷红先老师编写；全书由吉根林和顾韵华担任主编，并统稿、定稿。本次修订过程中，得到了电子工业出版社的支持，在此表示衷心的感谢！

由于编者水平有限，本书还会存在错误与不足之处，恳请广大读者与同行给予批评指正。编者 E-mail 地址：glji@njnu.edu.cn。

作　者
于南京

目　录

第 1 章　Web 基础知识与开发运行环境 1
1.1　Web 工作原理 1
1.2　Internet 网络协议 3
1.2.1　TCP/IP 协议族 4
1.2.2　HTTP 4
1.2.3　Telnet 5
1.2.4　FTP 5
1.3　IP 地址、域名和 URL 5
1.3.1　IP 地址 5
1.3.2　域名 6
1.3.3　URL 6
1.4　动态网页设计技术简介 7
1.4.1　PHP 7
1.4.2　JSP 8
1.4.3　ASP.NET 9
1.5　Web 应用程序开发工具与运行环境 9
1.5.1　网站架构 10
1.5.2　JDK 的下载、安装与配置 10
1.5.3　Tomcat 的下载、安装与配置 11
1.5.4　Eclipse 的下载、安装与配置 12
1.6　简单的 Web 应用程序示例 12
1.7　网站安全问题 15
1.7.1　网站攻击手段 15
1.7.2　网站的保护与安全措施 15
本章小结 17
习题 1 18

第 2 章　HTML、XML 和 CSS 19
2.1　页面设计概述 19
2.1.1　静态网页 19
2.1.2　动态网页 19
2.1.3　网页的设计风格 20
2.2　超文本标记语言 HTML 20
2.2.1　HTML 文档结构 21
2.2.2　HTML 基本标记 23
2.2.3　表格 27
2.2.4　表单 30

2.2.5　框架（Frame） 32
2.3　HTML5 35
　　　2.3.1　HTML5 新特性 35
　　　2.3.2　HTML5 新功能 35
　　　2.3.3　HTML5 网页示例 39
2.4　层叠样式表 CSS 43
　　　2.4.1　为什么需要层叠样式表 43
　　　2.4.2　样式表的定义和引用 44
　　　2.4.3　样式的优先级 49
　　　2.4.4　CSS 属性 51
　　　2.4.5　CSS+DIV 页面布局 58
2.5　XML 简介 59
　　　2.5.1　XML 概述 59
　　　2.5.2　XML 文档结构 61
　　　2.5.3　XML 文档显示 63
2.6　应用示例：个人主页设计 64
本章小结 67
习题 2 67
上机实验 2 67

第 3 章　JavaScript 程序设计 71
3.1　脚本语言概述 71
　　　3.1.1　什么是脚本语言 71
　　　3.1.2　JavaScript 的特点 72
3.2　JavaScript 基础 73
　　　3.2.1　JavaScript 程序的编辑和调试 73
　　　3.2.2　JavaScript 基本语法 74
　　　3.2.3　JavaScript 函数 76
　　　3.2.4　JavaScript 流程控制 78
　　　3.2.5　JavaScript 出错处理 80
　　　3.2.6　JavaScript 表单验证 80
　　　3.2.7　JavaScript 正则表达式 81
3.3　JavaScript 事件 82
　　　3.3.1　JavaScript 事件驱动机制 82
　　　3.3.2　JavaScript 常用事件 83
　　　3.3.3　JavaScript 事件触发与处理 83
　　　3.3.4　应用示例：计算器的设计 84
3.4　JavaScript 对象 86
　　　3.4.1　对象的定义和引用 86
　　　3.4.2　for..in 和 with 语句 87
　　　3.4.3　JavaScript 内置对象 89
3.5　浏览器对象模型及应用 98

		3.5.1 浏览器对象模型	98

- 3.5.1 浏览器对象模型 ... 98
- 3.5.2 Navigator 对象 ... 99
- 3.5.3 Window 对象 ... 100
- 3.5.4 Document 对象 ... 103
- 3.5.5 Form 对象 ... 109
- 3.5.6 History 和 Location 对象 ... 114
- 3.5.7 Frame 对象 ... 114
- 3.5.8 应用示例：用户注册信息合法性检查 ... 116
- 3.5.9 应用示例：扑克牌游戏程序 ... 120

3.6 HTML DOM ... 123
- 3.6.1 HTML DOM 概述 ... 123
- 3.6.2 DOM 节点树 ... 124
- 3.6.3 DOM 树节点的属性 ... 124
- 3.6.4 访问 DOM 节点 ... 125

3.7 JavaScript 框架和库 ... 127

本章小结 ... 127

习题 3 ... 128

上机实验 3 ... 128

第 4 章 JSP 基本语法与内置对象 ... 130

4.1 JSP 基本语法 ... 130
- 4.1.1 JSP 页面 ... 130
- 4.1.2 JSP 指令 ... 131
- 4.1.3 JSP 脚本标识 ... 131

4.2 JSP 内置对象 ... 134
- 4.2.1 Request 对象 ... 135
- 4.2.2 Response 对象 ... 137
- 4.2.3 Session 对象 ... 139
- 4.2.4 Application 对象 ... 143
- 4.2.5 其他对象 ... 145

4.3 JSP 动作标识 ... 149
- 4.3.1 include 动作标识 ... 149
- 4.3.2 forward 动作标识 ... 150
- 4.3.3 param 动作标识 ... 152

4.4 Cookie 及其应用 ... 153

4.5 应用示例：Web 聊天程序 ... 155

本章小结 ... 159

习题 4 ... 159

上机实验 4 ... 160

第 5 章 Servlet 与 JavaBean ... 162

5.1 Servlet 简介 ... 162

5.2 Servlet 的运行和配置 ... 163

5.2.1　Servlet 的生命周期 163
　　5.2.2　Servlet 配置 165
5.3　Servlet API 167
　　5.3.1　Servlet 接口 167
　　5.3.2　ServletConfig 接口 168
　　5.3.3　GenericServlet 类 168
　　5.3.4　HttpServlet 类 169
5.4　Servlet 编程 170
　　5.4.1　Servlet 的基本结构 170
　　5.4.2　表单处理 171
　　5.4.3　Servlet 编程示例 172
5.5　组件技术和 JavaBean 174
　　5.5.1　JavaBean 简介 174
　　5.5.2　创建和部署 JavaBean 176
5.6　JavaBean 的属性 177
5.7　在 JSP 中引用 JavaBean 179
5.8　应用示例 182
本章小结 187
习题 5 187
上机实验 5 188

第 6 章　JSP 数据库应用 189
6.1　Web 数据库访问技术 189
6.2　数据库语言 SQL 191
　　6.2.1　SQL 概述 191
　　6.2.2　主要 SQL 语句 191
6.3　JDBC API 193
　　6.3.1　驱动程序接口 Driver 194
　　6.3.2　驱动程序管理器 DriverManager 195
　　6.3.3　数据库连接接口 Connection 195
　　6.3.4　语句执行接口 Statement 和 PrepareStatement 196
　　6.3.5　结果集接口 ResultSet 197
6.4　JDBC 数据库访问 198
　　6.4.1　加载 JDBC 驱动程序 198
　　6.4.2　创建数据库连接 199
　　6.4.3　执行 SQL 语句访问数据库 200
　　6.4.4　数据库访问结果集的处理 202
　　6.4.5　数据库操作中的事务处理 203
　　6.4.6　存储过程的调用 204
6.5　JSP 数据库操作 206
6.6　SQL 语句注入攻击与防范 207
　　6.6.1　SQL 注入攻击 207

· VIII ·

  6.6.2 避免 SQL 注入攻击 208
 6.7 应用示例：课程信息查询与修改 208
 本章小结 214
 习题 6 215
 上机实验 6 215

第 7 章 JSP 实用组件ᅠ.. 216

 7.1 文件操作 216
  7.1.1 创建上传对象 216
  7.1.2 解析上传请求 217
  7.1.3 FileItem 接口 217
  7.1.4 ServletFileUpload 类 217
  7.1.5 DiskFileItemFactory 类 218
  7.1.6 文件操作示例 219
 7.2 JSP 动态图表 222
  7.2.1 JFreeChart 的下载和使用 223
  7.2.2 JFreeChart 的核心类 223
  7.2.3 利用 JFreeChart 生成动态图表 224
  7.2.4 动态图表应用示例 224
 7.3 JSP 报表 228
  7.3.1 iText 组件 229
  7.3.2 应用 iText 组件生成报表 229
  7.3.3 处理表格 231
  7.3.4 处理图像 235
 7.4 Ajax 技术 237
  7.4.1 Ajax 简介 237
  7.4.2 Ajax 开发模式 238
  7.4.3 Ajax 应用示例 241
  7.4.4 Ajax 开发需要注意的问题 243
 本章小结 245
 习题 7 245
 上机实验 7 245

第 8 章 表达式语言和标签ᅠ... 247

 8.1 EL 表达式 247
  8.1.1 EL 表达式的语法 247
  8.1.2 EL 表达式的运算符 247
  8.1.3 EL 表达式中的隐含对象 248
  8.1.4 EL 表达式中的保留字 249
 8.2 JSTL 核心标签库 249
  8.2.1 表达式标签 249
  8.2.2 流程控制标签 251
  8.2.3 循环标签 254

		8.2.4 URL 标签	256
8.3	SQL 标签库		258
8.4	自定义标签库		260
	8.4.1	自定义标签处理类	260
	8.4.2	建立 TLD 文件	261
	8.4.3	使用自定义标签	262
	8.4.4	自定义标签使用范例	262
本章小结			264
习题 8			265
上机实验 8			265

第 9 章 Java EE 框架技术基础 266

9.1	框架技术概述		266
	9.1.1	MVC 模型与设计模式	266
	9.1.2	Struts2 框架	267
	9.1.3	Hibernate 框架	268
	9.1.4	Spring 框架	268
9.2	Struts2 框架		269
	9.2.1	Struts2 的下载和配置	270
	9.2.2	Struts2 基础和 struts.xml 的基本配置	270
	9.2.3	Action 详解	272
	9.2.4	值栈和 OGNL 表达式	274
	9.2.5	Struts2 的标签库	275
	9.2.6	拦截器	280
本章小结			283
习题 9			283
上机实验 9			283

第 10 章 JSP 综合应用实例 284

10.1	留言板		284
	10.1.1	设计目标	284
	10.1.2	设计实体类	284
	10.1.3	设计数据库处理程序	285
	10.1.4	设计留言处理程序	286
	10.1.5	设计页面	288
	10.1.6	设计字符编码过滤器	291
10.2	教务管理系统		293
	10.2.1	系统功能	293
	10.2.2	数据库设计	294
	10.2.3	设计实体类	295
	10.2.4	文件组织架构	296
	10.2.5	设计数据库处理程序	297
	10.2.6	设计 Action 类	299

  10.2.7 设计视图 310
  10.2.8 设计样式表 322
  10.2.9 设计配置文件 323
 本章小结 324

附录 A HTML 常用标记和属性 325

附录 B CSS 样式表属性 329

附录 C JavaScript 常用对象的属性、方法、事件处理和函数 331

附录 D JSP 内置对象 337

参考文献 340

第 1 章　Web 基础知识与开发运行环境

　　本章介绍开发 Web 程序应该必备的基础知识，包括 Web 的基本概念和工作原理、Internet 网络协议、IP 地址、域名和统一资源定位器 URL、动态网页设计技术、Web 应用程序开发工具与运行环境以及网站安全问题，为学习 Web 程序设计方法和开发技术做好准备。

1.1　Web 工作原理

　　Internet 已成为世界上最大的信息宝库，然而 Internet 上的信息资源既没有统一的目录，也没有统一的组织和系统，这些信息分布在位于世界各地的计算机系统中。人们为了充分利用 Internet 上的信息资源，迫切需要一种方便、快捷的信息浏览和查询工具，在这种情况下，Web 诞生了。

　　Web，全称为 World Wide Web，缩写为 WWW。Web 有许多译名，如环球网、万维网、全球信息网等。如果有一台计算机与 Internet 相连，不管通过什么方式接入 Internet，任何人都可以通过浏览器（Browser）访问处于 Internet 上任何位置的 Web 站点。但什么是 Web，目前尚无公认的准确定义。简单地说，Web 是一种体系结构，通过它可以访问分布于 Internet 主机上的链接文档。这一说法包含以下几层含义：

　　① Web 是 Internet 提供的一种服务。尽管这几年 Web 的迅猛发展使得有人甚至误认为 Web 就是 Internet，但事实上，Web 是基于 Internet、采用 Internet 协议的一种体系结构，因而可以访问 Internet 的每个角落。

　　② Web 是存储在全世界 Internet 计算机中、数量巨大的文档的集合。或者可以通俗地说，Web 是世界上最大的电子信息仓库。

　　③ Web 上的海量信息是由彼此关联的文档组成的，这些文档称为主页（Home Page）或页面（Page），是一种超文本（Hypertext）信息，而使其连接在一起的是超链接（Hyperlink）。由于超文本的特性，用户可以看到文本、图形、图像、视频、音频等多媒体信息，这些媒体称为超媒体（Hypermedia）。

　　④ Web 的内容保存在 Web 站点（Web 服务器）中，用户可通过浏览器访问 Web 站点。因此 Web 是一种基于浏览器/服务器（Browser/Server，B/S）的结构。也就是说，Web 实际上是一种全球性通信系统，通过 Internet 使计算机相互传输基于超媒体的数据信息。

　　⑤ Web 以一些简单的操作方式（如单击鼠标）连接全球范围的超媒体信息，因此易于使用和普及。基于 Web 开发的各种应用易于跨平台实现，开发成本较低，而且基于 Web 的应用几乎不需要培训用户。

　　近年来，Web 得到了迅猛的发展，如今的 Web 应用已远远超出了原先对它的设想。它不仅成为 Internet 上最普遍的应用，而且正是由于它的出现，使 Internet 普及和推广的速度大大提高了。

Web 具有以下特点：

① Web 是一种超文本信息系统。Web 的超链接使得 Web 文档不再像书本一样是固定的、线性的，可以从一个位置迅速跳转到另一个位置，从一个主题迅速跳转到另一个相关主题。

② Web 是图形化的和易于导航的。Web 之所以能够迅速流行，一个重要的原因在于它具有在一页上同时显示图形、图像和其他超媒体的性能。在 Web 之前，Internet 上的信息只有文本形式，Web 提供了将图形、图像、音频、视频信息集于一体的特性。同时，Web 非常易于导航，只需从一个链接跳转到另一个链接，就可以在各页面、各站点之间进行浏览。

③ Web 与平台无关。无论系统的软件、硬件平台是什么，都可以通过 Internet 访问 WWW。Web 对系统平台没有限制。

④ Web 是分布式的。对于 Web，没有必要把大量图形、图像、音频、视频信息都放在一起，可以将它们放在不同的站点上，只要通过超链接指向所需的站点，就可以使存放在不同物理位置上的信息实现逻辑上的一体化。对用户来说，这些信息是一体的。

⑤ Web 具有新闻性。Web 站点上的信息是动态的、经常更新的。信息的提供者可以经常对站点上的信息进行更新，所以用户（浏览者）可以得到最新的信息。

⑥ Web 是动态的、交互的。早期的 Web 页面是静态的，用户只能被动浏览。由于开发了多种 Web 动态技术，现在的用户已经能够方便地定制页面。以 ASP（Active Server Pages）、ASP.NET 和 Java 为代表的动态技术使 Web 从静态的页面变成可执行的程序，从而大大提高了 Web 的动态性和交互性。Web 的交互性还表现在它的超链接上，因为通过超链接，用户的浏览顺序和所到站点完全可由用户自行决定。

Web 是一种典型的基于浏览器/服务器（Browser/Server，B/S）的体系结构。典型的 B/S 结构将计算机应用分成三个层次，即客户端浏览器层、Web 服务器层和数据库服务器层。B/S 结构有许多优点，简化了客户端的维护，所有应用逻辑都是在 Web 服务器上配置的。B/S 结构突破了传统客户—服务器（Client/Server，C/S）结构中局域网对计算机应用的限制，用户可以在任何地方登录 Web 服务器，按照用户角色执行自己的业务流程。Web 通过 HTTP 实现客户端浏览器和 Web 服务器的信息交换，其基本工作原理如图 1-1 所示。

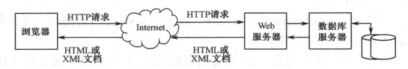

图 1-1　Web 的基本工作原理

Web 浏览器是一种 Web 客户端程序，用户要浏览 Web 页面，必须在本地计算机上安装浏览器软件。通过在浏览器地址栏中输入 URL 资源地址，将 Web 服务器中特定的网页文件下载到客户端计算机中，并在浏览器中打开。因此，从本质讲，浏览器是一种特定格式的文档阅读器，能根据网页内容，对网页中的各种标记进行解释显示；同时，浏览器是一种程序解释机，如果网页中包含客户端脚本程序，那么浏览器将执行这些客户端脚本代码，从而增强网页的交互性和动态效果。

在 Web 系统中，Web 服务器有两个层面的含义：一是指安装了 Web 服务程序的计算机；二是指 Web 服务器程序，可以管理各种 Web 文件，并为提出 HTTP（HyperText Transfer Protocol，超文本传输协议）请求的浏览器提供 HTTP 响应。要使一台计算机成为一台 Web 服务器，需要配置服务器操作系统，如 UNIX、Windows、Linux 等网络操作系统，并且要安装专门的信息服务器程序，如 Windows 提供的 Internet 信息服务器（Internet Information Server，IIS）。在大多数情况下，Web 服务器和浏览器处于不同的机器，但它们可以并存在同一台机器上。

Web 服务器向浏览器提供服务的过程大致如下。

<1> 用户打开计算机（客户端），启动浏览器程序（如 Netscape Navigator、Microsoft Internet Explorer 等），并在浏览器中指定一个 URL（Uniform Resource Locator，统一资源定位器），浏览器便向该 URL 所指向的 Web 服务器发出请求。

<2> Web 服务器（也称为 HTTP 服务器）接到浏览器的请求后，把 URL 转换成页面所在服务器的文件路径名。

<3> 如果 URL 指向的是普通的 HTML（HyperText Markup Language，超文本标记语言）文档，Web 服务器将直接把它传送给浏览器。HTML 文档中可能包含用 Java、JavaScript、ActiveX、VBScript、C#等编写的小应用程序（Applet），服务器将它们随 HTML 文档一起传送到浏览器，在浏览器所在的机器上执行。

<4> 如果 HTML 文档中嵌有 JSP 或 ASP.NET 程序，那么 Web 服务器就运行 JSP 或 ASP.NET 程序，并将结果传至浏览器。Web 服务器运行 JSP 或 ASP.NET 程序时，还可能调用数据库服务器和其他服务器。

<5> URL 也可以指向 VRML（Virtual Reality Modeling Language）文档。只要浏览器中配置有 VRML 插件，或者客户端上已安装 VRML 浏览器，就可以接收 Web 服务器发送的 VRML 文档。

早期的 Web 页面是静态的，用户只能被动浏览。静态页面是用纯 HTML 代码编写的，这些页面的代码保存为.html 或.htm 文件形式。后来，以 ASP、ASP.NET 和 Java 为代表的动态技术使 Web 从静态页面变成可执行的程序，从而产生了动态网页，大大提高了 Web 的动态性和交互性。利用 ASP 或 ASP.NET，服务器可以执行用户用 VBScript、JavaScript 或 C#编写的嵌入 HTML 文档中的程序。通过 ASP 或 ASP.NET 程序，Web 页面可以访问数据库，存取服务器的有关资源，使 Web 页面具有强大的交互能力。Web 的交互性还表现在它的超链接上，因为通过超链接，用户的浏览顺序和所到站点完全可由用户自行决定。

随着技术的不断发展，动态网页的实现一般采用客户端编程和服务器端编程两种程序设计方法。

客户端编程是客户端浏览器下载服务器上的程序来执行有关动态服务工作。程序员把客户端代码编写到 HTML 文件中，当用户提出对某个网页的请求时，这些客户端代码和 HTML 文件代码一起以响应方式返回提出请求的浏览器。常见的客户端编程技术有 VBScript、JavaScript、Java Applet 等。

服务器端编程是将程序员编写的代码保存在服务器上，当用户提出对某个网页的请求时，这个请求要访问的页面代码都在服务器端执行，并把执行结果以 HTML 文件代码的形式传回浏览器，这样浏览器接收的只是程序执行的结果。常见的服务器端编程技术有 PHP、JSP、ASP、ASP.NET。

1.2　Internet 网络协议

Internet 是由不同类型、不同规模、独立管理和运行的主机或计算机网络组成的一个全球性特大网络。Internet 使用的网络协议是 TCP/IP 协议族，凡是接入 Internet 的计算机都必须安装和运行 TCP/IP 协议软件。

1.2.1 TCP/IP 协议族

TCP/IP 是一个协议族，其中最重要的是 TCP 和 IP，因此通常将这些协议简称为 TCP/IP（Transmission Control Protocol/Internet Protocol，传输控制协议/网络协议）。

TCP/IP 把整个网络分成 4 个层次：应用层、传输层、网络层和物理链路层，都建立在硬件基础之上。图 1-2 给出了 TCP/IP 参考模型与 OSI 参考模型的对照。

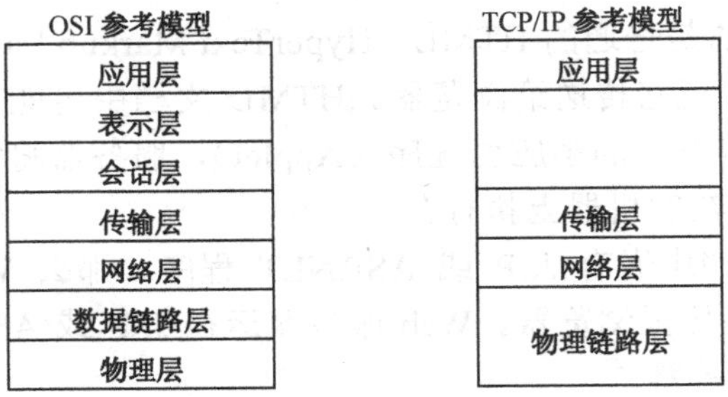

OSI 参考模型	TCP/IP 参考模型
应用层	应用层
表示层	
会话层	
传输层	传输层
网络层	网络层
数据链路层	物理链路层
物理层	

图 1-2 OSI 参考模型与 TCP/IP 参考模型的对照

应用层是 TCP/IP 参考模型的最高层，向用户提供一些常用应用程序，如电子邮件服务等。应用层包括所有的高层协议，并且总是不断有新的协议加入。应用层协议主要包括：

- 网络终端协议 Telnet：用于实现互联网中的远程登录功能。
- 文件传输协议（File Transfer Protocol，FTP）：实现互联网中交互式文件传输功能。
- 简单邮件传输协议（Simple Mail Transfer Protocol，SMTP）：实现互联网中电子邮件的收发功能。
- 网络文件系统（Network File System，NFS）：用于网络中不同主机间的文件系统共享。
- 域名系统（Domain Name System，DNS）：实现网络设备域名到 IP 地址的映射。
- 超文本传输协议（HyperText Transfer Protocol，HTTP）：用于在 Web 浏览器和服务器之间传输 Web 文档。

传输层也叫 TCP 层，主要功能是负责应用进程之间的端－端通信。传输层定义了两种协议：传输控制协议 TCP 和用户数据报协议 UDP。

网络层也叫 IP 层，负责处理互联网中计算机之间的通信，向传输层提供统一的数据包。它的主要功能包括 3 方面：处理来自传输层的分组发送请求；处理接收的数据包；处理互连的路径。

物理链路层的主要功能是接收 IP 层的 IP 数据报，通过网络向外发送；接收并处理从网络上传来的物理帧，抽出 IP 数据报，向 IP 发送。物理链路层是主机与网络的实际连接层。

1.2.2 HTTP

HTTP 是专门为 Web 设计的一种网络协议，属于 TCP/IP 参考模型中的应用层协议，位于 TCP/IP 的顶层。因此，HTTP 在设计和使用中以 TCP/IP 协议族中的其他协议为基础。例如，HTTP 要通过 DNS 进行域名与 IP 地址的转换，要建立 TCP 链接才能进行文档传输。

Web 浏览器和服务器用 HTTP 来传输 Web 文档。HTTP 基于客户端请求、服务器响应的工作模式，其定义的事务处理由以下 4 个步骤组成：
<1> 客户端与服务器建立连接。
<2> 客户端向服务器提出请求。
<3> 如果请求被接受，则服务器送回响应，在响应中包括状态码和所需的文件。
<4> 客户端和服务器断开连接。

1.2.3 Telnet

Telnet 是关于远程登录的一个协议。要使用 Telnet，在用户的计算机上需要安装和运行一个名为 Telnet 的程序。在使用 Telnet 时，它又是一个命令。用户可以用 Telnet 命令使用户主机连入 Internet 上任何一台 Telnet 服务器。一般把这台被用户主机调用的服务器称为远程主机。这时候用户主机就成为该远程主机的一个终端。不管这种连接如何复杂，在用户的键盘上输入 Telnet 子命令后，总能在远程主机上得到服务响应，并把结果送到用户的屏幕上。

Internet 上存在成千上万的各种主机（大、中、小型机）或服务器。用户可以通过 Telnet 连入某个主机并成为该主机的终端，进而可访问所需的各种信息，或运行远程主机上的程序来求解各种复杂的问题，一切都是在远程主机上快速执行（而不是将程序调回到用户主机上执行）后再从远程主机返回服务的结果。用户还可以利用 Telnet 连接 Internet 的各种服务器，如 Archie、Gopher、Wais、WWW 及其他服务器，如某图书馆的资料文献服务器等。

用户使用远程主机有两种情况：一种是要求用户有账号才能登录的；另一种是开放的，用户不需拥有自己的账号，即不用口令和用户名就能登录。Internet 上有许多这样的为公众开放的 Telnet 远程服务。

1.2.4 FTP

Telnet 让用户主机能以终端方式共享 Internet 上各类主机的资源，却不能把远程主机上的文件复制到用户主机上。有了 FTP 的帮助就能使 Internet 上两台主机间互传（复制）文件。FTP 有一套独立通用的命令（子命令），命令风格与 DOS 命令相似，如 dir 显示目录/文件。实际使用 FTP 时往往会碰到两个难点。第一，并不知道想要复制的文件在哪个 FTP 服务器中，在成千上万个 FTP 服务器中一个个地寻找某个文件犹如大海捞针，此时需要借助某些工具，如 Internet 的 Archie 服务器。第二，要明确传输的文件是什么类型，即确定传输的是二进制文件还是 ASCII 文件。如果文件传输类型不对，复制得到的文件常常是无用的文件。

FTP 既是一种文件传输协议，也是一种服务，提供这种服务的设施叫做 FTP 服务器。有一种 FTP 服务器称为匿名 FTP 服务器，用户不需要拥有口令和用户名就能与匿名 FTP 服务器实现连接并复制文件。Internet 上有许多这样的、为公众开放的匿名 FTP 服务器。

1.3 IP 地址、域名和 URL

1.3.1 IP 地址

IP 地址是识别 Internet 中主机及网络设备的唯一标识。每个 IP 地址通常分为网络地址和主机地址两部分，其长度为 4 B（字节），共 32 位，由 4 个用"."分隔的十进制数组成，每个数不大于 255，如 202.119.106.253。

IP 地址可分成 5 类，其中常用的是如下 3 类。

A 类：用于规模很大、主机数目非常多的网络。A 类地址的最高位为 0，接下来的 7 位为网络地址，其余 24 位为主机地址。A 类地址允许组成 126 个网络，每个网络可包含 1700 万台主机。

B 类：用于中型和大型网络。B 类地址最高两位为 10，接下来 14 位为网络地址，其余 16 位为主机地址。B 类地址允许组成 16384 个网络，每个网络可包含 65000 台主机。

C 类：用于小型本地网络（LAN）。C 类地址最高 3 位为 110，接下来的 21 位为网络地址，其余 8 位为主机地址。

注意，主机地址的末字节不能取 0 和 255 两个数。

1.3.2 域名

IP 地址是连网计算机的地址标识，但对大多数人来说，记住很多计算机的 IP 地址并不是一件容易的事，所以 TCP/IP 中提供了域名服务系统（DNS），允许为主机分配字符名称，即域名。在网络通信时由 DNS 自动实现域名与 IP 地址的转换。例如，南京师范大学 Web 服务器的域名为 www.njnu.edu.cn。

Internet 中的域名采用分级命名，其基本结构如下：

计算机名.三级域名.二级域名.顶级域名

域名的结构与管理方式如下。

首先，DNS 将整个 Internet 划分成多个域，称为顶级域，并为每个顶级域规定了国际通用的域名。顶级域名采用两种划分模式，即组织模式和地理模式。有 7 个域对应于组织模式，其余的域对应地理模式，如 cn 代表中国、us 代表美国、jp 代表日本等。

7 个组织模式的顶级域名分配如下：com，商业组织；edu，教育机构；gov，政府部门；mil，军事部门；net，网络中心；org，前述以外的组织；int，国际组织。

其次，Internet 的域名管理机构将顶级域的管理权分派给指定的管理机构，各管理机构对其管理的域继续进行划分，即划分成二级域，并将二级域的管理权授予其下属的管理机构，以此类推，便形成了树形域名结构。管理机构是逐级授权的，所以最终的域名都得到了 Internet 的承认，成为 Internet 中的正式名字。

1.3.3 URL

WWW 信息分布在全球，要找到所需信息必须有一种说明该信息存放在哪台计算机的哪个路径下的定位信息。统一资源定位器 URL 就是用来确定某信息位置的方法。

URL 的概念实际上并不复杂，就像指定一个人要说明他的国别、地区、城镇、街道、门牌号一样，URL 指定 Internet 资源位于哪台计算机的哪个目录中。URL 通过定义资源位置的抽象标识来定位网络资源，其格式如下：

<信息服务类型>：//<信息资源地址>/<文件路径>

<信息服务类型>是指 Internet 的协议名，包括 ftp（文件传输服务）、http（超文本传输服务）、gopher（Gopher 服务）、mailto（电子邮件地址）、telnet（远程登录服务）、news（提供网络新闻服务）和 wais（提供检索数据库信息服务）。

<信息资源地址>指定一个网络主机的域名或 IP 地址。在有些情况下，主机域名后还要加上端口号，域名与端口号之间用":"隔开。这里的端口是指操作系统用来辨认特定信息服务的软件端口。一般情况下，服务器程序采用标准的保留端口号，因此用户在 URL 输入中可以省略它们。以下是一些 URL 的例子：

> http: //www.njnu.edu.cn
> http: //www.whitehouse.gov
> telnet: //odysseus.circe.com:70
> ftp: //ftp.w3.org/pub/www/doc
> gopher: //gopher.internet.com
> news: //comp.sys.novell
> wais: //quake.think.com/directory-of-servers

1.4 动态网页设计技术简介

早期的 Web 页面是静态的，静态页面是用纯 HTML 编写的。后来，以 PHP、ASP 和 JSP 为代表的动态技术使 Web 从静态页面变成可执行的程序，从而产生了动态网页，大大提高了 Web 的动态性和交互性。

早期，动态网页设计主要使用 CGI（Common Gateway Interface，公共网关接口）技术，可以使用不同的语言编写合适的 CGI 程序，如 Visual Basic、C/C++等。虽然 CGI 技术已经发展成熟且功能强大，但由于编程困难、效率较低、修改复杂等缺陷，因此 CGI 技术已被淘汰。

ASP 为动态服务器网页（Active Server Pages）的简称，是一种功能强大的服务器端脚本编程环境。1996 年底，微软公司推出了 ASP 1.0，内含于 IIS 3.0（Microsoft Internet Information Server 3.0）中。1998 年，微软推出了 ASP 2.0。2000 年，微软公司发布了 Windows 2000 操作系统，其中包含 IIS 5.0 和 ASP 3.0。ASP 最大的好处是可以包含 HTML 标签，也可以直接存取数据库以及使用 ActiveX 控件，采用脚本语言 VBScript、JavaScript 作为开发语言，利用 HTML 网页、ASP 指令和 ActiveX 组件建立动态、交互的 Web 服务器应用程序。由于 ASP.NET 的出现，与 ASP 相比，ASP.NET 在功能、效率等方面都具有优势，因此目前 ASP 基本不再使用。

目前比较受关注的动态网页设计技术主要有 PHP、JSP、ASP.NET。

1.4.1 PHP

PHP（Hypertext Preprocessor，超文本预处理器）于 1994 年由 Rasmus Lerdorf 创建，刚刚开始是 Rasmus Lerdorf 为了维护个人网页而制作的一个简单的用 Perl 语言编写的程序。1995 年发布 PHP 1.0，之后发布了多个版本，2008 年发布了 PHP 5。PHP 是一种跨平台的服务器端嵌入式脚本语言，是一种易于学习和使用的服务器端脚本语言，嵌入 HTML 文件，大量借用 C、Java 和 Perl 语言的语法，并耦合 PHP 本身的特性，形成了自己的独特风格。PHP 支持目前绝大多数的数据库，Web 开发者使用 PHP 能够快速地写出生成动态网页的脚本代码，只需很少的编程知识就能建立一个真正交互的 Web 站点。PHP 是完全免费的，可以从 PHP 官方网站（http://www.php.net）自由下载，可以不受限制地获得源代码，并可加入自己需要的功能。

PHP 具有如下特点：
① 支持多种系统平台，包括 Windows、UNIX 和 Linux。
② 强大的数据库操作功能。PHP 提供丰富的数据库操作函数，为各种流行数据库，包括 Linux 平台的 PostgreSQL、MySQL、Solid 及 Oracle，Windows 平台的 SQL Server，都设计了专门的函数，使操作这些数据库十分方便。
③ 易于与现有的网页融合。与 ASP、JSP 一样，PHP 也可结合 HTML 使用；与 HTML 具有非常好的兼容性，使用者可以直接在脚本代码中加入 HTML 标记，或者在 HTML 标记中加入脚本代码，从而更好地实现页面控制，提供更加丰富的功能。
④ 具有丰富的功能。PHP 提供结构化特性、面向对象设计、数据库处理、网络接口使用及安全编码机制等全面的功能。
⑤ 可移植性好。通过 PHP，只需要进行很少的修改就可将整个网站从一个平台移植到另一个平台上，如从 Windows 平台移植到 UNIX 平台。

1.4.2 JSP

JSP（Java Server Pages）是 Sun 公司于 1999 年 6 月推出的网站开发语言，基于 Java Servlet 及整个 Java 体系的 Web 开发技术，可以建立先进、安全和跨平台的动态网站。JSP 完全解决了目前 ASP、PHP 的一个通病——脚本级执行。

JSP 与 ASP 在技术方面有许多相似之处。两者都是为实现 Web 动态交互网页制作而提供的技术支持环境，都能帮助程序开发人员实现应用程序的编制与自带组件的网页设计，都能替代 CGI 使网站建设与发展变得简单又快捷。由于它们来源于不同的技术规范，因而其实现的基础不同，即对 Web 服务器平台的要求不同。基于 JSP 技术的应用程序比基于 ASP 的应用程序更易于维护和管理。

JSP 技术具有以下优点。
① 内容生成与显示分离。使用 JSP 技术，Web 页面开发人员可以使用 HTML 或 XML 标记来设计页面，来生成页面上的动态内容（内容是动态的，但可根据用户请求而变化）。动态生成的内容被封装在标记和 JavaBean 组件中，并且捆绑在小脚本中，所有的脚本在服务器端运行。在服务器端，使用 JSP 引擎来解释 JSP 标记和小脚本，生成所请求的内容，并将结果以 HTML 或 XML 页面形式发送回浏览器。这有助于作者保护自己的代码，又能保证任何基于 HTML 的 Web 浏览器的完全可用性。
② 可重用的组件。绝大多数 JSP 页面依赖可重用的、跨平台的组件来执行应用程序所要求的复杂处理，如使用 JavaBean 或 Enterprise JavaBean 组件。开发人员可以共享各种组件，这种基于组件的方法提高了系统的开发效率。
③ 采用标记简化页面开发。JSP 技术使用 XML 标记封装了许多与动态内容生成相关的功能，页面开发人员使用这些标记就可以进行设计，而不必进行编程。
④ 适应更广泛的平台。JSP+JavaBean 可以在大多数 Web 服务器平台下使用。著名的 Web 服务器 Apache 能够很好地支持 JSP，由于 Apache 广泛应用在 Windows、UNIX 和 Linux 操作系统上，因此 JSP 有更广泛的运行平台。
⑤ 易于连接数据库。Java 中连接数据库的技术是 JDBC（Java DataBase Connectivity）。很多数据库系统，如 Oracle、Sybase、Microsoft SQL Server、Access 等，都带有 JDBC 驱动程序，Java 程序通过 JDBC 驱动程序与数据库相连，执行查询数据、提取数据等操作。另外，

Sun 公司开发了 JDBC-ODBC bridge，Java 程序就可以访问带有 ODBC 驱动程序的数据库了。

1.4.3　ASP.NET

ASP.NET 又称为 ASP+，是微软公司于 2001 年推出的一种用于创建 Web 应用程序的编程模型。它在结构上几乎完全是基于组件和模块化的。Web 应用程序的开发人员使用这个开发环境可以实现更加模块化、功能更强大的应用程序。

ASP.NET 具备开发网站应用程序的一切解决方案，包括验证、缓存、状态管理、调试和部署等全部功能。在代码编写方面特色是将页面逻辑和业务逻辑分开，分离程序代码与显示的内容，让丰富多彩的网页更容易编写。在 ASP.NET 中，所有程序保存在服务器端，由服务器编译执行。当第一次执行一个程序时进行编译，当再次执行这个程序时，就在服务器端直接执行它的已编译好的程序代码，因而 ASP.NET 程序的执行速度有较大的提高。对于实现同样功能的程序，ASP.NET 使用的代码量比 ASP 要小得多。

从深层次说，ASP.NET 与 ASP 的主要区别体现在以下 3 方面。

① 效率。ASP 是一个脚本编程环境，只能用 VBScript 或 JavaScript 这样的非模块化语言来编写。当 ASP 程序完成后，在每次请求时都要解释执行。这意味着，ASP 在使用其他语言编写大量组件的时候会遇到困难，并且无法实现对操作系统的底层操作。ASP.NET 则建立在.NET 框架上，可以使用 Visual Basic、C#、J#这样的模块化程序设计语言，并且它在第一次执行时进行编译，之后的执行不需要重新编译就可以直接运行，所以速度和效率比 ASP 提高很多。

② 可重用性。在编写 ASP 应用程序时，ASP 代码与 HTML 代码混合在一起。只要需要，就可以在任意的位置插入一段代码来实现特定的功能。这种方法表面上看起来很方便，但实际上会产生大量烦琐的页面，很难让人读懂，导致代码维护困难。ASP.NET 则可以实现代码与内容的完全分离，使得维护更方便。

③ 代码量。ASP 对所有要实现的功能均需要通过编写代码来实现。例如，为了保证一个用户数据提交页面的友好性，当用户输入错误时应显示错误的位置，并尽量把用户原来的输入显示在控件中。对于这样的应用，ASP 需要程序员编写大量的代码才能实现。在 ASP.NET 中，程序员只要预先说明，就可以自动实现这样的功能。所以相对来说，要实现同样的功能，使用 ASP.NET 比使用 ASP 的代码量要小得多。

1.5　Web 应用程序开发工具与运行环境

Web 应用系统需要 Web 浏览器、Web 服务器、开发工具包和数据库。

用 JSP 开发 Web 应用系统，对浏览器的要求并不是很高，任何支持 HTML 的浏览器都可以。

Web 服务器是运行及发布 Web 应用的大容器，只有将开发的 Web 项目放置到该容器中，才能使网络中的所有用户通过浏览器进行访问。开发 JSP 应用采用的服务器主要是 Servlet 兼容的 Web 服务器，比较常用的有 WebLogic、WebSphere 和 Tomcat 等。Tomcat 服务器最为流行，它是 Apache-Jarkarta 开源项目中的一个子项目，是一个小型的、轻量级的、支持 JSP 和 Servlet 技术的 Web 服务器，已经成为学习开发 JSP 应用的首选。本书示例均在 Tomcat 上调试运行。

Eclipse 是一个基于 Java 的、开放源码的、可扩展的应用开发平台，为编程人员提供了一流的 Java 集成开发环境（Integrated Development Environment，IDE）。Eclipse 是一个可以用于构建集成 Web 和应用程序开发工具的平台，因此本书采用 Eclipse 作为 IDE 开发工具。

任何项目的开发应用几乎都需要使用数据库，用来存储需要的信息、数据。JSP 支持所有流行的数据库，如 Oracle、SQL Server、Access 或 MySQL 数据库，本书示例均在 SQL Server 或 MySQL 上调试运行。

1.5.1 网站架构

Web 应用程序是一种使用 HTTP 作为核心通信协议、通过互联网让 Web 浏览器和服务器通信的计算机程序，因此一个网站需要考虑硬件架构和软件架构。硬件架构包括服务器、路由器、交换机、网络等设施。服务器可能根据客户需求分析、网站的目标群体、访问流量、应用大小、复杂程度又分为图片服务器、页面服务器、数据库服务器、应用服务器、日志服务器等。

软件架构包括操作系统、应用服务器、数据库、域名、开发工具以及系统框架的选择。

一个简单的 Web 网站仅需要一台 Windows 计算机，安装 JDK 作为 Java 运行环境，安装 Tomcat 作为 Web 服务器和 MySQL 作为数据库服务器，将应用部署在 Tomcat 服务器上即可。当然，如果互联网上的 Web 用户要能访问这个网站，就需要为这个网站申请一个 IP 地址或域名。

1.5.2 JDK 的下载、安装与配置

JDK（Java Develop Kit，Java 开发工具包）包括运行 Java 程序所需的 JRE 环境及开发过程中常用的库文件，是 Tomcat 作为 Web 服务器必须具备的。

在使用 JSP 设计页面前，首先必须安装 JDK，目前 JDK 的最新版本为 JDK 11，下载地址为 http://www.oracle.com/technetwork/java/javase/downloads/，有解压版和安装版两种，建议初学者选择安装版。选择合适的版本后，安装过程比较简单，只需要按照默认设置即可安装成功。如果是解压版，必须配置环境变量。

用 Eclipse 作为开发环境一般不需要对 JDK 进行配置。如果手工编译 Java 程序 JavaBean、Servlet 等，则需要配置 Java 开发环境 path 和 classpath。

配置过程如下：

右击"我的电脑"，在弹出的快捷菜单中选择"属性→高级→环境变量"，在"系统环境变量"中，新建变量名"JAVA_HOME"，值为 JDK 的安装路径，一般是"C:\Program Files\Java\jdk1.8.0_91"。

然后在"系统环境变量"中编辑或新建变量名"path"及"classpath"。其中，path 的值为".;%JAVA_HOME%\bin\;"，classpath 的值为".;%JAVA_HOME%\lib;%JAVA_HOME %\lib\dt.jar;%JAVA_HOME%\lib\tools.jar"。

在 Windows 中打开命令行窗口，输入 javac，若出现如图 1-3 所示的界面，即表明 JDK 安装、配置成功。

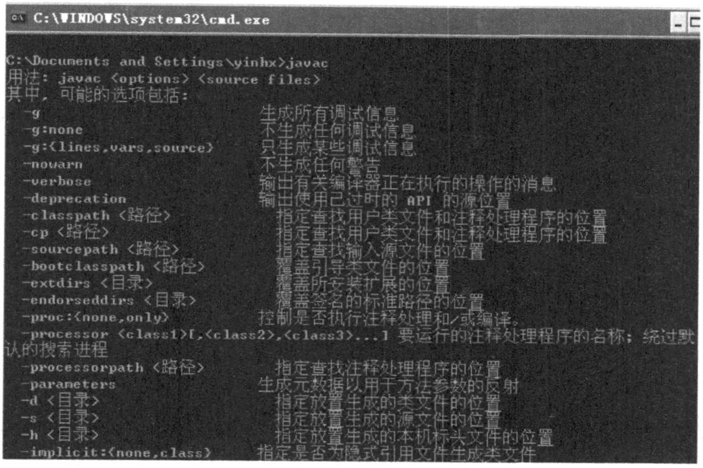

图 1-3 javac 使用帮助

1.5.3 Tomcat 的下载、安装与配置

Tomcat 是 Apache 软件基金会（Apache Software Foundation）的 Jakarta 项目中的一个核心项目，由 Apache 其他一些公司及个人共同开发而成，是一个小型的、轻量级的、支持 JSP 和 Servlet 技术的 Web 服务器，而且是一个免费的开放源代码的 Web 应用服务器。Tomcat 已经成为学习开发 JSP 应用的首选 Web 应用服务器。

首先到网站 https://tomcat.apache.org/下载 Tomcat，目前最新版本为 Tomcat 9.0，有解压版和安装版两种，建议初学者选择安装版。选择合适的版本后，安装过程比较简单，只需要按照默认设置即可安装成功。

启动 Tomcat，在浏览器中输入 http://localhost:8080，若出现如图 1-4 所示的界面，即表明 Tomcat 安装、配置成功。

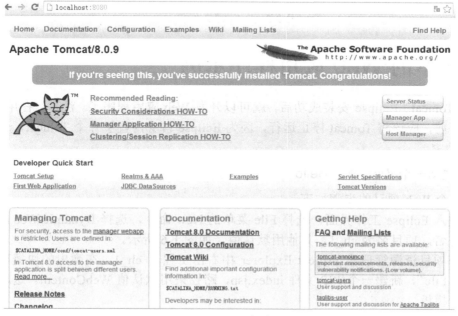

图 1-4 Tomcat 启动界面

1.5.4　Eclipse 的下载、安装与配置

Eclipse 是一个开放源代码的、基于 Java 的可扩展开发平台。实际上，Eclipse 只是一个框架和一组服务，用于通过插件组件构建开发环境。现在的 Eclipse 附带了一个标准的插件集，为编程人员提供了一流的 Java 集成开发环境（Integrated Development Environment，IDE），是一个可以用于构建集成 Web 和应用程序开发工具的平台。

打开网页 https://www.eclipse.org/downloads/下载 Eclipse，如 eclipse-java-photon-R-win32-x86_64.zip，解压后不需配置即可使用。

启动 Eclipse，在解压后的 eclipse 目录中，双击 eclipse.exe，设置 workspace 路径，然后进入如图 1-5 所示的工作界面。

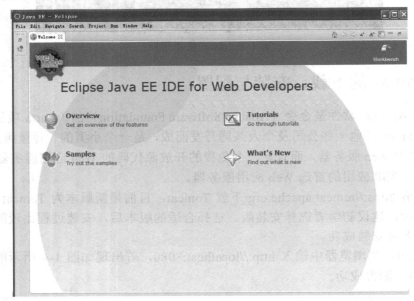

图 1-5　Eclipse 工作界面

1.6　简单的 Web 应用程序示例

JDK、Tomcat、Eclipse 安装成功后，就可以开发 Web 应用程序了。注意，在用 Eclipse 运行 JSP 程序前，应该将 Tomcat 停止运行，因为 Eclipse 自身内置了一个 Tomcat，否则会引起 8080 端口冲突。

1. 创建第一个 Web 项目 Hello

创建一个 Web 项目的步骤如下。

<1> 进入 Eclipse 工作界面，选择 File 菜单的 New 命令，选择 Dynamic Web Project，创建一个项目名，项目名为 ch_1，其他用默认值，如图 1-6 所示。

<2> 在项目资源管理器 Project Explorer 中右击工程名 ch_1，在弹出的快捷菜单中选择"New→JSP File"，新建一个 JSP 文件 index.jsp，路径采用默认值 WebContent。这时系统会提供一个 JSP 模板。

<3> 在页面模板中，输入如下代码：

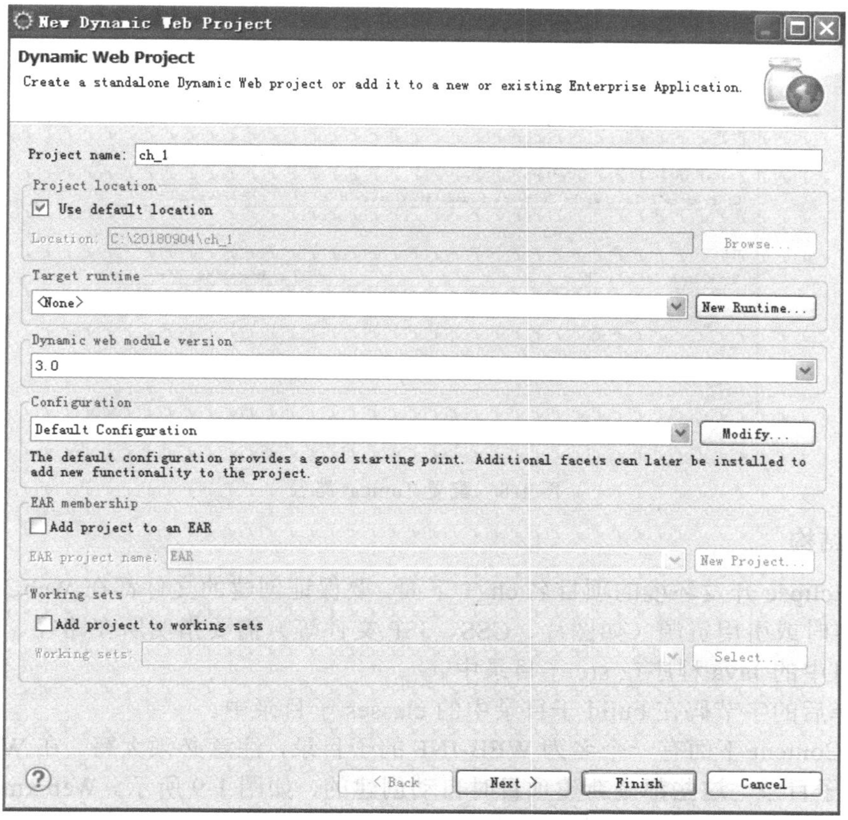

图 1-6 创建 Dynamic Web Project 项目

```
<%@ page language="java" contentType="text/html; charset=UTF-8" pageEncoding="UTF-8"%>
<!DOCTYPE html PUBLIC "-//W3C//DTD HTML 4.01 Transitional//EN"
                      "http://www.w3.org/TR/html4/loose.dtd">
<html><head>
<meta http-equiv="Content-Type" content="text/html; charset=UTF-8">
<title>这是标题</title></head>
<body>
<h1>你好，这是第一个JSP页面</h1>
</body></html>
```

<4> 在代码编辑窗口单击右键，在弹出的快捷菜单中选择"Run As→Run on Server"，在出现的 Run on Server 界面中选择 Tomcat 运行程序。运行结果如图 1-7 所示。

图 1-7 运行结果

<5> 在 Eclipse 中第一次运行时会要求配置 Tomcat 的路径。在 Run on Server 界面中选择 Tomcat 后，在 Tomcat installation directory 中选择 Tomcat 的安装目录，本书是 C:\Program Files\Apache Software Foundation\Tomcat 8.0，如图 1-8 所示。

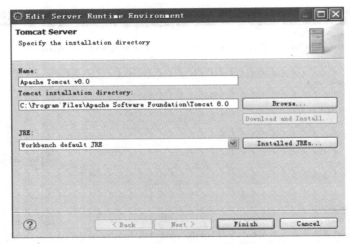

图 1-8　配置 Tomcat 路径

2．目录结构

<1> 在 Eclipse 开发环境的项目名 ch_1 下面，要保证创建的文件都在 WebContent 中，否则程序中跳转时或引用资源（如图片、CSS、JSP 文件等）需要指明所在路径。

<2> 项目中的 Java 程序在 src 子目录中。

<3> 编译后的字节码在 build 子目录中的 classes 子目录中。

<4> WebContent 下面有一个名为 WEB-INF 的子目录，注意必须大写。在 WEB-INF 目录中有一个 lib 子目录，这些都是新建项目时自动创建的，如图 1-9 所示。Web.xml 文件必须位于 WEB-INF 目录中，项目需要的 JAR 包必须复制到 lib 子目录中（如 SQL Server 数据库包 sqljdbc4.jar、Oracle 数据库包 ojdbc6.jar、标签文件 javax.servlet.jsp.jstl-1.2.1.jar 等）。

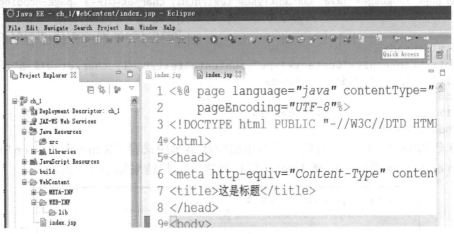

图 1-9　目录结构

3．应用程序部署

在 Eclipse 中项目成功开发后，需要发布到 Web 服务器上。

最简单的就是在 Tomcat 安装目录中的 webapps 子目录中新建一个子目录，然后将 Eclipse 项目中的 WebContent 中的文件包括目录全部复制到新建的子目录中，并将 Eclipse 项目中 build 子目录中的 classes 子目录复制到新建的子目录中的 WEB-INF 中。

启动 Tomcat，打开浏览器，输入 http://localhost:8080/ch_1/index.jsp，即可打开 index.jsp

网页，其中 ch_1 是在 webapps 中新建的子目录名，如果要打开的文件是 index.jsp，则可以省略不输入，运行结果见图 1-7。

1.7 网站安全问题

网站安全是一个非常重要的问题。我们要采取有效措施保护网站安全，要采取一系列的防御措施防止网站受到入侵者对其进行挂马、窜改网页等。网站设计者更多地考虑满足用户应用需求，很少考虑网站应用开发过程中所存在的漏洞，很多网站设计开发者、网站维护人员对网站攻防技术了解甚少；在正常使用过程中，即便存在安全漏洞，使用者也并不会察觉。

1.7.1 网站攻击手段

1. SQL 注入

对于与后台数据库产生交互的网页，如果没有对用户输入数据的合法性进行全面的判断，就会使应用程序存在安全隐患。攻击者可以在提交正常数据的 URL 或者表单输入框中提交一段精心构造的数据库查询代码，使后台应用执行攻击的 SQL 代码，攻击者根据程序返回的结果，获得某些他想要得知的敏感数据，如管理员密码、保密商业资料等。

2. 跨站脚本攻击

由于网页可以包含由服务器生成的并且由客户机浏览器解释的文本和 HTML 标记，如果不可信的内容被引入动态页面中，则无论是网站还是客户机，都没有足够的信息识别这种情况并采取保护措施。攻击者如果知道某一网站上的应用程序接收跨站点脚本的提交，就可以在网上提交可以完成攻击的脚本，如 JavaScript、VBScript、ActiveX、HTML 或 Flash 等内容，普通用户一旦点击了网页上这些攻击者提交的脚本，就会在用户客户机上执行，完成从截获账户、更改用户设置、窃取和窜改 cookie 到虚假广告在内的种种攻击行为。

随着攻击向应用层发展，传统网络安全设备不能有效的解决目前的安全威胁，网络中的应用部署面临的安全问题必须通过一种全新设计的高性能防护应用层攻击的安全防火墙——应用防火墙来解决。应用防火墙通过执行应用会话内部的请求来处理应用层。应用防火墙专门保护 Web 应用通信流和所有相关的应用资源免受利用 Web 协议发动的攻击。应用防火墙可以阻止将应用行为用于恶意目的的浏览器和 HTTP 攻击。这些攻击包括利用特殊字符或通配符修改数据的数据攻击，设法得到命令串或逻辑语句的逻辑内容攻击，以及以账户、文件或主机为主要目标的目标攻击。

3. DNS 攻击

黑客利用常见的洪水攻击，阻击 DNS 服务器，从而达到域名解析失败，IP 地址被转向，导致网站服务器无法访问。

1.7.2 网站的保护与安全措施

1. 安全配置

关闭不必要的服务，安装操作系统的最新补丁，将服务升级到最新版本并安装所有补丁，根据服务提供者的安全建议进行配置，这些措施将有助于服务器本身的安全。

2. 防火墙技术

防火墙是指一个由软件和硬件设备组合而成、在内部网和外部网之间、专用网与公共网之间的边界上构造的保护屏障，保护内部网免受非法用户的侵入，防火墙主要由服务访问规则、验证工具、包过滤和应用网关4部分组成，是一个位于计算机与所连接的网络之间的软件或硬件。安装必要的防火墙可以阻止各种扫描工具的试探与信息收集，甚至阻止来自某些特定IP地址的机器链接，给服务器增加一个防护层。

3. 漏洞扫描

现在很多网站都存在SQL注入漏洞、上传漏洞等漏洞，黑客可以通过这些漏洞进行SQL注入进行攻击，通过上传漏洞进行木马上传等。所以网站安全检测的重要一步就是网站的漏洞检测。有些在线的网站漏洞检测工具可以免费进行漏洞扫描和网站安全检测。

4. 网站木马检测

网站被挂马是非常普遍的事情，也是最头疼的一件事。所以在网站安全检测中，网站是否被挂木马是重要的指标。最简单的检测网站是否有挂木马的方法是，可以直接提交URL到杀毒软件在线安全中心进行木马检测。如有网址被挂木马，则要暂时关闭网站，及时清除木马或木马链接的页面地址。

5. 入侵检测

利用入侵检测系统进行实时监控，发现正在进行的攻击行为和攻击前的试探行为，记录黑客的来源和攻击的方法步骤。

6. 优化代码

优化网站代码，避免SQL注入等攻击手段，检查代码中可能出现的漏洞，经常对代码进行测试和维护。

7. 建立网络信息安全管理体系

建立网络信息安全管理体系可以强化员工的信息安全意识，规范组织信息安全行为，在信息系统受到侵袭时，确保业务持续开展并将损失降到最低程度。

网络信息安全管理体系一般包括四方面：第一是总体方针；第二是安全管理组织体系；第三是涵盖物理、网络、系统、应用、数据等方面的统一安全策略，分别从物理安全、网络安全、系统安全、应用安全、数据安全、病毒防护、安全教育、应急恢复、口令管理、安全审计、系统开发、第三方安全等方面提出了规范的安全策略要求；第四是可操作的安全管理制度、操作规范和流程。

在建网站的时候如何保证网站的安全性呢？下面进行简单介绍。

（1）开源程序的安全性保障

开源程序的源码是公开的，如果不做一些设置很容易被不法分子利用并攻击，使用开源建站必须关注系统的漏洞问题，关注开源系统的升级和补丁，及时把漏洞补上。

（2）网站的账号信息及地址的修改

开源程序的网站后台地址都是有规律的，在建站完成后一定要把后台地址进行修改，这样会增加被攻击性的难度，同时设置验证码和账号密码的难度。

（3）信息更新的安全性

网站建立以后，后期往往会进行维护，有时会通过FTP或SSH等工具连接到网站服务器的文件目录，把修改后的源码文件进行上传，在进行网站相关文件上传时，一定要事先检查文件的安全性，对类似 JS、可执行文件 EXE、可执行脚本 SH 等必须加以检查，防止恶意文件上传到网站的服务器目录。

（4）服务器的安全性

网站的服务器安全是网站运维人员的职责，但是很多网站没有人负责服务器的安全维护。一些相关的服务器安全设置是必须要做的，包括服务器的防火墙需要正常开启、服务器的登录账号和密码的强度必须做好、服务器的故障告警提醒等，其中服务器的故障告警指的是当服务器出现故障的时候，站长需要能够短时间内收到告警提醒，以便在网站出现故障的时候可以短时间内尽快恢复。

（5）网站日志的分析检查

网站的访问日志可以在服务器和网站的后台查看，其中服务器的日志可以在 Web 服务器相关日志文件中查看，如 apache、tomcat 等；建议在网站的后台设置相关的访问记录功能，以便于在网站出现安全问题时可以快速排查到原因，如可以在网站的后台记录用户访问的 IP 来源、访问次数、停留时间、访问的页面等。

本章小结

本章主要介绍了 Web 编程的基础知识，包括 Web 的基本概念和工作原理、Internet 网络协议、IP 地址、域名和 URL、ASP、ASP.NET、PHP、JSP 等动态网页设计技术。

Internet 是由不同类型、不同规模、独立管理和运行的主机或计算机网络组成的一个全球性特大网络。Internet 使用的网络协议是 TCP/IP，凡是接入 Internet 的计算机都必须安装和运行 TCP/IP 软件。TCP/IP 是一个协议族，其应用层主要有超文本传输协议 HTTP、远程登录协议 Telnet、文件传输协议 FTP 和域名服务系统 DNS 等。

Web 是一种基于 B/S 模式、采用 Internet 协议的体系结构，是一种基于 Internet 的超文本信息系统。早期的 Web 页面是静态的，静态页面是用纯 HTML 编写的。后来，以 PHP、ASP 和 JSP 为代表的动态技术使 Web 从静态页面变成可执行的程序，从而产生了动态网页，大大提高了 Web 的动态性和交互性。

动态网页的实现一般采用客户端编程和服务器端编程两种程序设计方法。客户端编程是客户端浏览器下载服务器的程序来执行有关动态服务工作。常见的客户端编程技术有 VBScript、JavaScript、Java Applet 等。服务器端编程是将程序员编写的代码保存在服务器上，当用户提出对某个网页的请求时，这个请求要访问的页面代码都在服务器端执行，并把执行结果以 HTML 文件的形式传回浏览器。常见的服务器端编程技术有 PHP、JSP、ASP 和 ASP.NET。

IP 地址是识别 Internet 中主机及网络设备的唯一标识。但对大多数人来说，记住很多计算机的 IP 地址并不是一件容易的事，所以产生了域名服务系统 DNS，允许为主机分配字符名称，即域名。在网络通信时，由 DNS 自动实现域名与 IP 地址的转换。WWW 信息分布在全球，要找到所需信息必须有一种说明该信息存放在哪台计算机的哪个路径下的定位信息。统一资源定位器 URL 是用来确定某信息位置的方法。

网站安全是一个非常重要的问题。有的网站防御措施过于落后，常常受到黑客的攻击。黑客的攻击手段包括 SQL 注入、跨站脚本攻击、DNS 攻击等。为了防止黑客的攻击，可以采取安全配置、防火墙、漏洞扫描、木马检测、入侵检测、代码优化等一系列网站保护与安全措施，同时建立网络信息安全管理体系。

习 题 1

1.1 简述 Web 的特点及应用。
1.2 描述 Web 服务器向浏览器提供服务的基本过程。
1.3 请列举主要的动态网页设计技术。
1.4 TCP/IP 参考模型分成哪几层？每层的主要功能是什么？
1.5 解释下列网络协议的作用：
    Telnet   SMTP   FTP   DNS   HTTP   TCP   IP
1.6 名词解释：
    域名   IP 地址   URL   Web   PHP   JSP   ASP   ASP.NET
1.7 攻击网站主要有哪些手段？网站的保护与安全措施有哪些？
1.8 尝试 JDK 的下载、安装与配置操作。
1.9 尝试 Tomcat 的下载、安装与配置操作。
1.10 尝试 Eclipse 的下载、安装与配置操作。

第 2 章　HTML、XML 和 CSS

超文本标记语言（Hypertext Markup Language，HTML）是在万维网上建立超文本文件的语言，是万维网的核心计算机语言。创建 Web 站点时，需使用 HTML 组织 Web 页面放置文本、图像、音视频等多媒体信息等内容，以及表单和超链接等可以进行交互的内容。可扩展标记语言（eXtensible Markup Language，XML）是万维网联盟（World Wide Web Consortium，W3C）于 1998 年 2 月发布的标准，是元标记语言，可应用于 Web 开发的许多方面。目前，XML 主要用来作为数据交换的标准格式，已成为互联网标准的重要组成部分。

层叠样式表（Cascading Style Sheets，CSS）是 W3C 协会为弥补 HTML 在显示属性设定上的不足而制定的一套扩展样式标准。CSS 扩充了 HTML 标记的属性设定，称为 CSS 样式，并且通过脚本程序控制，可以使页面的表现方式更灵活，更具动态特性。

2.1　页面设计概述

Web 网站开发的全过程大致分为 5 个阶段：策划与定义、设计、开发、测试和发布。首先根据建站目的和定位进行策划与定义，确定网站风格、栏目、布局方式等；然后进行网页设计和程序开发。其中，网页设计包括静态网页设计和动态网页设计。静态网页和动态网页的主要区别在于：动态网页包含需要在服务器上运行的程序，而静态网页则不包含。

2.1.1　静态网页

静态网页是网站建设的基础，是相对动态网页而言，是指没有后台数据库、不含服务端程序的网页；静态网页不需经过服务器的编译或解释，直接加载到客户浏览器上显示。早期的网站都是采用静态网页制作的。静态网页主要采用 HTML 编写，也可采用 XML 等编写，其文件扩展名是 .htm 和 .html 等。静态网页目前主要使用网页开发工具，如 Dreamweaver 等。静态网页可以包含文本、图像、声音、动画、客户端脚本和 ActiveX 控件及 Java Applet 等。

静态网页的优点是访问速度快、安全性高，因为静态网页不包含需要在服务器运行的程序，其客户端的访问请求只是让服务器传递数据，不涉及服务器程序运行及读取后台数据库。其缺点是更新维护较为烦琐。因此，静态网页主要适用于更新较少的展示型网站。

2.1.2　动态网页

动态网页指内容可根据不同情况动态变化的网页，是当前网站的主流形式。动态网页除了要设计网页，还要通过数据库和编程来使其具有更多动态交互的功能。动态网页中通常包含有服务器端脚本，所以文件名常以 asp、aspx、jsp、php 等为后缀。

动态网页的主要优点：① 具有良好的交互性，可以实现灵活强大的程序控制功能；网页会根据用户的请求而动态改变和显示内容，如用户登录、各类管理功能等；② 动态网页一般以数据库技术为基础，有利于网站内容的更新，可以大大降低网站维护的工作量。

动态网页的主要缺点：① 需要数据库处理，所以动态网站的访问速度有所减慢；但随着服务器性能以及网络带宽的提升，其影响已经较小；② 技术复杂，开发难度较高。动态网页涉及数据库技术、服务器编程技术，技术复杂程度比静态网页提高很多，动态网站服务器空间配置也比静态网页要求高。

2.1.3 网页的设计风格

网站不仅是传递信息的载体，也是一种艺术作品，其类型不同，设计风格也有所不同，设计师利用对各种网站构成元素进行合理布局、优化调整，使网站的设计风格既能体现主题，又能反映独特的设计理念，从而让浏览者以最佳的状态来领会网站所要表达的诉求。网页设计风格是指页面上的视觉元素组合在一起的整体形象，展现给人的直观感受。这个整体形象包括网站的定位、创意、版式、页面布局、页面内容、配色、字体、交互性等因素，网站风格一般与整体形象相一致，如企业网站风格应与企业的行业性质、企业文化、提供的相关产品或服务特点相呼应。

网站设计策划时通常需要考虑如下要素：网站定位、结构、版式、视觉等。网站定位主要确定网站想要表达的主题，如企业门户、专题网站等；网站结构是指各页面组织的方式，包括层次结构、线性结构和网状结构三种基本结构。网页版式设计需要处理各造型元素相互依赖、相互配合和相互组织的关系，体现出构成方式的规律性，包括比例、对称、均衡、渐变、节奏、统一、变化等。网页的视觉原理需要注重视觉突出、整体感以及视线移动规律等，以有效传递网页界面的视觉信息。

2.2 超文本标记语言 HTML

HTML 源于"标准通用标记语言"（Standard Generalize Markup Language，SGML）的设计概念。SGML 的目的是使网络上文档格式统一，易于交流。SGML 采用"标记"进行描述。标记（tag）是在文档需要的地方插入特定记号，来控制文档内容的显示，即文档格式定义。HTML 沿用 SGML "文档格式定义"概念，通过标记与属性描述文本的语义，并提供由一个文件到另一个文件或在一个文件内部不同部分之间的链接。HTML 标记是区分文本各部分的分界符，用于将 HTML 文档划分成不同的逻辑部分（如段落、标题等），它描述文档的结构，与属性一起向浏览器提供该文档的格式化信息以传递文档的外观特征。

HTML 自 1993 年 6 月由互联网工程工作小组（IETF）作为工作草案发布以来，已先后推出了 HTML2.0、HTML3.0、HTML3.2、HTML4.0、XHTML 及 HTML5 等版本。其中 HTML3.0 和 HTML4.0 规范对于网页设计尤为重要。HTML3.0 提供了很多新特性，如表格、文字绕排和复杂数学元素的显示等。1997 年 12 月推出的 HTML4.0 将 HTML 推向一个新高度，该版本倡导两个理念：一是将文档结构和显示样式分离，二是更广泛的文档兼容性。HTML4.0 对以前版本的标记进行了扩充，它将页面中的文字及图像等都作为对象来处理，并可通过脚本语言程序对其特性和变化予以控制。由于同期层叠样式表（CSS）的配套推出，更使得 HTML + CSS 的网页制作能力达到了新的高度。1999 年 12 月，W3C 网络标准化组织推出改进版的

HTML4.01，该语言相当成熟可靠，一直沿用至今。

2000年底，W3C组织公布发行了XHTML 1.0版本。XHTML是一种增强了的HTML，其可扩展性和灵活性将适应未来网络应用更多的需求。XML虽然数据转换能力强大，完全可以替代HTML，但面对成千上万已有的基于HTML设计的网站，直接采用XML还为时过早。因此，在HTML4.0的基础上，用XML的规则对其进行扩展，就得到了XHTML。所以，建立XHTML的目的是实现HTML向XML的过渡。本质上，XHTML是一个过渡技术，结合了XML的强大功能及HTML的简单特性。

HTML是一种文本标记语言，而非编程语言。HTML文件是普通文本文件，与平台无关，可用任何文本编辑器进行编辑，通常文件扩展名为.htm或.html。

2.2.1 HTML 文档结构

1. 示例——创建《Web程序设计》课程网站主页面

为使读者对HTML文件有一个整体了解，先看一个HTML文件示例。

【例2-1】"《Web程序设计》课程网站"主页面，如图2-1所示。

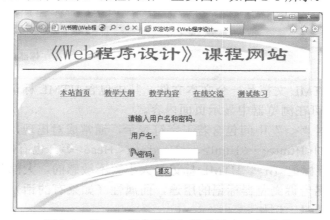

图2-1 "《Web程序设计》课程网站"主页面

该网页以表格作为页面的总布局方式，页面设计中使用了常用的HTML标记，包括：表格、表单、文字显示控制、加入图片、超链接、水平线、换行、分段、设置页面背景图片等。用记事本打开该页面对应的HTML文档，其内容如下：

```
<html>                                                          文档头部标记
<head>
<meta http-equiv="content-type" content="text/html; charset=gb2312">
<title>欢迎访问《web程序设计》课程网站</title></head>

<body background="bg.jpg">                              体部起始标记，并设置页面背景图片文档

<div align="center">                                         分段，设置标题文字格式
    <font size=7 color=red face="隶书">《web程序设计》课程网站</font>
</div>

<hr color=blue border="2"><br>                               加入水平线，换行

<table width="497" border="0" align="center">                表格，显示系统功能选项
<tr>
    <th width="120" scope="col"><br>
    <strong><a href="home.htm">本站首页</a></strong></th>
```

```
            <th width="120" scope="col"><br>                         表格，显示系统功能选项
            <strong><a href="jxdg.aspx">教学大纲</a></strong></th>
            <th width="120" scope="col"><br>
            <strong><a href="jxnr.aspx">教学内容</a></strong></th>
            <th width="120" scope="col"><br>
            <strong><a href="zxjl.aspx">在线交流</a></strong></th>
            <th width="120" scope="col"><br>
            <strong><a href="cslx.aspx">测试练习</a></strong></th>
        </tr>
   </table>
   <br><br>
   <form>                                                            输入用户名和口令表单
   <center>请输入用户名和密码：<br><br>
         用户名：
         <input type=text name="xm" size=10 value=""><br><br>
         <img src="passwd.gif" width="20" height="20">密码：
         <input type=password name="kl" size=10 value=""><br><br>
         <input type=submit name="ok" value="提交">
   </center>
   </form>
   <!-- 表单结束 -->                                                    注释
   </body>                                                          体部结束标记和文档结束
   </html>
```

由例 2-1 可知，HTML 文档是一个文本文件，其中包含 HTML 标记和属性形式的指令。双击 HTML 文件名即可在浏览器中显示页面内容。

HTML 标记用一对"<>"中间包含若干字符表示，通常成对出现，前一个是起始标签，后一个为结束标签，如<Html>…</Html>、<Head>…</Head>等。也有部分标记非成对出现，如例 2-1 中出现的换行标记
。HTML 标记是大小写不敏感的。大部分标记都带有一个或多个属性，其中标记名告诉浏览器标记的用途，而属性（如果有的话）则为浏览器提供执行标记命令所需的附加信息。例如：

    <Font size=7 Color=red Face="隶书">《Web 程序设计》课程网站</Font>

其中，Font 是标记名，告诉浏览器设置由<Font>及</Font>所界定的文字显示属性，而 Color 和 Face 为属性，用于设置文字的颜色和字体。有些标记（如例 2-1 中的 Body）还包括一些事件，通过设置事件代码，当该事件产生时，事件代码便被执行。事件代码用脚本语言编写，目前常用的脚本语言为 JavaScript 和 VBScript。脚本语言编写的程序用 Script 标签括起来，Language 属性告知浏览器 Script 标签括起的脚本是用什么脚本语言编写的。例如用 JavaScript 脚本语言，则设置 Language="JavaScript"或 Language="JScript"。

2．HTML 文档的基本构成

HTML 文档的基本结构如下：

```
<html>
<head>
文档头部
</head>
<body>
文档体部
</body>
</html>
```

HTML 页面以<html>标记开始,以</html>结束。它们之间是头部和体部。头部用<head>…</head>标记界定,一般包含网页标题以及文档属性参数等不在页面上显示的网页元素。体部是网页的主体,内容均会反映在页面上,用<body>…</body>标记来界定,页面的内容组织在其中。页面的内容主要包括文字、图像、动画、超链接等。

2.2.2　HTML 基本标记

HTML 标记限定了文档的显示格式,分为头部和体部标记。

1. 头部标记

<head>…</head>：HTML 文件头部起始和结束标记。
<title>…</title>：HTML 文件的标题,是显示于浏览器标题栏的字符串。
<style>…</style>：CSS 样式定义,详见 2.4 节。
<meta>："元"标记,位于<head>与<title>标记之间,提供网页信息。

其中,<meta>标记主要用来为搜索引擎提供页面主题相关信息,包括 HTTP 标题信息(http-equiv)和页面描述信息(name)。<meta>标记的三种主要属性如下:

- name —meta 名字,描述网页,与 content 配合使用说明网页内容,以便于搜索引擎进行查找和分类。
- http-equiv —说明 content 属性内容的类别。
- content —定义页面内容,一些特定内容要与 http-equiv 属性配合使用。

name 与 content 属性配合使用的部分含义如下:

- name="keywords" —content 为搜索引擎提供的关键字列表。
- name="description" —content 与页面内容相关。
- name="author" —content 为作者信息。
- name="copyright" —content 为版权信息。

http-equiv 与 content 属性配合使用的部分含义如下:

- http-equiv="content-Type" —content 中是页面使用的字符集。
- http-equiv="content-language" —content 中是页面语言。
- http-equiv="refresh" —content 中是页面刷新的时间。
- http-equiv="expires" —content 中是页面在缓存中过期的日期。

例如:
```
<meta name="keywords" content="news, flood">
// 设定关键字为 news, flood
<meta name="description " content="关于洪涝灾害的新闻">
// 设定网页描述为"关于洪涝灾害的新闻"
<meta http-equiv="content-Type" content="text/html; Charset=gb2312">
// 设定网页所使用的字符集为 GB2312,即汉字国标码
<meta http-equiv="content-language" content="zh-CN">
// 设定网页所使用的语言
<meta http-equiv="expires" content="Aug,30,2018 00:00:00 GMT">
// 设定网页在缓存中过期的日期为 2018-8-30,一旦过期,需要到服务器上重新下载
```

2. 体部标记

基本的体部标记包括 body、文字显示和段落控制标记、设置图像和超链接、列表和预定

义格式标记等,用来在网页中插入文本、表格、超链接、多媒体等各类对象,进行排版等。

(1) <body>和</body>标记

表明 HTML 文件体部的开始和结束,body 标记属性及含义列于表 2-1 中。例如:

```
<body topmargin=5 background="images/back057.gif"
      text="#ff0000" link="yellow" vlink="#00ff00">
```

表 2-1 body 标记属性表

属性名	取值	含义	默认值
bgcolor	颜色值	页面背景颜色	#FFFFFF
text	颜色值	文字的颜色	#000000
link	颜色值	待链接的超链接对象的颜色	
alink	颜色值	链接中的超链接对象的颜色	
vlink	颜色值	已链接的超链接对象的颜色	
background	图像文件名	页面的背景图像	无
topmargin	整数	页面显示区距窗口上边框的距离,以像素点为单位	0
leftmargin	整数	页面显示区距窗口左边框的距离,以像素点为单位	0

HTML 文件中许多标记都有颜色控制,颜色值在 HTML 中有两种表示法:

- ✽ RGB 值表示 —用颜色的十六进制 RGB 值表示,形如"#RRGGBB"。如"#ff0000"表示红色,"#0000ff"表示蓝色。
- ✽ 英文单词表示 —如"red"表示红色,"blue"表示蓝色。

(2) 文字显示和段落控制标记

文字显示属性主要有字体、字号、颜色,段落控制显示对象的分段。常用的文字显示和段落控制标记列于表 2-2 中。

表 2-2 常用的文字显示和段落控制标记表

标记名	含义
<font>…</font>	以属性 face、size、color 控制字体、字号、字颜色的显示特性
<I>…</I>	斜体
<B>…</B>	粗体
<U>…</U>	加下画线
_…	下标
[…]	上标
<big>…</big>	大字体
<small>…</small>	小字体
<h1>~<h6>	标题格式,数字越大,显示的标题字越小
<p>…</p>	分段标记,属性有 align: left—左对齐,center—居中对齐,right—右对齐
<div>…</div>	块容器标记,其中的内容是一个独立段落
<hr>	分隔线,属性有:width(线的宽度)、color(线的颜色)
<center>…</center>	居中显示

【例 2-2】 一个包含文字显示和段落控制标记的 HTML 文件示例。

```
<html><head><title>文字显示和段落控制</title></head>
<body background="images/back057.gif" text="#ff2222">
<center><h1>一级标题</h1></center><hr width=90% color=green>
<font face="黑体" size=7 color="0000ff">这是黑体,大小为 7 号字,蓝色</font><br>
<p>这是一个段落<br>
<I>这是斜体</I><B>这是粗体</B><U>这是下画线字体</U>
```

```
<big>这是大字体</big><small>这是小字体</small>
这是下标字体<sub>1</sub>这是上标字体<sup>2</sup><br>
<font face="楷体" size=6 color="cc8888">
<I><B><U>这些标记还可以混合使用</U></B></I></font></p>
<p align=center>这是另一个段落<br>
<B>    以下是转义序列</B><br>
&lt; 小于号; &gt; 大于号; &amp; 与号; &quot;双引号; 例如: a&gt;b</p>
</body></html>
```

例 2-2 在浏览器中显示的效果如图 2-2 所示。

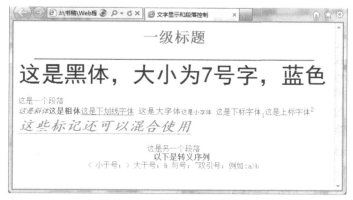

图 2-2 文字显示和段落控制

本例有两点需要说明：

① 转义序列。在 HTML 文件中有些符号有特殊用途，如 "<" ">" 等，它们相当于高级语言的关键字，如果在 HTML 的正文中需显示它们，就必须用转义序列。最常用的转义序列是 （空格），如果 HTML 需显示一个或多个空格，必须用该转义序列。其他常用的转义序列还有：<（小于号）、>（大于号）、&（与号）、"（双引号）。如要显示 "x<y"，在 HTML 文件中需书写为 "x<y"。

② 换行标记
。在 HTML 中输入的硬回车符并不引起浏览器显示换行，要使浏览器在指定处换行，要用标记
。
是非成对标记。

（3）图像标记

图像格式可以被浏览器解释如下：GIF 格式（.gif 文件）、X 位图格式（.xbm 文件）、JPEG 格式（.jpg、.jpeg 文件）和 PNG 格式（Portable Network Graphics）。

在例 2-1 中，用图像标记<img>可以向页面中插入一幅图像。例如：

    <img src="images/a.gif" border=0 width=200 height=100 alt="示例">

<img>标记的属性包括：

- src —指明图像文件的地址。该属性值必须指明，值可以是一个本地文件名或一个 URL 形式，如 http://member.shangdu.net/images/logo.gif。
- border —指明图像边框的粗细，值为整数。若为 0，表示无边框；值越大，边框越粗。
- width —图像宽度，值为整数，单位为屏幕像素点数。若不指出该属性值，则浏览器默认按图像的实际尺寸显示。
- height —图像高度，值为整数，单位为屏幕像素点数。若不指出该属性值，则浏览器默认按图像的实际尺寸显示。
- alt —当鼠标移至该图像区域时，将以一个小标签显示该属性值。

（4）超链接标记

超链接标记用于一个超链接唯一地指向另一个 Web 页，由两部分组成：一部分是显示在本页面中的可被触发的超链接文本或图像（称为"热点"），另一部分是用来描述当超链接被触发后要链接到的 URL 信息。超链接标记的格式如下：

```
<a href="URL 信息">超链接文本或图像</a>
```

href 属性指出超链接的目标 URL 信息，分为如下 3 种情况。

① 目标页面位于另外的主机或采用非 HTTP，此时采用绝对 URL 格式，即

```
协议名://主机名[/目录信息]
```

例如：

```
http://www.cernet.edu.cn
http://linux.cgi.com.cn/person/szj98/index.htm
ftp://ftp.njnet.edu.cn
mailto:wang@163.com
```

② 若目标页面位于本主机，可采用相对 URL 代替绝对 URL。例如，目标页面的 HTML 文件与本 HTML 文件位于同一子目录，名为 des1.htm，则超链接标记可简化为：

```
<a href="des1.htm">超链接文本</a>
```

又如：

```
<a href="../des2.htm">超链接文本</a>
```

③ 超链接的目标也可以是某个文件的特定位置（称为"锚点"，anchor）。此时需用超链接标记的 NAME 属性来定义超链接的引用名，格式为：

```
<a name="锚点名">文本或图像等页面元素</a>
```

注意，这里的文本或图像等页面元素并不被特殊显示，也不会触发超链接的跳转，它仅定义了一个超链接目标的引用名。当需跳转到该目标时，将"#锚名"附加到 URL 之后即可。

超链接标记除了有必备的 href 属性，还有一个很有用的属性 target，它指明目标页面显示的窗口。其含义如下：

- target=_blank —目标页面显示于一个新的浏览器窗口。
- target=_top —通常在框架中的超链接才设置该值，表示目标页面显示于整个浏览器窗口，而不是显示在框架所在窗口中。
- target=框架名 —目标页面显示于指定框架所在的窗口。target 的默认值是本页面所在的浏览器窗口。关于框架见 2.2.5 节。

【例 2-3】 三种 URL 应用示例。

```
<html><head><title>超链接 URL</title></head>
<body>
单击<a href="xp.htm" target=_blank><b>这里</b></a>可以见我的照片<br>
单击<a href="http://www.163.com"><b>这里</b></a>可以进入网易<br>
单击<a href="mailto:test@163.com"><b>这里</b></a>可以给我发信<br>
单击<a href="example3.htm#aaa"><b>这里</b></a>可以转到我的简历<br>
<a name="aaa">我的简历：</a></body></html>
```

（5）列表标记和预定格式标记

列表标记用于产生不同格式的列表。有三种类型的列表：

- 无序列表（unordered list）— `<ul>列表项</ul>`
- 有序列表（ordered list）— `<ol>列表项</ol>`

✱ 定义列表（definition list）— <dl>列表项</dl>

预定格式（preformatted）标记可以使信息按照 HTML 文件中编排的格式原样显示于浏览器中，该标记的格式为：

```
<pre>预定格式的信息</pre>
```

【例 2-4】 三种列表标记应用示例。

```
<html><head><title>课表</title></head>
<body><b>今天我要上以下的课</b>
<ul><!--无序列表-->
    <li>局域网工程</li>
    <li>操作系统</li>
    <li>数据结构</li>
</ul>
<b>今天我要上以下的课</b>
<ol><!--有序列表-->
    <li>局域网工程</li>
    <li>操作系统</li>
    <li>数据结构</li>
</ol>
<dl><!--定义列表-->
    <dt><b>局域网</b><!--定义标题--></dt>
    <dd>局域网是指将小范围内的数据设备经过通信系统连接起来的计算机网络</dd>
</dl>
</body></html>
```

该 HTML 文件在浏览器中的显示效果如图 2-3 所示。

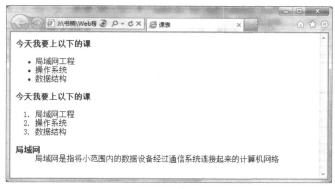

图 2-3 三种列表标记应用示例

2.2.3 表格

在 HTML 中，表格（Table）是由一个表格名称（标题）再加上一行或多行表格内容所构成的块状结构。表格是最常用的页面元素，在页面中用表格来表示数据直观又清晰，而且 HTML 表格的使用非常灵活，较复杂的页面布局也可利用表格来完成。

1．表格定义

表格定义的语法结构为：

```
<table>
```

```
            [<caption>标题内容</caption>]
            <tr>
                <td>表格内容</td>
                {<td>表格内容</td>}
            </tr>
            ……
        </table>
```

<table>…</table>标记对界定表格结构的起始和结束；<caption>…</caption>标志是可选项，其中的内容是表格的标题；<tr>…</tr>界定一个表格行的开始和结束；一个表格行可以包含多个表格项，每个表格项的内容和显示特性由标记对<td>…</td>来定义。

2．表格属性

标记<table>、<caption>、<thead>、<tr>、<th>和<td>的属性用来定义表格的显示特性，其中<table>的属性描述整个表格的显示特性，<caption>标记描述表名，<thead>标记描述表的表头信息，行控制标记<tr>的属性定义该行的显示特性，标题栏标记<th>描绘述表格每列的标题信息，表格项控制标记<td>的属性定义该项的显示特性。利用它们丰富的属性可以设计出各种复杂的表格。标记<table>、<tr>、<td>的属性分别列于表2-3～表2-5中。

表2-3　table 标记属性表

属性名	取值	含义	默认值
border	整数	表格边框粗细，值为0，表格没有边框；值越大，表格边框越粗	0
width	百分比	表格宽度，以相对于充满窗口的百分比计（如60%）	100%
	整数	表格宽度，以屏幕像素点计	
cellpadding	整数	每个表项内容与表格边框之间的距离，以像素点为单位	0
cellspacing	整数	表格边框之间的距离，以像素点为单位	2
bordercolor	颜色值	表格边框的颜色	#000000
background	图像文件名	表格的背景图	无
align	left | center | right	表格的位置	left

表2-4　<tr>标记属性表

属性名	取值	含义	默认值
align	left | center | right	本行各表格项的横向排列方式	left（左对齐）
bgcolor	颜色值	本行各表格项的背景色	#000000
valign	top | middle | bottom	本行各表格项的纵向排列方式	middle
width	百分比值 | 整数	本行宽度（受 table 的 width 属性值制约）	
height	整数	本行高度，以像素点为单位	

表2-5　<td>标记属性表

属性名	取值	含义	默认值
align	left | center | right	本表格项的横向排列方式	left（左对齐）
bgcolor	颜色值	本表格项的背景色	#000000
valign	top | middle | bottom	本表格项的纵向排列方式	middle
width	百分比值 | 整数	本表格项宽度（受 table 和 tr 的 width 属性值制约）	
height	整数	本表格项高度，以像素点为单位（受 tr 的 height 属性值制约）	
background	图像文件名	本表格项的背景图像	无
colspan	整数	按列横向结合。如该值为2，表示本表格项在宽度上占用两列	1
rowspan	整数	按行纵向结合。如该值为2，表示本表格项在高度上占用两行	1

【例 2-5】 简单表格示例。本例只给出主要表格的部分文本，其余部分读者可以容易补全。在浏览器中显示的结果如图 2-4 所示。

```
<table border=1 cellspacing=2 cellpadding=4>
<caption >物资列表</caption >
<thead> <tr><td>商品类别</td><td>数量</td></tr> </thead>
<tr><td>日用百货</td><td>10</td></tr>
<tr><td>电器</td><td>20</td></tr>
<tr><td>轿车</td><td>5</td></tr>
</table>
```

【例 2-6】 较复杂表格示例。每行列数及每列行数都不同，利用 td 标记的 colspan 和 rowspan 属性可对表格的单元格进行灵活的控制。在浏览器中显示的结果如图 2-5 所示。

图 2-4 简单表格示例　　　　　　　图 2-5 复杂表格示例

```
<html><head><title>复杂表格</title></head>
<body topmargin=4>
<table border=3 bordercolor=blue background="images/bock057.gif"
            align=center cellspacing=3 cellpadding=6>
<caption>专业设置及在校生人数表</caption>
<tr align=center bgcolor=mediumturquoise>
<td><strong>学院名</strong></td>
<td colspan=4><strong>专业及人数</strong></td></tr>
<tr align=center><td rowspan=6>计算机学院</td>
<td colspan=4 bgcolor=ddeeff>计算机科学与技术专业</td></tr>
<tr align=center><td>2016级</td><td>2017级</td><td>2018级</td><td>2019级</td></tr>
<tr align=center ><td>300人</td><td>200人</td>
<td>150人</td><td>120人</td></tr>
<tr align=center ><td colspan=4 bgcolor=ddeeff >软件工程专业</td></tr>
<tr align=center><td>2016级</td><td>2017级</td><td>2018级</td><td>2019级</td></tr>
<tr align=center><td >100人</td><td>80人</td><td>50人</td><td>40人</td></tr>
<tr align=center><td rowspan=3>外语学院</td>
<td colspan=4 bgcolor=ddeeff >英语专业</td></tr>
<tr align=center><td>2016级</td><td>2017级</td><td>2018级</td><td>2019级</td></tr>
<tr align=center ><td >100人</td><td>80人</td><td>50人</td><td>40人</td></tr>
</table></body><html>
```

2.2.4 表单

表单（Form）提供图形用户界面的基本元素，包括按钮、文本框、单选钮、复选框等，是 HTML 实现交互功能的主要接口，用户通过表单向服务器提交数据。表单的使用包括两部分：一部分是用户界面，提供用户输入数据的元件；另一部分是处理程序，可以是客户端程序，在浏览器中执行，也可以是服务器处理程序，处理用户提交的数据，返回结果。本节仅介绍前一部分，即如何利用 HTML 提供的表单及相关标记生成用户界面，后一部分涉及 JavaScript、JSP 程序设计，将在后续章节介绍。

1. 表单定义

表单定义的语法如下：

```
<form method="get|post" action="处理程序名">
   [<input type=输入域种类 name=输入域名>]
   [teaxtarea 定义]
   [select 定义]
</form>
```

form 标记的属性含义如下：

- method —取值为 post 或 get。二者的区别是：get 方法将在浏览器的 URL 栏中显示所传递变量的值，而 post 方法不显示；在服务器端的数据提取方式也不同。
- action —指出用户所提交的数据将由哪个服务器的哪个程序处理。可处理用户提交的数据的服务器程序种类较多，如 ASP 脚本程序、ASPX 程序、PHP 程序等。

form 的输入域有 3 类定义方式：input、textarea 和 select，定义方法和含义见下面的说明。

2. 表单的输入域

不同类型的输入域为用户提供灵活多样的输入数据的方式，表单的输入域有如下 3 类：

- 以标记<input>定义的多种输入域，包括 text、radio、checkbox、password、hidden、button、submit、reset 和 file 等。
- 以标记<textarea>定义的文本域。
- 以标记<select>和<option>定义的下拉列表框。

【例 2-7】 表单输入域的定义方法及使用示例。该 HTML 文件在浏览器中显示的效果如图 2-6 所示。

```
<html><head><title>表单使用</title></head>
<body><b>请选择您学习的方式</b><br>
<form method=get
    action="http://test.com/cgi-bin/run1">
<input type=radio checked>全日制在读
<input type=radio>走读
<input type=radio>函授<br><br>
<b>请选择您所要学习的课程</b><br>
<input type=checkbox value="yes" name="局域网工程" checked>局域网工程<br>
<input type=checkbox value="yes" name="操作系统">操作系统<br>
<input type=checkbox value="yes" name="数据结构">数据结构<br><br>
<b>请输入您的要求</b><br>
<textarea name="comment" rows=4 cols=50></textarea><br>
<input type=submit name="ok" value="提交">
```

图 2-6 表单的输入域示例

```
<input type=reset name="re-input" value="重选"></form></body></html>
```

不同的输入域适用于接收用户不同的输入，常用的表单输入域列于表2-6中。

表2-6 常用的表单输入域

输入域名称	说　　明
text（文本框）	可输入一行文字。举例： 　　`<input type=text name="xm" size=10 value="">`
radio（单选钮）	当有多个选项时，只能选其中一项。举例： 　　走`<input type=radio name="Rad" value="v1" checked>` 　　留`<input type=radio name="Rad" value="v2">`
checkbox（复选框）	当有多个选项时，可以选其中多项。举例： 　　签字笔 `<input type=checkbox name="ch1" checked>` 　　钢笔`<input type=checkbox name="ch2">` 　　圆珠笔`<input type=checkbox name="ch3">`
submit（提交按钮）	将数据传递给服务器。举例： 　　`<input type=submit name="ok" value="提交">`
password（密码输入框）	用户输入的字符以"*"显示。举例： 　　输入密码：`<input type=password size=12>`
reset（重置按钮）	将用户输入的数据清除。举例： 　　`<input type=reset name="re-input" value="重选">`
hidden（隐藏域）	在浏览器中不显示，但可通过程序取值或改变其值，主要用于浏览器向服务器传递数据而不想让浏览器用户知道的情形。例如： 　　`<input type=hidden name=hiddata value="HidValue">`
button（按钮）	普通按钮，按下后的操作需由程序完成。举例： 　　`<input type=button value="去我的主页">`
textarea（文本域）	可输入多行文字。举例： 　　`<b>`请输入您的要求`</b> ` 　　`<textarea name="comment" rows=4 cols=20></textarea>`
select（下拉列表）	在多个可选项中选择，定义方法见下面的说明
file（文件域）	一般用于选择文件。举例： 　　`<input type="file" name="F1" size=20>`

当提供给用户的选择项目较多时，为了节省显示空间，可使用表单的下拉列表输入域。定义下拉列表框使用`<select>`和`<option>`两个标记，其语法如下：

```
<select name=下拉列表框名 multiple>
   <option value=设定值>表项内容</option>
   ……
</select>
```

属性 multiple 是可选项，若定义该属性，则下拉列表中的多项都可被选中。例如，下面的代码定义一个含有三个选项的下拉列表：

```
<form method=post action="http://test.com/cgi-bin/choice">
<select name="水果">
   <option value="苹果">苹果</option>
   <option value="梨子" selected>梨子</option>
   <option value="香蕉">香蕉</option>
</select>
</form>
```

当用户需要上传文件时，可使用 file 输入域。文件域由一个文本框和一个"浏览"按钮组成，用户既可以在文本框中输入文件的路径和文件名，也可以通过单击"浏览"按钮从磁盘上查找和选择所需文件。创建文件域方法如下：

```
<input type="file" 属性="值" …>
```

属性主要包括 name、size 等，name 指出文件域名称，size 指出文件名输入框的宽度。

【例2-8】 创建一个如图2-7所示的表单，包含文件域、"提交"按钮和"重置"按钮。

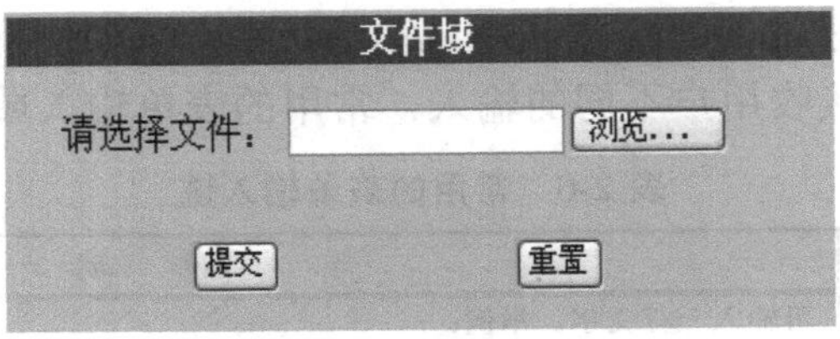

图 2-7 含有文件域的表单

```
<html><head><title>文件域示例</title></head>
<body><form>
<table align=center bgcolor=#d6d3ce width=368>
<tr><th colspan=2 bgcolor=#0034FF><font color=#FFFFFF>文件域</font></th></tr>
<tr><td height=52 align=right>请选择文件: </td>
<td height=52><input type="file" name="F1" size=20></td></tr>
<tr align=center>
<td height=52 align=right><input type=submit value="提交" name="btnsubmit"></td>
<td height=52><input type=reset value="重置" name="btnreset"></td></tr>
</table></form></body></html>
```

2.2.5 框架（Frame）

框架又常称为帧。利用框架可以将浏览器显示窗口分割成多个相互独立的区域，每个区域可以显示独立的 HTML 页面。

1．一个简例

【例 2-9】 应用框架的示例。其中包含 3 个 HTML 文件：main.htm 称为主文件，是包含 <frame>标记的文件，定义浏览器窗口被分割的方式，本例将窗口分为左、右两个子窗口，分别占窗口宽度的 15%和 85%；文件 frame1.htm、frame2.htm 分别是浏览器被分割的两个区域显示的页面文件。该 HTML 文件在浏览器中的显示效果如图 2-8 所示。

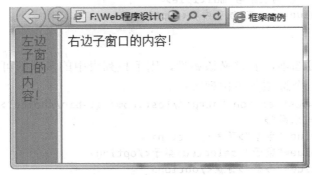

图 2-8 应用框架的示例

文件 main.htm 的内容：
```
<html>
<head><title>框架简例</title></head>
<frameset cols="15%,85%">
    <frame src="frame1.htm">
    <frame src="frame2.htm" scolling=no>
</frameset>
<noframes>Please use a Web browser such as IE3.0 or Netscape Navigator
```

```
    to view this page in frames!
</noframes>
</html>
```

文件 frame1.htm 的内容：
```
<html>
<head><title>The document for the left frame</title></head>
<body bgcolor="aqua" text="#ff0000">左边子窗口的内容！</body>
</html>
```

文件 frame2.htm 的内容：
```
<html>
<head>
<title>The document for the right frame</title>
</head>
<body>
右边子窗口的内容！
</body>
</html>
```

2. 框架定义

框架的定义较为特殊，首先需确定如何分割窗口，然后建立描述窗口分割的主文件，再为每个框架建立相应的 HTML 文件。

主文件的定义方法是：
```
<html>
<head>[头部标记]</head>
    <frameset>{<frameset>...</frameset>}
        <frame>
         <frame>
          ...
    </frameset>
    [<noframes>字符串</noframes>]
</html>
```

其中，标记<frameset>定义窗口分割的方式（横向或纵向）和大小，<frameset>可以嵌套，内层的<frameset>表示对已分割的窗口再进行分割的方式和大小。<frame>标记指明框架所对应的 HTML 文件。<frame>标记的个数应与其所属的<frameset>标记分割的框架数目相同，与窗口的对应关系是按排列顺序逐个对应。<noframes>标记定义了若浏览器不支持框架时所显示的内容。目前浏览器都已支持框架。<framset>和<frame>标记的主要属性列于表 2-7 和表 2-8 中，它们描述分割窗口的特性以及框架中页面显示的特性。

【例 2-10】 利用框架将窗口分成 3 个子窗口，分别命名为 win001、win002 和 win003，子窗口 win001 对应的 HTML 中设置了两个超链接，用户单击这两个超链接后目标 URL 将在子窗口 win002 中显示。

主文件：
```
<html><head><title>较复杂的框架例子</title></head>
<frameset rows="360,*" bordercolor="green">
  <frameset cols="30%,*">
    <frame src="frame1.htm" scrolling="no" name="win001">
    <frame src="frame2.htm" name="win002">
  </frameset>
```

表 2-7 <framset>标记的属性

属性名	取值	含义	默认值
rows	百分比	将窗口上、下（横向）分割，给出每个框架高度占整个窗口高度的百分比。例如，"25%,75%"表示将窗口分为上、下两个框架，高度分别为总窗口高度的25%和75%。值的一部分也可用"*"表示，如"25%,*"表示最后一个框架的高度是除去其他框架已用去的高度	无
	整数	将窗口上、下（横向）分割，给出每个框架高度的像素点数。例如，"100,600"表示将窗口分为上、下两个框架，高度分别为100和600个像素点。值的一部分也可用"*"表示，含义同上	
cols	百分比	将窗口左、右（纵向）分割，值的格式和含义与"rows"属性类似	无
	整数		
frameborder	yes | no	框架边框是否显示	yes
bordercolor	颜色值	框架边框颜色	gray（灰）

表 2-8 <frame>标记属性表

属性名	取值	含义	默认值
src	HTML 文件名	框架对应的 HTML 文件	无
name	字符串	框架的名字，可在程序和<a>标记的 target 属性中引用	无
noresize	无	不允许用户改变框架窗口大小	无
scrolling	yes | no | auto	框架边框是否出现滚动条	auto
marginwidth	整数	框架左、右边缘像素点数	0
marginheight	整数	框架上、下边缘像素点数	0

```
        <frame src="frame3.htm" noresize marginwidth=5 name="win003">
    </frameset>
    <noframes>
        Please use a Web browser such as IE3.0 or Netscape Navigator
        to view this page in frames!
    </noframes>
    </html>
```
文件 frame1.htm：
```
    <html><head><title>左边框架</title></head>
    <body><a href="frame2.htm" target="win002">第一章</a><br><br>
    <a href="第二章.htm" target="win002">第二章</a></body></html>
```
文件 frame2.htm：
```
    <html><head><title>第一章</title></head>
    <body><h1>第一章　绪论</h1><br>本章简述课程的要点...<br><br>
    <a href="frame2.htm">返回</a></body></html>
```
文件 frame3.htm：：
```
    <html><head><title>第三个框架</title></head>
    <body><h2>联系人地址：
    test@gu.com</h2></body></html>
```
例 2-10 在浏览器中显示的效果如图 2-9 所示。例 2-10 在上左子窗口对应的文件 frame1.htm 中设置了两个超链接，它们被触发后，相应的目标页面将显示于上右子窗口（名为"win002"）中，这是通过在文件 frame1.htm 的标记<a>中设置 target 属性来指定的。这种方法在页面设计中被广泛使用，它可以保持超链接不被目标文件覆盖。

图 2-9 将超链接的目标显示于另一框架中

2.3 HTML5

为了推动 Web 标准化运动的发展，一些公司联合起来，成立了 Web 超文本应用技术工作组（Web Hypertext Application Technology Working Group，WHATWG）。WHATWG 致力于 Web 表单和应用程序，W3C（World Wide Web Consortium，万维网联盟）专注于 XHTML2.0。2006 年，双方决定进行合作创建一个新版本 HTML，即后来的 HTML5。HTML5 草案的前身名为 Web Applications 1.0，于 2004 年被 WHATWG 提出，2007 年被 W3C 接纳。历经 8 年艰辛努力，于 2014 年 10 月，万维网联盟宣布 HTML5 标准规范制定完成。HTML5 是一个突破性的版本，旨在实现跨平台和更强的媒体支持。

HTML5 具有良好的标准性、多设备跨平台、自适应网页设计、提高可用性和改进用户友好体验、更多的多媒体元素支持、对站点优化的更好支撑等优点。目前已有 Chrome、IE、Firefox、Opera、360、搜狗、傲游以及 QQ 浏览器等的高版本支持 HTML5。

2.3.1 HTML5 新特性

① 语义特性。HTML5 赋予了网页更好的意义和结构。HTML5 的语义化标签使得页面的内容结构化，见名知义，如<section>…</section>，<article>…</article>。

② 跨平台运行。从 PC 浏览器到手机、平板电脑，甚至是智能电视，只要用户的设备支持 HTML5，基于 HTML5 的 Web 程序都可以运行。

③ 简单易用性。相对 HTML4.01，HTML5 更加简单、实用。HTML5 的属性精简表示方法可以大大提高 HTML 文本的传输效率，HTML5 Web Form 提供强大的表单验证机制。

④ 用户友好性。HTML5 引入视频、音频、画布（Audio、Video、Canvas）等标记元素，提高用户体验度：地理位置服务、本地数据存储、文件上传、离线应用等新特性。

2.3.2 HTML5 新功能

为丰富 Web 体验，HTML5 增加了对 Web 应用、流媒体和游戏开发的支持，主要包括：语义化标记、智能表单、新增应用接口、音频视频、Canvas 画布和 Web 存储等。

1. 新的 DOCTYPE 和字符集

HTML5 将 DOCTYPE 化繁为简，将其简化为：
```
<!DOCTYPE html>
```
所有 HTML5 文档均以此开头。字符集的声明简化为如下形式：
```
<meta charset="utf-8">
```

2. 语义化标记

语义化的标记旨在让标记含义一目了然，使得网页文档结构清晰，方便阅读，有利于团队合作开发，同时方便其他设备解析（如屏幕阅读器、移动设备）以语义的方式来渲染网页，并且有利于搜索引擎理解页面各部分之间的关系。HTML5 新增的主要语义化标记及其含义如表 2-9 所示。

表 2-9 HTML5 新增的主要语义化标记

标记	含义
article	用于在页面中表示一套结构完整且独立的内容部分
header	标记头部区域的内容
footer	标记脚部区域的内容
section	页面中的一块区域
aside	定义文章的侧边栏
nav	定义导航类辅助内容
figure, figcaption	定义图形与文字

<header>、<footer>、<nav>、<article>、<aside>等语义化标记定义页面中的位置，如图 2-10 所示。其中，<section>可以有多个。

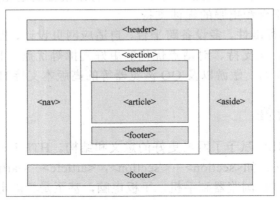

图 2-10 HTML5 的语义化标记含义

<figure>、<figcaption>语义化标记建立了文字与图片的内在联系。例如：
```
<figure>
<img src="photo1.png" alt="about John" />
<figcaption><p>This is an image about John</p></figcaption>
</figure>
```
上述语句建立了图片文件 photo1.png 与"This is an image about John"含义的关联，可使搜索引擎更好地获取语义。

3. 智能表单

HTML5 中为表单<input>标记新增了一些类型和属性，以实现信息的智能收集与处理，使得原来需要编写 JavaScript 或后台程序才能完成的功能，只需设定标记相应属性即可。<input>标记新增的类型主要包括：数字类型、日期和时间类型、其他类型（email、url 等），新增的属性主要包括：autocomplete、autofocus、pattern、required、placeholder。

（1）新增类型

HTML5 常用的新类型如下。

① email 类型：自动校验输入的是否为合法 E-mail 地址。例如，以下语句的页面效果如图 2-11 所示。

```
E-mail: <input type="email" name="user_email">
```

② url 类型：在浏览器中自动将用户输入的值转化为合法的 URL 参数。例如，以下语句页面效果如图 2-12 所示。

```
URL:<input type="url" name="user_url"  />
```

图 2-11　自动校验输入框中文本是否为合法 E-mail 地址　　图 2-12　URL 参数的输入

③ number 类型：包含数值的输入域，能对接收的数字进行限制。例如，以下语句的页面效果如图 2-13 所示。

```
Points:<input type="number" name="points" min="1" max="10" step="1" value="5"/>
```

④ date pickers 类型：输入时间类型，包括 date（选取年、月、日）、month（选取年、月）、week（选取年和周）、time（选取小时和分钟）、datetime（选取 UTC 时间）、datetime-local（选取本地时间）。例如，语句

```
Date:<input type="date" name="user_date"/>
```

的页面效果如图 2-14 所示。

图 2-13　数字输入域　　　　　　　　图 2-14　时间类型

（2）新增属性

① autocomplete 属性：值为 on 或 off。当值为 on 时，浏览器自动存储用户输入的内容。

② autofocus 属性：当设置为 autofocus 时，页面加载完成后自动聚焦到<input>标记。

③ pattern 属性：<input>标记的验证属性，其值是一个正则表达式，通过这个表达式可以验证输入内容的有效性。有关正则表达式的内容请见 3.2.7 节。例如：

```
用户名：<input type="text" name="uname" pattern="^[a-zA-Z]\w{2,7}"
               title="必须以字母开头，包含字符或数字，长度是 3～8"/><br/>
密码：<input type="text" name="pwd" pattern="\d{6}" title="必须输入 6 个数字" /><br/>
```

④ required 属性：布尔型属性，包含此属性的表单元素必须被填写。在发送时若仍为空，

浏览器将会给出相关提示。

⑤ placeholder 属性：也称为占位符，用于提示用户在输入字段中应输入的内容。例如：
您的姓名：`<input type="text" placeholder="请输入您的真实姓名" name="uname"><br/>`

4．音/视频支持

在 HTML5 出现前，Web 页面访问音视频主要通过 Flash、Activex 插件和微软的 Silverlight 实现。由于安全、性能和对移动设备的不适用等问题，这些技术将逐渐被 HTML5 替代。HTML5 通过标记<audio>和<video>支持嵌入式的媒体，使开发者能够方便地将媒体嵌入到 HTML 文档中。

<audio>标记支持 MP3、WAV 和 OGG 格式的音频文件；<video>标记支持 MP4、OGG 和 WebM 格式的视频文件。但不同的浏览器版本可以支持的格式有差异，如 IE 9.0 以后版本只支持 MP4，Chrome 6.0 以后版本支持三种视频格式等，读者可以自行查阅参考资料。

通过控制<video>标记的属性，开发人员可以决定网页上视频的呈现方式。<video>标记包含以下属性：src，视频的属性；poster，视频封面，没有播放时显示的图片；preload，预加载；autoplay，自动播放；loop，循环播放；controls，浏览器自带的控制条；width，视频宽度；height，视频高度。

【例 2-11】 在网页中嵌入视频，并可进行播放控制。

本例的 HTML5 代码如下：
```
<!DOCTYPE html>
<html><title>HTML5 Video Example</title>
    <video src="./test.mp4" width="640" height="480" controls="controls">
    您的浏览器暂不支持 HTML5 的<video>标签！
    </video>
</html>
```

若在支持<video>标记的 Chrome 浏览器中播放该网页，则得到如图 2-15 的页面效果。

图 2-15 HTML5 播放视频示例

5．新增应用接口

在 HTML5 前，HTML 已经通过 JavaScript 调用应用接口来操作页面元素，如 DOM API（详见 3.6 节）。HTML5 新增的接口包括网络接口（WebSokets API）、通信接口（Communication API）和地理定位接口（Geolocation API）等。这里简介 Geolocation API。

Geolocation API 可使用户在 Web 页面中共享位置，使用位置感知服务。识别地理位置的一些应用可以使用它来显示地图、导航和其他一些与用户当前位置有关的信息。HTML5

Geolocation 位置信息来源于经纬度和其他特性，以及获取这些数据的途径，如 GPS、Wi-Fi 或蜂窝站点等。常用浏览器 IE、Chrome、Firefox、Opera 和 Safari 等都支持地理定位。

支持地理位置 API 的浏览器会定义 navigator.geolocation 属性，用于获取用户的位置信息。navigator.geolocation 属性最基本的方法是 getCurrentPosition()，需要接收一个回调函数作为参数，如果这个方法成功，则返回的地理数据对象，包含用户地理位置信息：

- coords.latitude —用户地理位置的十进制纬度。
- coords.longitude —用户地理位置的十进制经度。
- coords.accuracy —用户地理位置的位置精度，以米为单位。
- coords.altitudeAccuracy —用户地理位置的位置海拔精度，以米为单位。
- coords.heading —用户设备当前移动的角度方向，以正北方向顺时针计算。
- coords.speed —用户当前的移动速度，以米/秒为单位。
- timestamp —响应的时间/日期。

navigator.geolocation 属性还有 watchPosition()、clearWatch()等方法，用于获取位置变化的情况。

【例 2-12】 Geolocation API 用法示例。

本例的程序代码如下：

```html
<!DOCTYPE html>
<html><head><title>Geolocation API用法示例</title></head>
<body><p id="geo_loc"></p>
<script type="text/javascript" >
   if(navigator.geolocation){
      navigator.geolocation.getCurrentPosition(
         function(p) {
            document.getElementById('geo_loc').innerHTML="纬度: "
                        +p.coords.latitude+"经度: "+p.coords.longitude;
         }
         function(err) {
            document.getElementById('geo_loc').innerHTML=err.code+"\n"+err.message;
         }
      );
   }
   else {
      document.getElementById('geo_loc').innerHTML="您的浏览器不支持地理定位";
   }
</script></body></html>
```

HTML5 新增的内容还有 Canvas 画布和 Web 存储等。

<Canvas>标记让开发人员可以在网页上绘制图像，并且提供接口，以供 JavaScript 进行编程。通过<Canvas>标记的多重变化，开发人员可以在网页上尽情展示各种各样的样式效果，而不仅局限于使用 DIV+CSS 的传统样式。

HTML5 提供 Web 存储的 localStorage 和 sessionStorage 两个对象，实现长久和临时的离线存储，解决了 Cookie 存储的安全和容量问题。有关技术细节请读者自行查阅资料。

2.3.3 HTML5 网页示例

HTML5 强调内容与显示样式的分离，因此利用 HTML5 设计网页通常要通过层叠样式表

（CSS）来控制显示样式，关于 CSS 的详细内容请见 2.4 节。

【例 2-13】 采用 HTML5 语义化标记和 CSS 设计网页。

页面如图 2-16 所示，其中图(a)是页面在 PC 浏览器中的显示效果，图(b)是在 PC 浏览器中模拟手机显示的页面效果。

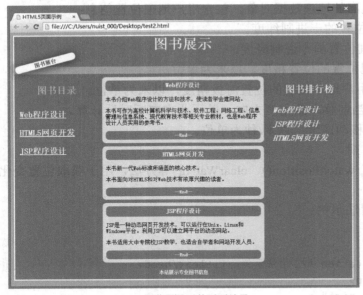 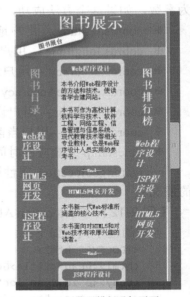

(a) PC 浏览器显示的页面效果　　　　　　　　　　　(b) 浏览器模拟手机页面

图 2-16　HTML5 网页示例

该页面的 HTML5 代码如下：

```
<!DOCTYPE html>
<html>
<head><meta charset="UTF-8">
    <title>HTML5 页面示例</title>
    <meta name="viewport" content="width=device-width, initial-scale=1.0,
                    maximum-scale=1.0, user-scalable=no">
    <link rel="stylesheet" href="test2.css">
</head>
<body>
    <header>
        <h1>图书展示</h1>
        <h4>图书展台</h4>
    </header>
    <div id="container">
        <nav>
            <h3>图书目录</h3>
            <a href="http://www.example.com">Web 程序设计</a>
            <a href="http://www.example.com">HTML5 网页开发</a>
            <a href="http://www.example.com">JSP 程序设计</a>
        </nav>
        <section>
            <article>
                <header>
                    <h1>Web 程序设计</h1>
```

```
            </header>
            <p>本书介绍 Web 程序设计的方法和技术，使读者学会建网站。</p>
            <p>本书可作为高校计算机科学与技术、软件工程、网络工程、信息管理与信息
                系统、现代教育技术等相关专业教材，也是 Web 程序设计人员实用的参考书。</p>
            <footer>
                <h2>--End--</h2>
            </footer>
        </article>
        <article>
            <header>
                <h1>HTML5 网页开发</h1>
            </header>
            <p>本书新一代 Web 标准所涵盖的核心技术。</p>
            <p>本书面向对 HTML5 和对 Web 技术有浓厚兴趣的读者。</p>
            <footer>
                <h2>--End--</h2>
            </footer>
        </article>
        <article>
            <header>
                <h1>JSP 程序设计</h1>
            </header>
            <p>JSP 是一种动态网页开发技术，可以运行在 Unix、Linux 和 Windows 平台。
                利用 JSP 可以建立跨平台的动态网站。</p>
            <p>本书适用大中专院校 JSP 教学，也适合自学者和网站开发人员。</p>
            <footer>
                <h2>--End--</h2>
            </footer>
        </article>
    </section>
    <aside>
        <h3>图书排行榜</h3>
        <p>Web 程序设计</p>
        <p>JSP 程序设计</p>
        <p>HTML5 网页开发</p>
    </aside>
    <footer>
        <h2>本站展示专业图书信息</h2>
    </footer>
</div>
</body>
</html>
```

关于该 HTML5 网页的说明如下。

① HTML5 标记<meta name="viewport" …>可以使网页的宽度自动适应移动设备屏幕的宽度。格式如下：

```
<meta name="viewport" content="width=device-width, initial-scale=1,
                  maximum-scale=1, user-scalable=no">
```

其中，width=device-width 表示页面宽度是设备屏幕的宽度；initial-scale、minimum-scale、maximum-scale 分别表示初始、最大、最小缩放比例；user-scalable= yes|no 表示用户是否可

以调整缩放比例。

② 语句<link rel="stylesheet" href="test2.css">指明网页显示样式在 test2.css 中定义。test2.css 样式文件采用了相对宽度的布局与元素，使网页能根据屏幕宽度调整布局。如"font-size:2em;"样式定义了字号为默认大小的 2 倍。样式文件 test2.css 内容如下：

```css
body {
    background-color:#CCCCCC;    max-width:100%;
    border:solid;    border-color:#FFFFFF;
}
header {
    background-color:#F26E22;    display:block;
    color:#FFFFFF;    text-align:center;
}
h1 { font-size:2em;    margin:0em; }
h2 {
    font-size:1.5em;    margin:0em;
    text-align:center;    color:#F26E22;
}
h3 {
    font-size:1.5em;    margin:0em;
    text-align:center;    color:#F26E22;
}
h4 {
    color:#000000;    background-color:#FFFFFF;
    display:block;    -webkit-border-radius:0.55em;
    -moz-border-radius:0.55em;    border-radius:0.55em;
    -webkit-box-shadow:0.125em 0.125em 2.5em #222222;
    -webkit-transform:rotate(-15deg);
    -moz-box-shadow:0.125em 0.125em 2.5em #222222;
    -moz-transform:rotate(-15deg);
    position:absolue;    padding:0.125em 3.125em;
    top:0em;    left:-6.25em;    text-align:center;
    width:5em;    font-size:1em;
}
header h2{ font-size:1.5em;    margin:0em; }
nav { display:block;    width:25%;    float:left; }
nav a:link,nav a:visited {
    display:block;    border-bottom:0.1875em solid #F26E22;
    padding:0.105em;    text-decoration;    none;
    font-weight:bold;    font-size:1.5em;    margin:0.3125em;
}
nav a:hover { color:#FFFFFF;    background-color:#F26E22; }
nav h3 { margin:2em;    color:#DDDDDD; }
a { color:#FFFFFF; }
a hover { text-decoration:underline; }
#container { background-color:#888888; }
section { display:block;    width:50%;    float:left; }
article {
    background-color:#EEEEEE;    display:block;
    margin:0.625em;    padding:0.625em;
    -webkit-border-radius:0.625em;    -moz-border-radius:0.625em;
```

```
    border-radius:0.625em;
  }
  article header {
    -webkit-border-radius:0.625em;    -moz-border-radius:0.625em;
    border-radius:0.625em;    padding:0.3125em;
  }
  article footer {
    -webkit-border-radius:0.625em;    -moz-border-radius:0.625em;
    border-radius:0.625em;    padding:0.3125em;
  }
  article h1 {  font-size:1.125em;  }
  aside {  display:block;    width:25%;    float:left;  }
  aside h3 {  margin:2em;    color:#FFFFFF;  }
  aside p {
    margin:1em;    color:white;    font-weight:bold;
    font-style:italic;    font-size:1.5em;
  }
  footer {
    clear:both;    display:block;    background-color:#F26E22;
    color:#FFFFFF;    text-align:center;    padding:0.75em;
  }
  footer h2 {  font-size:0.875em;   color:#FFFFFF;  }
```

2.4 层叠样式表 CSS

层叠样式表（Cascading Style Sheets，CSS）是用于表现 HTML 或 XML 等文件样式的规范，并可以配合各种脚本语言，动态地对网页各元素进行样式控制。CSS 是一套开放性标准，其版本包括 CSS1、CSS2 和 CSS3。

2.4.1 为什么需要层叠样式表

HTML 中的显示特性是通过标记的属性来设置的，一旦设置就难以变化，且不能由程序控制，具有很大的局限性。CSS 是 W3C 协会为弥补 HTML 在显示属性设定上的不足而制定的一套扩展样式标准。CSS 扩充了 HTML 标记的属性设定，称为 CSS 样式，并且通过脚本程序控制，可以使页面的表现方式更为灵活，更具动态特性。

所谓"层叠"，实际上是将显示样式独立于显示内容，进行分类管理，如分为字体样式、颜色样式等，需要使用样式的 HTML 文件进行套用即可。CSS 标准中重新定义了 HTML 中原来的文字显示样式，并增加了一些新概念，如类、层等，可对文字重叠、定位等提供更为丰富多彩的样式。CSS 常与 DIV 标签配合应用，进行网页布局设计。CSS 具有如下特点。

① 表现和内容相分离：将设计部分剥离出来放在一个独立样式文件中，HTML 文件只负责内容，样式交给 CSS 来实现。

② 强大的控制能力：CSS 将对象引入 HTML，从而可以使用 JavaScript 脚本控制网页标签的显示效果，除了控制文本属性，如字体、字号、颜色等，还可以设计复杂的网页样式，如对象位置、图片效果、网页布局等。

③ 易于页面维护、更新及改版：通常 DIV+CSS 页面将 HTML 和 CSS 文件分开，只需

修改 CSS 文件就可以更新页面。

④ 提高网页浏览速度：CSS 可提供多种样式，以减少 GIF 动画的使用，DIV+CSS 布局较表格布局减少了页面代码，从而能设计出规模更小、下载更快的网页。

2.4.2 样式表的定义和引用

样式表定义是 CSS 的基础。样式表的作用是通知浏览器如何呈现文档。先来看一个使用 CSS 样式定义 HTML 文件的例子。

【例 2-14】 使用 CSS 对文字显示特性进行控制的 HTML 文件。

```
<html><head><title>CSS 示例</title>
<meta http-equiv="Content-Type" content="text/html; charset=gb2312">
<style type="text/css">
h1 {font-family:"隶书", "宋体";color:#ff8800}
.text {font-family: "宋体"; font-size: 14pt; color: red}
</style></head>
<body topmargin=4><h1>这是一个 CSS 示例！</h1>
<span class="text">这行文字应是红色的。</span></body> </html>
```

本例在浏览器中的显示结果如图 2-17 所示。

图 2-17 CSS 样式的文字显示控制

在该例的头部使用了一个新的标记<style>，这是 CSS 对样式进行集中管理的方法。在<style>标记中定义了 h1 对象的样式和一个类选择器.text，在 body 中<h1>…</h1>间的文字的显示套用 h1 对象的样式，而…之间的文字因定义了其类名为 text，故其显示套用类选择器.text 定义的样式。

1. 样式表的定义

样式是 CSS 的最小语法单位，每个样式包含两个部分：选择符和规则表，语法如下：

选择符(Selector){ 规则（Rule）表 }

选择符（Selector）是指要引用样式的对象，可以是一个或多个 HTML 标记（各标记之间以","分开），如例 2-14 中的 h1；也可以是类选择符（如例 2-14 中的 .text）、ID 选择符或上下文选择符。

规则表（Rule）是由一个或多个样式属性组成的样式规则，各样式属性间由";"隔开，每个样式属性的定义格式为：

样式名:值

样式定义中可以加入注解，格式为：

/*字符串*/

例如，font-family: "宋体"、color:red 等。以下是样式定义表的例子。

①
```
p {
    font-family: "宋体";
    color:darkblue;
    background-color:yellow;
    font-size:9pt;      /*字体大小*/
}
```

②
```
h1,h2 {
    font-family:"隶书", "宋体";
    color:#ff8800;
    text-align:center;
}
```

例①定义了一个样式表供 HTML 文件的<p>标记使用，例②也定义了一个样式表供 HTML 文件的<h1>和<h2>标记使用。

在例②中，选择符由两个 HTML 标记组成，表示两种对象均遵循该样式定义。通常可以把描述同一个对象的样式集中在一起定义，如例①；当对象的样式很多时，也可以按照样式的类别分开定义。如例①也可定义为：

```
p { font-family: "宋体"; font-size:9pt; }
p { color:darkblue; background-color:yellow; }
```

2. CSS 选择符

CSS 选择符是一种匹配模式，用于匹配需要应用样式的元素。常用的选择符包括：标记选择符、类选择符和 id 选择符。

（1）标记选择符

标记选择符用于指定匹配的 HTML 标记。例如，a { color: red; font-size:9pt;}声明了页面中的<a>标记的颜色和字体。

（2）类选择符

类选择符（Class Selector）在样式表中定义具有样式值的类，它有两种定义格式：

① 标记名.类名 {规则 1；规则 2；…}
② .类名 {规则 1；规则 2；…}

格式①的类选择符指明所定义的样式只能用在特定的标记上。例如：

```
<head><style type="text/css">
p.back { background-color:#666666; }
...
</span>…</head>
<body>
...
<p class="back">本段文字的底色为#ddeeff</p>
<p>这是另一段</p>
...
</body>
```

本例定义了一个类 back 的样式，供 HTML 文件的<p>标记使用，即只有 class 属性为 "back" 的标记<p>才遵循此样式。本例<body>部分有两个<p>标记，第一个设置了 class 属性值为 back，而第二个未设置，所以只有第一个<p>标记所辖的内容遵循该样式，第二个则不遵循。

例 2-14 中的 ".text {font-family: "宋体"; font-size: 14pt; color: red" 即使用格式②的类选择符，其中定义了类 text。这相当于*.text，标记名是用通配符表示的，匹配所有标记，即所有 class 属性值为 text 的标记都遵循此格式。这种类选择符可以使不同的标记遵循相同的样式，只要将标记的 class 属性值设置为类名即可。

（3）id 选择符

id 选择符（ID Selector）定义一个元素独有的样式。与类选择符的区别在于，id 选择符在一个 HTML 文件中只能引用一次，而类选择符可以多次引用。id 选择符的定义格式为：

　　#id 名 { 规则 1; 规则 2; … }

要引用 id 选择符定义的样式，需在体部标记中将该 id 属性值设置为 id 名。例如：

```
<html><head>…
<style type="text/css">
…
#colorid1 { color:green; }
…
</style></head>
<body>…
<h2 id="colorid1">id 选择符与 id 属性结合使用可对特定标记进行样式控制
</h2>
…
</body></html>
```

当一个样式只需要在任何文档中应用一次时，使用 id 选择符是很合适的。

（4）伪类

伪类是特殊的类，可区别标记的不同状态，能自动地被支持 CSS 的浏览器所识别。例如，visited links（已访问的链接）和 active links（可激活链接）描述了两个锚（anchors）的状态。

伪类定义格式为：

　　选择符:伪类 { 属性: 值 }

伪类不用 HTML 的 class 属性来指定。

伪类的最常见的应用是指定超链接（<a>）以不同的方式显示链接（link）、已访问链接（visited link）和可激活链接（active link）。例如：

```
a:visited { color:#0000FF;   text-decoration:none }
a:link {
  font-family:"宋体";   font-size:9pt;
  color:#0000FF;   text-decoration:none
}
a:hover {
  font-family:"宋体";   font-size: 12pt;   color:#003333;
  background-color:#FFCC99;   text-decoration:none
}
```

3．样式引用

在 HTML 文件中，样式引用的方式主要有以下 4 种。

（1）链接到外部样式表

如果多个 HTML 文件要共享样式表（这些页面的显示特性相同或十分接近），则可将样式表定义为一个独立的 CSS 样式文件，使用该样式表的 HTML 文件在头部用<link>标记链接到这个 CSS 样式文件即可。例 2-15 给出了这种方式的用法。

【例 2-15】将样式定义存放于文件 style.css（CSS 样式文件的扩展名为.css），style.css 文件包含的内容为：

```
h1 { font-family:"隶书","宋体";color:#ff8800 }
p { background-color:yellow;color:#000000 }
.text { font-family: "宋体"; font-size: 14pt; color: red }
```

HTML 文件 css1.htm 要引用该样式表，其文件内容为：
```
<html><head><title>链接外部 CSS 文件示例</title>
<link rel=stylesheet type="text/css" href="style.css" media=screen></head>
<body topmargin=4 >
<h1>这是一个链接外部 CSS 文件的示例！</h1>
<span class="text">这行文字应是红色的。</span>
<p>这一段的底色应是黄色。</p></body></html>
```
通过浏览器看到的结果如图 2-18 所示。

图 2-18 链接外部样式表文件示例

注意，CSS 样式文件不包含<style>标记，因它是 HTML 标记，而不是 CSS 样式。

在 HTML 文件头部使用多个<link>标记就可以链接多个外部样式表。<link>标记的属性主要有 rel、href、type、media。rel 属性定义链接的文件和 HTML 文档之间的关系，通常取值为 stylesheet。href 属性指出 CSS 样式文件。type 属性指出样式的类别，通常取值为 text/css。media 属性指定接收样式表的显示终端，默认值为 screen（显示器），还可以是 print（打印机）、projection（投影机）等。

（2）引入外部样式表

这种方式在 HTML 文件的头部<style>…</style>标记之间，利用 CSS 的@import 声明引入外部样式表。格式为：
```
<style>
@import URL("外部样式文件名");
    …
</style>
```
例如：
```
<style type= "text/css ">
<!--
   @import URL("style.css");
   @import URL("http://www.njim.edu.cn/style.css ");
-->
</style>
```

引入外部样式表方式（简称引入方式）与链接到外部样式表（简称链接方式）很相似，都是将样式定义单独保存为文件，在需要使用的 HTML 文件中进行说明。两者的本质区别在于：引入方式在浏览器下载 HTML 文件时，就将样式文件的全部内容复制到@import 关键字所在位置，以替换该关键字；链接方式在浏览器下载 HTML 文件时并不进行替换，而仅在 HTML 文件主体部分需引用 CSS 样式文件的某个样式时，浏览器才链接样式文件，读取需要的内容。

（3）嵌入样式表

这种方式利用<style>标记将样式表嵌入 HTML 文件的头部。例 4-1 就使用了这种方式。

<style>标记内定义的前后加上注释符<!-- … -->的作用是使不支持 CSS 的浏览器忽略样式表定义。<style>标记的属性 type，指明样式的类别，因为对显示样式的定义标准，除了有 CSS 外，还有 Netscape 的 JSS（JavaScript Style Sheets），其样式类别为 type="text/javascript"。type 的默认值为 text/css。嵌入样式表的作用范围是本 HTML 文件。

（4）内联样式

内联样式是在 HTML 标记中引用样式定义，方法是将标记的 style 属性值赋为所定义的样式规则。由于样式是在标记内部使用的，故称为"内联样式"。例如：

```
<h1 style="font-family:'隶书', '宋体';color:#ff8800">这是一个 CSS 示例！</h1>
<p style= "color:red;background-color:yellow ">……</p>
<body style= "font-family: '宋体';font-size:12pt;background:yellow ">
```

此时，样式定义的作用范围仅限于此标记范围之内。style 样式定义可以和原 HTML 属性一起使用。例如：

```
<body topmargin=4 style="font-family:'宋体';  font-size:12pt;
        background:yellow">
```

style 属性是随 CSS 扩展出来的，可以应用于除 basefont、script、param 之外的体部标记。注意，若要在一个 HTML 文件中使用内联样式，必须在该文件的头部对整个文档进行单独的样式表语言声明，即

```
<meta http-equiv="Content-type" content="text/css">
```

内联样式主要用于样式仅适合单个页面元素的情况。因它将样式和要展示的内容混在一起，自然会失去样式表的优点，表现在样式定义和内容不能分离。故这种方式应尽量少用。

上述 4 种方式可以混合使用，如例 2-16 所示。

【例 2-16】 设有两个样式表文件 s1.css、s2.css 和一个 HTML 文件 example_css.htm，内容分别如下。本例在浏览器中的显示效果如图 2-19 所示。

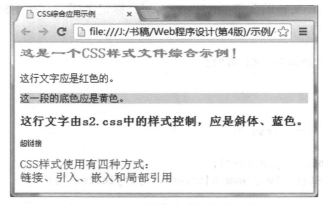

图 2-19　CSS 样式的引用方式示例

文件 s1.css：
```
h2 {font-family:"隶书";color:#ff8800}
p {color:black;background-color:yellow;font-size:12pt;}
```
文件 s2.css：
```
h3 {font-family:"宋体";color:blue;font-style:italic;}
.text {font-family: "宋体"; font-size: 10pt; color: red}
```
文件 example_css.htm：
```
<html><head><title>CSS 综合应用示例</title>
```

```
<link rel=stylesheet type="text/css" href="s1.css">
<style type="text/css">
a:visited {color: #0000FF; text-decoration: none}
a:link {font-family: "宋体"; font-size: 9pt; color: #0000FF; text-decoration: none}
a:hover {font-family: "宋体"; font-size: 12pt; color: #003333;
background-color: #FFCC99; text-decoration: none}
@import URL("s2.css");
</style></head>
<body topmargin=4 >
<h2>这是一个 CSS 样式文件综合示例！</h2>
<span class="text">这行文字应是红色的。</span>
<p>这一段的底色应是黄色。</p>
<h3>这行文字由 s2.css 中的样式控制，应是斜体、蓝色。</h3>
<a href="a.htm">超链接</a><br><br>
<div style="font-size:14pt;color:darkred;">CSS 样式使用有四种方式: <br>
链接、引入、嵌入和局部引用</div></body></html>
```

本例样式定义中的 a:link、a:visited、a:hover 分别定义超链接在未被访问、已访问和鼠标位于超链接敏感区时的特性。

2.4.3 样式的优先级

CSS 样式遵循继承性和层叠性规则，并有不同优先级，确保样式准确的发挥作用。

1. 样式的继承

例如：

```
<html><head><title>样式继承</title>
<style type="text/css">
<!- -
h2 { color:red;}
-->
</style></head>
<body><h2><u>DIV</u></strong>标记的作用</h2></body></html>
```

\<style>标记中定义了\<h2>标记的样式，在\<body>中的\<u>…\</u>标记被包含在\<h2>…\</h2>中，那么\<u>标记是否引用\<h2>的样式呢？回答是肯定的。这就是样式继承的概念：我们将包含其他标记的标记称为父标记，则被包含的标记就是子标记，子标记将继承父标记的样式。在本例中包含在\<u>和\</u>之间的文字"DIV"将显示为红色。

样式的继承还有一种特殊形式——相对值继承方式，即以百分比继承。例如：

```
<style>
p.class1 {font-size:12pt;}
p.class2 {font-size:200%}
p.class3 {font-size:100%}
</style>
```

若在 body 部分有以下语句：

```
<p class="class1">第一段</p>
<p class="class2">第二段</p>
<p class="class3">第三段</p>
```

则在浏览器中的显示效果如图 2-20 所示。

图 2-20 样式的相对值继承示例

本例中的 p.class2 和 p.class3 样式的 font-size 属性分别以 200%、100%的比例继承 p.class1 的 font-size 属性值，即两者的 font-size 值分别为 200%×12 pt=24 pt，100%×12 pt=12 pt。

2．样式的作用顺序

样式的作用域指对一个标记究竟哪个样式起作用。提出这个问题的原因在于，对一个标记来说可能有多个样式都符合生效条件。例如：

```
<html><head><title>样式的作用顺序</title>
<style type="text/css">
 p { color:red; font-size:22pt; }
 p.c1{ color:green; font-size:12pt; }
 p { font-size:16pt;text-align:center; }
</style></head>
<body><p style="color:#ffaa66">第一段</p>
<p class="c1">第二段</p><p>第三段</p></body></html>
```

在这个例子中，针对<p>标记定义了 3 个样式表，对<p>中的文字和布局方式进行了说明。body 部分共出现了 3 个<p>标记，它们分别应该应用哪个样式表呢？

样式表的作用优先顺序遵循以下 4 条原则：

- 内联样式中所定义的样式优先级最高。
- 层叠型，即其他样式表按其在 HTML 文件中出现或被引用的顺序，越在后出现，优先级越高。
- 选择符的作用顺序由高到低为类选择符、id 选择符。
- 未在任何文件中定义的样式，将遵循浏览器的默认样式。

依据这些原则，对上例进行分析。第一个和第三个样式表定义了 color、text-align、font-size，两个表中都有 font-size 属性，显然只有后一个值生效；所以对不带 class 和 style 属性的<p>标记，套用的样式值为：color—red，text-size—16pt，text-align—center。第二个样式表从属于类选择器 p.c1，只有 class 属性为 c1 的<p>标记才能引用，这个样式表中只定义了 color 和 font-size，所以在其他<p>样式表中定义的 text-align 样式值，对 class 属性为 c1 的<p>标记也会生效。再来看 body 中的第一个<p>标记，它使用了内联样式，仅定义了 color 属性，那

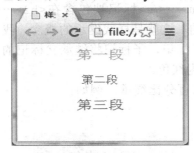

图 2-21　样式的作用顺序示例

么该<p>标记的其他显示属性将遵循样式表定义或使用浏览器默认样式，因此该<p>标记中的内容的显示属性值应为 color—#ffaa66，font-size—16pt，text-align—center，其余显示属性为浏览器默认值。同样可以分析出第二、三个<p>标记中内容的显示属性值分别应为 color—green，red；font-size—12pt，16pt；text-align—center，center；其余显示属性为浏览器默认值，如图 2-21 所示。

可以看出，当同时引用多个样式文件时，样式表的作用顺序较复杂，应特别注意。如果希望一个属性的值不被其他样式定义中相同属性的定义所覆盖，可用特定参数!important。

例如，将前例中第一个<p>样式定义改为：

```
p { color:red;   font-size:22pt !important; }
```

则浏览器显示的"第一段""第二段"和"第三段"的字号都将为 22 pt。

2.4.4 CSS 属性

CSS 属性可分为字体属性、颜色及背景属性、文本属性、方框属性、分类属性和定位属性等几部分。本节将讨论每类属性的概况、常用属性的含义和用法。

1. 字体属性

字体属性包括字体（font-family）、字号（font-size）、字体风格（font-style）、字体加粗（font-weight）、字体变化（font-variant）及字体综合设置（font）等属性。字体属性的含义明确，使用简单，下面用一示例说明其用法。

【例 2-17】 CSS 字体属性用法示例，在浏览器中的显示结果如图 2-22 所示。

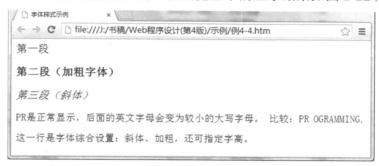

图 2-22 CSS 的字体属性示例

```
<html><head><title>字体样式示例</title>
<style type="text/css">
body {font-family:"宋体","隶书";}
p {font-size:16pt;}
p.weight_1{font-weight:100;}
p.weight_9{font-weight:900;}
p.font_i{font-style:italic;}
span {font-size:14pt;}
span.font_n {font-variant:normal;}
span.font_v {font-variant:small-caps;}
span.font_all {font: bold italic 30px/40px;}
</style></head>
<body><p class="weight_1">第一段</p>
<p class="weight_9">第二段（加粗字体）</p>
<p class="font_i">第三段（斜体）</p>
<span class="font_n">PR 是正常显示，后面的英文字母会变为较小的大写字母。
    比较：PR</span>
<span class="font_v">OGRAMMING.</span><br><br>
<span class="font_all">这一行是字体综合设置：斜体、加粗，还可指定字高。</span>
</body></html>
```

2. 颜色及背景属性

颜色属性允许设计者指定页面元素的颜色，背景属性指定页面的背景颜色或背景图像的属性。颜色和背景类属性包括（前景）颜色（color）、背景颜色（background-color）、背景图像（background-image）、背景重复（background-repeat）、背景附属方式（background-attachment）、背景图像位置（background-position）以及背景属性（background）。表 2-10 列出了常用的颜色和背景属性。

表 2-10 颜色和背景属性表

属性名	可取值	含义	举例
color	英文单词 #RRGGBB #RGB	指定页面元素的前景色	h1{color:red} h2{color:#008800} h3{color:#080}
background-color	英文单词 #RRGGBB #RGB transparent	指定页面元素的背景色	body {background-color:white} h1{background-color:#0000F0} p { background-color:transparent}
background-image	统一资源定位器 URL none	指定页面元素的背景图像	body {background-image:url(bg.gif)} p { background-image: url(http://www.htmlhelp.com/bg.jpg)}
background-repeat	repeat repeat-x repeat-y no-repeat	决定一个被指定的背景图像被重复的方式。默认值为 repeat	body {background-repeat:no-repeat} p {background-repeat:repeat-x}
background-attachment	scroll fixed	指定背景图像是否跟随页面内容滚动。默认值为 scroll	body {background-attachment:fixed}
background-position	数值表示法 关键词表示法	指定背景图像的位置	body {background-position:30% 70%} p {background-position:bottom left}
background	背景颜色、背景图像、背景重复、背景位置	背景属性综合设定	body {background:url(bg1.gif) green repeat-y fixed left 20pt}

背景图像位置（background-position）属性可以确定背景图像的绝对位置，这是 HTML 标记不具备的功能。该属性只能应用于块级元素和替换元素（包括 img、input、textarea、select、object）。background-position 值的表示有两种方式：数值表示法和关键词表示法。

数值表示法用坐标值表示位置，坐标原点是背景图像位置属性所属元素的左上角。数值表示法又分为百分比表示和长度值表示两种。百分比表示的格式为：X% Y%；长度值表示的格式为：Xpt Ypt。它们的含义如图 2-23 所示。

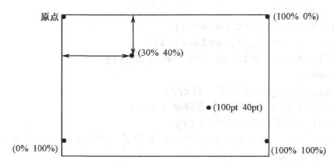

图 2-23 background-position 属性值表示

例如，值 100pt 40pt 表示指定图像会被放于其所属元素的左起 100pt、上起 40pt 的位置。

关键词表示法以相应的英文单词表示位置。横向关键词有 left、center、right，纵向关键词有 top、center、bottom。关键词含义解释如下：

```
top left=left top=0% 0%
top=top cnter=center top=50% 0%
top right=right top=100% 0%
left=left center=center left=0% 50%
center=center center=50% 50%
```

```
right=right center=center right=100% 50%
bottom left=left bottom=0% 100%
bottom=bottom center=center bottom=50% 100%
bottom right=right bottom=100% 100%
```

百分比和长度值的两种数值表示方法可以混用，如 30% 10pt，但不能与关键词表示法混用。长度表示法中如果只指定一个值，那么该值作为横向值，垂直值则默认为 50%。例如，background-position:30%与 background-position:30% 50%相同。

【例 2-18】 CSS 颜色和背景属性的用法示例，在浏览器中的显示结果如图 2-24 所示。

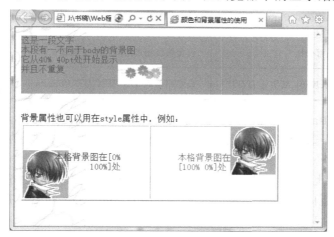

图 2-24　颜色和背景属性的用法示例

```
<html><head><title>颜色和背景属性的使用</title><style>
body {background-image:url(bg1.gif);background-repeat:repeat-y;}
p {color:green;background-color:aqua;background-image:url(bg2.gif);
background-repeat:no-repeat; background-position:40% 40pt}
</style></head>
<body><p>这是一段文字<br>
本段有一不同于 body 的背景图<br>
它从 40% 40pt 处开始显示<br>
并且不重复<br><br><br></p><br><br>
背景属性也可以用在 style 属性中，例如: <br>
<table width=90% border=2 cellpadding=50 cellspacing=2>
<tr><td style="color:darkred;text-align:right;background-repeat:no-repeat;
background-image:url(bg3.jpg);background-position:bottom left">
<span>本格背景图在[0% 100%]处</span></td>
<td style="color:red;background-repeat:no-repeat;
   background-image:url(bg3.jpg);background-position:top right">
<span>本格背景图在[100% 0%]处</span>
</td></tr><table></body></html>
```

3．文本属性

文本属性设置文字之间的显示特性，包括字符间隔（letter-spacing）、文本修饰（text-decoration）、大小写转换（text-transform）、文本横向排列（text-align）、文本纵向排列（vertical-align）、文本缩排（text-indent）、行高（line-height）。现将文本属性的属性名、可取值及相关说明列于表 2-11 中。

表 2-11 文本属性表

属性名	可取值	含义	举例
letter-spacing	长度值 | normal	设定字符之间的间距	h1 {letter-spacing:8pt} p {letter-spacing:14pt}
text-decoration	none | underline | overline | line-through | blink	设定文本的修饰效果，line-through 是删除线，blink 是闪烁效果。默认值为 none	a:link,a:visited,a:active { 　text-decoration:none}
text-align	left | right | center | justify（将文字均分展开对齐）	设置文本横向排列对齐方式	p {text-align:center} h1 {text-align:right}
vertical-align	baseline | super |sub | top | middle | bottom | text-top | text-bottom | 百分比	设定元素纵向对齐方式。值的含义见下面的说明。默认值为 baseline	img.mid { vertical-align:50%} span.sup { vertical-align:super} span.sub { vertical-align:sub}
text-indent	长度值 | 百分比	设定块级元素第一行的缩进量	p { text-indent:30pt} h1 { text-indent:10%}
line-height	normal | 长度值 | 数字 | 百分比	设定相邻两行的间距。默认值 normal	p { line-height:200%} p { line-height:30pt}

说明：① vertical-align 属性的默认值为 baseline，表示该元素与其上级元素的基线对齐；该属性的值为百分比，表示在其上级元素的基线上变化的比例；该属性的其他值的含义如下。

　　super：上标　　　　　　　　　　　　sub：下标
　　top：垂直向上对齐　　　　　　　　　middle：垂直居中对齐
　　bottom：垂直向下对齐　　　　　　　 text-top：文字向上对齐
　　text-bottom：文字向下对齐

② line-height 属性的默认值为 normal，表示由浏览器自动调整行间距；该属性的值为数字，表示行间距等于文字大小乘以该数字所得的数值；该属性值为百分比，表示行间距为字大小的百分比。例如，字的大小为 14pt，line-height 属性值为 200%，则行间距为 14 pt×200%=28 pt。

【例 2-19】 CSS 文本属性的用法示例。

```
<html><head><title>文本属性用法</title>
<style type="text/css">
h2.space {letter-spacing:10pt;}
p.ind {text-indent:20pt;color:darkred;background-color:#FFAAAA}
h3.dec {text-decoration:line-through}
p.hei1{line-height:16pt}
p.hei2 {line-height:32pt}
span.super {vertical-align:super;}</style></head>
<body>
<h2 class="space">本行字符间距是 10pt</h2>
<p class="ind">本段文字起始缩进 20pt，<br>然后可以跟正文。</p>
<h3 class="dec">本行文字带有删除线。</h3>
<p class="hei1">本行与下一行间距为 16pt，<br>本行与上一行间距为 16pt。</p>
<p class="hei2">本行与下一行间距为 32pt，<br>本行与上一行间距为 32pt。</p>
本行的 X 和 Y 带有上标：X<span class="super">3</span>+Y
<span class="super">3</span></body></html>
```

例 2-19 在浏览器中的显示结果如图 2-25 所示。

4．方框属性

方框属性用于设置元素的边界、边框等属性值，可应用这些属性的元素大多是块元素，

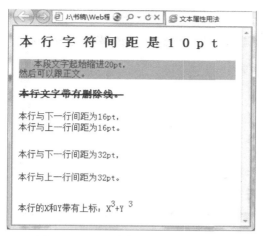

图 2-25　CSS 的文本属性用法示例

包括 body、p、div、td、table、hx（x=1, 2, …, 7）等。方框属性包括边界（margin）、边界补白（padding）、边框（border）等的设置，这部分属性繁多，设置方法复杂，详见附录 C。以下通过例 2-20 说明常用的方框属性的用法。

【例 2-20】　CSS 方框属性用法示例。

```
<html><head><title>方框属性用法例子</title>
<style type="text/css">
p {   background-color:#ddeeff;
   margin-top:10;        margin-right:30;
   margin-bottom:10;     margin-left:30;
   border-width:20pt;    border-style:groove;
   border-color:blue;    padding:20pt;
   width:600;            height:350;
}
img.float{ float:left;}
img.nofloat {clear:both}
</style></head>
<body><table border=1><tr><td>
<p>这是本段的开始文字！本行距段边框 20pt。<br><br>
<img class="float" src="hua.gif">这些文字应该围绕在图像右边显示。
左边这幅图像是一束花。<br>
<img class="nofloat" src="img2.jpg"><br>这些文字不围绕在图像两边。
</p></td></tr></table></body></html>
```

例 2-20 中定义了标记<p>的方框属性：它的上下边框距其上级元素（本例中是表<table>）的边界距离为 10，左右边框距其上级元素的边界距离为 30；边框宽度为 20 pt；边框的样式是 3D 凹线；边框颜色为 blue；<p>中内容距边框的距离为 20 pt；<p>元素的宽度和高度分别是 500、300。本例还设置了元素与其周围文字的显示特性，定义了一个浮动文字的类 img.float 和一个清除浮动文字的类 img.nofloat。例 2-20 在浏览器中的显示结果如图 2-26 所示。

5．列表属性

列表属性用于设置列表标记（ol 和 ul）的显示特性，包括 list-style-type、list-style-image、list-style-position、list-style 等属性，它们的名称、含义和相应说明列于表 2-12 中。

【例 2-21】　CSS 列表属性用法示例。

图 2-26　CSS 方框属性用法示例

表 2-12　列表属性表

属 性 名	取　　值	含　　义
list-style-type	无序列表值：disc | circle | square 有序列表值：decimal | ower-roman | upper-roman | lower-alpha | upper-alpha 共用值：none	表项的项目符号。disc—实心圆点；circle—空心圆；square—实心方形；decimal—阿拉伯数字；lower-roman—小写罗马数字；upper-roman—大写罗马数字；lower-alpha—小写英文字母；upper-alpha—大写英文字母；none—不设定
list-style-image	url（URL）	使用图像作为项目符号
list-style-position	outside | inside	设置项目符号是否在文字里，与文字对齐
list-style	项目符号，位置	综合设置项目属性

```
<html><head><title>列表属性用法</title>
<style type="text/css">
ul.ul1 { list-style:square inside;}
ul.ul2 { list-style-image:url("check.gif");  list-style-position:outside;}
ol.ol1 { list-style-type:upper-roman;  list-style-position:inside;}
ol.ol2 { list-style:decimal outside;}
</style>
</head>
<body><h3>计算机系</h3>
<ul class="ul1">
    <li>计算机及应用 99（1）班</li>
    <li>计算机及应用 99（2）班</li>
</ul>
<ul class="ul2">
    <li>计算机及应用 99（3）班</li>
    <li>计算机及应用 98（1）班</li>
</ul>
<h3>电子系</h3>
<ol class="ol1">
    <li>电子信息工程 99（1）班</li>
    <li>电子信息工程 99（2）班</li>
</ol>
<ol class="ol2">
    <li>电子信息工程 98（1）班</li>
```

```
        <li>电子信息工程 98（2）班</li>
    </ol>
</body></html>
```

6．定位属性

CSS 提供用于二维和三维空间定位的属性，它们是 top、left、position，可以将元素定位于相对其他元素的相对位置或绝对位置。

（1）top、left、position 属性

top 属性设置元素与窗口上端的距离；left 属性设置元素与窗口左端的距离；position 属性设置元素位置的模式。top 和 left 属性通常配合 position 属性使用。

position 有 3 种取值：

✳ absolute —绝对位置，原点在所属块元素的左上角。
✳ relative —相对位置，该位置是相对 HTML 文件中本元素的前一个元素的位置。
✳ static —静态位置，按照 HTML 文件中各元素的先后顺序显示。

position 的默认值为 static。

【例 2-22】 CSS 二维定位属性用法示例，在浏览器中的显示结果如图 2-27 所示。

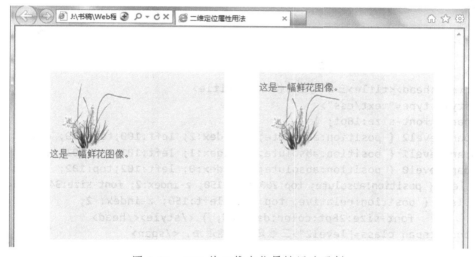

图 2-27 CSS 的二维定位属性用法示例

```
<html><head><title>二维定位属性用法</title>
<style type="text/css">
p { font-size:12pt; color:green; }
div.block1 { position:absolute; top:80; left:120; width:200;
             height:200; background-color:#ddeeff; }
img.pos1 { position:relative; top:20; left:20; width:80; height:80; }
div.block2 { position:absolute; top:80; left:420; width:200; height:200;
             background-color:#ddeeff; }
img.pos2 { position:absolute; top:20; left:20; width:80; height:80; }
</style></head>
<body><div class="block1"><img class="pos1" src="img1.gif"><br>
<p>这是一幅鲜花图像。</p></div>
<div class="block2"><img class="pos2" src="img1.gif"><br>
<p>这是一幅鲜花图像。</p></div>
</body></html>
```

（2）三维空间定位

CSS 允许在三维的空间中定位元素，与之相关的属性是 z-index，与 top 和 left 属性结合使用。z-index 将页面中的元素分成多个"层"，形成多个层"堆叠"效果，从而营造出三维空间效果。

z-index 的取值为整数，可以为正，也可为负，值越大表示在堆叠层中越处于高层，为 0 表示基准，为负表示位置在 z-index=0 的元素之下。

【例 2-23】CSS 三维空间定位属性用法示例，在浏览器中的显示结果如图 2-28 所示。

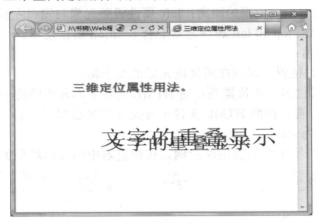

图 2-28　CSS 三维定位属性用法示例

```
<html><head><title>三维定位属性用法</title>
<style type="text/css">
span { font-size:18pt; }
span.level2 { position:absolute; z-index:2; left:100;top:100; color:red;}
span.level1 { position:absolute; z-index:1; left:101;top:101; color:green;}
span.level0 { position:absolute; z-index:0; left:102;top:102; color:yellow;}
p.lev1 { position:absolute; top:200;left:150; z-index:2; font-size:34pt;color:blue;}
p.lev2 { position:relative; top:202; left:150; z-index:-2;
         font-size:28pt;color:darkred; } </style></head>
<body><span class="level2">三维定位属性用法。</span>
<span class="level1">三维定位属性用法。</span>
<span class="level0">三维定位属性用法。</span>
<p class="lev1">文字的重叠显示</p><p class="lev2">文字的重叠显示</p>
</body></html>
```

2.4.5　CSS+DIV 页面布局

在网页设计中，网页布局最基本的要求是，考虑浏览者的方便程度并能够明确地传达信息，以及兼顾网页设计的审美，给浏览者一定的视觉享受。网页布局就是把网页的各种构成要素，如文字、图像、图标、菜单等，合理地排列起来。以前常使用表格来对页面进行布局，随着互联网与 Web 技术的发展，Web 标准的网页布局已经成为以后 Web 的发展方向。当前使用 CSS（层叠样式表）+DIV（层）对页面进行排版布局已成为标准的方式。CSS+DIV 布局模式使页面具有易于维护、显示效果好、浏览器兼容性好、下载速度快、适应不同终端需要等优点。

CSS+DIV 页面布局的核心在于使网页达到表现与内容的分离，即网站的结构、表现、行为三者分离。只有真正实现了结构分离的网页设计，才是真正意义上符合 Web 标准的网页设计。有关 CSS+DIV 页面布局的具体技术细节，请读者参考有关资料。

2.5 XML 简介

可扩展标记语言 XML 是一种用于定义标记的语言，又称为"元语言"。XML 被设计用于数据存储和传输，已成为重要的互联网标准，是不同应用程序之间进行数据交换的规范。XML 主要应用包括：应用程序间的数据传输、配置文件和小型数据库。

2.5.1 XML 概述

1. XML 与 HTML 的比较

【例 2-24】 XML 与 HTML 的比较示例。
```
<BODY> Here we have some text
<H1> This is a heading </H1>
This bit is normal text
<B> This is some bold text </B>
And finally some more normal text </BODY>
```

如果上面的代码是 HTML 文档，将其加载到浏览器，就会显示如图 2-29 所示的结果，其作用是格式化文档。但是，如果上面的代码是 XML 文档，那么其中的标记就不具有任何含义，其内容只是说明：

- 有一个名为 BODY 的标记，在这个标记里面有一些文本。
- 有一个名为 H1 的标记，在这个标记里有一些文本。
- 有一个名为 B 的标记，在这个标记里有一些文本。

如果例 2-24 的代码作为一个 XML 文档（文件扩展名为 .xml）加载到 IE 浏览器中，其结果如图 2-30 所示。浏览器只是把这些标记原封不动地显示出来。

图 2-29 浏览器中显示的 HTML 文档

图 2-30 浏览器中显示的 XML 文档

HTML 提供了固定的预定义元素集，可以使用这些元素来标记一个 Web 页的各个组成部分。而 XML 没有预定义的元素，用户可以创建自己的元素，并自行命名。XML 标记是可以扩展的，用户可以根据需要定义新的标记。XML 标记用来描述文本的结构，而不是用于描述如何显示文本。表 2-13 给出了 HTML 与 XML 的主要不同点比较。

目前，XML 并没有取代 HTML，还在与 HTML 一起使用。XML 极大地扩展了 Web 页的能力，使 Web 页能传递任意类型的文档、对数据进行各类管理，以及操作高度结构化的信息，并且可以与 HTML 进行互操作。

表 2-13　HTML 与 XML 的比较

比较内容	HTML	XML
可扩展性	不具有扩展性	元标记语言，可用于定义新的标记语言
侧重点	侧重于信息的表现	侧重于结构化地描述信息
语法要求	较宽松，不要求标记嵌套、配对等	语法严谨，严格要求标记嵌套、配对、遵循 XML 数据结构（DTD 树形结构、XML Schema）
可读性与可维护性	难于阅读与维护	结构清晰，便于阅读与维护
数据和显示关系	内容描述与显示方式一体化	内容描述与显示方式分离
大小写敏感	不区分大小写	区分大小写

2．XML 的特性

① 实现应用程序之间的数据交换。XML 是跨平台的，提供在不同应用程序之间进行数据交换的公共标准，是一种公共的交互平台。

② 数据与显示分离。XML 文件并不能决定数据的显示样式，数据的显示部分需要由其他语言来确定（如由 CSS 样式来确定），如图 2-31 所示。

③ 数据分布式处理。XML 文档传送给用户后，用户可通过各类应用软件从 XML 文档中提取数据，进而对数据进行各种处理，如编辑、排序等。XML 文档对象模型（Document Object Model，DOM）允许使用脚本语言或其他编程语言处理 XML 数据，从而使得数据可以在各用户端处理，不必都集中在 Web 服务器上，实现了数据的分布式处理，如图 2-32 所示。

④ XML 具有可扩展性强、易学易用等特点。

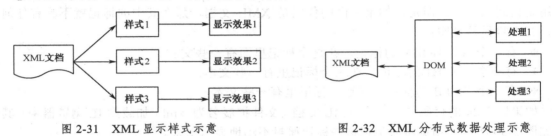

图 2-31　XML 显示样式示意　　　　图 2-32　XML 分布式数据处理示意

3．XML 文档处理流程

一般，XML 文档的处理流程如图 2-33 所示。

图 2-33　XML 文档处理流程

整个处理过程分为 3 个阶段。

<1> 编辑。使用通用的字处理软件或专用的 XML 编辑工具生成 XML 文档。

<2> 解析。对 XML 文档进行语法分析、合法性检查；读取其中的内容，通常以树形结构交给后续的应用程序进行处理，后续程序通常为浏览器或其他应用程序。

<3> 浏览。由 XML 解析器传来的 XML 树形结构以用户需要的格式显示或处理。

4．XML 工具

针对图 2-33 所示的 XML 文档处理流程，XML 的开发应用环境包括 XML 编辑工具、解析工具和浏览工具等。

① XML 编辑工具。XML 文档的编辑与保存都是纯文本格式，因此使用通用的文本编辑软件，如 Windows 记事本、写字板、MS Office 等，都可以创建 XML 文档。但是这些通用文字处理软件不能真正理解 XML。专用的 XML 编辑器可以理解 XML，将它们显示为树形结构。常见的专用 XML 编辑器有 XMLwriter、XML Spy、XML Pro、Visual XML 等。

② XML 解析工具，也称为解析器（Parser）。它是 XML 的语法分析程序，其主要功能是读取 XML 文档并检查其文档结构是否完整，是否有结构上的错误；对于结构正确的文档，读出其内容，交给后续程序去处理。常见的 XML 解析器有 Apache Xeces、MSXML 等。

③ XML 浏览工具。XML 解析器会将 XML 文档结构和内容传输给用户端应用程序。大多数情况下，用户端应用程序可能是浏览器或其他应用程序（如将数据转换后存入数据库）。如果是浏览器，数据就会显示给用户。

2.5.2　XML 文档结构

1．XML 文档的组成

XML 定义了如何标记文档的一套规则。可根据需要给标记取任何名字，如<BOOK>、<TITLE>、<AUTHOR>等。下面是一个格式正确的 XML 文档示例。

【例 2-25】　XML 文档示例。

```
<?xml version='1.0' standalone='yes' ?>
<?xml-stylesheet type="text/css" href="Example.css"?>
<INVENTORY>
    <BOOK>
        <TITLE>The Adventures of Huckleberry Finn</TITLE>
        <AUTHOR>Mark Twain</AUTHOR>
        <BINDING>mass market paperback</BINDING>
        <PAGES>298</PAGES>
        <PRICE>$5.49</PRICE>
    </BOOK>
    <BOOK>
        <TITLE>Leaves of Grass</TITLE>
        <AUTHOR>Walt Whitman</AUTHOR>
        <BINDING>hardcover</BINDING>
        <PAGES>462</PAGES>
        <PRICE>$7.75</PRICE>
    </BOOK>
</INVENTORY>
```

可见，XML 文档中不包含格式信息，而是定义了<BOOK>、<TITLE>、<AUTHOR>等标记来表示数据的真实含义。XML 标记就是定界符（即<>）以及用定界符括起来的文本。

与 HTML 类似，在 XML 中，标记也是成对出现的。处于前面的是开标记，如<BOOK>、<TITLE>、<AUTHOR>等，位于后面的是闭标记，如</BOOK>、</TITLE>、</AUTHOR>等。与 HTML 不同的是，在 XML 中，闭标记是不可省略的；另外，标记是区分大小写的，如<BOOK>和<Book>是两个不同的标记。标记与开/闭标记之间的文字结合在一起构成元素。所有元素都可以有自己的属性，属性采用"属性/值"对的方式写在标记中。

XML 文档主要由两部分组成：序言和文档元素。在文档元素之后可以包括注释、处理指令和空格等。

(1) 序言

例 2-25 给出的示例文档的序言由三行组成：第一行是 XML 声明，说明这是一个 XML 文档，并且给出了版本号。XML 声明还包括一个独立文档声明（standalone = 'yes'）。这个声明可以被某些 XML 文档用来简化文档处理。XML 声明是可选的。第二行包括了一个注释，这样可以增强文档的可读性。第三行有一条处理指令，告诉应用程序使用文件 Example.css 中的 CSS。处理指令的目的是给有关 XML 应用程序提供信息。

(2) 文档元素

XML 文档元素是以树形分层结构排列的，元素可以嵌套在其他元素中。文档必须只有一个顶层元素，称为文档元素（或根元素），类似 HTML 网页中的 BODY 元素，其他所有元素都嵌套在其中。在例 2-25 中，文档元素是 INVENTORY，其起始标记是<INVENTORY>，结束标记是</INVENTORY>，内容是 2 个嵌套的 BOOK 元素。

在 XML 文档中，元素指出了文档的逻辑结构，并且包含了文档的信息内容。典型的元素有起始标记、元素内容和结束标记。元素内容可以是字符、数据、其他（嵌套的）元素或两者的组合。

2. 创建 XML 文档的基本规则

一个格式正确的文档是符合最小规则集的文档，可以被浏览器或其他程序处理。下面是创建格式正确的 XML 文档的一些基本规则：

① 文档必须有一个顶层元素（文档元素或根元素），所有其他元素必须嵌入到其中。

② 元素必须被正确地嵌套。也就是说，如果一个元素在另一个元素中开始，那么它必须在同一个元素中结束。

③ 每个元素必须同时拥有起始标记和结束标记。与 HTML 不同，XML 不允许忽略结束标记，即使浏览器能够推测出元素在何处结束时也是如此。

④ 起始标记中的元素类型名必须与相应结束标记中的名称完全匹配。

⑤ 元素类型名是区分大小写的。实际上，XML 标记中的所有文本都是区分大小写的。例如，下列元素是非法的，因为起始标记的类型名与结束标记的类型名不匹配。

        `<TITLE>Leaves of Grass</Title>`

3. 元素内容的类型

元素内容是起始标记和结束标记之间的文本。其中可以包括嵌套元素和字符数据两种类型。当给元素添加字符数据时，用户无法插入"<""&"符号或字符串"]]>"作为字符数据的一部分，因为 XML 解析器会把"<"解释为嵌套元素的起始，把"&"解释为一个实体引用或字符引用的开始，把"]]>"解释为 CDATA 节的结束。如果想把"<"和"&"作为字符数据的一部分，可以使用 CDATA 节。还可以通过字符引用插入任意字符，或通过使用预定义的通用实体引用来插入某个字符（如"<"或"&"）。有关实体引用、字符引用和 CDATA 节的内容将在后面介绍。

4. 给元素添加属性

一个元素的起始标记中可以包含一个或多个属性。属性由属性名、等号及属性值组成。属性名可以由用户任意定义。例如，下面的 PRICE 元素包含一个名为 Type 的属性，被赋值为 retail。

        `<PRICE  Type= "retail" > $12.50 </PRICE>`

给元素添加属性是为元素提供信息的一种方法。当使用 CSS 显示 XML 文档时，浏览器不会显示属性以及它们的值。但是，若使用数据绑定、HTML 页中的脚本或者 XSL 样式表显示 XML 文档，则可以访问属性及其值。

5. 处理指令的使用

处理指令的一般形式为：
```
<? target instruction ?>
```
其中，target 是指令所指向的应用名称。名称必须以字母或下画线开头，后面跟若干数字、字母、句点、连字符或下画线。"xml"是保留名称，是处理指令的一种类型。例如：
```
<?xml version='1.0' standalone='yes' ?>
```
在 XML 文档中使用的处理指令取决于读取文档的处理器。如果使用 IE 5.0 作为 XML 处理器，那么处理指令主要有两种用途：① 可以使用标准的、预留处理指令来告诉 IE 5.0 怎样处理和显示文档；② 如果编写了 Web 页脚本用于处理和显示 XML 文档，那么可以在文档中插入任意非保留的处理指令。

6. CDATA 节的使用

CDATA 节以字符"<![CDATA["开始，并以字符"]]>"结束。在这两个限定字符组之间可以输入包括"<"或"&"的任意字符，"]]>"除外。CDATA 节中的所有字符都会被当成元素中字符数据的常量部分，而不是 XML 标记。在任何出现字符数据的地方都可以插入 CDATA 节。下面是一个合法 CDATA 节的例子：
```
<?xml version= "1.0" ?>
<MUSICAL>
  <TITLE_PAGE>
    <! [CDATA[
      <oklahoma!>    By   Rogers & Hammerstein   ]]>
  </TITLE_PAGE>
</MUSICAL>
```

我们了解了 XML 文件的基本规则，这样就能编写一个规范的 XML 文件了。但是这个 XML 文件可能不能准确地描述客观事物，因为还没有一个更详细的规范来约束 XML 文件，即还缺乏 XML 数据的底层数据结构。为此，人们制定了两个对 XML 文件的约束规范：文档类型定义（Document Type Definition，DTD）、XML Schema。其中，XML Schema 是继 DTD 之后的第二代用于描述 XML 文件的标准，功能更为强大。我们把符合 XML 语法规则的 XML 文件称为规范的 XML 文件，也称为良构的 XML 文件，而将符合 DTD 或 XML Schema 规范的 XML 文件称为有效的 XML 文件。限于篇幅，本书不再详细介绍 DTD 和 XML Schema，有兴趣的读者可参阅有关资料。

2.5.3 XML 文档显示

可以直接在浏览器中打开 XML 文档，就像打开一个 HTML Web 页一样。如果 XML 文档没有包含指向样式表的链接，那么浏览器只显示整个文档的文本，包括标记和字符数据。浏览器用带颜色的代码来区分不同的文档组成部分，并且以收缩和扩展树的形式显示文档元素，以便清楚地指出文档的逻辑结构并允许详细地查看图层。

如果 XML 文档包含指向样式表的链接，那么浏览器只显示文档元素的字符数据，并根据样式表中指定的规则格式化数据。

如果需要将 XML 文档在浏览器中按特定的格式显示出来，必须有另一个文件告诉浏览器如何显示。XML 文档由专门的样式文档来执行，可以是层叠样式表 CSS 或是可扩展样式表语言（eXtensionible Stylesheet Language，XSL）。本节简介使用 CSS 样式表显示 XML 文档。有关使用 XSL 显示 XML 文档的技术，请读者自行查阅有关资料。

使用层叠样式表 CSS 显示 XML 文档有两个基本步骤：创建 CSS 样式表文件，链接 CSS 样式表到 XML 文档。例如，对于例 2-25，可以建立如下样式表文件 Example.css：

```
BOOK{display:block; margin-top:12pt; font-size:10pt}
TITLE{font-style:italic}
AUTHOR{font-weight:bold}
```

要链接 CSS 样式表到 XML 文档，则需插入保留的 xml-stylesheet 处理指令到 XML 文档中。这个处理指令有如下所示的通用格式，其中 CSSFilePath 指示样式表文件位置的 URL。

```
<?xml-stylesheet type="text/css" href=CSSFilePath ?>
```

例如，例 2-25 中的 XML 文档中包含如下处理指令：

```
<? xml-stylesheet type="text/css" href="Example.css" ?>
```

例 2-25 的 XML 文档在浏览器中的显示效果如图 2-34 所示。

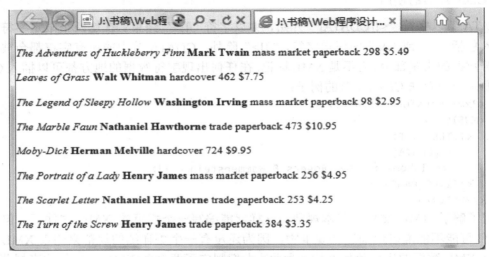

图 2-34　应用 CSS 样式文件显示 XML 文档

2.6　应用示例：个人主页设计

本节通过个人主页实例对 HTML 和 CSS 样式的使用进行总结，读者可从例子中得到启迪，多做多练，以达到举一反三、灵活运用的目的。

【例 2-26】 设计如图 2-35 所示的个人主页。该主页使用表格作为主要结构，一个表的表项又是另一个表。表结构在页面设计中应用非常广泛，可以灵活、方便地规划显示区域。Internet 的许多 Web 页面都是应用表结构设计的，还有下载速度快的优点。

本例大量使用了样式表，在头部通过<style>标记集中定义了页面的显示样式，通过内联样式定义了页面按钮风格的栏目"团结""进取"等表项，使得页面显示风格灵活多样。

例 2-26 的源代码如下：

```
<html>
<meta http-equiv=Content-Type content="text/html; charset=gb2312">
```

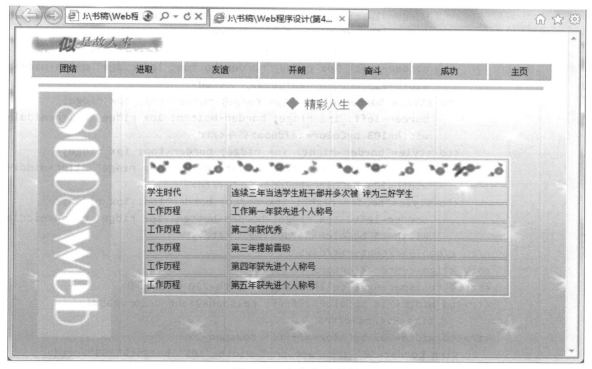

图 2-35 个人主页示例

```
<style type=text/css>
    a:link {font-size: 9pt; text-decoration: none}
    a:visited {font-size: 9pt; text-decoration: none}
    a:active {font-size: 9pt; text-decoration: none}
    a:hover {color: red; text-decoration: none}
    body {font-size: 9pt; line-height: 14pt}  table {font-size: 9pt; line-height: 14pt}
    tr {font-size: 9pt }                td {font-size: 9pt }
    .e {font-size: 16pt; font-family: "MS Sans Serif"; text-decoration: none}
</style></head>
<body bgColor=#ffffff leftMargin=0 background="fallb.jpg" topMargin=0>
<div align=center><center>
<table cellSpacing=0 cellPadding=0 width=720 border=0>
    <tr><td width="100%"><div align=center><center>
        <table cellPadding=0 width=760 border=0>
         <tr><td width="27%"><p align=center>
            <img border="0" src="s1.gif" width="200" height="40"></p></td>
            <td width="73%"></td></tr></table></center></div>
        <div align=center><center>
        <table cellPadding=2 width=743 border=0 name="nav">
         <tr><td style="border-right: 1px ridge; border-top: 1px ridge;
             border-left: 1px ridge; border-bottom: 1px ridge" align=middle
             width=103 bgColor=#a7d6ba>团结</td>
            <td style="border-right: 1px ridge; border-top: 1px ridge;
             border-left: 1px ridge; border-bottom: 1px ridge" align=middle
             width=103 bgColor=#a7d6ba>进取</td>
            <td style="border-right: 1px ridge; border-top: 1px ridge;
```

```html
            border-left: 1px ridge; border-bottom: 1px ridge" align=middle
            width=103 bgColor=#a7d6ba>友谊</td>
        <td style="border-right: 1px ridge; border-top: 1px ridge;
            border-left: 1px ridge; border-bottom: 1px ridge" align=middle
            width=103 bgColor=#a7d6ba>开朗</td>
        <td style="border-right: 1px ridge; border-top: 1px ridge;
            border-left: 1px ridge; border-bottom: 1px ridge" align=middle
            width=103 bgColor=#a7d6ba>奋斗</td>
        <td style="border-right: 1px ridge; border-top: 1px ridge;
            border-left: 1px ridge; border-bottom: 1px ridge" align=middle
            width=103 bgColor=#a7d6ba>成功</td>
        <td style="border-right: 1px ridge; border-top: 1px ridge;
            border-left: 1px ridge; border-bottom: 1px ridge" align=middle
            width=86 bgColor=#a7d6ba>主页</td>
</tr></table></center></div>
<div align=center><center>
<table cellSpacing=0 cellPadding=0 width=720 border=0>
<tr><td width=718 bgColor=#ffffff colspan=2><hr color=#abd1ef
        size=5></td></tr>
<tr><td width=105 bgColor=#ffffff rowspan=3>
    <img border="0" src="web.png" width="105" height="360"></td>
    <td width=613><p align=center>
      <font color=#ff6c26><span class=e>◆</span></font>
      <font color=#008000 size="3">精彩人生</font>
      <font color=#ff6c26><span class=e>◆</span></font></p></td></tr>
   <tr><td width=613><div align=center><center>
      <table cellspacing=0 cellPadding=0 width="85%" border=0>
        <tr><td width="100%">
         <table borderColor=#ffffff cellPadding=2 width="100%" border=1>
         <tr><td borderColor=#70b8e2 width="100%" colspan=2>
         <img border="0" src="18.gif" width="510" height="32"></td></tr>
         <tr><td borderColor=#70b8e2 width="23%">学生时代</td>
          <td borderColor=#70b8e2 width="77%">连续三年当选学生班
                        干部并多次被评为三好学生</td></tr>
         <tr><td borderColor=#70b8e2 width="23%">工作历程</td>
          <td borderColor=#70b8e2 width="77%">工作第一年获先进个人称号</td></tr>
         <tr><td borderColor=#70b8e2 width="23%">工作历程</td>
          <td borderColor=#70b8e2 width="77%">第二年获优秀</td></tr>
         <tr><td borderColor=#70b8e2 width="23%">工作历程</td>
          <td borderColor=#70b8e2 width="77%">第三年提前晋级</td></tr>
         <tr><td borderColor=#70b8e2 width="23%">工作历程</td>
          <td borderColor=#70b8e2 width="77%">第四年获先进个人称号</td></tr>
         <tr><td borderColor=#70b8e2 width="23%">工作历程</td>
          <td borderColor=#70b8e2 width="77%">第五年获先进个人称号</td></tr>
         </tr></table></center></div></td></tr></table></center></div>
    </td></tr></table></center></div>
  </body>
</html>
```

本章小结

本章介绍了网页设计的基础 HTML 和 CSS，同时简介了 XML。HTML 是在万维网上建立网页的基本语言，是一种标记性的语言，通过标记与属性进行描述。HTML 标记描述了文档的结构，是区分文本各部分的分界符，用于将 HTML 文档划分成不同的逻辑部分，与属性一起向浏览器提供该文档的格式化信息，以向浏览器传递文档的外观特征。层叠样式表 CSS 可进行集中样式管理，可实现内容和样式的分离，便于多个 HTML 文件共享样式定义。XML 是可扩展标记语言，其用途主要有两个：一是作为元标记语言，定义各种实例标记语言标准；二是作为标准交换语言，起描述交换数据的作用。

习 题 2

2.1 简述超文本标记语言 HTML 的特点。
2.2 试述 HTML 文件的结构。
2.3 简述 HTML 表格（Table）的创建要点。
2.4 什么是表单（Form）？在 HTML 中如何创建表单？
2.5 HTML5 具有哪些新特性？新增了哪些功能？
2.6 用 HTML 设计一个简单的个人主页，内容包括简介、兴趣爱好、特长等。
2.7 简述层叠样式表 CSS 的含义和作用。
2.8 总结 CSS 样式引用的方式，并举例说明。
2.9 总结样式作用的顺序，并举例说明。
2.10 总结常用的 CSS 属性。
2.11 用 HTML、CSS 样式表设计你的个人主页，主要包括简介、兴趣爱好、特长等。
2.12 XML 的特点是什么？
2.13 XML 被称为"元标记"语言，试解释其含义。
2.14 试比较 HTML 与 XML。

上机实验 2

2.1 《Web 程序设计》课程网站主页面设计。

【目的】
（1）掌握 HTML 常用标记的用法。
（2）掌握应用表格进行页面布局的方法。

【内容】设计如图 2-36 所示的《Web 程序设计》课程网站主页。

【步骤】
<1> 打开记事本程序。
<2> 输入能够生成如图 2-36 所示页面的 HTML 源代码，保存为 HTML 文件，文件名为 ex2-1。
<3> 双击 ex2-1.html 文件，在浏览器中查看结果。

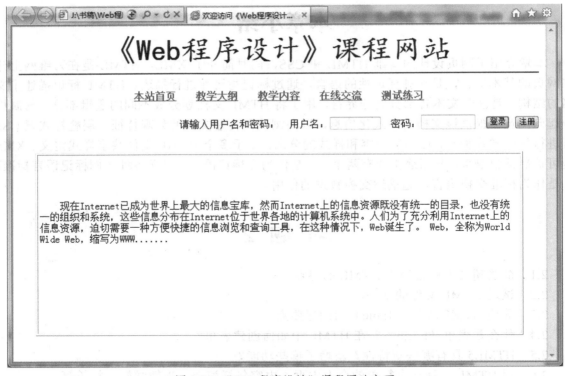

图 2-36 《Web 程序设计》课程网站主页

2.2 设计《Web 程序设计》课程网站"教学内容"功能。

【目的】

（1）进一步熟练使用 HTML 的常用标记。

（2）掌握应用框架进行页面布局的方法。

【内容】

设计如图 2-37 所示的《Web 程序设计》课程网站的"教学内容"框架页面。

要求：在"教学内容"页面中，左边为各章标题，每章标题都是超链接，单击章标题后，将在右边显示该章的教学内容。

【步骤】

<1> 打开记事本程序。

<2> 输入能够生成如图 2-37 所示页面的 HTML 源代码，分别保存为 study.html、title.html、chapter.html、chap1.html～chap8.html 文件。

<3> 双击 study.html 文件，在浏览器中查看结果。

2.3 用 CSS 字体、颜色和文本等属性控制网页显示样式。

【目的】

掌握用 CSS 属性控制网页文字和颜色显示样式的方法。

【内容】

利用 CSS 样式表实现对文字的显示控制（文字内容可自行选择）：分别设置字体为隶书、楷体、宋体，字号分别为 20 pt、16 pt 和 24 pt，字体风格分别为正常、斜体、正常，字符间距分别为 2 pt、5 pt、2 pt，第二行文字带有背景色，最后一行文字带有删除线，如图 2-38 所示页面效果。

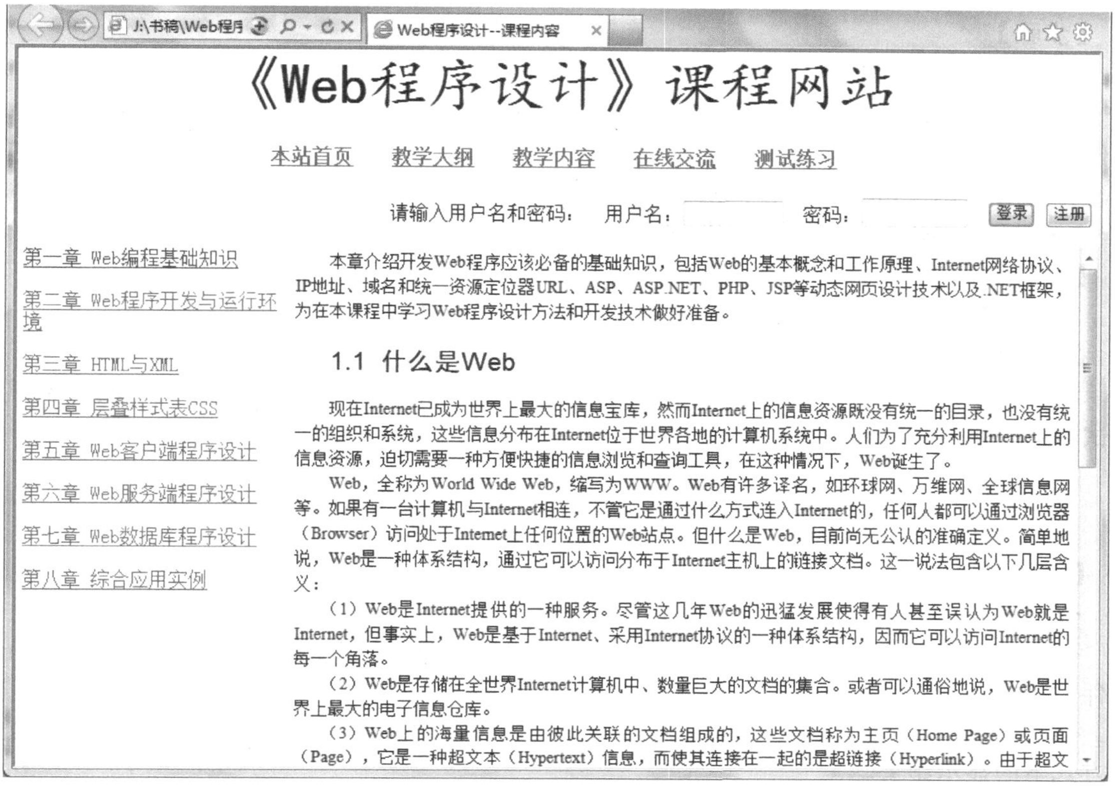

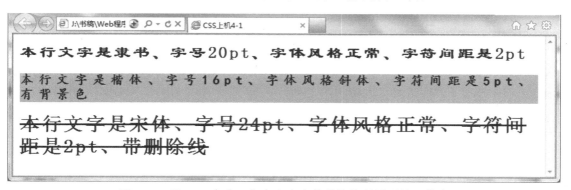

图 2-37 《Web 程序设计》课程网站"教学内容"页面

图 2-38 用 CSS 字体、颜色和文本等属性控制网页显示样式

【步骤】
<1> 打开记事本程序。
<2> 输入生成如图 2-38 所示页面的 HTML 文件（图片可另选），保存为 ex2-3.html 文件。
<3> 双击 ex2-3.html 文件，在浏览器中查看结果。
2.4 用 CSS 控制网页显示样式。
【目的】
掌握用 CSS 样式表控制网页显示样式的方法。
【内容】
利用 CSS 样式表实现例 2-26 中的个人主页（图片可另选）。

【步骤】

<1> 打开记事本程序。

<2> 输入能够生成如图 2-35 所示页面的 HTML 文件（图片可另选），保存为 ex2-4.html 文件。

<3> 双击 ex2-4.html 文件，在浏览器中查看结果。

2.5 用 HTML5 设计网页，用 CSS 控制网页显示样式。

【目的】

掌握用 HTML5 设计、用 CSS 控制网页显示样式的方法。

【内容】

利用 HTML5 和 CSS 样式表设计如图 2-39 所示的网页，并在 PC 浏览器的移动设备模拟调试器中观察网页输出结果。

图 2-39 用 HTML5 和 CSS 样式表设计的网页

【步骤】

<1> 打开记事本程序。

<2> 输入能够生成如图 2-39 所示页面的 HTML 文件（图片可另选），保存为 ex2-5.html 文件。

<3>在浏览器中查看网页显示结果，并利用浏览器的"开发者工具"查看该网页在模拟手机方式下的显示结果。

第 3 章 JavaScript 程序设计

网页设计要使用多种技术，包括 HTML、脚本程序设计、CSS 样式表、美工技术等。仅使用 HTML 设计的页面属于静态页面。Web 刚出现的一段时间内，Web 是一个静态信息发布平台，所设计的页面都是静态页面；当今的 Web 已经具有更丰富的功能。现在，人们不仅需要浏览 Web 提供的信息，还需要进行信息搜索，开展电子商务等。为实现以上功能，必须使用更新的网络编程技术设计动态网页。所谓动态，指的是按照访问者的需要，对访问者输入的信息做出不同的响应，提供响应信息。进一步，动态网页设计技术可分为客户端和服务器端，客户端动态网页设计技术主要使用层叠样式表（CSS）和在浏览器中执行的脚本程序，而服务器端动态网页设计技术主要使用 JSP、ASP.NET、PHP 等。

随着 Web 页面的内容和表现手法越来越丰富，将其结构、表现和行为分离成为趋势。构建精良的 Web 页面一般有三层，分别是结构（Structure）层、表现（Presentation）层和行为（Behavior）层。对应的标准也分为三方面：结构化标准语言（主要包括(X)HTML 和 XML）、表现标准语言（主要指 CSS）和行为标准（主要包括对象模型和脚本语言）。Web 客户端程序设计的主要内容是脚本语言和浏览器对象模型。

3.1 脚本语言概述

3.1.1 什么是脚本语言

脚本（Script）语言的概念源于 UNIX 操作系统。在 UNIX 操作系统中，将主要以行命令组成的命令集称为 Shell 脚本程序。Shell 脚本程序具有一定的控制结构，可以带参数，由系统解释执行。除了 UNIX Shell Script，在 UNIX 环境下，具有强大的字符串处理能力的 Perl 语言也是脚本语言的典型代表。

随着 Internet 的发展，特别是 WWW 应用的迅速普及，人们不再满足于静态的页面浏览，希望网页具有动态交互的特性，因此各种应用于 Web 页面设计的脚本语言应运而生。其中应用较广泛的是 JavaScript 以及用于编写 CGI 脚本程序的 Perl、Shell Script 等。脚本程序设计在 Web 程序设计中占有重要的地位，无论是客户端动态页面设计，还是动态网站设计及服务器端编程，都要使用脚本语言。

HTML 提供较完善的设计页面的功能，但提供的信息大多是静态的。这些信息被下载到客户计算机后，是固定不变的。无法利用客户计算机的计算能力，也就无法在客户端处理与用户的交互，从而无法构造出客户端的交互式动态页面。一些原本可以在客户端完成的任务（如数据合法性检查等）也不得不提交给服务器去完成，一方面加重了服务器的负担，另一方面增加了网络传输量，同时增加了响应时间，降低了实时性。JavaScript 的出现恰好弥补了这一缺憾，大大提高了客户端的交互性，使用非常简单、灵活。

本章讨论的脚本语言是指用于 Web 页面及程序设计的脚本语言，它们通常是嵌入式（嵌入到 HTML 文件中）的、具有解释执行的特征。根据脚本程序被解释执行的地点的不同，可分为客户端脚本和服务器端脚本，前者由浏览器负责解释执行，后者由 Web 服务器负责解释执行。JavaScript 既可作为客户端脚本语言，又可作为服务器端脚本语言，而 Perl、JSP、PHP 等则通常是服务器端脚本语言。

3.1.2 JavaScript 的特点

JavaScript 是一种嵌入在 HTML 文件中的脚本语言，是基于对象和事件驱动的，能对诸如鼠标单击、表单输入、页面浏览等用户事件做出反应并进行处理。JavaScript 由 Netscape 公司在 1995 年的 Netscape 2.0 中首次推出，最初被叫做"Mocha"，当在网上测试时，又将其改称为"LiveScript"，到 1995 年 5 月 Sun 公司正式推出 Java 语言后，Netscape 公司引进 Java 的有关概念，将 LiveScript 更名为 JavaScript。随后几年中，JavaScript 被大多数浏览器所支持。就目前使用最广泛的两种浏览器 Netscape 和 Internet Explorer 来说，Netscape 2.0 及以后版本、IE 3.0 及以后版本都支持 JavaScript，所以 JavaScript 具有通用性好的优点。

最初 JavaScript 只是作为客户端编程语言，随着发展，它已经可以完成较复杂的服务器端编程任务了。JavaScript 从推出发展到今天，经过几次升级，目前版本是 1.2 版，在网络安全性和服务器端支持方面比较早的版本有更好的支持。本节只讨论客户端使用的 JavaScript，其特点是直接由浏览器解释运行。JavaScript 具有如下特点：

① 简单性。JavaScript 是一种被大幅度简化了的编程语言，即使用户没有编程经验也可较快掌握它，不像高级语言的使用有很严格的限制，而是非常简洁灵活，如在 JavaScript 中变量可以直接使用，不必事先声明，对变量的类型规定也不是十分严格等。

② 基于对象。JavaScript 是基于对象的，允许用户自定义对象，同时浏览器提供了大量内建对象，使编程者可以将浏览器中不同的元素作为对象来处理，体现了现代面向对象程序设计的基本思想。但 JavaScript 不是完全面向对象的，不支持类和继承。

③ 可移植性。在大多数浏览器上，JavaScript 脚本程序可以不经修改而直接运行。

④ 动态性。JavaScript 是 DHTML（动态 HTML）的一个十分重要的部分，是设计交互式动态网页、特别是"客户端动态"页面的重要工具。

另外，JavaScript 语言与 Java 语言的关系，二者在命名、结构和语言上都很相似，但不能把它们混淆，两者存在如下重要的差别。

① Java 是由 Sun 公司推出的新一代的完全面向对象的程序设计语言，它支持类和继承，主要应用于网络程序设计，对于非程序设计人员来说不易掌握；而 JavaScript 只是基于对象的，主要用于编写网页中的脚本，易于学习和掌握。

② Java 程序是编译后以类的形式存放在服务器上，浏览器下载到这样的类，用 Java 虚拟机去执行它。而 JavaScript 的源代码无须编译，它是嵌入在 HTML 文件中的，作为网页的一部分；当使用能处理 JavaScript 语言的浏览器浏览该网页时，浏览器将对该网页中的 JavaScript 源代码进行识别、解释并执行。

③ Java 程序可以单独执行，但 JavaScript 程序只能嵌入 HTML 文件中，不能单独运行。

④ Java 具有严格的类型限制，JavaScript 则比较宽松。

⑤ Java 程序的编辑、编译需要使用专门的开发工具，如 JDK（Java Development Kit）、Visual J++等；而 JavaScript 程序不需要特殊的开发环境，只是作为网页的一部分嵌入到 HTML

文件中，所以编辑 JavaScript 程序只要用一般的文本编辑器就可以完成。

3.2 JavaScript 基础

3.2.1 JavaScript 程序的编辑和调试

可以用任何文本编辑器来编辑 JavaScript 程序，如 NotePad，需要将 JavaScript 程序嵌入 HTML 文件，程序的调试在浏览器中进行。

将 JavaScript 程序嵌入 HTML 文件的方法有两种。

① 在 HTML 文件中使用<script>、</script>标识加入 JavaScript 语句，这样 HTML 语句与 JavaScript 语句位于同一个文件中。其格式为：

```
<script language="JavaScript">
```

其中，language 属性指明脚本语言的类型。通常有两种脚本语言：JavaScript 和 VBScript，language 的默认值为 JavaScript。<script>标记可插入在 HTML 文件的任何位置。

② 将 JavaScript 程序以扩展名 .js 单独存放，再利用以下格式的<script>标记嵌入 HTML 文件：

```
<script src=JavaScript 文件名>
```

方法②将 HTML 代码和 JavaScript 代码分别存放，有利于程序的共享，即多个 HTML 文件可以共用相同的 JavaScript 程序。<script>标记通常加在 HTML 文件的头部。

下面是一个简例：

```
<html>
    <head>
    <title>JavaScript 简例</title>
    </head>
    <body>
        <script language="JavaScript"> alert("世界，你好！");</script>
    </body>
</html>
```

本例在 HTML 文件中用<script>和</script>标记嵌入了 JavaScript 语句 alert()，是 JavaScript 浏览器对象 Window 的预定义方法，其功能是弹出具有一个"确定"按钮的对话框。该对话框上所显示的内容为其参数所给的字符串。该例运行结果如图 3-1 所示。

图 3-1 一个 JavaScript 简例

在编写 JavaScript 程序时注意以下 3 点。

① JavaScript 对大小写是敏感的，与 C++相似。

② 在 JavaScript 程序中，换行符是一个完整的语句的结束标志；若要将几行代码放在一行中，则各语句间要以"；"分隔（习惯上，也可像 C++一样，在每个语句后以"；"结束，虽然 JavaScript 并不要求这样做）。

③ JavaScript 的注释标记是"//"之的部分，或"/*"与"*/"之间的部分（与 C++相同）。上面的例子中便使用了第一种格式的注释，意为若浏览器不能处理 JavaScript 脚本，则忽略它们，否则解释并执行该脚本程序。

3.2.2　JavaScript 基本语法

本节讨论 JavaScript 的基本语法，与 C 语言相似，它继承了 C 语言的优点，并融入了面向对象的思想。

1. 数据类型

JavaScript 有 3 种数据类型：数值型、逻辑型和字符型。数值型数据包括整数和浮点数。整数可以是十进制、八进制和十六进制数，八进制值以 0 开头，十六进制值以 0x 开头。例如，100（十进制），021（八进制），0x5d（十六进制）；2.57、1.3e6、2、7e-10 为浮点数。

逻辑型数据有 true 和 false 两种取值，分别表示逻辑真和逻辑假。

字符型数据的值是以双引号" "或单引号' '括起来的任意长度的一连串字符。注意反斜杠"\"是转义字符，常用的转义序列有：\n，换行符；\t，水平制表符；\r，回车符；\b，退格符。

2. 常量和变量

（1）常量

常量是在程序中其值保持不变的量。JavaScript 的常量以直接量的形式出现，即在程序中直接引用值，如"欢迎您"、28 等。

常量值可以为整型、实型、逻辑型及字符串型。另外，JavaScript 中有一个空值 null，表示什么也没有，如试图引用没有定义的变量，则返回一个 null 值。

（2）变量

变量是在程序中值可以改变的量。JavaScript 用关键字 var 声明变量，或使用赋值的形式声明变量。例如：

```
var  str;                    /*声明变量 str*/
num1 = 10;                   /*说明 num1 为整型，并将其值赋为 10*/
num2= 3.02e10;
str1 = "欢迎您";
```

JavaScript 的变量使用比较灵活，可以在程序中需要处声明变量、为变量赋值，不必事先将程序中要用到的所有变量都声明；并且可以不声明而直接使用变量，如上例所示。JavaScript 的变量使用的灵活性还体现在其弱类型检查特点上，弱类型检查允许对一个变量随时改变其数据类型。例如：

```
num1 = 10;                   /*说明 num1 为整型*/
num1= 3.02e10;               /*将 num1 改变为浮点型*/
num1 = "欢迎您";              /*甚至可将 num1 改变为字符串型*/
```

JavaScript 命名变量的规则如下。

① 变量名必须以字母（大小写均可）打头，只能由字母（大小写均可）、数字（0~9）和"_"组成。

② 变量名长度不能超过 1 行，并且不能使用 JavaScript 保留字作变量名。

③ 变量名字母区分大小写。

表 3-1 列出了 JavaScript 的保留字，保留字是系统预先定义，具有特殊含义和用途的字符串，不能作他用。

3. 运算符

JavaScript 的运算符包括赋值运算符、算术运算符、字符串运算符、逻辑运算符、关系运算符和位运算符。

表 3-1　JavaScript 的保留字

abstract	boolean	break	byte	case	catch	char
class	const	continue	default	do	double	else
extends	false	final	finally	float	for	function
goto	if	implements	import	in	instanceof	int
interface	long	native	new	null	package	private
protected	public	return	short	static	super	switch
synchronized	this	throw	throws	transient	true	try
var	void	while	with	catch		

① 赋值运算符。JavaScript 提供 6 个赋值运算符，它们是基本赋值运算符 "="和复合赋值运算符：+=、-=、*=、/=和%=，功能是将一个表达式的值赋予一个变量。复合赋值运算符的含义见表 3-2。例如：

```
x= 100;                //将值 100 赋予变量 x
a += 10;               //即 a←a+10
```

② 算术运算符。其操作数和结果都是数值型值。JavaScript 的算术运算符列于表 3-3 中。算术运算符及后面要讲的位运算符可与赋值运算符结合形成简记形式，见表 3-2。

表 3-2　赋值运算符简记形式表

记　法	含　义
a+=b	a=a+b
a*=b	a=a*b
a%=b	a=a%b
a>>=b	a=a>>b
a&=b	a=a&b
a|=b	a=a|b
a-=b	a=a-b
a/=b	a=a/b
a<<b	a=a<<b
a>>>=b	a=a>>>b
a^=b	a=a^b

表 3-3　算术运算符表

运算符	操　作
+	加法
*	乘法
%	取模
--	递减
-（双目）	减法
-（单目）	取负
++	递增
/	除法

③ 字符串运算符。字符串运算是 JavaScript 中使用最多的运算。字符串运算符只有一个 "+"，即字符串连接运算。参与字符串连接运算的两个操作数如果都是字符串，则直接合并；否则，操作数会先被转变为字符串，再进行合并。例如：

```
var   str1 = "欢迎您"+"访问本页";         //变量 str1 的值为 "欢迎您访问本页"
var   str2 = "现在是"+10+"月";            //变量 str2 的值为 "现在是 10 月"
```

④ 逻辑运算符。逻辑运算符的运算对象和结果都是逻辑值。逻辑运算符有 3 个：

- && —与运算，是双目运算。当两个操作数都为 true 时，结果为 true，其他情况下结果均为 false。
- || —或运算，是双目运算。当两个操作数中至少有一个为 true 时，结果为 true，否则结果为 false。
- ! —非运算，是单目运算。结果是操作数的值取反。

⑤ 关系运算符。关系运算符用于数值及字符串值的比较，返回比较判断的结果。关系运算符的运算结果是逻辑值。关系运算包括：==，相等；!=，不等；<，小于；>，大于；<=，小于或等于；>=，大于或等于。例如，x>=100，y==20。

利用关系运算符、逻辑运算符及括号可以组成复杂的表达式。例如：
    (!(a==9) && (x<=100)) || (a!=9))

⑥ 位运算符。位运算符将操作数作为二进制值处理，返回 JavaScript 标准的数值型数据。位运算符都是双目运算，包括：&，按位与；|，按位或；^，按位异或；<<，左移；>>，右移；>>>，右移，零填充。例如：

    15&8   // 结果为 8（1111&1000）
    15|8   // 结果为 15（1111|1000）
    15^8   // 结果为 7（1111|1000）

JavaScript 运算符的优先级由高到低排列如下：

    [ ] ( )   高
    ++ -- !
    * / % + -
    << >> >>>
    < > <= >=
    == !=
    & ^ |
    && ||
    ?=
    = += -= *= /= %=   低

4．表达式

JavaScript 的表达式是由常量、变量、运算符、函数和表达式组成的式子，任何表达式都可求得单一值。根据表达式值的类型，JavaScript 的表达式有 3 类：① 算术表达式，其值是一个数值型值，如 5+a-x；② 字符串表达式，其值是一个字符串，如"字符串 1"+str；③ 逻辑表达式，其值是一个逻辑值，如(x= =y) && (y>=5)。

此外，JavaScript 还有一种特殊的表达式——条件表达式，其格式为：
    (condition) ? val1 : val2
其中，condition 是逻辑表达式。该条件表达式的含义是：如果 condition 的值为 true，则条件表达式的值为 val1，否则条件表达式的值为 val2。

例如，((date>20) && (date<30))? "go" : "stay"表达式的含义是，若变量 date 的值大于 20 且小于 30，则表达式的值为字符串 go，否则为 stay。

3.2.3　JavaScript 函数

函数为程序设计人员提供了实现模块化的工具。通常在进行一个复杂的程序设计时，总是根据要完成的功能，将程序划分为一些相对独立的部分，每部分编写一个函数，从而使各部分充分独立，任务单一，程序清晰、易懂、易读、易维护。JavaScript 函数可以封装那些在程序中可能要多次用到的功能块。函数定义的语法格式为：
    return 表达式
或
    return (表达式)
下例说明函数的定义和调用方法。

【例 3-1】 设计一个如图 3-2 所示的页面，显示指定数的阶乘值。

程序如下：
```
<html><head><title>函数简例</title>
<script language="JavaScript">
    function factor(num) {
        var i, fact=1;
        for(i=1;i<num+1;i++)
            fact=i*fact;
        return fact;
    }
</script>
</head>
<body><p><script>
document.write("<br><br>调用 factor 函数，5 的阶乘等于: ",factor(5),"。");
</script></p>
</body></html>
```

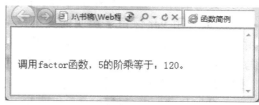

图 3-2　函数使用简例

例 3-1 在 HTML 文件头部定义了函数 factor(num)，计算 num!并返回该值；在 HTML 体部的脚本程序中调用了 factor，实参值为 5，即计算 5!。

使用函数时要注意以下 3 点。

① 函数定义位置。虽然语法上允许在 HTML 文件的任意位置定义和调用函数，但建议在 HTML 文件的头部定义所有的函数，因为这样可以保证函数的定义先于其调用语句载入浏览器，从而不会出现调用函数时由于函数定义尚未载入浏览器而引起的函数未定义错。

② 函数的参数。函数的参数是在主调程序与被调用函数之间传递数据的主要手段。在函数的定义时可以给出一个或多个形式参数，而在调用函数时，不一定给出同样多的实参。这是 JavaScript 在处理参数传递上的特殊性。JavaScript 的系统变量 arguments.length 中保存了调用者给出的实际参数的个数。例 3-2 给出了函数参数传递的用法。

【例 3-2】 设计一个函数求累加和，默认时求 1+2+…+1000，否则按照用户所指定的开始值和终止值求和。在浏览器中执行的结果如图 3-3 所示。

```
<html><body><script language= "JavaScript">
    function sum(StartVal, EndVal)
    {
        var ArgNum = sum.arguments.length;    // 用户给出的参数个数
        var i,s=0;
        if(ArgNum == 0)
        {
            StartVal = 1;   EndVal = 1000;
        }
        else if(ArgNum == 1)
            EndVal = 1000;
        for(i = StartVal; i<=EndVal; i++)
            s+=i;
        return s;
    }
    document.write("不给出参数调用函数 sum:",sum(),"<br>");
    document.write("给出一个参数调用函数 sum:",sum(500),"<br>");
    document.write("给出二个参数调用函数 sum:",sum(1,50),"<br>");
</script>
</body></html>
```

图 3-3　带参函数的使用

③ 变量的作用域。在函数内用 var 保留字声明的变量是局部变量，其作用域仅限于该函数；在函数外用 var 保留字声明的变量是全局变量，其作用域是整个 HTML 文件。在函数内未用 var 声明的变量也是全局变量，其作用域是整个 HTML 文件。当函数内以 var 声明的变量与全局变量同名时，就像不同名的两个变量，其操作互不影响。有关变量作用域见例 3-3。

【例 3-3】 变量作用域示例。执行结果如图 3-4 所示。

```
<html><head><title>变量作用域示例</title>
<script language="JavaScript">
    var i, j=10;                    // 全局变量
    function output() {
        var j=0;        // 局部变量
        i=100;          // 全局变量
        j++; j++;
        document.write(" j=",j);
        document.write(" i=",i);
        i++;
    }
</script>
</head>
<body><br><br>
<script language= "JavaScript">
    document.write("尚未调用函数 output()，所以 i 无定义，不能引用！<br>");
    document.write("j 的初始值=",j,"<br>");
    document.write("调用 output()，观察函数的输出！<br>");
    output();
    document.write("<br>调用 output()后，观察函数对 i,j 的影响: i=",i," j=",j);
</script></body></html>
```

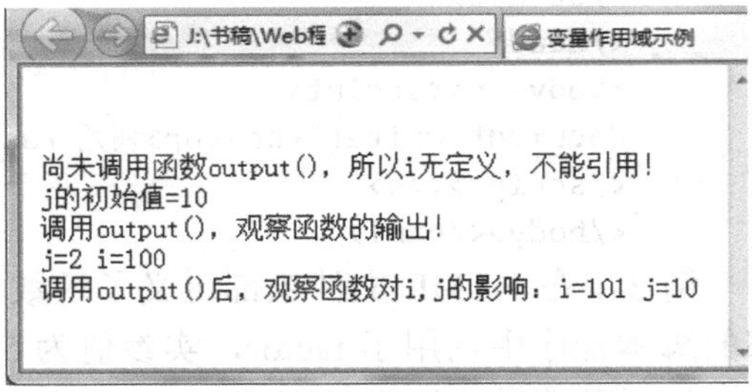

图 3-4　变量作用域示例

3.2.4　JavaScript 流程控制

在任何一种语言中，程序控制流都是必须的，使得整个程序顺利地按一定的方式执行。与其他程序设计语言一样，JavaScript 有顺序、分支和循环三种控制结构。顺序结构是最一般的控制结构，若没有改变执行顺序的语句，则程序的各语句是按其出现的先后顺序依次执行的。可以改变程序执行顺序的是条件转移语句和循环语句。

1. 条件转移语句

条件转移语句定义的语法格式为：

```
if(condition)
    statments1
[else
    statments2]
```

其中，condition 表示条件，可以是逻辑或关系表达式，若是数值型数据，则将零和非零的数分别转换成 false 和 true。如果 condition 为 true，则执行语句体 statments1；若省略 else 子句，则 condition 为 false 时什么也不做，否则执行语句体 statments2。

若 if 及 else 后的语句体有多行，则必须使用"{ }"将其括起来。

if 语句可以嵌套，格式为：

```
if(condition1)
    statments1
```

```
else if(condition2)
    statments2;
else if(condition3)
    statments3;
...
else
    statmentsN;
```

在这种情况下，每级条件表达式都会被计算，若为真，则执行其相应的语句，否则执行 else 后的语句。

2．while 循环语句

while 循环语句定义的语法为：
```
while(condition) {
    statements;
}
```
当 condition 为 true 时，反复执行循环体 statements，否则跳出循环体。注意，在循环体中必须含有改变循环条件的操作，使之离循环终止更近一步，否则会陷入死循环。

3．for 循环语句

for 循环语句定义的语法为：
```
for(exp1; exp2; exp3) {
    statements;
}
```
其中，exp1 是循环前的初始设置，通常设置循环计数器的初值；exp2 是循环条件，当 exp2 为 true 时才执行循环体 statments；exp3 是运算，改变循环设置，通常会改变循环计数器的值，使之离循环终止更近一步。

for 与 while 两种语句都是循环语句，它们的表达能力是相当的。但习惯上当使用循环计数器进行控制时选用 for 语句，因为在这种情况下用 for 语句更为清晰、易读，也较紧凑；而 while 语句对循环条件较复杂的情况更适合些。

【例 3-4】 使用 for 循环语句计算 10!。
```
<html><body>
<script language= "JavaScript">
    var  i, factor;
    factor=1;
    for(i=1; i<=10; i++)
        factor*=i;
    document.write("10 的阶乘是: ", factor);
</script>
</body></html>
```

4．continue 和 break 语句

continue 语句强制本轮循环结束，进入下一轮循环。例如：
```
while(i<100) {
    if(j==0)
        continue;
    else {
        语句体;
```

```
        }
        j++;
    }
```
上例中，当 j=0 时，则本轮循环结束（语句 j++不执行）。

break 语句强制结束循环。例如：
```
    while(i<100) {
        if(j==0)
            break;
        else {
            语句体；
        }
        j++;
    }
```
上例中，当 j=0 时，则 while 循环结束。

3.2.5 JavaScript 出错处理

由于各种原因，程序中的出错异常总是不可避免。当错误发生时，JavaScript 引擎通常会停止，并生成一个错误消息，即抛出一个错误。JavaScript 捕捉和处理异常的语句是 try-catch，语法格式如下：
```
    try {
        …                          // 代码块
    }
    catch(err) {
        …                          // 错误处理
    }
```

【例 3-5】 JavaScript 出错处理示例。
```
<html><head><script>
    var txt="";
    function message(){
        try {
            print("欢迎访问！");
        }
        catch(err) {
            txt="网页上有错误，print 为未定义的函数！点击确定返回。\n\n";
            alert(txt);
        }
    }
</script></head>
<body>
<input type="button" value="查看消息" onclick="message()">
</body></html>
```

3.2.6 JavaScript 表单验证

JavaScript 可在数据被传递到服务器前对 HTML 表单中的输入数据进行验证，主要验证如下内容：① 是否已填写表单中的必填项；② 输入的邮件地址是否合法；③ 是否输入合法的日期；④ 是否在数据域中输入了文本。

【例 3-6】 验证用户是否填写了表单中的必填项。

```
function validate_required(item, txt) {
    with(item) {
        if(value==null || value=="") {
            alert(txt);
            return false
        }
        else {
            return true
        }
    }
}
```

3.2.7 JavaScript 正则表达式

正则表达式（Regular Expression）是用于匹配字符串中字符组合的模式，是强大、便捷、高效的文本处理工具，对字符串中的信息实现查找、替换和提取操作。

1．正则表达式语法

正则表达式是由普通字符（如字符 a～z）、特殊字符（包括元字符、量词、范围等）组成的模式，描述在查找文字主体时待匹配的一个或多个字符串。表 3-4 列出了部分特殊字符。

表 3-4 部分特殊字符

特殊字符	含 义
\	将下一个字符标记为一个特殊字符，或一个原义字符，或一个向后引用，或一个八进制转义符，相当于多种编程语言中都有的"转义字符"。例如，"n"匹配字符"n"；"\n"匹配换行符；串行"\\"匹配"\"，而"\("匹配"("
^	匹配输入行首。如果设置了 RegExp 对象的 Multiline 属性，^也匹配"\n"或"\r"后的位置
$	匹配输入行尾。如果设置了 RegExp 对象的 Multiline 属性，$也匹配"\n"或"\r"前的位置
*	匹配前面的子表达式任意次，等价于{0,}。例如，zo*匹配"z"，也匹配"zo"以及"zoo"
+	匹配前面的子表达式一次或多次，等价于{1,}。例如，"zo+"匹配"zo"及"zoo"，但不匹配"z"
?	匹配前面的子表达式零次或一次，等价于{0,1}。例如，"do(es)?"匹配"do"或"does"
{n}	n 是一个非负整数，匹配确定的 n 次。例如，"o{2}"匹配"food"中的两个 o
{n,}	n 是一个非负整数，至少匹配 n 次。例如，"o{2,}"不匹配"Bob"中的"o"，但匹配"fooooood"中的所有 o。例如，"o{1,}"等价于"o+"，"o{0,}"等价于"o*"
{n,m}	m 和 n 均为非负整数，其中 n≤m，最少匹配 n 次且最多匹配 m 次。例如，"o{1,3}"匹配"fooooood"中的前 3 个 o 为一组，后 3 个 o 为一组，"o{0,1}"等价于"o?"
．（点）	匹配除"\n"和"\r"外的任何单个字符
x|y	匹配 x 或 y。例如，"z|food"匹配"z"或"food"，"(z|f)ood"匹配"zood"或"food"
[xyz]	字符集合，匹配所包含的任意一个字符。例如，"[abc]"匹配"plain"中的"a"
[^xyz]	负值字符集合，匹配未包含的任意字符。例如，"[^abc]"匹配"plain"中的"p"
[a-z]	字符范围，匹配指定范围内的任意字符。例如，"[a-z]"匹配"a"到"z"范围的任意小写字母字符
[^a-z]	负值字符范围，匹配任何不在指定范围内的任意字符。例如，"[^a-z]"可以匹配任何不在"a"到"z"范围的任意字符

例如，可以构造如下正则表达式：/^1[34578][0-9]{9}$/（匹配手机号），/^[a-z0-9_-]{3,16}$/（匹配用户名），/^[a-z0-9_-]{6,18}$/（匹配密码）。

2. 创建正则表达式

JavaScript 创建正则表达式有两种方式：字面量、RegExp 对象。

（1）字面量

字面量将正则表达式值直接赋予字符串变量。语法格式为：

/pattern/attributes

其中，参数 pattern 是一个字符串，指定了正则表达式的模式或其他正则表达式；参数 attributes 是一个可选的字符串，包含属性"g"、"i"和"m"，分别用于指定全局匹配、不区分大小写的匹配和多行匹配。如果 pattern 是正则表达式，而不是字符串，则必须省略该参数。例如：

```
var re = /a/gi;                  // 匹配字母 a，全局匹配，不区分大小写
```

（2）RegExp 对象

在 JavaScript 中，正则表达式也是对象，其对象名为 RegExp；使用 new 方法可以创建该对象。语法格式为：

```
new RegExp(pattern, attributes);
```

参数 pattern 和 attributes 的含义同上。例如：

```
var re1 = new RegExp("a");            //创建 RegExp 对象 re1，将匹配字母 a
var re2 = new RegExp("a","i");        //创建 RegExp 对象 re2，参数"i"表示不区分大小写
```

RegExp 对象的属性主要如下：
- global —RegExp 对象是否具有标志 g。
- ignoreCase —RegExp 对象是否具有标志 i。
- lastIndex —下次匹配开始的字符串索引位置。
- multiline —RegExp 对象是否具有标志 m。
- source —正则表达式的源文本。

RegExp 对象的方法主要如下：
- exec —检索字符串中指定的值，返回找到的值，并确定其位置。
- test —检索字符串中指定的值，返回 true 或 false。
- compile —将正则表达式编译为内部格式，提高执行速度。

3. 应用举例

【例 3-7】 判断是否为正确的 E-mail 地址。

验证规则：电子邮箱的正确格式为"用户名@域名"。用户名由字母、数字、下画线组成。域名由"."分隔的字母、数字组成，后缀可重复 1～3 次。

```
function isEmail(str){
    var reg = /^[a-z0-9_]+@[a-z0-9]+(\.[a-z]+){1,3}$/;
    return reg.test(str);
}
```

3.3 JavaScript 事件

3.3.1 JavaScript 事件驱动机制

JavaScript 是基于对象（Object-based）的语言，而基于对象的基本特征就是采用事件驱动（Event-driven）。HTML 文件中的 JavaScript 应用程序通常是事件驱动程序，事件（Event）是

指对计算机进行一定的操作而得到的结果，如将鼠标移到某个超链接上、按下鼠标按钮等都是事件。由鼠标或热键引发的一连串程序的动作，称为事件驱动（Event Driver）。对事件进行处理的程序或函数，称为事件处理程序（Event Handler）。

3.3.2 JavaScript 常用事件

JavaScript 定义了常用事件的名称、何时及何对象发生此事件（即事件触发）以及事件处理名，表 3-5 列出了几个最常用的事件及相应的事件处理名。

表 3-5　JavaScript 常用事件表

事件名	发生的对象	说明	事件处理名
Click	表单的 button, radio, checkbox, submit, reset, link	单击了表单元素或超链接	onClick
Load	HTML 的 body 元素	在浏览器中载入页面	onLoad
Unload	HTML 的 body 元素	退出当前页面	onUnload
MouseOver	link	鼠标移到超链接上	onMouseOver
MouseOut	link	鼠标移出超链接	onMouseOut
Submit	form	用户提交了表单	onSubmit

3.3.3 JavaScript 事件触发与处理

在 JavaScript 中用户执行操作触发相关事件，进而调用程序执行，其原理如图 3-5 所示。

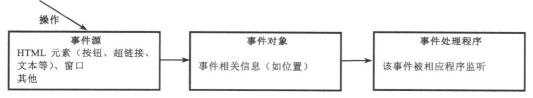

图 3-5　JavaScript 事件触发与处理

有关事件触发与处理的编程还与浏览器对象密切相关，将在 3.5 节详细讨论。

【例 3-8】 MouseOver 和 MouseOut 事件处理用法示例。

```
<html><head><title>事件触发和事件处理</title>
<script language="JavaScript">
    var Images=new Array();
    Images[0]=new Image();    Images[0].src="dot1.jpg";
    Images[1]=new Image();    Images[1].src="check.gif";
    function changeImg(ImgIndex) {
        document.imgs.src=Images[ImgIndex].src;
    }
</script></head>
<body>
<center><a href="learn.html" onMouseOver="changeImg(1); return true"
                            onMouseOut="changeImg(0); return true">
<img src="dot1.jpg" name="imgs" border=0 width=30 height=30><font size=5>
软件设计</font> </a></center>
</body></html>
```

例 3-8 定义了一个含有两个元素的全局数组 Images，函数 changeImg()根据参数值为 body 中的 name 属性值为 imgs 的图像（Img）元素的 src 属性赋值。超链接设置 MouseOver 和

MouseOut 的事件处理程序为以不同的参数值（分别为 1 和 0）调用 changeImg 函数，执行结果为当鼠标位于该超链接时，imgs 图像的 src 属性值被赋为 check.gif（即在该图像元素位置上显示 dot1.jpg），当鼠标离开该超链接时，imgs 图像的 src 属性值被赋为 dot1.jpg。图 3-6 所示的左页面为鼠标离开超链接时的显示，右页面为鼠标位于超链接时的显示。本例应用了 Document 对象的子对象 Images 的 src 属性，对应 img 标记的 src 属性。

图 3-6　MouseOver 和 MouseOut 事件处理示例

3.3.4　应用示例：计算器的设计

图 3-7　简易计算器

本节综合运用 JavaScript 的基本语法知识，设计一个较为复杂的 JavaScript 程序——基于 Web 的简易计算器。

【例 3-9】简易计算器设计。简易计算器就是只能进行加、减、乘、除 4 种运算，且仅进行简单的正确性检查——只检查除数是否为零。程序运行的结果如图 3-7 所示。

首先，设置数字按键和功能按键，可使用 HTML 表单按钮（button）来表示。例如，如下语句：

```
<input type=button value="1" onClick="SetVal('1')">
```

显示数字"1"的按键，当按下该按键时，将执行 SetVal('1')操作。而语句

```
<input type=button value="+" onClick="SetOpr('+') ">
```

显示运算符"+"的按键，当按下该按键时，将执行 SetOpr('+')操作。

又如，语句：

```
<input type=button value="=" onClick="Compute(this.form) ">
```

显示功能按键"="，当按下该键时，将计算用户输入的表达式的值。

其次，需要一个显示输入计算式和结果的地方，可使用 HTML 表单的 text（单行文本框）元素来表示，如

```
<input type=text value=" " name=OutText>
```

最后，考虑这些设置和计算任务如何来完成。

① SetVal 操作：将用户按下的键所代表的数字连接到整个输入串的尾部，并判断这是第几个操作数，将其存入相应的变量中。

② SetOpr 操作：将用户按下的键所代表的运算连接到整个输入串的尾部。

③ Compute 操作：利用系统预定义函数 eval( )求出表达式的值。

④ Clear 操作：清除输入框的内容。

以下是例 3-9 源程序清单：

```
<html><head><script language="JavaScript">
```

```
<!--
    //定义全局变量
    var n1='',n2='';                              //定义两个变量,分别存放两个操作数
    var item1_flag=true;                          //标志是否第一个操作数
    var opr_type='+';                             //运算类型
    function SetVal(item) {                       //在输出框中置数值
        document.Cal.OutText.value+=item;         //字符串连接
        if(item1_flag)                            //若是第一个操作数
            n1+=item;                             //将其加入变量 n1
         else
            n2+=item;
    }
    function SetOpr(opr) {                        //在输出框中置运算符
        document.Cal.OutText.value+=opr;
        item1_flag=false;
        opr_type=opr;
    }
    function Clear() {                            //清除输出框的内容
        document.Cal.OutText.value="";
        item1_flag=true;    opr_type='+';   n1=" ";   n2=" ";
    }
    function Compute(obj) {                       //计算表达式的值
        var Result;
        if((n1!='') && (n2!='')) {
            if((eval(n2)==0) && (opr_type=='/')) {
                alert('除数不能是 0!');
                Clear();
                return;
            }
            else {
                Result=eval(obj.OutText.value);
                document.Cal.OutText.value+='=';
                document.Cal.OutText.value+=Result;
            }
        }
    }
//-->
</script></head><body><p align=center><form name="Cal">
<input type="text" value="" name="OutText"><br><br>
<input type="button" value=" 0 "  onClick="SetVal('0')">
<input type="button" value=" 1 "  onClick="SetVal('1')">
<input type="button" value=" 2 "  onClick="SetVal('2')">
<input type="button" value=" 3 "  onClick="SetVal('3')"><br><br>
<input type="button" value=" 4 "  onClick="SetVal('4')">
<input type="button" value=" 5 "  onClick="SetVal('5')">
<input type="button" value=" 6 "  onClick="SetVal('6')">
<input type="button" value=" 7 "  onClick="SetVal('7')"><br><br>
<input type="button" value=" 8 "  onClick="SetVal('8')">
<input type="button" value=" 9 "  onClick="SetVal('9')">
<input type="button" value=" + "  onClick="SetOpr('+')">
<input type="button" value=" - "  onClick="SetOpr('-')"><br><br>
```

```
<input type="button" value=" * "  onClick="SetOpr('*')">
<input type="button" value=" / "  onClick="SetOpr('/')">
<input type="button" value=" CE " onClick="Clear()">
<input type="button" value=" = " onClick="Compute(this.form)">
</form></p></body></html>
```

3.4 JavaScript 对象

JavaScript 是基于对象的,对象是对客观事物或事物之间的关系的刻画。JavaScript 的对象有内建对象和用户自定义对象两大类,内建对象包含了对浏览器各成分的描述,是 JavaScript 程序设计中应用最多的部分;用户自定义对象允许用户根据需要创建自己的对象,从而进一步扩大 JavaScript 的应用范围,增强编写功能强大的 Web 文档。

3.4.1 对象的定义和引用

JavaScript 中的对象是由属性(Properties)和方法(Methods)两个基本元素构成的:属性成员是对象的数据;方法成员是对数据的操作。

要使用一个对象,可采用以下 3 种方式:① 引用 JavaScript 内建对象;② 由浏览器环境提供,即引用浏览器对象;③ 创建自定义对象。

注意:一个对象在被引用前,这个对象必须存在,否则出现错误。实际上,引用对象要么创建新的对象,要么利用现存的对象。

1. 自定义对象

下面介绍自定义对象的创建方法。用户定义自己的对象包括构造对象的属性和定义对象的方法两部分,下面通过例子来说明对象的定义方法。

【例 3-10】 "书"对象的定义。
```
function print( ) {                                    //方法成员定义,输出各属性成员值
    document.write("书名为"+this.name+"<br>");
    document.write("作者为"+this.author+"<br>");
    document.write("出版社为"+this.publisher+"<br>");
    document.write("出版时间为"+this.date+"<br>");
    document.write("印数为"+this.num+"<br>");
}
function book(name,author,publisher,date,num) {         //构造函数
    this.name=name;                                     //书名,属性成员
    this.author=author;                                 //作者,属性成员
    this.publisher=publisher;                           //出版社,属性成员
    this.date=date;                                     //出版时间,属性成员
    this.num=num;                                       //印数,属性成员
    this.print=print;                                   //方法成员
}
```

例 3-10 定义了"书"对象,book 是该对象的构造函数,有 5 个属性成员:name、author、publisher、date 和 num,有一个方法成员 print,作用是输出对象的属性值。

从例 3-10 可以看出,定义一个对象的步骤是:首先定义对象的各个方法成员,每个方法成员就是一个普通函数,然后定义对象的构造函数,其中包含每个属性成员的定义和初始化,

以及每个方法成员的初始化。

构造函数从形式上看与普通函数相同，但有其特殊性：

① 构造函数的名字即为对象的名字，如例 3-10 所定义对象的名字就是构造函数 book 的名字——book。

② 在构造函数中常使用关键字 this 来为对象的属性成员和方法成员初始化，this 本身是一个特殊对象，即当前构造函数正在创建的对象。

③ 每个对象都必须定义构造函数。

2．对象的引用

要引用对象，必须先用保留字 new 创建对象的实例。JavaScript 中，对象是对具有相同特性的实体的抽象描述，而对象实例是具有这些特性的单个实体。

创建对象实例的方法是：

  var 对象实例名=new 对象名(实际参数表);

创建对象实例时，要注意实际参数表与对象构造函数的形式参数表的对应关系。

例如，对例 3-10 定义的 book 对象创建实例。

  var book1=new book("语文","集体编","人民教育出版社","1999",10000);

创建了对象实例后，就可通过该实例引用对象的属性和方法成员。

对象属性成员的引用格式是：

  对象实例名.属性成员名

对象方法成员的引用格式是：

  对象实例名.方法成员名

例如：

  book-name=book1.name;
  book1.print( );

说明，从概念上严格区分时，对象和对象实例的含义是不同的，但通常为叙述简洁，在不会引起误解之处，本书也将对象实例简称为对象，读者可从上下文判断其含义。

3.4.2 for..in 和 with 语句

JavaScript 提供了两个用于操作对象的语句。

1．for-in 语句

for-in 是一条循环语句，格式如下：

  for(变量名 in 对象实例名)

该语句用于对已有对象实例的所有属性进行操作的控制循环，将一个对象实例的所有属性反复置给指定的变量来实现循环，而不是使用计数器来实现。该语句的优点是不需知道对象中属性的个数即可进行操作。

【例 3-11】 函数 Show 显示其参数对象各属性的值，可作为一个通用函数使用。

```
<html><body><script language= "JavaScript">
    function person(name, age) {                    // 定义对象 person
        this.name=name;
        this.age=age;
    }
    function book(title,author,publisher,price) {   // 定义对象 book
```

```
            this.title=title;
            this.author=author;
            this.publisher=publisher;
            this.price=price;
        }
        function Show(obj) {                    // 定义通用函数 Show
            var prop;
            for(prop in obj)
                document.write(obj[prop]+"  ");
            document.write("<br>");
        }
        var obj1=new person("Mary",20);
        var obj2=new book("语文","集体编","人民教育出版社",5.5);
    Show(obj1);
    Show(obj2);
    </script></body></html>
```

调用函数 Show 时，在循环体中，for 自动将其属性取出来，直到最后，不需要知道对象属性的个数。

若不使用 for-in 语句，就要通过数组下标值来访问每个对象的属性，使用这种方式时首先必须知道对象属性的个数，否则若超出范围，会发生错误；而且对于不同的对象要进行不同的处理，因为各对象的属性成员数一般不相同。通过数组下标值访问对象属性的方法在新版本的浏览器中已不被支持。例 3-11 使用了另一种访问对象属性的方法：

　　　　对象实例名[属性成员名]

例如：

　　　　book1("title")

这种引用对象属性的方式通常只用在 for-in 语句中。

2. with 语句

当需要引用对象的属性或方法成员时，都要在成员名前缀上对象的名字。例如，对于对象 book 的实例 b1，若要引用其成员，则要使用如下格式：

```
book1.title
book1.author
book1.publisher
book1.date
book1.num
book1.print( )
```

为了简化书写，可使用 with 语句，其语法格式是：

```
with object{
    ...                          // 在其中引用 object 的成员时，可不加前缀
}
```

使用该语句的意思是：在该语句体内，任何对变量的引用被认为是这个对象的属性，以节省一些代码。例如：

```
with book1 {
    document.write(title);       // 实际上是引用 book1 对象的 title 属性
    document.write(author);
    ...
}
```

在 JavaScript 中，可以向已定义的对象中增加属性。通常，定义一个对象，在定义了其构造函数后，该对象的数据结构就已经确定了；如果向该对象中加入数据，即要改变对象的数据结构，此时不需重新设计构造函数，可以通过构造函数的 prototype 属性来添加新的属性成员。例如，若在例 3-10 中定义的 book 对象中添加一个属性 price，可使用如下语句：

```
book.prototype.price=10;
```

在该语句之前或之后创建的所有对象实例都会具有 price 属性成员，且该属性具有值 10。

3.4.3 JavaScript 内置对象

JavaScript 提供的常用内建对象和方法如下：
- Array（数组）对象。JavaScript 的数组可通过该内建对象来实现。
- String（字符串）对象。封装了字符串及有关操作。
- Math（数学）对象。封装了一些常用的数学运算。
- Date（日期时间）对象。封装了对日期和时间的操作。
- Number 对象、Boolean 对象、Function 对象。

还有一些常用的预定义函数。对这些预定义函数，JavaScript 并未用对象来封装它们，故不能把它们归于对象中。本节将介绍这些对象和函数，它们为编程人员快速开发强大的脚本程序提供了有效手段。

1．数组

数组是若干元素的有序集合，每个数组有一个名字作为其标识。在几乎所有的高级语言中，数组都是得到支持的数据类型，但在 JavaScript，没有明显的数组类型。在 JavaScript 中，数组可通过对象来实现，具体有两种实现方式：① 使用 JavaScript 的内建对象 Array；② 使用自定义对象的方式创建数组对象。

（1）内建对象 Array

① 创建数组对象实例。通过 new 保留字来进行，其语法格式如下：

```
var 数组名=new Array([数组长度值]);
```

其中，数组名是一个标识符。数组长度值是一个正整数。例如：

```
var arr1=new Array( );          // 创建数组实例 arr1，长度不定
var arr2=new Array(10);         // 创建数组实例 arr2，长度为 10
```

若创建数组时不给出元素个数，则数组的大小由后面引用数组时确定。数组的下标从 0 开始，因此有 10 个元素的数组，其下标范围是 0~9。

② 数组元素的引用。引用数组元素的语法格式为：

```
数组名[下标值]
```

例如：

```
arr1[2]                         // 定义数组 arr1，大小为 2
arr2[6]                         // 定义数组 arr2，大小为 6
```

③ 内建对象 Array 的特点。Array 的使用较灵活，在以下两点上与大多数高级语言不同：数组元素不要求数据类型相同，数组长度可以动态变化。例如，可以给一个数组的不同元素赋予不同类型的值：

```
arr1[0]=10;                     // 数值型
arr1[1]= "王林";                // 字符串
arr1[2]=false;                  // 逻辑型
```

另外，数组的元素可以是对象。当数组元素是数组对象时，就得到一个二维数组。例如：

```
var arr=new Array(10);
for(i=0;i<10;i++)
    arr[i]=new Array(5);
```

这样就创建了一个 10×5 的二维数组。

二维数组元素的引用方法为：

```
数组名[第一维下标值][第二维下标值]
```

例如：

```
arr[2][3]
```

数组长度可以动态变化，如前面定义了有 10 个元素的数组 arr2，若希望增加到 18 个元素，则只要用以下赋值语句即可：

```
arr2 [17]=1;                          // 可以为 arr2[17]赋任意值
```

④ Array 对象的属性和方法。

Array 对象常用的属性是 length 属性，表示数组长度，其值等于数组元素个数。其常用方法有：

- join() —返回由数组中所有元素连接而成的字符串。
- reverse() —逆转数组中各元素，即将第一个元素换为最后一个……将最后一个元素换为第一个。
- sort() —对数组中的元素进行排序。

【例 3-12】 Array 对象的应用示例。

```
<html><head><title>数组对象</title>
<script language="JavaScript">
    function updateInfo(WhichBook) {        // 对象 book 的方法成员，修改对象属性值
        document.BookForm.currbook.value=WhichBook;
        document.BookForm.BookTitle.value=this.Title;
        document.BookForm.BookPublisher.value=this.Publisher;
        document.BookForm.BookAmount.value=this.Amount;
    }
    function Book(title,publisher,amount) {    // 对象 book 的构造函数
        this.Title=title;
        this.Publisher=publisher;
        this.Amount=amount;
        this.UpdateInfo=updateInfo;
    }
</script></head>
<body><script language="JavaScript">
    var Books=new Array();                        // 创建数组，数组元素是 book 对象
    // 为数组各元素赋值
    Books[0]=new Book("语文","少年儿童出版社",10000);
    Books[1]=new Book("数学","高等教育出版社",5000);
    Books[2]=new Book("普通物理","高等教育出版社",3000);
    Books[3]=new Book("计算机基础","清华大学出版社",2000);
</script>
<h2 align=center>共有四本书，可选择查看其信息</h2>
<form name="BookForm">
选择当前所显示的书：  
<input type=button value=A 书 onClick="Books[0].UpdateInfo('A 书')">
```

```
<input type=button value=B 书 onClick="Books[1].UpdateInfo('B 书')">
<input type=button value=C 书 onClick="Books[2].UpdateInfo('C 书')">
<input type=button value=D 书 onClick="Books[3].UpdateInfo('D 书')"><br><br>
当前书: <input type="text" name="currbook" value="A 书"><br><br>
书名: <input type="text" name="BookTitle" value="语文"><br><br>
出版社: <input type="text" name="BookPublisher" value="少年儿童出版社"><br><br>
印数: <input type="text" name="BookAmount" value="10000"></form></body></html>
```

例 3-12 的功能是：按照用户单击的按钮（A 书、B 书、C 书或 D 书），分别在"当前书""书名""出版社"和"印数"框中显示相应的书代号、书名、出版社名和印数，运行结果如图 3-8 和图 3-9 所示。

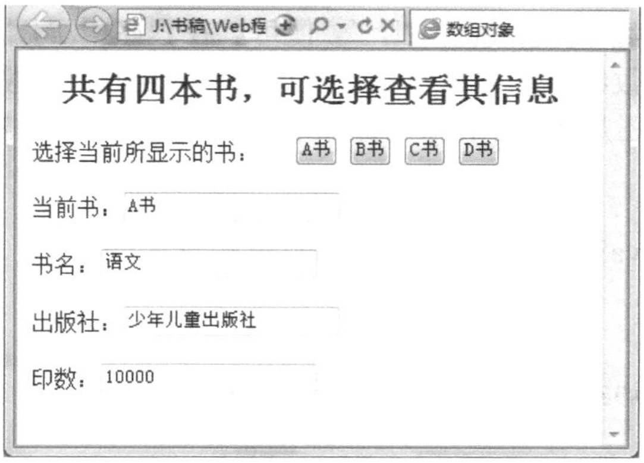

图 3-8 例 3-12 的初始显示 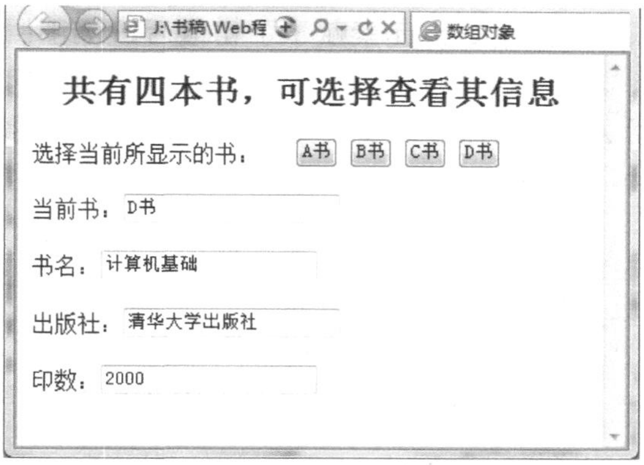　　　　图 3-9 例 3-12 选择"D 书"后的显示

例 3-12 在 HTML 文件头部的脚本部分定义了一个对象 book，有 3 个属性成员：title、publisher 和 amount，以及 1 个方法成员 updateInfo，作用是将表单对象相应的域赋予指定的值。在体部的脚本部分创建了 book 对象数组 Books，有 4 个元素，每个元素都是一个 book 对象实例。该 HTML 文件的 body 部分是生成一个表单，有 4 个文本框，分别显示当前书的代号、书名、出版社和数量；有 4 个按钮，分别代表 4 本书的选择。注意定义这 4 个按钮时 onClick 事件处理的设置。例如：

```
<input type=button value=D 书 onClick="Books[3].UpdateInfo('D 书')">
```

表示若单击代表"D 书"的按钮，则执行 Books[3].UpdateInfo('D 书')，即在 4 个文本框中分别显示 D 书的信息。

（2）自定义数组对象

除了直接使用 JavaScript 的 Array 对象实现数组，数组是一个对象，所以可以像自定义对象那样实现数组。在早期的 JavaScript 版本中甚至并未提供 Array 预定义对象。自定义数组对象与一般的自定义对象的使用方法一样：通过 function 定义一个数组的构造函数，并使用 new 对象操作符创建一个具有指定长度的数组。

① 定义数组对象。

```
function arrayName(Size) {                    // Size是数组的长度
    this.length=Size;
    for(var i=0; i<Size;i++)
        this[i]=0;
    return this;
}
```

其中，arrayName 是数组对象名；Size 是数组的大小，通过 for 循环对一个当前对象的数组进行定义；最后返回这个数组。从定义可以看出，实际上定义了这样一个对象，它没有单独的属性名，通过 this[i]对它的属性赋值。

② 创建数组实例。一个数组对象定义完成以后，还不能马上使用，必须使用 new 操作符为该数组创建一个数组实例。例如：

```
MyArray=new arrayName(10);
```

并为各元素赋初值：

```
MyArray[0] = 1;
MyArray[1] = 2;
...
MyArray[9] = 10;
```

一旦给数组元素赋予了初值后，数组中就具有真正意义的数据了，便可以在程序中引用。

了解这种数组的实现方式，可帮助我们理解数组对象的本质。但这种实现方式与直接使用 Array 对象相比要复杂，所以在实际应用中，还是使用 Array 对象来实现数组更方便。

2．String 对象

前面的例子中已经多次使用了字符串，在 JavaScript 中每个字符串都是对象。

（1）创建 String 对象实例

创建 String 对象实例的语法是：

```
[var] String 对象实例名=new String(string);
```

或

```
var String 对象实例名=字符串值;
```

例如：

```
str1=new String("This is a sample.");
str2="This is a sample.";
```

以上两种格式定义效果完全相同，我们通常习惯用后者，它是一种"隐式"创建对象实例方式（即不使用 new 保留字）。

（2）String 对象的属性

String 对象的属性只有一个：length（长度），其值是字符串包含的字符个数。例如，对上面定义的字符串 str2，str2.length 的值为 17。

（3）String 对象的方法

String 对象的方法较多，有 19 个，下面讨论常用的 8 类。

① charAt(position)：返回 String 对象实例中位于 position 位置上的字符，其中 position 为正整数或 0。注意，字符串中的字符位置从 0 开始计算。

② indexOf(str)、indexOf(str,start-position)：字符串查找，str 是待查找的字符串。在 String 对象实例中查找 str，若给出 start-position，则从 start-position 位置开始查找，否则从 0 开始查找；若找到，返回 str 在 String 对象实例中的起始位置，否则返回-1。例如：

```
var str1="This is a sample. ";    // str1.length 值为 17
var str2="sample";
found=str1.indexOf(str2);         // found 的值为 10
```

③ lastIndexOf(str)：与 indexOf( )类似，区别在于它是从右往左查找。

④ substring(position)、substring(position1,position2)：返回 String 对象的子串。如果只给出 position，返回从 position 开始至字符串结束的子串；如果给出 position1 和 position2，则返回从二者中较小值处开始至较大值处结束的子串。例如，对上面定义的 str1，str1.substring(2,6)

和 str1.substr(6, 2)都返回"is i"。

⑤ toLowerCase( )、toUpperCase( )：分别将 String 对象实例中的所有字符改变为小写或大写。

⑥ 有关字符显示的控制方法。big 用大字体显示，Italics( )为斜体字显示，bold( )为粗体字显示，blink( )为字符闪烁显示，small( )为字符用小体字显示，fixed( )为固定高亮字显示，fontsize(size)为控制字体大小等。

⑦ 锚点方法 anchor( )和超链接方法 link( )。锚点方法 anchor( )返回一个字符串，该字符串是网页中的一个锚点名。anchor( )与 HTML 中的标记<A Name="">的作用相同。该方法的语法格式为：

```
string.anchor(anchorName)
```

例如：

```
var astr = "开始";
var aname = astr.anchor("start");
document.write(aname);
```

上述语句将在网页中创建一个名为 start 的锚点，而该锚点处显示文字"开始"。这几条语句与下面的 HTML 标记作用相同：

```
<a name="start">开始</a>
```

超链接方法 link( )返回一个字符串，该字符串在网页中构造一个超链接，其语法格式为：

```
string.link(href)
```

其中，href 是超链接的 URL。例如：

```
var hstr="去新浪";
var hLoc=hstr.link("http://www.sina.com.cn");
```

上述两条语句等价于在 HTML 文件中使用以下标记：

```
<a href="http://www.sina.com.cn">去新浪</a>
```

⑧ fontcolor(color)、fontsize( )。字号方法 fontsize( )的使用与 fontcolor( )基本相同。字体颜色方法 fontcolor(color)返回一个字符串，此字符串可改变网页中的文字颜色。语法格式为：

```
str.fontcolor(FontColor)
```

其中，FontColor 是颜色值，可以是一个英文单词，或一个十六进制数值，详见第 3 章。例如：

```
str="红色文字";
strColor=str.fontcolor("red");
document.write(strColor);
```

上述语句相当于在 HTML 文件中使用以下标记：

```
<font color=red>红色文字</font>
```

字体大小方法 fontsize( )的使用与 fontcolor( )基本相同。

3．Math 对象

Math 对象封装了常用的数学常数和运算，包括三角函数、对数函数、指数函数等。Math 对象与其他对象不同，本身就是一个实例，由系统创建，称为"静态对象"，不能用 new 创建 Math 对象实例。

（1）Math 对象的属性

Math 对象的属性定义了一些常用的数学常数，它们是只读的。这些属性列于表 3-6 中。例如，引用自然对数的底 e，格式为 Math.E。

表 3-6　Math 对象属性表

属 性 名	含　义
E	常数 e，自然对数的底，近似值为 2.718
LN2	2 的自然对数，近似值为 0.693
LN10	10 的自然对数，近似值为 2.302
LOG2E	以 2 为底，e 的对数，即 $\log_2 e$，近似值为 1.442
LOG10E	以 10 为底，e 的对数，即 $\log_{10} e$，近似值为 0.434
PI	圆周率，近似值为 3.142
SQRT1_2	0.5 的平方根，近似值为 0.707
SQRT2	2 的平方根，近似值为 1.414

（2）Math 对象的方法

Math 对象的方法包括三角函数、对数和指数函数和舍入函数等。表 3-7 列出了常用的一些方法。例如，要使用正弦三角函数，格式为：

```
Math.sin(3.2)
```

表 3-7　Math 对象常用方法

方　法	含　义
sin(val)	返回 val 的正弦值，val 的单位是 rad（弧度）
cos(val)	返回 val 的余弦值，val 的单位是 rad（弧度）
tan(val)	返回 val 的正切值，val 的单位是 rad（弧度）
asin(val)	返回 val 的反正弦值，val 的单位是弧度
exp(val)	返回 e 的 val 次方
log(val)	返回 val 的自然对数
pow(bv,ev)	返回 bv 的 ev 次方
sqrt(val)	返回 val 的平方根
abs(val)	返回 val 的绝对值
ceil(val)	返回大于或等于 val 的最小整数值
floor(val)	返回小于或等于 val 的最小整数值
round(val)	返回 val 四舍五入得到的整数值
random()	返回 0～1 之间的随机数
max(val1,val2)	返回 val1 和 val2 之间的大者
min(val1,val2)	返回 val1 和 val2 之间的小者

4．Date 对象

Date 对象封装了有关日期和时间的操作，有大量设置、获得和处理日期和时间的方法，但没有任何属性。

（1）创建 Date 对象实例

创建 Date 对象实例的语法是：

```
[var] Date 对象名=new Date([parameters]);
```

参数可以是以下的任一种形式：

- 无参数 — 获得当前日期和时间。
- 形如"月 日, 年 时：分：秒"的参数 — 创建指定日期和时间的实例。
- 形如"年、月、日、时、分、秒"的整数值参数 — 创建指定日期和时间的实例（省略时、分、秒，其值将设为 0）。

例如：

```
var today=new Date();
```

```
birthday=new Date("September 10,1990 5:50:20");
birthday=new Date(90,9,20);
birthday=new Date(90,9,20,5,50,20);
```

（2）Date 对象的方法

Date 对象的方法可分为以下 4 类。

① get 方法组，在 Date 对象中获取日期和时间值，主要包括以下 9 种。

- getYear( )：返回对象实例的年份值。如果年份在 1900 年后，则返回后两位，如 1998 将返回 98；如果年份在 100～1900 之间，则返回完全值。
- getMonth( )：返回对象实例的月份值，其值在 0～11 之间。
- getDate( )：返回对象实例日期中的天，其值在 1～31 之间。
- getDay( )：返回对象实例日期是星期几，其值在 0～6 之间，0 代表星期日。
- getHours( )：返回对象实例时间的小时值，其值在 0～23 之间。
- getMinutes( )：返回对象实例时间的分钟值，其值在 0～59 之间。
- getSeconds( )：返回对象实例时间的秒值，其值在 0～59 之间。
- getTime( )：返回一个整数值，等于从 1970 年 1 月 1 日 00:00:00 到该对象实例存储的时间所经过的毫秒数。
- getTimezoneOffset( )：返回当地时区与 GMT 标准时的差别，单位是 min。（GMT 时间是基于格林尼治时间的标准时间，也称为 UTC 时间）。

② set 方法组，设置 Date 对象中的日期和时间值，包括 setYear(year)、setMonth(month)、setDate(date)、setHours(hours)、setMinutes(minutes)、setSeconds(senconds)和 setTime(time)，含义与 get 方法组相同。

③ to 方法组，从 Date 对象中返回日期和时间的字符串值，包括 toGMTString( )、toLocalString( )和 toString( )。

④ parse 和 UTC 方法，用于分析 Date 字符串。这两个方法的用法比较特殊，它们是由 Date 对象本身（也称为系统实例）使用的，通常称这样的方法为静态成员方法。parse 方法的语法为：

```
Date.parse(DateString);
```

将字符串参数表示的日期转换为一个整数值，该值等于从 1970 年 1 月 1 日 00:00:00 计算起的毫秒数。

UTC 方法的语法为：

```
Date.UTC(year, month, date, hour,minute, second);
```

将数值参数表示的日期转换为一个整数值，该值等于从 1970 年 1 月 1 日 00:00:00 起计算的毫秒数。例如：

```
date1=new Date( );
date2=new Date( );
date1.setTime(Date.parse("10 Jan,2000 20:10:10"));
date2.setTime(Date.UTC(2000,9,1,20,10,10));
```

parse 方法的字符串参数可有多种形式，例如：

```
"10 Jan,2000 20:10:10"
"Jan 10,2000"
"10 Jan 2000"
"1/10/2000"
"10 Jan,2000 20:10:10 GMT"     // 当字符串末尾有 GMT 时，计算机的时区设置将起作用
```

图 3-10 不断刷新的数字时钟

parse 与 UTC 的区别在于参数不同，前者参数为字符串，后者参数为整数。它们可以用于日期的比较。

【例 3-13】 Date 对象的应用。该 HTML 文件在浏览器窗口显示一个不断刷新的数字时钟。程序的运行结果如图 3-10 所示。

```
<html><head><title>数字钟</title>
<style>
    form { font-size:22px; }
    input { font-size:24px; color:red; width:180; height:40;}
</style>
<script language="JavaScript">
    function aClock() {
        var now=new Date();
        var hour=now.getHours();
        var min=now.getMinutes();
        var sec=now.getSeconds();
        var timeStr=" "+hour;
        timeStr+=((min<10)?":0":":")+min;
        timeStr+=((sec<10)?":0":":")+sec;
        timeStr+=(hour>=12)?" P.M.":" A.M.";
        document.clock_form.clock_text.value=timeStr;
        clockId=setTimeout("aClock( )",1000);
    }
</script></head>
<body onLoad="aClock()">
<br><br><br>
<form name="clock_form">
  当前时间是：
<input type="text" name="clock_text" value="">
</form></body></html>
```

例 3-13 在头部定义了函数 aClock( )，该函数应用 Date 对象的多个方法。函数 aClock( ) 中最关键的是语句 "clockId=setTimeout("aClock()",1000);"。其中 setTimeout() 是内建函数，setTimeout("aClock()",1000) 表示每隔 1000 ms 调用 1 次 aClock( )。所以本例设计的数字时钟每隔 1 秒刷新 1 次。本例 body 在页面载入时用 onLoad 事件处理将 aClock( ) 调入执行。

5. Number 对象

Number 对象给出了系统最大值、最小值及非数字常量的定义，其定义值列于表 3-8 中。

表 3-8 Number 对象属性表

属 性	含 义
MAX_VALUE	数值型最大值，值为 1.7976931348623517e+308
MIN_VALUE	数值型最小值，值为 5e-324
NaN	非合法数字值
POSITIVE_INFINITY	正无穷大
NEGATIVE_INFINITY	负无穷大

Number 对象与 Math 对象一样，也是静态对象，因此引用表 3-8 中的 Number 对象属性的格式也与 Math 对象相似。例如：

```
Max_val=Number.MAX_VALUE
```

6. Boolean 对象

Boolean 对象的作用是将非布尔量转换为布尔量。以下语法可创建 Boolean 对象实例：

```
[var] BoolVal=new Boolean([参数]);
```

其中，参数可以为空。当参数为空，或参数为 0、null、false、空字符串时，所创建的对象实例为 false；其他情况下，所创建的对象实例为 true。例如：

```
var BoolVal1=new Boolean( );              //BoolVal1 值为 false
var BoolVal2=new Boolean("");             //BoolVal2 值为 false
var BoolVal3=new Boolean(8);              //BoolVal3 值为 true
var BoolVal4=new Boolean("This");         //BoolVal4 值为 true
```

7. Function 对象

前面已经讨论并多次应用了函数的定义，Function 对象提供了另一种定义和使用函数的方法。利用 Fonction 对象定义函数对象实例的语法为：

```
var FuncName=new Function([arg1], [arg2], …, FuncString);
```

其中，FuncName 是函数名，arg1，arg2，…是函数的形式参数，可以没有；FuncString 是字符串形式的函数体。这样定义的函数实例，可以像普通函数一样调用。例如：

```
var setColor=new Function("document.color='darkgreen'");
```

以后就可以调用它。例如：

```
if(MustSetColor)
    then { serColor( ); }
```

利用 Function 对象定义和调用函数与前面讨论的函数定义和使用方法相比，后者在执行速度上更快一些，所以以使用后一种方法为主。

8. 预定义函数

预定义函数不属于任何对象，不必通过对象来引用它们。

（1）eval 函数

其语法为：

```
eval(string);
```

其中，string 是一个字符串，它的内容应是一个合法表达式。eval 函数将表达式求值，返回该值。例如：

```
var sum=eval("2+3*4");              // sum 的值为 14
var a=2;
var val=eval("5+3*a");              // val 的值为 11
```

（2）isNaN 函数

其语法为：

```
isNaN(testValue);
```

其中，testValue 是被测试的表达式，可以是任意类型的表达式。isNaN 测试表达式的值是否为 NaN，若是，isNaN 返回 true，否则返回 false。注意，有些平台不支持 NaN 常量，则此函数无效。

（3）parseInt 和 parseFloat 函数。

parseInt 函数的语法格式为：

```
parseInt(str[,radix])
```

其中，str 是一个字符串。可选参数 radix 是整数，若给出，则表示基数，否则表示基数为 10。

parseInt 函数先对字符串形式的表达式求值，若求出的值是整数，则转换为相应基数的数值。若不能求出整数值，则返回 NaN 或 0。

parseFloat 函数的语法格式为：

```
parseFloat(str)
```

parseFloat 函数的使用与 parseInt 类似，其所求的值为浮点数。例如：

```
floatVal=parseFloat("1e28");
if(isNaN(floatVal)) {
    document.write("Not float");
}
else {
    document.write("Is float");
}
```

3.5 浏览器对象模型及应用

浏览器对象模型（Browser Object Model，BOM）将网页处理为对象的集合，网页元素都可以是对象，具有属性、方法和事件，通过脚本语言可以操作网页元素。浏览器对象模型提供了用户与浏览器之间的交互的对象以及操作的接口。这些对象不仅有用于操作页面内容的，还有用来读取客户端信息以及对客户端系统进行操作，如代表屏幕的 screen 对象，代表浏览器的 navigator 对象等。现代浏览器基本上都实现了 JavaScript 交互性方面的相同方法和属性，因此这些方法和属性常被认为是 BOM 的方法和属性。

浏览器对象之间并不是独立存在的，浏览器窗口与网页之间、网页与网页各组成部分之间都具有一定的从属关系。如 Window 对象是 Document 对象的父对象等。浏览器对象模型就是用于描述这种对象与对象之间层次关系的模型，该对象模型提供了独立于内容、可以与浏览器窗口进行互动的对象结构。

3.5.1 浏览器对象模型

浏览器对象模型是按照层次组织的，从而形成树形结构，称为 Navigator 对象树，对页面设计非常重要。Navigator 对象层次结构如图 3-11 所示。

图 3-11 Navigator 对象层次结构

Navigator 对象层次结构中有 3 个顶层对象 Window、Navigator、Frame，常用对象的含义如下。

① Navigator 对象：封装了浏览器名称、版本、客户端支持的 mime 类型等环境信息。

② Window 对象：封装了有关窗口的属性和窗口操作。

③ Frame 对象：在浏览器中使用多个窗口时用到该对象，与 Window 对象相似，对应子窗口。

④ Location 对象：包含基于当前 URL 的信息。

⑤ History 对象：包含浏览器的浏览历史信息。

⑥ Document 对象：最重要的对象之一，代表当前 HTML 文件。

⑦ Form 对象：包含表单的属性和操作。

⑧ Anchor 对象：包含页面中锚点的信息。

⑨ Button、Password、Checkbox 等对象：Form 的下层对象，对应 Form 中的相应元素。

Navigator 对象层次结构中列出的对象并非在每个 HTML 文件中都出现，如有些页面并不使用 Form，因此没有 Form 对象。但有几个对象是每个 HTML 文件都有的，它们是 Window、Navigator、Document、Location 和 History。

3.5.2 Navigator 对象

Navigator 对象包含正在使用的浏览器版本信息，如 appName、appVersion、AppCodeName、userAgent、mimeType、plugins 属性和 javaEnabled、taintEnabled 方法。Navigator 对象的主要用途是判别客户浏览器的类别，以便针对不同浏览器的特性而设计不同的显示。Navigator 对象常用的属性和方法的含义见表 3-9。

表 3-9 Navigator 对象常用属性和方法表

属性或方法名	含 义
appName	以字符串形式表示浏览器名称
appVersion	以字符串形式表示浏览器版本信息，包括浏览器的版本号、操作系统名称等
appCodeName	以字符串形式表示浏览器代码名字，通常值为 Mozilla
userAgent	以字符串表示完整的浏览器版本信息，包括 appName、appVersion、appCodeName 信息
mimeType	在浏览器中可以使用的 mime 类型
plugins	在浏览器中可以使用的插件①
javaEnabled()	返回逻辑值，表示客户浏览器可否使用 Java

注：①mimeTypes 和 plugins 是两个数组，其元素分别是 MimeType 对象和 Plugin 对象。

【例 3-14】 根据浏览器类型显示不同的页面，在 Chrome 和 IE 中的结果如图 3-12 所示。

图 3-12 Navigator 对象示例

```
<html><head><title>Navigator 对象</title></head>
<body><center>
<font face="隶书" color=red size=6>欢迎您来访</font></center>
<script language="JavaScript">
    if(navigator.appName=="Netscape")
```

```
            document.write('<hr width=100%>');
        else {
            document.write('<font face="隶书" color=darkgreen size=4>');
            document.write('<marquee border="0">您好！欢迎您来到我的主页</marquee> </font>');
        }
        document.write("<br><font size=4 color=blue>您使用的浏览器是：<br>");
        document.write(navigator.userAgent);
        document.write(navigator.appName);
        document.write("</font>");
</script></body></html>
```

3.5.3 Window 对象

Window 对象描述浏览器窗口特征，是 Document、Location、History 对象的父对象。Window 对象还可认为是其他任何对象的假定父对象，如语句"alert("世界，你好！");"相当于语句"window.alert("世界，你好！");"。

Window 对象的属性有 parent、self、top、window、status、defaultStatus、frames 等，方法有 alert( )、open( )、close( )、confirm( )、prompt( )、focus( )、blur( )、setTimeout( )、clearTimeout( )等。

（1）与窗口有关的属性

与窗口有关的属性包括 parent、self、top、window，比较特殊的，严格来说，它们并不能称为 Window 对象的属性，而是当前浏览器环境涉及的 Window 对象的实例。因此它们的引用与一般对象属性不同：它们的名称前不能加对象名，如 self.status，而不是 window.self.status。

window 和 self 代表当前窗口；parent 代表当前窗口或帧（frame）的父窗口，主要在使用帧的页面中使用；top 是主窗口，是所有下级窗口的父窗口。

（2）与浏览器状态栏有关的属性

与浏览器状态栏有关的属性包括 status、defaultStatus，其值都为字符串。status 是浏览器当前状态栏显示的内容，defaultStatus 是浏览器状态栏显示的默认值。利用这两个属性可以设置和改变浏览器状态栏显示的内容。例如：

```
// 当鼠标位于该超链接位置时，状态栏将显示字符串"访问网易"
<a href="http://www.163.com" onMouseOver="status='访问网易'; return true">网易<br>
```

（3）与对话框有关的方法

与对话框有关的方法包括 alert( )、confirm( )和 prompt( )，分别产生三个标准对话框。它们的语法分别如下。

```
alert(字符串);              // 参数字符串为显示于对话框中的内容，无返回值
confirm(字符串);            // 参数字符串为显示于对话框中的内容。若用户单击"确定"按
                           // 钮，则返回值为 true，否则返回值为 false
prompt(字符串1, 字符串2);   // 参数字符串1为显示于对话框中的内容，参数字符串输入的
                           // 默认内容；用户单击对话框的"确定"按钮，则返回用户在输
                           // 入框中输入的字符串；用户单击"取消"按钮，则返回 null
```

例如：
```
alert("你好！");
confirm("你确定要继续吗？");
prompt("请输入您的姓名：","*******");
```

这三条语句产生的对话框如图 3-13 所示。注意，不同的浏览器外观显示会有所不同。

(a) alert( )生成的对话框　　　　　　(b) confirm( )生成的对话框

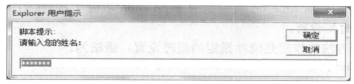

(c) prompt( )生成的对话框

图 3-13　与对话框有关的方法示例

（4）与窗口生成与撤销有关的方法

与窗口生成与撤销有关的方法包括 open( )、close( )。

open( )方法生成一个新窗口，语法为：
　　open("URL", "WindowName" [,"Window Features"]);

其中，参数 URL 是在新生成的窗口中载入的页面；WindowName 是新窗口的名字；Window Feature 是可选参数，该参数是一个字符串，表示新窗口的外观特征，可以指定多个特征，各特征值之间以 "，" 相隔，特征值格式为：特征名=值，如 width=300，表示新窗口的宽度为 300 个像素点。该参数省略时，按默认特征生成新窗口。各特征值列于表 3-10 中。open( )返回指向新窗口的指针。

表 3-10　窗口特征值表

特征名	取值	含义
width	长度值	窗口的宽度
height	长度值	窗口的高度
toolbar	0（无）| 1（有）或 No（无）| yes（有）。下同	是否显示标准工具栏，默认值为 0
location	0 | 1 或 no | yes	是否显示定位栏，默认值为 0
status	0 | 1 或 no | yes	是否显示状态栏，默认值为 0
menubar	0 | 1 或 no | yes	是否显示菜单栏，默认值为 0
srcollbars	0 | 1 或 no | yes	是否按需要显示滚动条，默认值为 0
resizable	0 | 1 或 no | yes	是否允许用户改变窗口大小，默认值为 1

例如，语句
　　nw=open("a.htm","nw","width=100,height=80,toolbar=1,resizable=0");

将创建一个名为 nw 的新窗口，其中载入页面 a.htm，该窗口宽为 100，高为 80，用户不可改变显示工具栏的大小。注意各特征值与先后顺序无关。

方法 close( )用于关闭一个窗口。例如：
　　nw.close();

（5）与窗口焦点有关的方法

与窗口焦点有关的方法包括 focus( )、blur( )。支持多窗口操作的操作系统在任何时刻都只有一个窗口处于"激活"状态，可以接收用户的输入，这样的窗口就称它获得了焦点，否则称它失去了焦点。方法 focus( )、blur( )使窗口分别获得和失去焦点，例如：
　　nw.focus();

```
nw.blur();
```
（6）与"超时"有关的方法

与"超时"有关的方法包括 setTimeout( )、clearTimeout( )。

方法 setTimeout( )意为"设置超时"，其语法为：
```
setTimeout("expression", time);
```
其中，参数 expression 是一个表达式，通常为一个函数；time 是整数，单位是 ms。执行 setTimeout( )的结果是每隔 time ms 将重新对 expression 求值 1 次。setTimeout( )返回一个标志，指示这个"超时"设置。

clearTimeout( )方法的作用是清除指定的超时设置。语法为：
```
clearTimeout(timeId);   //参数 timeID 是由 setTimeout 返回的标志
```
（7）其他方法

属性 opener，是一个窗口名，该窗口是由 open( )打开的最新窗口。

属性 frames，是一个数组，数组的各成员是窗口内的各帧。

方法 scroll(x, y)：使窗口滚动到 x、y 处。

另外，HTML 文件被载入和退出窗口，分别会触发 Load 和 Unload 事件，即在 HTML 的 body 元素中可以设置 onLoad 和 onUnload 事件处理代码。

Window 对象内容丰富，在页面设计时可以充分利用该对象提供的属性和方法。以下举一个例子总结 Window 对象的主要属性和方法。

【例 3-15】在浏览器中显示一个如图 3-14(a)所示的初始用户输入界面，接收用户输入的姓名和电话号码，用户单击"输入完成"按钮后，弹出如图 3-14(b)所示的对话框，要求用户再次确认，若单击"确认"按钮，则生成如图 3-14(c)所示的新窗口，显示用户输入的姓名和电话号码。若单击图 3-14(b)中的"取消"按钮，则弹出如图 3-14(d)所示的警告框。

(a) 初始用户输入界面

(b) 单击"输入完成"按钮后的对话框

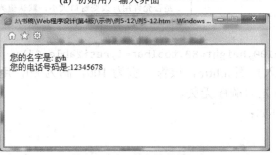

(c) 单击"确定"按钮生成的新窗口

(d) 单击"取消"按钮弹出的对话框

图 3-14 Window 对象使用示例

```html
<html><head><title>window对象示例</title>
<script language= "JavaScript">
```

```
        function confSubmit() {
            if((ok=confirm("您确定输入正确吗？"))==true) {
                var nw=open("a.htm","nwin","width=500,height=200,toolbar=1");
                nw.focus( );
                nw.document.write("您的名字是:"+parent.document.input_form.nm.value);
                nw.document.write("<br>");
                nw.document.write("您的电话号码是:" + parent.document.input_form.phone.value);
            }
            else
                alert("请您重新输入！");
        }
</script></head>
<body>
<script>defaultStatus="这是一个 window 对象使用示例。";</script>
<center><h1>window 对象使用示例一</h1></center><hr><br>
<form name="input_form"><h2>
请输入您的姓名：<input type=text name="nm" size=12 value=" "><br><br>
请输入您的电话号码：<input type=text name="phone" size=12><br><br>
  <input type=submit value="确定" onClick="confSubmit( )"></h2>
</form></body></html>
```

函数 confSubmit( )在 form 的"submit"按钮被单击后调用，先弹出一个 confirm 类型的对话框，然后根据用户的选择进行不同的操作。注意用户单击"确定"按钮后的操作：利用 Window 对象的 open( )方法生成新窗口"nwin"，新窗口指针为 nw，在后面的对新窗口对应的 HTML 文件的写入操作时，引用窗口对象是通过窗口指针而非窗口名；向新窗口对应 HTML 文件写入的内容是用户在原窗口输入的值，故引用这些值时须指明值所属的对象，用 parent 表示引用的是新窗口的父窗口对象。

3.5.4 Document 对象

前面的例子已经多次引用了 Document 对象的 write( )方法，可以向 Document 对象对应的 HTML 文件写入内容。一个 HTML 文件的页面对应一个 Document 对象，通过 Document 对象的属性和方法，可以创建 HTML 文件，所以它是浏览器对象中最有用的对象之一。

1. Document 对象的属性

Document 对象的属性较多，包括数值属性和对象数组属性。

（1）数值属性

数值属性是指 Document 对象的数值变量形式的属性，该属性本身不是任何对象或数组。Document 对象的数值属性大部分与 HTML 标记相对应，主要用于设置和改变页面的背景、文本、超链接颜色等显示特性。常用的数值属性列于表 3-11 中。

【例 3-16】 通过 JavaScript 设置页面的颜色和文字等属性，显示效果如图 3-15 所示。

```
<html><head><title>通过 Document 对象设置页面属性</title></head>
<body><script language= "JavaScript">
document.bgColor="#DDEEFF";
document.fgColor="darkred";
document.linkColor="#0088FF";
document.alinkColor="#0088FF";
document.vlinkColor="#0088FF";
```

表 3-11　Document 对象的数值属性

属性名	取　值	含　义
alinkColor	颜色值	被激活的超链接文本颜色，即鼠标单击超链接时超链接文本的颜色
bgColor	颜色值	页面背景颜色
fgColor	颜色值	页面前景颜色，即页面文字的颜色
lastModified	日期字符串	HTML 文件最后被修改的日期，是只读属性
linkColor	颜色值	未被访问的超链接的文本颜色
referrer	URL 字符串	用户先前访问的 URL
title	字符串	HTML 文件的标题，对应<title>标记
URL	URL 字符串	本 HTML 文件完整的 URL
vlinkColor	颜色值	已被访问过的超链接的文本颜色

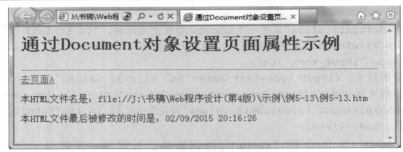

图 3-15　Document 对象的数值属性示例

```
document.write("<h1>通过 Document 对象设置页面属性示例</h1>");
document.write("<hr>");
document.write("<a href='a.htm'>去页面 A</a>");
document.write("<br><br>本 HTML 文件名是: "+document.URL);
document.write("<br><br>本 HTML 文件最后被修改的时间是:"+document.lastModified);
</script></body></html>
```

（2）对象数组属性

Document 的对象数组属性包括 anchors、applets、forms、images、links 等，分别反映一个 HTML 文件中的锚点、Java Applet、表单、图像、超链接信息。

① anchor 对象和 anchors 数组

HTML 定义锚点（即超链接位置）的语法是：

```
<a [href=location 或 URL] name="anchorName" [target=windowName]>anchorText</a>
```

其中，以<a>标记的 name 属性来命名锚点，一个命名锚点对应一个 anchor 对象。anchors 数组是 HTML 文件中 anchor 对象的序列。anchor 对象没有属性，所以 anchors 数组是只读的。anchors 数组有一个属性 length，表示该数组的长度，即 HTML 文件中所命名锚点的数目。

【例 3-17】设计如图 3-16 所示的框架网页。窗口划分为左、右两个框架。文件 anchor1.htm 显示于左框架中，包含一系列按钮，每个按钮对应右框架中显示的页面锚点；文件 anchor2.htm 显示于右框架中，定义了被命名为"0""1""2"和"3"的 4 个锚点。当单击左框架中的某按钮时，右框架中显示被定位到的指定目标。主文件名为 anch.htm。

文件 anch.htm 的内容：

```
<html><head><title>anchors 数组示例</title></head>
<frameset cols="30%,*">
    <frame src="anchor1.htm">
    <frame src="anchor2.htm" name="anchors2">
</frameset></html>
```

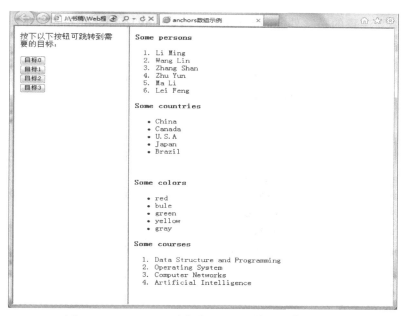

图3-16 Document对象的anchors数组的使用示例

文件anchor1.htm的内容：

```
<html><head><title>anchors:frame 1</title></head>
<body><script language= "JavaScript">
    function linkToAnchor(num){
        if(parent.anchors2.document.anchors.length>=num)
            parent.anchors2.location.hash=num
        else
            alert("目标不存在！");
    }
</script>
单击以下按钮可跳转到需要的目标：
<br><br>
<form><input type="button" value="目标 0"
            name="anch0" onclick="linkToAnchor(0)"><br>
<input type="button" value="目标 1" name="anch1" onclick="linkToAnchor(1)"><br>
<input type="button" value="目标 2" name="anch2" onclick="linkToAnchor(2)"><br>
<input type="button" value="目标 3" name="anch3" onclick="linkToAnchor(3)">
</form></body></html>
```

文件anchor2.htm：

```
<html><head><title>anchors:frame 2</title></head>
<body><p><a name="0"><b>Some persons</b></a>
<ol><li>Li Ming<li>Wang Lin<li>Zhang Shan<li>Zhu Yun<li>Ma Li<li>Lei Feng
</ol></p>
<p><a name="1"><b>Some countries</b></a>
<ul><li>China<li>Canada<li>U.S.A<li>Japan<li>Brazil</ul></p>
<p><a name="2"><b>Some colors</b></a>
<ul><li>red<li>bule<li>green<li>yellow<li>gray</ul></p>
<p><a name="3"><b>Some courses</b></a><ol><li>Data Structure and Programming
<li>Operating System<li>Computer Networks<li>Artificial Intelligence</ol></p>
</body></html>
```

在例 3-17 中需注意的是文件 anchor1.htm 中函数 linkToAnchor(num)中的语句：
```
if(parent.anchors2.document.anchors.length>=num)
    parent.anchors2.location.hash=num
```
因为通过 anchors 无法直接得到锚点名，所以通过 location 对象的 hash 属性来设置锚点。location 对象可决定浏览器窗口的 URL，通过设置 location.hash 即可决定在 HTML 文件中的锚点。

② image 对象和 images 数组

HTML 文件中的<img>标记对应一个 image 对象，即 image 对象将页面中的图像信息封装了起来，image 对象的属性与<img>标记的属性相对应。较完整的<img>定义如下：
```
<img name="img1" src="bk.gif " hspace="30" vspace="30" width="100" height="80"
    border="2" lowsrc="bk1.gif ">
```
与<img>标记的定义相对应，image 对象的属性如下。
- name：img 标记的名字，在 JavaScript 程序中可通过该名字引用对应的 image 对象。
- src：图像文件的 URL。
- width：图像的宽度。
- height：图像的高度。
- border：图像边框的宽度。
- hspace：图像与左边或右边文字的空白大小。
- vspace：图像与上边或下边文字的空白大小。
- lowsrc：在 src 所指出的图像文件装载完之前显示的图像。

此外，image 对象还有 complete 属性，是一个布尔值，表示图像文件是否装载完成。

HTML 文件中各<img>标记对应的 image 对象，按照它们在文件中出现的先后顺序形成数组 images，可以按照需要动态地改变某些图像文件。例如，可以根据当前日期决定显示的图像，根据鼠标的位置决定超链接图像的内容以及实现动画显示等，这些是只使用 HTML 标记所不能完成的。

【例 3-18】 实现一个简单的小动画，交替显示三幅图像。
```
<html><head><script language="JavaScript">
    var ImageNum=1;
    function Begin() {
        document.MyImage.src=ImageArray[ImageNum].src;
        ImageNum++;
        if(ImageNum>3)
            ImageNum=1;
    }
</script></head>
<body>
<img name="MyImage" src="images/alvbull1.gif" onLoad= "setTimeout('Begin( )',100)">
<script language="JavaScript">
    var ImageArray=new Array( );
    for (i=1;i<=3;i++) {
        ImageArray[i]=new Image( );
        ImageArray[i].src="images/alvbull"+i+".gif";
    }
</script></body></html>
```

例 3-18 事先准备了 3 个图像文件，分别为 alvabull1.gif、alvabull2.gif、alvabull3.gif，程序每隔 0.1 秒更换一次所显示的图像文件，从而产生动画效果。

（3）链接对象和链接数组

链接数组提供 HTML 文件中的超链接，可以得到超链接的信息并加以控制。链接数组的每个对象都是一个链接对象（Link）或 Area 对象。

Link 对象存储 URL 的信息，完整的 URL 包括协议、主机名或 IP 地址、协议端口号、路径名、hash 数。例如下面的 URL：

http://www.njim.edu.cn:2000/java/index.html#follow-up

对应的各部分的 Link 对象的属性如下。

- hash：对应 hash 数，即锚点名，如#follow-up。
- host：主机名或主机 IP 地址，如 www.njim.edu.cn。
- hostname：主机和端口的组合，如 www.njim.edu.cn:2000。
- href：代表整个 URL。
- pathname：路径，如/java/index.html。
- port：服务器端口号，如 2000。
- protocol：代表协议，如 http。
- search：查询信息，上例中没有对应部分。

查询数据前加一个"?"，这些数据包含在 URL 的最后一项，格式为：

?name=value

Area（位图映射机制）通过位图的不同位置来实现不同的链接。Area 对象在 JavaScript 中被作为特殊的 link，故被归到 links 数组中。Area 对象的属性与 Link 对象的属性完全相同。

【例 3-19】 links 数组用法。设计如图 3-17 所示的页面，利用按钮改变超链接的对象。

图 3-17 links 数组的用法示例

```
<html>
<head><title>links 数组使用示例</title></head>
<body><br><br><br><br>    选择以下按钮决定
<a href="javascript:alert('请按按钮选择下一步访问的站点！')">访问哪个站点。</a>
<form><br>        
<input type="button" value="新  浪  网"
onClick="document.links[0].href='http://www.sina.com.cn'"><br>  
<input type="button" value="搜     狐"
onClick="document.links[0].href='http://www.sohu.com'"><br>  
<input type="button" value="中央电视台"
                    onClick="document.links[0].href='http://www.cctv.com.cn'">
```

```
        </form>
    </body>
</html>
```

例 3-19 中,单击要访问站点的按钮(如"中央电视台"),再单击"访问哪个站点"超链接,就将链接到所选择的站点。HTML 文件中只包含一个超链接,该超链接的值是根据用户单击的按钮决定的。本例的<a>标记的 href 属性值被赋为 "javascript:alert('请按按钮选择下一步访问的站点!')",这里的"javascript:"表示使用 JavaScript 协议,在它之后应跟 JavaScript 语句,这是 JavaScript 的另一种使用方式。

2. Document 对象的方法

Document 对象的方法主要有 write( )、writeln( )、open( )、close( )、clear( )。

(1) write( )和 writeln( )方法

write( )方法已经用过许多次了,用于输出内容到 HTML 文件中。其语法是:

```
write(String1, String2, ···);
```

write( )的参数可以是任意多个字符串,但至少有一个。当参数不是字符串时,将被自动转换为字符串。例如:

```
document.write("欢迎访问本主页!");
document.write("您是第"+i+"个访问本主页的贵宾");
document.write("您是第", i, "个访问本主页的贵宾");
```

上面第二句和第三句的功能是一样的。

writeln( )方法的功能与 write( )相同,唯一的区别是,writeln( )在输出字符串后再输出一个换行符。

(2) open( )、close( )、clear( )方法

open( )方法打开一个已存在的文件或创建一个新文件来写入内容,允许的文件类型(称为 mime 类型)包括 text/html、text/plain、image/gif、image/jpeg、image/xbm、x-world/plug-in 等,这些类型的文件是可以被浏览器解释或被插件支持的,默认的文件类型是 text/html,即标准 HTML 文件。text/plain 类型是纯文本文件。

close( )方法是关闭文件;clear( )方法是清理文件中的内容。

【例 3-20】 Document 对象方法。

```
<html>
<head>
<script language="JavaScript">
    function createWin( ){
        NewWin=window.open("","","width=200,height=200");
        NewWin.document.open("text/html");
        NewWin.document.write("这是新创建的窗口!");
        NewWin.document.close( );
    }
</script></head>
<body>按下按钮可弹出一个窗口<br>
<form><input type="button" value="弹出新窗口" onClick="createWin( )"></form>
</body></html>
```

例 3-20 先在浏览器窗口中显示提示信息和一个按钮,用户单击按钮后,则弹出一个新窗口,新窗口显示的内容由 NewWin.document.write("这是新创建的窗口!")决定,该例在浏览器中的显示效果如图 3-18 所示。

图 3-18 Document 对象方法示例

3.5.5 Form 对象

表单（Form）是 HTML 中动态更新页面内容的最常用的标记。2.2.4 节已经讨论了 Form 的语法和输入域的类型，本节讨论 JavaScript 与 Form。

在 JavaScript 中，Form 也是对象，封装了网页中由<form>标记定义的表单的信息。它是最复杂的 Navigator 对象。

1．Form 对象的属性

Form 对象的属性与<form>标记语法定义中的属性相对应，包括：

① action —表单提交后启动的服务器应用程序的 URL，与<form>标记定义中的 action 属性相对应。

② name —表单的名称，与<form>标记定义中的 name 属性相对应。

③ method —指出浏览器将信息发送到由 action 属性指定的服务器的方法，只可能是 get 或 post。Form 对象的此属性对应<form>标记定义中的 method 属性。

④ target —指出服务器应用程序执行结果的返回窗口，对应<form>标记定义中的 target 属性。

⑤ encoding —指出被发送的数据的编码方式，对应<form>标记定义中的 enctype 属性。

⑥ elements —一个数组，其元素是表单的各个输入域对象，即 Form 对象的子对象，参见本节第 3 点的说明。

⑦ length —表单中输入域的个数。

【例 3-21】 Form 对象属性的引用方法。设计如图 3-19 所示的页面，放置两个表单，包含文本框和按钮，通过 Form 对象的属性和方法，在页面中显示表单元素。

```
<html><body><form name="f1">
<input type="text" name="t1" value="文本 1">
<input type="button" value="按钮 1"></form>
<form name="f2"><input type="text" name="t2" value="文本 2"></form>
<script language="JavaScript">
   document.write("本网页共有："+document.forms.length+"个表单。它们是：<br>");
   for (var i=0;i<document.forms.length;i++) {
       document.write("表单名："+document.forms[i].name+"；　");
       document.write("action 值："+document.forms[i].action+"；　");
       document.write("method 值："+document.forms[i].method+"<br>");
       document.write("该表单共有："+document.forms[i].length+"个元素。<br>");
```

```
        }
</script></body></html>
```

2．Form 对象的方法

Form 对象的方法包括 submit( )和 reset( )。

submit( )方法将触发 Submit 事件，引起 onSubmit 事件处理程序的执行。通常，Submit 事件被触发后，该表单中用户输入的数据将被提交给服务器端相应的程序；也可以通过给 onSubmit 事件处理程序返回 false 值来阻止数据被提交，利用这种功能可以实现对用户输入数据合法性的检查。

reset( )方法清除表单中的所有输入，并将各输入域的值设为原来的默认值，该方法将触发 onReset 事件处理程序的执行。

Form 对象的这两个方法实际上模拟了 submit 和 reset 两个按钮的功能。

【例 3-22】 用户输入数据合法性检查。设计如图 3-20 所示的页面，首先显示用户输入电话号码的界面，当用户输入了电话号码并单击"提交"按钮后，将执行合法性检查程序。若用户输入的电话号码值不符合要求（必须是数字，且数字位数为 11 位或 8 位），则提示出错信息，并且不提交服务器；否则将用户输入的电话号码数据提交给服务器。

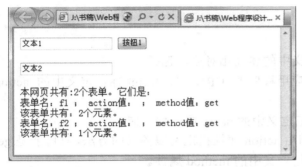

图 3-19　Form 对象属性引用方法示例

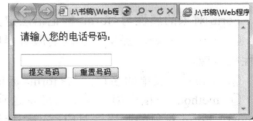

图 3-20　数据合法性检查示例

```
<html><head><script language="JavaScript">
    function Verify( ){
        var Tel=document.TelForm.TelNo.value;
        if((Tel.length==8) | (Tel.length==11)) {
            if(parseInt(Tel)!=0) {
                NewWin=window.open("","","width=200,height=200");
                NewWin.document.open("text/html");
                NewWin.document.write("<H3>号码已经成功提交! </H3>");
                NewWin.document.close( );
            }
            else {
                alert("号码输入不正确! ");
                return false;
            }
        }
        else {
            alert("号码输入不正确! ");
            return false;
        }
    }
```

```
</script></head>
<body>请输入您的电话号码: <br>
<form name="TelForm" onSubmit="Verify( )">
<input type="text" name="TelNo" value=""><br>
<input type="submit" value="提交号码" width=100>
<input type="reset" value="重置号码" width=100></form>
</body></html>
```

3. Form 对象的子对象

从 Navigator 对象树形结构可以看出，Form 对象包含多个子对象，这些子对象对应 Form 的各种输入域。也就是说，Form 的每种输入域在 JavaScript 中都是作为对象来处理的。

（1）按钮对象

Form 的按钮有 3 种类型：submit，提交按钮；reset，复位按钮；button，普通按钮。

按钮的属性包括：

- name —按钮名称。
- type —按钮的类型。
- value —按钮值，即按钮上显示的文字。
- weidth —按钮的宽度。
- height —按钮的高度。
- form —按钮所属于的表单。

与按钮相关的事件与事件处理包括：

- Blur 事件和 onBlur 事件处理 —失去焦点事件及处理。
- Focus 事件和 onFocus 事件处理 —获得焦点事件及处理。
- Click 事件和 onClick 事件处理 —单击 button 按钮的事件及处理。
- Submit 事件和 onSubmit 事件处理 —单击 submit 按钮的事件及处理。
- Reset 事件和 onReset 事件处理 —单击 reset 按钮的事件及处理。

按钮对象的方法有 blur( )、focus( )、click( )，分别触发 onBlur、onFocus、onClick 事件处理程序。对于一个 submit 按钮，单击它与执行 Form 对象的 submit 方法是等价的；同样，对于一个 reset 按钮，单击它与执行 Form 对象的 reset 方法是等价的。

有关 Form 按钮子对象用法示例，读者可参见例 3-9（简易计算器模拟程序）。

（2）Form 对象的其他子对象

① text 对象（对应文本框 text）：其属性有 name、type、form、value、defaultValue 等。name、type、value 属性的含义与按钮对象的同名属性相同；form 是包含该 text 的 form 的名称；defaultValue 属性是在网页被装入时文本框中显示的字符串。text 对象的方法有 focus( )、blur( )和 select( )。前两个方法与 button 对象的同名方法相同；select( )方法是文字框内的内容高亮度显示。与 text 对象有关的事件处理有 onFocus、onBlur、onChange、onSelect。text 对象的 Change 事件是在文字框的内容发生变化时被触发的，此时引起 onChange 事件处理程序的执行；用户在文字框内选择了内容，触发 Select 事件，引起 onSelect 事件处理程序被执行。

② textarea 对象（对应文本域 textarea）：与 text 对象有相同的属性和方法，它们的相关事件也相同。

③ password 对象（对应口令域 password）：与 text 对象有相同的属性和方法，但注意它没有 OnClick 事件处理。

④ hidden 对象（对应隐藏域 hidden）：与 text 对象相比，没有 defaultValue 属性。

⑤ checkbox 对象（对应复选框 checkbox）：有 checked、defaultChecked、name、value、form、type 属性。其中，name、form、value 属性与其他 Form 子对象的同名属性含义相同；checked 属性是一个布尔值，反映当前复选框的状态，若 checked 为 true，则复选框被选中，否则未被选中；defaultChecked 属性也是一个布尔值，反映在复选框定义中是否有 checked 项，若有，则 defaultChecked 属性值为 true，否则 defaultChecked 属性值为 false。checkbox 对象的方法有 blur( )、focus( )和 click( )，相应的事件有 Blur、Focus、Click，它们的含义与 button 对象完全相同。

⑥ radio 对象（对应单选钮 radio）：其属性、方法和事件与 checkbox 完全相同。

⑦ select 对象（对应选择列表 select）：拥有较多的属性和方法，还有 options 对象数组。其属性包括 form、name、length、type、selectedIndex 和 options。form、name 属性的含义与其他 Form 子对象同名属性相同；length 属性是 select 包含的选择项的个数；type 属性定义对象为 select 对象并指示 multiple 是否定义；selectedIndex 属性是被选中的选择项的索引号。options 数组包含了该 select 定义中的每个 option 定义的属性，其每个元素是一个 option 对象，option 对象对应 select 定义中的 option 选项定义。option 对象的属性包括 defaultSelected、index、selected、text、value。defaultSelected 属性反映 option 定义中有否 seleted 项，其值是一个布尔量；index 属性是一个整数值，等于该 option 选项的索引号，注意 select 定义中的索引号由 0 开始；selected 反映该选择项当前是否被选中，其值是一个布尔量；text 属性是选择项的文本，其值是一个字符串；value 对应 option 定义中的 value 属性设置。select 对象的方法有 blur( )、focus( )，相关的事件处理有 onBlur、onFocus、onChange。下面给出一个示例说明 Form 子对象的用法。

【例 3-23】 Form 子对象的用法。设计如图 3-21 所示的页面，填写和选择个人信息，由系统进行检查和显示。

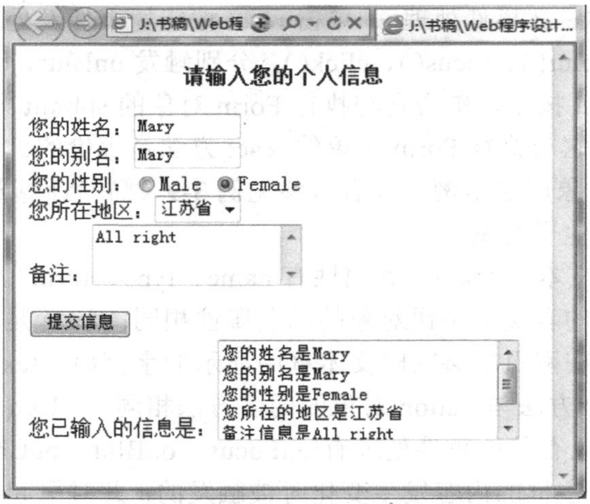

图 3-21 Form 子对象的用法示例

```
<html><head><script language="JavaScript">
    sex=new Array();
    sex[0]="Male";
    sex[1]="Female";
    sele=0;
```

```javascript
sex_sele=0;
function VerifyAndChgText() {
    var Length=document.forms[0].length;
    var Type,Empty=false;
    for(var i=0;i<Length;i++) {
        Type=document.forms[0].elements[i].type;
        if(Type=="text")
            if(document.forms[0].elements[i].value=="")
                Empty=true;
    }
    if(!Empty) {
        name="您的姓名是"+document.forms[0].NameText.value+"\n";
        alias="您的别名是"+document.forms[0].AliasText.value+"\n";
        sex_1="您的性别是"+sex[sex_sele]+"\n";
        area="您所在的地区是"+document.forms[0].area.options[sele].text+"\n";
        exp="备注信息是"+document.forms[0].exp.value+"\n";
        document.forms[0].info.value=name+alias+sex_1+area+exp;
    }
    else
        alert("您未输入完全！");
    return Empty;
}
</script></head>
<body><h4 align=center>请输入您的个人信息</h4><form>
您的姓名：<input type=text name="NameText" size=10><br>
您的别名：<input type=text name="AliasText" size=10><br>
您的性别：<input type="radio" name="sex" onClick="sex_sele=0">Male
<input type="radio" name="sex" onClick="sex_sele=1">Female<br>
您所在地区：<select name="area" onChange="sele=this.selectedIndex">
<option value="1" selected>江苏省
<option value="2" >北京市
<option value="3" >上海市
<option value="4">天津市
<option value="5">浙江省
</select><br>
备注：<textarea name="exp" rows=3 cols=20></textarea><br><br>
<input type=button value="提交信息" onClick="VerifyAndChgText( )">
<br>您已输入的信息是：<textarea name="info" rows=5 cols=30></textarea><br><br>
</form></body></html>
```

例 3-23 先生成一个表单，要求用户输入个人信息，当用户单击"提交信息"按钮后，程序检查其是否输入完全，若输入完全，则在最后一个文本域中显示用户刚才输入的信息；若输入不完全，则给出警告提示。

程序中定义了数组 sex，存放 radio 各选项文本，用于显示；select 选择项的显示内容则引用 options 数组中 option 对象的 text 属性，并定义了两个数组的下标 sele 和 sex_sele。前者用做 select 的 options 数组下标，后者用做 sex 数组下标，它们的值分别通过 select 对象的 onChange、radio 的 onClick 事件处理获得。函数 VerifyAndChgText 检查用户是否在所有 text 中输入信息，若是，则将其输入和选择的信息在 info 文本域中显示，否则以 alert 给出警告，该函数作为"提交信息"按钮的 onClick 事件处理程序被执行。

3.5.6 History 和 Location 对象

1. History 对象

History 对象又称为历史清单对象，是一个保存有窗口或帧在某个时间段内访问的 URL 信息的列表，并提供方法供用户在列表中查找。History 对象的属性如下：

- current —当前历史项的 URL。
- length —反映在历史列表中的项数。
- next —下一个历史项的 URL。
- previous —前一个历史项的 URL。

History 对象的方法如下：

- back( ) —装载历史列表中的前一个 URL。
- forword( ) —装载历史列表中的下一个 URL。
- go( ) —其参数可以是整数或字符串。当参数是整数 i 时，该方法将装载历史列表中与当前 URL 位置相距 i 的 URL，i 既可为正数，也可为负数；当参数是字符串时，该方法将装载历史列表中含该字符串的最近的 URL。

【例 3-24】 在 HTML 文件中实现页面的前进和后退。

```
<html><head><title>History 对象示例</title></head>
<body><center><h2>History 对象使用示例</h2></center><hr><br>
<form><input type=button value="往前翻 " onClick="history.go(-1)">
<input type=button value="重载当前页" onClick="history.go(0)">
<input type=button value="往后翻 " onClick="history.go(1)"></form>
</body></html>
```

例 3-24 的运行结果如图 3-22 所示。

图 3-22 History 对象用法示例

2. Location 对象

Location 对象用于存储当前的 URL 信息，通过对该对象赋值可以改变当前的 URL，例 5-15 已经使用过该对象的 hash 属性，通过改变 location 的 hash 的值而改变了当前的页面。

Location 的属性与 Link 对象完全相同，包括 hash、host、hostname、href、pathname、port、protocol、search。例如，下列两个语句将当前窗口的 URL 设置为 home.netscape.com：

```
window.location.href="http://home.netscape.com"
window.location="http://home.netscape.com"
```

3.5.7 Frame 对象

一个 Frame 对象对应一个<frame>标记定义。Frame 对象有如下属性：

- name —框架的名称，对应<frame>标记定义中的 name 项。
- length —框架中包含的子框架数目。

- parent —包含当前框架的 Window 或 Frame。
- self —代表当前框架。
- top —指包含框架定义的最顶层窗口。
- window —与 self 含义相同。
- frames 数组 —对应当前窗口中的所有框架。

Frame 对象的方法有 blur( )、focus( )、setTimeout( )、clearTimeout( )，与 Window 对象的方法完全一致。实际上，Frame 对象就是一个特殊的 Window 对象，在框架情况下，self 和 window 属性就是当前的框架窗口。与 Frame 对象相关的事件处理是 onBlur、onFocus、onLoad、onUnload。

一个浏览器窗口可以包含多个框架，框架之间的信息传递可以加强框架的功能。例 3-25 说明了框架之间的通信。

【例 3-25】 框架之间的通信。

① 文件 frame 通信.htm，定义框架结构。

```
<html>
<frameset rows="15%,*">
   <frame src="frame 通信 1.htm" name="Win1">
   <frame src="frame 通信 2.htm" name="Win2">
</frameset>
</html>
```

② 文件 frame 通信 1.htm，是主要文件。

```
<html><head>
<script language="JavaScript">
    var Questions=new Array("您认为 LAN 指什么?","您知道 TCP/IP 吗?","您对计算机网络的认识?");
    var CurrentQuestion=0;
    var Answers=new Array( );
    function PutQuestions( ){    //在 Win2 中输出问题并创建表单，接收用户输入的答案
        with(parent.Win2.document) {
            open();
            write("<html><body>");
            write("第", CurrentQuestion+1, "个问题: <font color=red>");
            write(Questions[CurrentQuestion]+"</font><br>");
            write("<form name=\'QuestionForm\'>");
            write("<textarea name=\'AnswerText\' cols=30 rows=5></textarea><br>");
            write("<input type=button value=\'提交答案\'
                                    onClick=\'parent.Win1.NextQ( )\'>");
            write("</form></body></html>");
            close();
        }
    }
    function PrintAnswers() {           // 在 Win2 中输出问题和用户输入的答案
        with(parent.Win2.document) {
            open();
            write("<html><body>");
            for(var i=0;i<Questions.length;i++) {
                write("问题",i+1,":",Questions[i]);
                write("答案: ",Answers[i],"<br>");
            }
```

```
                write("</body></html>");
            }
        }
        function NextQ( ){ //若问题未处理完,则调用PutQuestions,否则调用PrintAnswers
            if(CurrentQuestion<Questions.length) {
                Answers[CurrentQuestion]=parent.Win2.document.QuestionForm.AnswerText.value;
                CurrentQuestion++;
                if(CurrentQuestion<Questions.length)
                    PutQuestions();
                else{
                    Answers[CurrentQuestion]=parent.Win2.document.QuestionForm.AnswerText.value;
                    PrintAnswers();
                }
            }
        }
        </script></head>
        <body onLoad="setTimeout('PutQuestions()', 1000)">
        <h2 align=center>请您回答以下问题</h2></body></html>
```

③ 文件 frame 通信 2.htm,可以为空,但为了浏览器的识别,写入了一些内容。
```
<html><head><title>文件 frame 通信 2.htm </title></head>
<body>This is a frame</body></html>
```

例 3-25 程序运行结果如图 3-23 所示。

(a) 第一个问题　　　　　　　　　　　　(b) 输出答案

图 3-23　框架之间通信的示例

　　frame 通信 1.htm 文件是对应框架 Win1 的窗口文件,其中定义了两个数组 Questions 和 Answers,用于存放问题和用户提交的答案。该文件中的函数 PutQuestions( )、NextQ( )和 PrintAnswers( )均是在框架 Win2 对应的窗口中输出文件,体现了在 JavaScript 中进行框架间通信的灵活性。该文件先在框架 2 中提出第一个问题,在用户提交了第一个问题的答案后,再继续提问,直至所有问题都处理完,然后在框架 2 中显示各问题和用户相应的答案。

　　在框架间通信时,要注意框架窗口之间的层次关系。例如,对应 Win1 框架的 frame 通信 1.htm 文件要操作 Win2 时,需指出它们之间的关系,即 parent.Win2,表示 Win2 是 Win1 父窗口的子窗口。

　　下面通过两个实例,进一步讨论 HTML 与 JavaScript 程序设计技术。

3.5.8　应用示例:用户注册信息合法性检查

　　用户通过表单将数据传递给服务器,如果将表单内的所有数据都交由服务器处理,则将加重服务器数据处理的负担。可利用 JavaScript 的交互能力,对用户的输入在客户端进行语法检查,然后把合法数据传递给服务器。例 3-26 就是在用户填写表单并提交时,对用户所输入的数据在客户端进行合法性检查的例子。

【例 3-26】 设计如图 3-24 所示的用户注册页面。在单击"发送"按钮后，对输入框中输入的数据进行合法性检查。

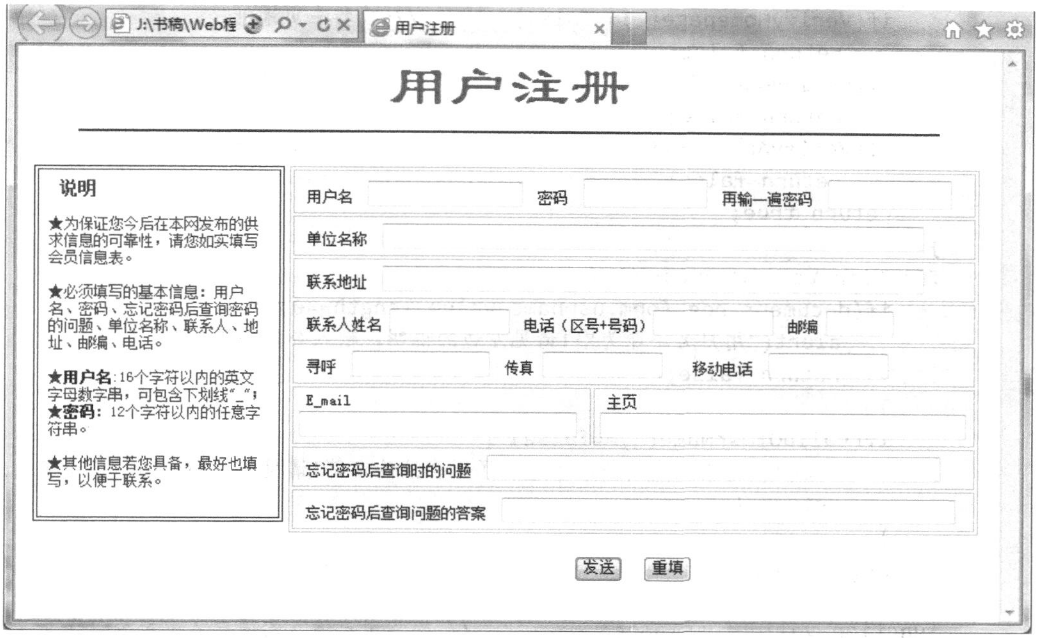

图 3-24 利用 JavaScript 进行客户端输入数据检查

源代码如下：
```
<html>
<script language="JavaScript">
    function init(){
        document.reg_form.usrname.focus();      // 初始将光标定位在用户名输入框
    }
    function Verify() {                          // 校验用户输入
        if(VerifyUsrName()==false)               //校验用户名
            return false;
        if(VerifyPasswd()==false)                // 校验密码
            return false;
        if(VerifyDepart()==false)                // 校验单位名称
            return false;
        if(VerifyAddr()==false)                  // 校验地址
            return false;
        if(VerifyPersonName()==false)            // 校验联系人姓名
            return false;
        if(VerifyPhone()==false)                 // 校验电话号码
            return false;
        if(VerifyZip()==false)                   // 校验邮编
            return false;
        if(VerifyBp()==false)                    // 校验 Bp 号码
            return false;
        if(VerifyFax()==false)                   // 校验传真号
            return false;
```

```
        if(VerifyHand()==false)              // 校验手机号
            return false;
        if(VerifyEmail( )==false)            // 校验电子邮件地址
            return false;
        if(VerifyHomepage( )==false)         // 校验主页地址
            return false;
        if(VerifyQuest( )==false)            // 校验忘记密码时所提问题
            return false;
        if(VerifyAnsw()==false)              // 校验问题答案
            return false;
        return true;
    }
    function VerifyUsrName() {
        if(document.reg_form.usrname.value.length==0) {
            alert("用户名不能为空!请见左边的说明,输入合法的用户名。");
            return false;
        }
        if(validOfUsrName( )==false) {
            alert("您输入的用户名中包含了不合法的字符!请见左边的说明,重新输入。");
            return false;
        }
        return true;
    }
    function validOfUsrName() {              // 检验用户输入的用户名中是否包含非法字符
        valid=true;
        for(var i=0;i<document.reg_form.usrname.value.length;i++){
            var ch=document.reg_form.usrname.value.charAt(i);
            if(!((ch>="0") && (ch<="9")) && !((ch>="a") && (ch<="z"))
                        && !((ch>="A") && (ch<="Z")) && !(ch=="_"))
                valid=false;
            if(!valid)
                break;
        }
        return valid;
    }
    function VerifyPasswd() {
        if(document.reg_form.pass.value.length==0) {
            alert("密码不能为空!请见左边的说明,输入您的密码。");
            return false;
        }
        if(document.reg_form.pass.value!=document.reg_form.pass2.value) {
            alert("您两次输入的密码不相同!请重新输入密码。");
            return false;
        }
        return true;
    }
    function VerifyDepart() {
        if(document.reg_form.dname.value.length==0) {
            alert("单位名称不能为空!请见左边的说明进行输入。");
            return false;
        }
```

```html
            return true;
        }
        // 说明：校验联系人姓名、地址、邮编等与校验单位名称的正确性的程序相似，读者可自行补齐，其代码略去
</script>
<body topmargin=6>
<center><font face="隶书" size=7 color=red>用户注册</font></center>
<hr width=90% color=blue><br>
<table border=0 aligen=center onLoad="init( )">
<tr><td valign=top><!—对用户填写表单数据的说明-->
<table border=1 align=left bordercolor=blue bgcolor=ivory width=200
style="fontsize:14px;align:left;" cellpadding=8><tr><td>
<div style="color:darkred;font-size:12px;text-align:left;font-family:'宋体'">
<span style="color:darkred;font-size:14px"><b> 说明</b></span><br><br>
<div>★为保证您今后在本网发布的供求信息的可靠性，请您如实填写会员信息表。
</div><br>
<div>★必须填写的基本信息：用户名、密码、忘记密码后查询密码
的问题、单位名称、联系人、地址、邮编、电话。</div><br>
<div>★<font color=black><b>用户名</b></font>:16个字符以内的英
文字母数字串，可包含下画线"_"; </br>
★<font color=black><b>密码</b></font>: 12个字符以内的任意字符串。</div><br>
<div>★其他信息若您具备，最好也填写，以便于联系。</div><br>
</div></td></tr></table></td>
<td valign=top align=center><!—表单输入区定义-->
<form action="reg_handle.asp" method="get" name="reg_form"
onSubmit="return Verify( )">
<table border=1 bordercolor=gold bgcolor=lavenderblush  width=550
style="font-size:12px;align:left;" cellpadding=4>
<tr><td width=550 ailgn=left colspan=2 >
 用户名  <input type=text size=16 name="usrname">
 密码  <input type=password size=12 name="pass">
 再输一遍密码  <input type=password size=12 name="pass2">
</td></tr>
<tr><td width=500  align=left colspan=2 >
 单位名称  <input type=text size=60 name="dname"></td></tr>
<tr><td width=550 colspan=2 align=left>
 联系地址  <input type=text size=60 name="address"></td></tr>
<tr><td width=550 align=left colspan=2>
 联系人姓名 <input type=text size=12 name="person_name">
 电话（区号+号码）<input type=text size=12 name="tel">
 邮编 <input type=text size=6 name="postcode"></td></tr>
<tr><td width=500 align=left colspan=2>
 寻呼  <input type=text size=14 name="bpcode">
 传真 <input type=text size=12 name="fax">
   移动电话  <input type=text size=12 name="hand"></td></tr>
<tr><td width=250 ailgn=left>
 E_mail <input type=text size=30 name="email"></td>
<td width=300 align=left> 主页<input type=text size=40 name="homepg">
</td></tr>
<tr><td width=550 colspan=2 align=left>
 忘记密码后查询时的问题  <input type=text size=50 name="quest">
</td></tr>
```

```html
<tr><td width=550 colspan=2 align=left>
 忘记密码后查询问题的答案  <input type=text size=50 name="answ">
</td></tr></table><br>
<input type=submit value="发送">  <input type=reset value="重填">
</form></td></tr></table></body></html>
```

例 3-26 在浏览器中加载页面后，先触发 onLoad 事件，执行 init( )函数。init( )函数将初始光标定位在用户名输入框。页面的总体结构是一个表，表又分为左、右两个部分，左部是对表单数据填写的说明，而右部则是表单输入区域。在表单属性中设置了 onSubmit 事件的处理函数 Verify( )，分别调用函数 VerifyUsrName( )、VerifyPasswd( )等 14 个函数分别检查用户名、密码等 14 个用户输入数据的合法性，若某个输入数据不合法，则以警告对话框提示用户重新输入。全部数据经过检查后，则认为用户输入的数据符合要求，函数 Verify( )返回真值，即 onSubmit 事件处理返回真值，那么浏览器就开始发往服务器。否则，onSubmit 事件处理返回假值，那么数据不会提交给服务器处理。

3.5.9 应用示例：扑克牌游戏程序

【例 3-27】 用 JavaScript 设计一个在浏览器中计算 24 点的游戏程序。游戏开始后，系统随机给出 4 个 1~9 之间的整数，用户给出这 4 个数的运算式，运算式中可包括加（+）、减（-）、乘（*）、除（/）运算符；若用户给出的算式的值为 24，则系统弹出一个对话框告之结果正确，否则告之结果错误。

本例共设计如下 5 个文件：

① game.htm —"开始新游戏"界面，显示游戏规则，提供一个"新游戏"功能按钮。用户单击该按钮即可生成一个新窗口，在该窗口中加载文件 poker.htm 文件，开始一次新游戏的过程。

② poker.htm —主文件，先产生 4 个 1~9 之间的随机数，并将输入焦点定于结果算式输入框，然后等待用户输入；用户输入的时间限制为 1 min（60000 ms），每隔 1 ms，poker.htm 在状态栏提示用户所剩余的时间；若用户在规定的时间内在文本框中输入算式并单击"提交答案"按钮，poker.htm 将检查该答案，若计算正确，则弹出新窗口，其中加载文件 yes.htm，提示用户答案正确；若计算错误或算式不合法，也弹出新窗口，在其中加载文件 no.htm，提示用户答错了；若计时时间满了，而用户还未输入算式，也将弹出"超时"窗口，在其中加载文件 timeout.htm，提示用户超时，同时结束本次游戏。在该文件的 init( )函数中，利用 Math 对象的数学函数 random( )产生一个 0~1 之间的随机数；函数 ceil(number)将返回一个大于或等于 number 的最小整数，因此表达式 Math.ceil(Math.random( )*9)将返回一个 1~9 随机之间的整数。该函数还利用 setTimeout( )方法设置用户答题时间限制和状态栏提示信息的更新时间。文件是其他函数的功能以及 HTML 语句的作用在下面的源文件中都给出了详细注解，在此不再赘述。

③ yes.htm —当用户输入正确答案后弹出的提示窗口中要加载的文件。
④ no.htm —当用户输入错误答案后弹出的提示窗口中要加载的文件。
⑤ timeout.htm —超时后弹出的提示窗口中要加载的文件。

各文件的内容如下。

（1）文件 game.htm

```html
<html><head><title>扑克牌游戏</title>
```

```
<style type="text/css">
body {margin-top:16;}
h3{ background-color:#ffddcc;color:darkred;width:16%;height:60px;
vertical-align:50%;}
</style></head><body><h3><br>  游戏规则: </h3><br>
<p><h4>规则 1．要进行新游戏，请按"新游戏"按钮，此时将生成一个新窗口，其中给出 4 个
1~9 之间的整数。
<br>规则 2．在新窗口的输入框输入四则运算式，可以使用括号，运算数为给出的 4 个值，每个
数只能使用 1 次，结果需等于 24。
<br>规则 3．若您认为给出的 4 个数的运算结果不可能为 24，则可按"放弃这局"按钮。
</h4></p>
<form>
<input type="button" value="新游戏"
onClick="open('poker.htm','newWin','width=500,height=400,status=1')">
</form></body></html>
```

（2）文件 poker.htm

```
<html><head>
<script language="JavaScript">
    //全局变量定义
    var card = new Array();                 //存储 4 张牌
    for(k=0;k<4;k++)
        card[k]=0;                          //赋初值
    var cardUsed = new Array();             //每张牌是否被使用过的标记
    for(k=0;k<4;k++)
        cardUsed[k] = false;                //赋初值
    var TimeID,StatID;                      //时间和状态标记
    var count = 60;                         //计时器
    function Init() {           //初始化函数，生成 4 个随机数，并设置时间和状态标记
        var i;
        status = "您有 1min 的时间考虑与输入答案！";
        for(i=0;i<4;i++)                    //用随机函数产生 4 张牌
            card[i] = Math.ceil(Math.random()*9);
        StatID = setTimeout("ChangeStatus()",1000);
        TimeID = setTimeout("open('timeout.htm','timeoutWin',
                            'width=200,height=100');close()",60000);
    }                                       //End of Init
    // 状态栏刷新函数定义
    function ChangeStatus() {               //每隔 1s 刷新 1 次状态栏显示
        clearTimeout(StatID);               //清除状态标记
        count--;                            //剩余时间减少 1s
        status = "剩余时间为: "+count+"s";
        setTimeout("ChangeStatus()",1000);  //每隔 1s 调用 1 次 ChangeStatus
    }
    // 输入合法性判断函数，若算式合法，返回 true，否则返回 false
    function IsValid() {                    //判定用户输入的算式是否正确
        var exp = document.expForm.expText.value;    //取用户输入的算式
        var expLen = exp.length;            //算式长度
        var i,j;
        var numberUsed = 0;                 //算式中使用的运算数的个数
        for(i=0;i<expLen-1;i++) {
```

```
                var ch = exp.charAt(i);             //取第i个字符
                if(ch>='0' && ch<='9') {            //当前处理的是数值字符
                    for(j=0;j<4;j++) {
                        if((ch == card[j]) && (!cardUsed[j])) {
                            // 该数字是否是给出的4个数之一且未被使用过
                            numberUsed++;
                            cardUsed[j] = true;     //置数字已被使用过标记
                        }
                else {                              //当前处理的是运算符
                    if((ch!="+") && (ch!="-") && (ch!="*") && (ch!="/")
                                              && (ch!="(") && (ch!=")")) {
                        alert("您输入的算式是非法的!");
                        return false;
                    }
                }
            }
            if(numberUsed!=4) {                     //算式中未使用全部4个数字
                alert("您输入的算式是非法的!");
                return false;
            }
            return true;
        }
    }
    function calResult() {                          //计算算式结果函数
        clearTimeout(TimeID);                       //清除计时标记
        if(IsValid()) {                             //算式合法
            // 若算式的值等于24，弹出新窗口，提示结果正确
            if(eval(document.expForm.expText.value)==24) {
                winid = open("yes.htm","nwin1","width=200,height=100");
                close();
                return;
            }
        }
        // 算式的值不等于24或算式不合法，弹出新窗口，提示结果错误
        winid = open("no.htm","nwin2","width=200,height=100");
        close( );
        return;
    }
</script></head>
<!--将输入焦点设置在答案输入框中-->
<body onLoad="document.expForm.expText.focus()">
<script language="JavaScript">
    Init();                                         //生成四张牌
    document.write("您可以使用的四张牌是: <br>");
    for(i=0;i<4;i++)
        document.write(card[i]+"  ");
</script>
<br><form name="expForm">请在右边的输入框中输入您的答案:   
<input type=text name="expText" size=12 value=" "><br><br><br>  
<input type=button value="提交答案" onClick="calResult( )">
<input type=button value="放弃该局" onClick="self.close( )"></form></body></html>
```

（3）文件 yes.htm
```
<html>
<body onLoad="setTimeout('close()',60000);return true">恭喜您,您答对了!</body>
</html>
```
（4）文件 no.htm
```
<html>
<body onLoad="setTimeout('close()',60000);return true">对不起,您答错了!</body>
</html>
```
（5）文件 timeout.htm
```
<html>
<body onLoad="setTimeout('close()', 60000);    return true">
对不起,您超时了!请重新开始。</body></html>
```

该程序的运行过程是,首先加载文件 game.htm,将出现如图 3-25(a)所示的界面,然后单击"新游戏"按钮,弹出如图 3-25(b)所示的游戏窗口,在答案输入框中输入算式,并单击"提交答案"按钮;若答案正确,将出现图 3-25(c)所示的提示窗口;若答案不正确或超时,出现的提示窗口与图 3-25(c)类似。

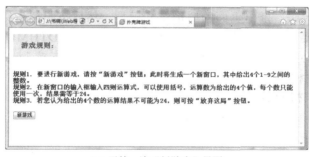

(a) 开始一次"新游戏"界面

(b) "游戏"界面

(c) 答案正确的提示窗口

图 3-25 扑克牌游戏示例

3.6 HTML DOM

3.6.1 HTML DOM 概述

DOM（Document Object Model，文档对象模型）是由 W3C 提出的。W3C 于 1998 年 10 月推出 DOM Level 1，于 2000 年 11 月推出 DOM level 2。DOM 是一个跨平台的、可适应不同程序语言的文件对象模型,采取直观且一致的方式,将 HTML 或 XML 文档进行模型化处理,提供存取和更新文件内容、结构和样式编程接口。DOM 技术不仅能够访问和更新页面的内容及结构,还能操纵文件的风格样式。

DOM 是从 DHTML 对象模型发展而来的，是对 DHTML 对象模型进行了根本变革的产物。DHTML 对象模型技术能够单独地访问并更新 HTML 页面上的对象，每个 HTML 标记通过它的 id 和 name 属性被操纵，每个对象都具有自己的属性、方法和事件，通过方法操纵对象，通过事件触发因果过程。DOM 则比 DTHML 对象模型功能更全面，提供了对整个文件的访问模型，不仅局限于单一的 HTML 标记范围内。DOM 将文件作为一个树形结构，树的每个节点表现为一个 HTML 标记或 HTML 标记内的文本项。树形结构精确地描述了 HTML 文件中标记间以及文本项间的相互关联性，这种关联性包括 child（孩子）类型、parent（双亲）类型和兄弟（sibling）类型。

DOM 将 HTML 或 XML 文件转换为内部树形结构，使程序设计者能够更容易地处理文件的内容，其优点是：① 平台无关性，DOM 提供跨平台的编程接口，是一种处理 HTML 和 XML 文件的标准 API；② 可支持对 HTML 及 XML 两种文件的处理。

3.6.2　DOM 节点树

DOM 是一种结构化的对象模型，访问和更新 HTML（或 XML）页面内容时，首先依据 HTML（或 XML）源代码，推出页面的树形结构模型，然后按照树形结构的层次关系来操纵需要的属性。例如，要更新页面上的文本项内容，如果采用 DTHML 对象模型，需要使用 innerHTML 属性，但必须注意，并不是所有的 HTML 对象都支持 innerHTML 属性；如果采用 DOM 技术，则修改相关树节点都具有的 nodeValue 属性值即可。

【例 3-28】　产生表格的 HTML 文件示例。DOM 将该文件作为如图 3-26 所示的树形结构。

```
<table>
<tbody>
    <tr>
        <td>商品类别</td>
        <td>数量</td>
    </tr>
    <tr>
        <td>日用百货</td>
        <td>10</td>
    </tr>
    <tr>
        <td>电器</td>
        <td>20</td>
    </tr>
</tbody>
</table>
```

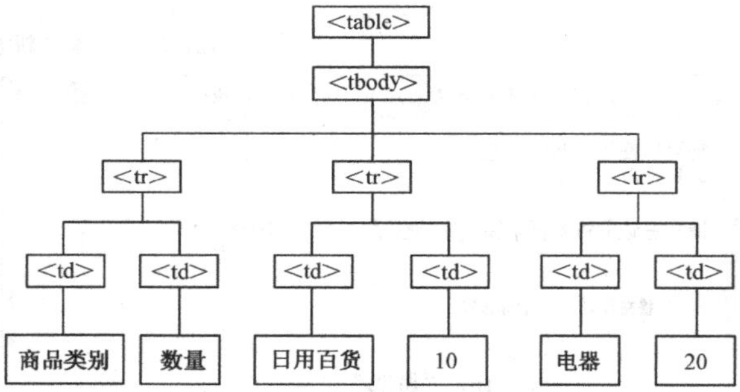

图 3-26　例 3-28 对应的 DOM 树形结构

文件的 DOM 树形结构表示 HTML 文件各对象的关系。在 DOM 树形结构中，每个节点都是一个对象，各节点对象都有属性和方法。树中的叶节点为文字节点，页面显示的内容就是各文字节点的内容。

3.6.3　DOM 树节点的属性

DOM 树形结构的节点有只读属性和读/写属性两类，通过只读属性可以浏览节点，并可获得节点的类型及名称等信息；通过读/写属性可以访问文字节点的内容。DOM 树节点的属性列于表 3-12 中。

表 3-12 DOM 树节点的属性

属性	访问	说明
nodeName	只读	返回节点的标记名
nodeType	只读	返回节点的类型：1—标记；2—属性；3—文字
firstChild	只读	返回第一个子节点的对象集合
lastChild	只读	返回最后一个子节点的对象集合
parentNode	只读	返回父节点对象
previousSibling	只读	返回左兄弟节点对象
nextSibling	只读	返回右兄弟节点对象
data	读/写	文字节点的内容，其他节点返回 undefined
nodeValue	读/写	文字节点的内容，其他节点返回 null

【例 3-29】 下列 JavaScript 程序分别用 parentNode 和 previousSibling 获得父节点和左兄弟节点，用 nodeName 属性输出节点的标记名。本例在浏览器中的运行结果如图 3-27 所示。

```
<html>
<head><title>DOM 属性示例</title>
<script language="JavaScript">
  function Access() {
    ShowParentNode();
    ShowLeftSiblingNode();
  }
  function ShowParentNode() {
    var pnode=p1.parentNode;
    alert(pnode.nodeName);
  }
  function ShowLeftSiblingNode() {
    var prenode=p1.previousSibling;
    alert(prenode.nodeName);
  }
</script>
</head>
<body>
<h2>这是一个简单的 DOM 示例</h2>
<p id="p1" onClick="Access( )">
  单击这里将弹出二个对话框，<br>
  分别显示P标记的父节点和左兄弟节点的标记名称<br>
</p>
</body>
</html>
```

(a) 单击<p>区域，弹出的对话框显示其父节点名

(b) 弹出显示其左兄弟节点名的对话框

图 3-27 例 3-29 的运行结果

对该文件的分析可知，标记<p>的父标记和<body>，左兄弟是<h2>。

DOM 有两个对象集合：attributes 和 chileNodes。attributes 是节点内容的对象集合。chiledNodes 是子节点的对象集合，可使用从 0 开始的索引值进行访问。

可以对文字节点使用 data 或 nodeValue 属性访问和修改节点的内容，常用的是 nodeValue 属性。

3.6.4 访问 DOM 节点

用 DOM 的方法可以创建 HTML 或 XML 文件，并可以通过 JavaScript 程序随时改变文件的节点结构或内容，建立动态网页效果。表 3-13 列出了 DOM 的方法。

表 3-13 DOM 的方法列表

方法名	说明
appendChild objParent.appendChild(objChild)	为 objParent 节点添加一个子节点 objChild，返回新增的节点对象
applyElement objChild.applyElement(objParent)	将 objChild 新增为 objParent 的子节点
clearAttributes objNode.clearAttributes()	清除 objNode 节点的所有属性
createElement document.createElement("TagName")	建立一个 HTML 节点对象，参数 TagName 为标记的名称
createTextNode document.createTextNode(String)	建立一个文字节点，参数 String 是节点的文字内容
cloneNode objNode.cloneNode(deep)	复制 objNode，参数 deep 若为 false，则仅复制该节点，否则复制以该节点为根的整棵树
hasChildNodes objNode.hasChildNodes( )	判断 objNode 是否有子节点，若有则返回 true，否则返回 false
insertBefore objParent.insertBefore(objChild,objBrother)	在 objParent 节点的子节点 objBrother 之前插入一个新的子节点 objChild
mergeAttributes objTarget=mergeAttributes(objSource)	将节点 objSource 的属性复制合并到节点 objTarget 中
removeNode objNode.removeNode(deep)	删除节点 objNode，若 deep 为 false，则只删除该节点；否则，删除以该节点为根的子树
replaceNode objNode.replaceNode(objNew)	用节点 objNew 替换节点 objNode
swapNode objNode1.swapNode(objNode2)	交换节点 objNode1 与 objNode2

【例 3-30】 使用 DOM 方法生成表格。它在浏览器中的运行结果如图 3-28 所示。

(a) 初始显示　　　　　　　　　　　　　　(b) 单击文字后，生成一表格

图 3-28 例 3-30 的显示结果

```
<html>
<head><title>使用 DOM 生成表格</title>
<script language="JavaScript">
    function genTable(pNode) {
        var i,j;
        var contents=new Array(3);
        for (i=0;i<3;i++)
            contents[i]=new Array(2);
        contents[0][0]="商品类别";
        contents[0][1]="数量";
        contents[1][0]="日用百货";
        contents[1][1]="10";
        contents[2][0]="电器";
        contents[2][1]="20";
        var tableNode=document.createElement("TABLE");
        var tBodyNode=document.createElement("TBODY");
        var t1,t2;
        for(i=0;i<3;i++) {
            t1=document.createElement("TR");
```

```
                tBodyNode.appendChild(t1);
                for(j=0;j<2;j++) {
                    t1=document.createElement("TD");
                    t2=document.createTextNode(contents[i][j]);
                    t1.appendChild(t2);
                    tBodyNode.childNodes[i].appendChild(t1);
                }
            }
            pNode.appendChild(tableNode);
            tableNode.id="test";
            tableNode.border=2;
            tableNode.appendChild(tBodyNode);
        }
</script></head>
<body id="tableTest">
<h2 onClick="genTable(tableTest)">单击此处将生成一个表格</h2><hr>
</body></html>
```

DOM 可以操纵文档的树形结构，包括创建新节点、删除存在的节点或在树形结构中移动节点等。DTHML 对象模型则不允许更改文档结构，只能操纵现有的对象。这是 DOM 对 DHTML 对象模型最本质的改进。

3.7 JavaScript 框架和库

JavaScript 在 Web 开发中地位重要，其技术日益复杂，因此各种 JavaScript 框架和库不断出现，如 JQuery、React、Angular 和 Vue 等，并提供了常用开发功能的封装或软件框架。框架（framework）是一套软件架构，提供 Web 前端项目的解决方案；库（library）是程序功能集合的封装，实现了代码重用。框架和库的主要区别在于控制权的不同：框架具有对用户代码的控制权，而库是用户程序调用库的代码。

JQuery 是封装完备的 JavaScript 类库，将很多不太好用的 JavaScript 原生组件封装得简单易用。JQuery 封装 JavaScript 常用的功能代码，提供了简便的 JavaScript 设计模式，优化 HTML 文档操作、事件处理、动画设计和 Ajax 交互。

React 起源于 Facebook 的内部项目，主要用于构建 UI；采用声明范式，可以容易地描述应用；通过对 DOM 的模拟，减少了与 DOM 的交互；可以与已有的库或框架很好地配合。

本章小结

本章讨论了 JavaScript 语言和对象模型。JavaScript 是基于对象的，具有很好的跨平台特性，适用于大多数浏览器，其基本语法类似 C 语言。此外，JavaScript 定义了较丰富的对象和函数，使其处理能力得到增强。

浏览器对象模型将网页处理为对象的集合，网页元素都是对象，具有属性、方法和事件，通过脚本语言可操作网页元素。本章详细阐述了 Navigator、Window、Document、Form、History 和 Frame 等浏览器对象的基本功能和使用方法，通过示例介绍了使用 JavaScript 进行浏览器对象编程的技术。

习题 3

3.1 简述脚本语言的特点。
3.2 什么是对象？什么是事件？
3.3 JavaScript 的对象分为哪两类？各有什么特点？
3.4 JavaScript 中如何创建对象？
3.5 试用 JavaScript 设计一个程序，判断用户输入的整数是正数、负数或零。
3.6 设计判定用户输入的电话号码是否正确的程序，设电话号码可以是 7、8 或 11 位。
3.7 设计一个程序，根据当天是星期几，在页面中显示不同的图片。
3.8 浏览器对象模型中包含哪些主要对象？
3.9 Navigator 对象有哪些常用属性和方法？
3.10 Window 对象有哪些常用属性和方法？
3.11 Document 对象有哪些常用属性和方法？
3.12 Form 对象有哪些常用属性和方法？
3.13 Form 对象有哪些子对象？它们有什么特点？
3.14 如何通过浏览器对象实现页面框架间的通信？
3.15 如何通过浏览器对象实现对用户输入数据的正确性验证？这样做有什么优点？
3.16 简述 DOM 的含义。

上机实验 3

3.1 用 JavaScript 设计条件判断程序。

【目的】
（1）掌握将 JavaScript 脚本嵌入 HTML 文件的方法。
（2）掌握使用 JavaScript 设计应用程序的过程和基本的 JavaScript 语法。

【内容】
用 JavaScript 设计一个程序：根据当天是星期几，在页面中显示不同的图片。程序的运行结果如图 3-29 所示。要求在图片上方显示今天是星期几，再显示图片。

图 3-29 根据星期几显示不同图片

【步骤】
<1> 准备 7 个 jpg 图片文件，分别命名为 1.jpg～7.jpg。

<2> 打开记事本程序。

<3> 输入能够生成如图 3-29 所示页面的 JavaScript 程序的源代码,保存为 HTML 文件,文件名为 ex3-1。

<4> 双击 ex3-1.html 文件,在浏览器中查看结果。

3.2 用 JavaScript 脚本语言实现客户端输入数据的正确性检查。

【目的】

(1) 掌握表单的使用方法。

(2) 掌握使用 JavaScript 脚本语言对客户端输入数据的操作方法。

【内容】

在例 3-26 的基础上完成所有的程序,并进行测试。

【步骤】

<1> 打开记事本程序。

<2> 输入能够生成如图 3-24 所示页面的 HTML 文件,并嵌入实现客户端输入正确性检查的 JavaScript 程序源代码,保存为 ex3-2.html 文件。

<3> 双击 ex3-2.html 文件,在浏览器中查看结果。

3.3 用 JavaScript 实现浏览器对象模型编程。

【目的】

(1) 掌握浏览器对象模型。

(2) 掌握使用 JavaScript 对浏览器对象模型编程。

【内容】

用 JavaScript 设计一个程序:在页面中显示一个按钮"显示定时的警告框",点击该按钮、经过 10 秒钟后,弹出警示框。程序的运行结果如图 3-30 所示。

图 3-30 定时弹出警示框

【步骤】

<1> 打开记事本程序。

<2> 输入能够生成如图 3-30 所示页面的 HTML 文件,并嵌入实现浏览器对象模型操作的 JavaScript 程序源代码,保存为 ex3-3.html 文件。

<3> 双击 ex3-3.html 文件,在浏览器中查看结果。

第 4 章 JSP 基本语法与内置对象

JSP（Java Server Pages）是 Web 服务端开发技术，可以建立安全、跨平台的 Web 应用程序。JSP 以 Java 技术为基础，并在许多方面做了改进，具有网页逻辑与网页设计分离、平台无关性、完全面向对象及编译后运行等优点，已成为开发动态网站的主流技术。

4.1 JSP 基本语法

4.1.1 JSP 页面

JSP 是一种动态网页开发技术，在 HTML 文件中插入 Java 程序段（Scriptlet）和 JSP 标记（tag），形成 JSP 文件，即 JSP 页面。JSP 页面由静态内容和动态内容构成，静态内容指 HTML 标记，动态内容（JSP 标记）包括指令元素、脚本元素、动作元素、注释等。

【例 4-1】 编写一个 JSP 页面，在浏览器中显示"Hello, JSP!"，如图 4-1 所示。

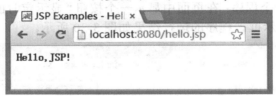

图 4-1 简单的 JSP 页面

在记事本中输入如下代码，并将文件保存为 hello.jsp，存放在 Tomcat 安装目录的 webapps\ROOT 文件夹下，在浏览器的地址栏中输入"http://localhost:8080/hello.jsp"即可显示页面。

```
<%@ page contentType="text/html;charset=GB18030" pageEncoding="GB18030" %>
<html><head><title>JSP Examples - Hello JSP</title></head><body><b>
<%  out.println("Hello,JSP!");   %>
</b></body></html>
```

从例 4-1 可知，JSP 页面包含 HTML 标记和 JSP 标记，JSP 标记以<%开头，以%>结束，其中可以为指令标识（如 page 指令）、嵌入的 Java 代码（如 out.println("Hello, JSP!");）等。

JSP 运行原理如下：当 Web 服务器上的一个 JSP 页面第一次被请求时，服务器 JSP 引擎先将 JSP 页面转换为 Java 源文件（即 Servlet），然后将其编译为字节码（.class）文件，再执行字节码文件返回结果。当该页面被再次请求时，JSP 引擎只需加载并执行已编译的字节码即可，因此 JSP 页面访问更高效。

4.1.2 JSP 指令

JSP 指令主要用于设定 JSP 页面范围内的相关信息。其语法格式如下：

```
<%@ 指令名 属性名1="属性值" 属性名2="属性值" ... %>
```
其中,指令名用于指定指令名称,有3种JSP指令:page、include、taglib;属性名和属性值分别指定属性名称和属性取值。

1. page 指令

page是最常用的指令,定义整个JSP页面相关属性,包括语言、编码格式等。如例4-1的第一行即page指令,定义了页面的contentType="text/html;charset=GB18030" pageEncoding="GB18030"。GB18030为汉字信息编码标准。

page指令有15个属性,表4-1中是较常用的属性。

表4-1 page指令常用属性

属性名	含义
language	定义JSP页面使用的脚本语言,其值目前只能取java
import	引入Java核心包的类,如<%@ page import="java.io.*" %>
contentType	定义JSP页面响应的MIME类型和字符编码,属性值形式为"MIME类型"或"MIME类型; charset=编码",如contentType="text/html; charset=GB18030"
pageEncoding	JSP文件本身的编码,默认值为ISO-8859-1
errorPage	定义发生异常时网页指向的页面,如<%@ page errorPage ="error.jsp" %>
session	定义网页是否能够使用session对象,默认值为true

2. include 指令

包含指令include可将另一个JSP文件嵌入页面,仅有file属性,语法格式如下:
```
<%@ include file ="文件名" %>
```
包含指令可以提高代码的可重用性。例如:
```
<%@ include file ="banner.jsp" %>
```
若banner.jsp为页面的banner,网站多个页面均使用该banner,那么用包含指令即可,不需重复编写代码。

3. taglib 指令

taglib指令用于定义页面所使用的标签库,并指定标签前缀,语法格式如下:
```
<%@ taglib uri ="tagURI" prefix ="tagPrefix" %>
```
其中,uri属性指定标签库文件位置,prefix属性指定标签前缀。例如:
```
<%@ taglib uri="http://java.sun.com/jsp/jstl/core" prefix="c" %>
```
页面中即可使用"c"前缀引用JSTL库的相关内容。

4.1.3 JSP 脚本标识

JSP脚本元素可以灵活地生成页面的动态内容。JSP脚本标识包括JSP声明、JSP表达式和程序段(即Scriptlet),其中Scriptlet是最重要的部分。

1. JSP 声明

JSP声明在页面中使用的变量和方法,语法格式如下:
```
<%! Java 声明 %>
```
"Java声明"中定义的变量和方法将在页面载入时进行初始化。例如:
```
<%! int i=0; int s=0;          // 声明变量i、s并赋初值  %>
<%! int sum(int n) {           // 声明方法sum()
```

```
    while(i<=n) {
        s=s+i;    i++;
    }
    return s;
}
%>
```

以上代码声明了全局变量 i、s 和全局方法 sum()；在后面可以使用诸如<%=sum(100)%>形式来调用 sum()方法，获得累加和的值。

上述代码中"//"之后的内容为注释。JSP 的注释有以下几种形式：

- 单行注释，以"//"开头，后接注释内容。
- 多行注释，以"/*"开始、以"*/"结束，之间的内容为注释。
- JSP 页面中的 HTML 注释，格式为<!-- 注释内容 -->；注释内容在浏览器中不显示。
- JSP 页面中的隐藏注释，格式为<%-- 注释内容 --%>；注释内容在浏览器中不显示，并且查看 HTML 源代码时也不显示。

2. JSP 表达式

JSP 表达式的值被转换为字符串直接输出到页面，语法格式如下：

```
<% = 表达式 %>
```

其中，表达式须为合法的 Java 表达式。例如：

```
<% = sum(100) %>                    // 调用 sum 方法
<% = 100*2+10 %>
```

3. JSP 程序段（Scriptlet）

JSP 程序段是 JSP 页面中嵌入的 Java 代码或脚本代码，可以包含变量、表达式和流程控制语句等，可以处理请求与响应、向页面输出内容、访问 session 会话等。其语法格式如下：

```
<% 程序段 %>
```

程序段的使用比较灵活，主要包括：声明变量、显示表达式、使用 JSP 内置对象或 JavaBean 对象实现应用逻辑等。JSP 页面可以包含多个程序段，它们将被 JSP 引擎按顺序执行。

【例 4-2】 编写一个 JSP 页面，定义访问累加计数方法 count()，显示访问的窗口数，同时显示当天日期，如图 4-2 所示。

(a) 程序第一次运行

(b) 程序第二次运行

图 4-2 JSP 程序段示例

本例在 Eclipse 中编写与调试。在 Eclipse 中开发 Web 项目的方法请见实验 4.1。创建 Web 工程，在其中创建文件 ex4-2.jsp，在默认的 JSP 模板中添加代码：

```
<%@ page language="java" contentType="text/html; charset=GB18030"
    pageEncoding="GB18030" import="java.util.*,java.text.*"%>
<!DOCTYPE html PUBLIC "-//W3C//DTD HTML 4.01 Transitional//EN"
    "http://www.w3.org/TR/html4/loose.dtd">
```

```
<html><head><meta http-equiv="Content-Type" content="text/html; charset= GB18030">
<title>JSP 程序段示例</title></head>
<body>
<%! int num=0;                    // 声明变量 num 并赋初值    %>
<%! int count() {                 // 声明方法 count()
        num++;      return num;
    }
%>
<b>变量 num 值为: <%=count()%></b> <br><br>
<b>今天的日期是: <%=DateFormat.getDateInstance().format(new Date()) %></b>
</body></html>
```

【例 4-3】 编写一个 JSP 页面，验证用户输入的手机号码的正确性，如图 4-3 所示。

(a) 错误的号码　　　　　　　　　　　　　(b) 正确的号码

图 4-3　验证手机号的 JSP 程序段

```
<%@ page language="java" contentType="text/html; charset=GB18030"
    pageEncoding="GB18030" import="java.util.*,java.text.*"%>
<!DOCTYPE html PUBLIC "-//W3C//DTD HTML 4.01 Transitional//EN"
    "http://www.w3.org/TR/html4/loose.dtd">
<html><head><meta http-equiv="Content-Type" content="text/html; charset=GB18030">
<title>手机号码验证</title></head>
<body>
<%! boolean checknum(String str) {     //检查传入的字符串是否均为数字字符
        int i;
        for(i=0;i<str.length();i++) {
            if(!Character.isDigit(str.charAt(i)))
                return false ;
        }
        return true;
    }
%>
请输入手机号: <br>
<form action="" method=post name=form>
<input type="text" name="mobile" value="">
<input type="submit" value="输入" name=submit>
</form>
<% String mstr=request.getParameter("mobile");
    if(mstr!=null) {
        if(mstr.length()!=11) {
%>
            <br>手机号位数错误!
<%      }
```

```
            else {
                if(!checknum(mstr)) {
%>
                    <br>手机号含有非数字字符!
<%
                }
                else {
                    if(mstr.charAt(0)!='1') {
%>
                        <br>手机号首位错误!
<%
                    }
                    else {
                        if((mstr.charAt(1)=='0') || (mstr.charAt(1)=='1')
                                                 || (mstr.charAt(1)=='2')) {
%>
                            <br>手机号第二位错误!
<%
                        }
                        else
                            out.print("手机号正确! ");
                    }
                }
            }
        }
%>
</body></html>
```

对例 4-2 和例 4-3 的说明如下：

① 由于需要调用日期和字符串类方法，因此在 page 指令中使用 import="java.util.*, java.text.*"引入 Java 核心包。

② JSP 默认编码格式为 ISO-8859-1，为了正确显示和处理中文字符，必须将编码格式设置为 GB18030 或 GB2312。

③ 采用 JSP 声明的变量为全局变量，其作用范围为整个页面，并且在各页面间共享；其原理是：JSP 引擎为每个页面启动一个线程，全局变量被各线程共享，任一个线程对全局变量操作的结果都会影响到其他线程。如例 4-2 中，num 为全局变量，页面通过调用 count()方法，将输出前一次 num 值+1 的结果。

如果一个用户在执行 Java 程序段的方法操作成员变量时，不希望其他用户也调用该方法操作成员变量，那么可以将该方法用 synchronized 关键字声明。这样线程获得的是成员锁，即一次只能有一个线程进入该方法；其他线程若要此时调用该方法，只能排队等候；当前线程执行完该方法后，其他线程才能进入。如例 4-2 中，声明为 synchronized public int count()。

④ 在程序段中声明的变量为局部变量，其作用域为声明处至页面结束处的各程序段。如例 4-3 中的 mstr 为局部变量，其在<% String mstr=request.getParameter("mobile");…%>程序段中声明，在此后的各程序段中 mstr 均有效。例 4-3 正是利用了局部变量的这个性质，将验证手机号的正确性分为多个程序段来设计，每个程序段验证一部分正确性的特征。

4.2 JSP 内置对象

JSP 内置了一些对象，不需预先声明和创建实例即可在程序段或表达式中直接使用。JSP

内置对象有 9 个：Request、Response、Session、Application、Out、Page、PageContext、Config 和 Exception，被广泛应用于 JSP 操作中。

4.2.1 Request 对象

Web 采用 HTTP 在服务器与客户端之间进行通信控制，Request 对象和 Response 对象提供了 HTTP 请求和响应的信息。HTTP 请求报文由请求行、请求头部和请求数据等部分组成，如图 4-4 所示。

图 4-4 HTTP 请求报文格式

请求行由请求方法字段（GET/POST）、URL 字段和 HTTP 版本字段组成，如 GET /index.html HTTP/1.1。

请求头部通知服务器有关客户端请求的信息，由关键字/值对组成，每行一对，关键字和值用 ":" 分隔。例如，User-Agent 产生请求的浏览器类型，Accept 用于客户端可识别的内容类型列表，Host 表示请求的主机名，允许多个域名同处一个 IP 地址，即虚拟主机。

请求数据主要在 POST 方法中使用，POST 方法适用于需要客户填写表单的场合。与请求数据相关的最常使用的请求头是 Content-Type 和 Content-Length。

Request 对象封装了客户端的请求信息，包括头信息、系统信息、请求方式及请求参数等。Request 对象的主要方法列于表 4-2 中。

表 4-2 Request 对象的主要方法

方法	功能
String getParameter(String name)	获取表单提交的名为 name 的参数值；若参数不存在，则返回 null
String[] getParameterValues(String name)	获取表单提交的所有名为 name 的参数值，常用于复选框值的获取
Enumeration getParameterNames()	获取客户端提交的全部参数名
String getProtocol()	获取使用的协议（如 HTTP/1.1、HTTP/1.0）
String getRermoteAddr()	获取客户端 IP 地址
String getRemoteHost()	获取客户机的主机名称
String getRemotePort()	获取客户机的主机端口
String getMethod()	获取客户提交信息的方式（GET/POST）
void setCharacterEncoding (String code)	设置 Request 的字符编码方式
String getHeader()	获取 HTTP 头文件中的 Accept、Accept-Encoding 和 Host 的值
String getServerName()	获取接收请求的服务器主机名
int getServerPort()	获取服务器接收请求的端口号

【例 4-4】 编写一个 JSP 页面，获取表单的输入参数值。运行结果如图 4-5 所示。

设计 HTML 文件 ex4-4.html，生成如图 4-5(a)所示的表单输入页面，文件内容如下：

```
<!DOCTYPE html PUBLIC "-//W3C//DTD HTML 4.01 Transitional//EN"
                "http://www.w3.org/TR/html4/loose.dtd">
<html><head>
```

(a) 表单输入页面　　　　　　　　　　(b) 获取并显示表单输入参数值

图 4-5　通过 request 对象获取表单输入参数值

```
<meta http-equiv="Content-Type" content="text/html; charset=UTF-8">
<title>JSP 内置对象示例</title></head>
<body>
<form action="ex4-4.jsp" method=post name=form>
用户名：<input type="text" name="userName" size=20><br><br>
密码：<input type="password" name="passwd1" size=10><br><br>
确认密码：<input type="password" name="passwd2" size=10><br><br>
验证方式：<input type="checkbox" name="validate" value="手机">手机
<input type="checkbox" name="validate" value="邮箱">邮箱
<input type="checkbox" name="validate" value="QQ">QQ
<input type="checkbox" name="validate" value="微信">微信<br><br>
<input type="submit" value="注册"
       name=submit>      
<input type="reset" value="重填" name=reset><br><br>
</form></body></html>
```

其中，<form action="ex4-4.jsp" method=post name=form>指出了处理表单输入的程序为 ex4-4.jsp。ex4-4.jsp 通过 request 对象方法获取参数值并显示（见图 4-5(b)），代码如下：

```
<%@ page language="java" contentType="text/html; charset=GB18030"
    pageEncoding="GB18030"%>
<!DOCTYPE html PUBLIC "-//W3C//DTD HTML 4.01 Transitional//EN"
                "http://www.w3.org/TR/html4/loose.dtd">
<html><head>
<meta http-equiv="Content-Type" content="text/html; charset=GB18030">
<title>request 内置对象示例</title></head>
<body>
<% request.setCharacterEncoding("UTF-8"); //设置取得值的编码方式 %>
输入的用户名：<%= request.getParameter("userName")%><br>
输入的密码：<%= request.getParameter("passwd1") %><br>
输入的确认密码：<%= request.getParameter("passwd2") %><br>
输入的验证方式：
<% String[] valis = request.getParameterValues("validate");
    String instr="";
    for(int i=0;valis!=null &&i <valis.length;i++) {
        if(i == valis.length-1) {  instr+=valis[i];  }
        else {   instr+=valis[i]+","  ;  }
    }
    out.println(instr);
%>
```

```
</body></html>
```

说明：语句"request.setCharacterEncoding("UTF-8");"用于设置从 request 对象中获取值的编码方式为 UTF8。由于客户端浏览器是以 UTF-8 字符编码将表单数据传输到服务器的，因此服务器需设置以 UTF-8 字符编码进行接收；若不指定，则服务器将默认使用 iso8859-1 编码，从而客户端与服务器的编码不一致，会产生乱码。

4.2.2 Response 对象

如前所述，Request 和 Response 对象分别提供了 HTTP 请求和响应的信息。Request 对象封装了客户端的请求，Response 对象则封装了服务器的响应。HTTP 响应报文的格式与请求报文类似，由状态行、响应头、响应体等部分构成，各部分内容如下：

状态行（status line）通过提供一个状态码来说明所请求的资源情况，如 HTTP/1.1 200 OK。常见状态码有 200 —请求成功、404 —请求的资源不可用、500 —服务器发生内部错误。

响应头与请求头类似，由关键字/值对组成，通知客户端有关响应的信息。常用响应头有：

- Location —重定向到一个新的位置。
- Server —包含服务器处理请求的软件信息，与 User-Agent 请求报头域相对应，前者发送服务器端软件的信息，后者发送客户端软件和操作系统的信息。
- Content-Encoding —媒体类型，指出附加内容的编码方式。
- Content-Length —正文的长度，以字节方式存储的十进制数字表示。
- Content-Type —发送给接收者的实体正文的媒体类型。
- Last-Modified —页面最后的修改日期及时间。
- Expires —响应过期的日期和时间。

以下是一个响应头的例子：

```
Server:Apache Tomcat/7.0.12
Content-Type: text/html;charset=ISO-8859-1
Date:Mon,3Dec2018 15:10:18 GMT
Content-Length:206
```

响应体是响应的消息正文，根据请求内容返回相应的值。例如，请求的是 HTML 页面，那么返回的是 HTML 代码。

Response 对象封装的内容包括了 HTTP 响应的状态码、响应头和响应体。该对象的主要作用包括页面重定向、操作 Cookie、设置 HTTP 响应头等，其主要方法列于表 4-3 中。

表 4-3 Response 对象的主要方法

方 法	功 能
void sendRedirect(String URL)	将网页定位到 URL 指向的页面
void setHeader(String head, String value)	用新的值覆盖原 HTTP 头部属性值，如 response.setHeader("Refresh","5")
void addHeader(String head, String value)	添加一个新的响应头及其值，如 response.addHeader("Content-type", "text/html; charset=uft-8")
void setContentType(String type)	设置 MIME 类型
void setStatus(int sc)	设置状态码
void sendError(int sc)	向客户端发送 HTTP 状态码
void addCookie(Cookie c)	将 Cookie 写入客户端
ServletOutputStream getOutputStream()	向客户端返回一个二进制输出字节流
PrintWriter getWriter()	向客户端返回一个输出字符流

【例 4-5】 按照当天是星期几决定显示哪个 HTML 页面。

首先，在 Eclipse 中创建对应一周的 7 个 HTML 文件：Page1.html～Page7.html。例如，page1.html 的内容如下：

```
<!DOCTYPE html PUBLIC "-//W3C//DTD HTML 4.01 Transitional//EN"
                      "http://www.w3.org/TR/html4/loose.dtd">
<html><head>
<meta http-equiv="Content-Type" content="text/html; charset=UTF-8">
<title>星期日</title></head>
<body>
<center><img src="images/page4.jpg" border=0 width=200 height=100></center>
</body></html>
```

然后，创建如下 JSP 文件：

```
<%@ page language="java" contentType="text/html; charset=GB18030"
    pageEncoding="GB18030"  import="java.util.*,java.text.*"%>
<!DOCTYPE html PUBLIC "-//W3C//DTD HTML 4.01 Transitional//EN"
                      "http://www.w3.org/TR/html4/loose.dtd">
<html><head>
<meta http-equiv="Content-Type" content="text/html; charset=GB18030">
<title>页面重定向示例</title></head>
<body>
<% Calendar cal=Calendar.getInstance();
   int day=cal.get(Calendar.DAY_OF_WEEK);      // 获取今天是这周的第几天
   String HtmlFile = "page" + day + ".html";   // 根据 day 形成重定向页面文件路径
   response.sendRedirect(HtmlFile);            // 页面重定向
%>
</body></html>
```

例如，运行程序当天是星期三，则页面跳转到 page4.html，显示页面如图 4-6 所示。

图 4-6 通过 response 对象实现页面重定向

【例 4-6】 操作 Cookie。编写 ex4-6-1.jsp，用 Response 对象的 addCookie()方法向 Cookie 中写入"name/Mary"；编写 ex4-6-2.jsp，用 Request 对象的 getCookies()方法获取 Cookie。

ex4-6-1.jsp 的内容如下：

```
<%@ page language="java" contentType="text/html; charset=GB18030"
    pageEncoding="GB18030" %>
<!DOCTYPE html PUBLIC "-//W3C//DTD HTML 4.01 Transitional//EN"
                      "http://www.w3.org/TR/html4/loose.dtd">
<html><head>
<meta http-equiv="Content-Type" content="text/html; charset=GB18030">
<title>写入 Cookie 示例</title></head>
<body>
<% String Name="Mary";
```

```
            Cookie cookie = new Cookie("name", Name);   // 创建 Cookie 对象并实例化
            cookie.setMaxAge(60*60*24);                 // 设置 Cookie 的存活期为 1 天
            response.addCookie(cookie);                 // 将 Cookie 写入客户端
        %>
        </body></html>
```

ex4-6-2.jsp 内容如下：

```
    <%@ page language="java" contentType="text/html; charset=GB18030"
        pageEncoding="GB18030" import="java.util.*"%>
    <!DOCTYPE html PUBLIC "-//W3C//DTD HTML 4.01 Transitional//EN"
                "http://www.w3.org/TR/html4/loose.dtd">
    <html><head>
    <meta http-equiv="Content-Type" content="text/html; charset=ISO-8859-1">
    <title>读取 Cookie 示例</title></head>
    <body>
    <% String str = null;
        Cookie[] cookies = request.getCookies();        // 获取 Cookie 对象集合
        for(int i = 0; i < cookies.length; i++) {       // 遍历 Cookie 对象集合
            if(cookies[i].getName().equals("name")) {
                str = cookies[i].getValue();
                break;
            }
        }
    %>
    name 值为：<%= str %>
    </body></html>
```

先运行 ex4-6-1.jsp 写入 Cookie，再运行 ex4-6-2.jsp 读取 Cookie，结果如图 4-7 所示。

图 4-7　通过 response/request 对象操作 Cookie

通过 Response 对象还可以使用 setHeader()或 addHeader()方法来设置 HTTP 响应头，对页面实现一定的控制。较常用的包括缓存禁用、自动刷新设置和定时跳转等。例如：

```
        response.setHeader("Cache-Control","no-store");      // 禁用缓存
        response.setHeader("refresh","5");                   // 设置网页每隔 5 秒刷新
        response.setHeader("refresh ","10,URL=page1.jsp");   // 设置 10 秒后跳转到指定页面
```

4.2.3　Session 对象

HTTP 是无状态协议，当客户发出请求、服务器返回响应后，连接就关闭了，服务器不保存连接相关信息。因此当同一客户再次请求时，服务器无法判断。会话（Session）是为解决 HTTP 的这个问题而提出的，可以被理解为客户端、服务器之间一系列"请求/响应"的交互过程。Session 对象即表示一个会话，用于保存客户端与服务器之间的会话信息，以便跟踪每个客户状态。session 对象的主要方法如表 4-4 所示。

表 4-4 Session 对象的主要方法

方法	功能
long getCreationTime()	返回 Session 对象被创建的时间,以毫秒为单位,相对于 1970-1-1 0:00:00
Object getAttribute(String name)	返回 Session 对象中与指定名称绑定的对象,如果不存在则返回 null
String getId()	返回 Session 对象的 ID。服务器每创建一个 Session 对象都分配一个 ID,作为会话的唯一标识
long getLastAccessedTime()	返回客户端最后访问的时间,以毫秒为单位,相对于 1970-1-1 零点
int getMaxInactiveInterval()	返回 Session 最大生存时间,以秒为单位
void setMaxInactiveInterval(int interval)	设置 Session 失效时间,以秒为单位
void invalidate()	取消 Session 对象
boolean isNew()	返回是否为一个新的客户端
void setAttribute(String name, Object value)	使用指定的名称和值来产生一个对象并绑定到 Session 中
void removeAttribute(String name)	移除 Session 中指定名称的对象

因为每个与服务器端联机的客户端都有独立的 Session,所以服务器端需要额外的资源来管理这些 Session。有时使用者在浏览网页时,可能去做其他事情而没有把网页的联机关闭;如果服务器端一直浪费资源在管理这些 Session 上,那么势必让服务器的效率降低。所以当使用者超过一段时间没有动作时,就需要将 Session 释放。Session 失效时间取决于 Web 服务器设置,如 Tomcat 默认为 30 分钟。服务器通常允许修改该值。例如,以下 JSP 语句将 Session 生存时间设置为 10 分钟:

```
session.setMaxInactiveInterval(600);
```

session 对象可用于在页面之间传递数据、进行页面访问控制和统计等用途。

【例 4-7】 利用 Session 对象在多个页面之间传递数据。ex4-7-1.jsp 用 Session 对象保存 "Customer/UsrName" 会话值,并接收用户输入的姓名;ex4-7-2.jsp 将姓名保存在 Session 中,并接收用户输入 15 的平方的结果。ex4-7-3.jsp 中显示姓名和结果,并给出是否计算正确的结论。首先运行 ex4-7-1.jsp,如图 4-8(a)所示;然后运行 ex4-7-2.jsp,显示姓名,并输入 15 的平方值,如图 4-8(b)所示;最后运行 ex4-7-3.jsp,显示前两个页面输入的数据,并判断用户输入的 15 平方值是否正确,如图 4-8(c)所示。当用户输入错误时,结果如图 4-8(d)所示。

(a) 输入姓名

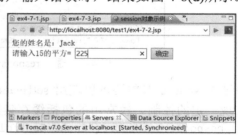
(b) 输入 15 的平方值

(c) 显示输入数据并判断结果

(d) 另一次运行结果

图 4-8 例 4-7 的运行情况

JSP 页面内容如下，设定 Session 对象的有效期限操作。

ex4-7-1.jsp 的内容如下：

```jsp
<%@ page language="java" contentType="text/html; charset=GB18030"
    pageEncoding="GB18030"%>
<!DOCTYPE html PUBLIC "-//W3C//DTD HTML 4.01 Transitional//EN"
                        "http://www.w3.org/TR/html4/loose.dtd">
<html><head>
<meta http-equiv="Content-Type" content="text/html; charset=GB18030">
<title>session 对象示例</title></head>
<body>
<% session.setAttribute("Customer","UsrName");%>
<form method=post action="ex4-7-2.jsp">
请输入姓名：<input type=text name="name">
<input type=submit value="提交"></form>
</body></html>
```

ex4-7-2.jsp 内容如下：

```jsp
<%@ page language="java" contentType="text/html; charset=GB18030"
    pageEncoding="GB18030"%>
<!DOCTYPE html PUBLIC "-//W3C//DTD HTML 4.01 Transitional//EN"
                        "http://www.w3.org/TR/html4/loose.dtd">
<html><head>
<meta http-equiv="Content-Type" content="text/html; charset=GB18030">
<title>session 对象示例</title></head>
<body>
<%  String nm=request.getParameter("name");
    session.setAttribute("name", nm);
%>
您的姓名是：<%= nm %><br>
<form method=post action="ex4-7-3.jsp">
请输入 15 的平方= <input type=text name="square">
<input type=submit value="确定">
</form></body></html>
```

ex4-7-3.jsp 的内容如下：

```jsp
<%@ page language="java" contentType="text/html; charset=GB18030"
    pageEncoding="GB18030" import="java.util.*,java.text.*"%>
<!DOCTYPE html PUBLIC "-//W3C//DTD HTML 4.01 Transitional//EN"
                        "http://www.w3.org/TR/html4/loose.dtd">
<html><head>
<meta http-equiv="Content-Type" content="text/html; charset=GB18030">
<title>session 对象示例</title></head>
<body>
<%! boolean check(String str) {         // 检查传入的字符串对应的结果是否正确
        int i, s;
        for(i=0;i<str.length();i++) {
            if(!Character.isDigit(str.charAt(i)))  return false ;
        }
        s=Integer.parseInt(str);
        if(s!=15*15)  return false;
        else return true ;
    }
```

```
%>
<%! String sqstr=""; %>
<%  sqstr=request.getParameter("square");
    String nm=(String)session.getValue("name");
    String cs=(String)session.getValue("Customer");
%>
Customer:<%= cs %><br>
姓名: <%= nm %><br>
您输入的 15 平方值: <%= sqstr %><br>
<%  if (!check(sqstr)) {
%>
        <br>您输入的结果错误!
<%
    }
    else {
%>
        <br>您输入的结果正确!
<%
    }
%>
</body></html>
```

【例 4-8】 判断用户是否登录,若未登录,则将页面跳转到登录页。

(1) 编写 ex4-8-login.html 页面,此为登录页,内容如下:

```
<!DOCTYPE html PUBLIC "-//W3C//DTD HTML 4.01 Transitional//EN"
                "http://www.w3.org/TR/html4/loose.dtd">
<html><head>
<meta http-equiv="Content-Type" content="text/html; charset=UTF-8">
<title>session 示例登录页</title></head>
<body>
<form action="ex4-8-1.jsp" method=post name=form>
请输入用户名: <input type="text" name="usrname" value=""><br><br>
请输入密码: <input type="password" name="pwd" value=""><br><br>
<input type="submit" value="确定" name=submit>  
<input type="reset" value="重填" name=reset><br>
</body></html>
```

(2) 编写 ex4-8-1.jsp 页面,获取表单输入的用户名和密码,并写入 Session 对象。

```
<%@ page language="java" contentType="text/html; charset=GB18030"
    pageEncoding="GB18030"%>
<!DOCTYPE html PUBLIC "-//W3C//DTD HTML 4.01 Transitional//EN"
                "http://www.w3.org/TR/html4/loose.dtd">
<html><head>
<meta http-equiv="Content-Type" content="text/html; charset=GB18030">
<title>session 示例获取用户登录信息</title></head>
<body>
<% request.setCharacterEncoding("UTF-8");      // 设置取得值的编码方式   %>
<%! String uname="" ; %>
<% uname=request.getParameter("usrname"); %>
您输入的用户名: <%= uname %><br>
<% session.setAttribute("usrname", uname); %>
</body></html>
```

（3）编写 ex4-8-2.jsp 页面，判断是否登录，若未登录，则停留 5 秒后转向 ex4-8-login.html 登录页；若已登录，则显示用户名。

```
<%@ page language="java" contentType="text/html; charset=GB18030"
    pageEncoding="GB18030"%>
<!DOCTYPE html PUBLIC "-//W3C//DTD HTML 4.01 Transitional//EN"
                      "http://www.w3.org/TR/html4/loose.dtd">
<html><head>
<meta http-equiv="Content-Type" content="text/html; charset=GB18030">
<title>session 示例判断页</title></head>
<body>
<%  if(session.getAttribute("usrname")==null) {
        out.println("您未登录，请先登录");
        response.setHeader("Refresh", "5;URL=ex4-8-login.html");
    }
    else {
        String uname = (String)session.getAttribute("usrname");
        out.println("您已登录: "+uname);
    }
%>
</body></html>
```

运行 ex4-8-2.jsp，因未登录，故提示用户登录，如图 4-9(a)所示；停留 5 秒后跳转到 ex4-8-login.html 登录页，如图 4-9(b)所示；在页面上输入用户名和密码后，提交 ex4-8-1.jsp 处理，将显示用户名并写入 session，如图 4-9(c)所示；再次运行 ex4-8-2.jsp，将显示用户名，且不会跳转回登录页，如图 4-9(d)所示。

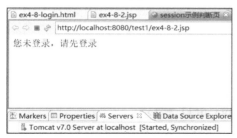
(a) 提示并跳转

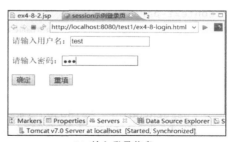
(b) 输入登录信息

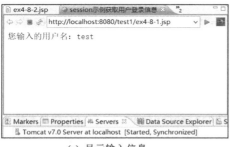
(c) 显示输入信息

(d) 再次运行结果

图 4-9 例 4-8 的运行情况

4.2.4 Application 对象

Application 对象用于记录整个网站的信息，可以使同一应用中的所有用户共享信息，并在服务器运行期间持久的保存数据。Application 对象可以记录不同浏览器端共享的变量，无论有几个浏览者同时访问网页，都只会产生一个 Application 对象，即只要正在使用这个网页程序的浏览器端都可以存取这个变量。Application 对象变量的生命周期始于 Web 服务器开始执行时，止于 Web 服务器关机或重新启动时。

Application 对象的主要用途是在整个 Web 应用的多个 JSP、Servlet 之间共享数据，以及访问 Web 应用的全局配置参数。Application 对象的主要方法如表 4-5 所示。

表 4-5 Application 对象的主要方法

方法	功能
Object getAttribute(String name)	返回 Application 对象中与指定名称绑定的对象，如果不存在，则返回 null
void setAttribute(String name, Object value)	设置指定名称的属性值
void removeAttribute(String name)	从 Application 对象中删除名为 name 的属性
String getInitParameter(String name)	获取应用程序中名为 name 的初始化参数值
Enumeration getInitParameterNames()	获取应用程序中全部初始化参数名
Enumeration getAttributeNames()	获取所有 application 属性的名称
String getServerInfo()	获取服务器名称和版本

【例 4-9】 利用 Application 对象获取配置文件的初始化参数。

初始化参数在 web.xml 文件中设置，该文件位于应用程序所在文件夹的 WEB-INF 子目录下。在 web.xml 中通过<context-param>标记添加初始化参数，现添加如下参数：

```
<context-param>
    <param-name>ContextParameter</param-name>
    <param-value>test</param-value>
</context-param>
<context-param>
    <param-name>url</param-name>
    <param-value>jdbc:mysql://localhost:5000/database</param-value>
</context-param>
```

程序 ex4-9.jsp 将获取 web.xml 中的上述两个初始化参数：

```
<%@ page language="java" contentType="text/html; charset=GB18030"
    pageEncoding="GB18030" import="java.util.*"%>
<!DOCTYPE html PUBLIC "-//W3C//DTD HTML 4.01 Transitional//EN"
                      "http://www.w3.org/TR/html4/loose.dtd">
<html><head>
<meta http-equiv="Content-Type" content="text/html; charset=GB18030">
<title>获取 web.xml 初始化参数</title></head>
<body>
<%  Enumeration em=application.getInitParameterNames();    // 获取全部参数名
    while (em.hasMoreElements()) {
        String name=(String)em.nextElement();              // 获取参数名
        String value=application.getInitParameter(name);   // 获取参数值
        out.print(name+":  "+value+"<br>");
    }
%>
</body></html>
```

程序运行结果如图 4-10 所示。

【例 4-10】 利用 Application 对象统计页面访问数。用户访问页面时使用 setAttribute()方法对计数器属性 count 进行累加，即可得到页面被访问的次数。程序如下：

图 4-10 获取全部初始化参数

```
<%@ page language="java" contentType="text/html; charset=GB18030"
    pageEncoding="GB18030" import="java.util.*"%>
<!DOCTYPE html PUBLIC "-//W3C//DTD HTML 4.01 Transitional//EN"
                    "http://www.w3.org/TR/html4/loose.dtd">
<html><head>
<meta http-equiv="Content-Type" content="text/html; charset=GB18030">
<title>页面访问计数</title></head>
<body>
<%  int i;
    if(application.getAttribute("count")==null)
        application.setAttribute("count", "1");
    else {
        i=Integer.parseInt((String)application.getAttribute("count"));
        i++;
        application.setAttribute("count", Integer.toString(i));
    }
%>
<center>您是第<%= (String)application.getAttribute("count") %>个访问者</center>
</body></html>
```

程序运行结果如图 4-11 所示。

(a) 第一次访问

(b) 第 10 次访问

图 4-11 页面访问计数

4.2.5 其他对象

1. Out 对象

Out 对象用于向客户端输出信息，并管理响应缓冲。Out 对象最常用的方法是 print()和 println()，许多示例中都使用了这两个方法。Out 对象的主要方法如表 4-6 所示。

【例 4-11】 Out 对象管理响应缓冲示例。获取缓冲区大小并输出，程序如下：

```
<%@ page language="java" contentType="text/html; charset=GB18030"
    pageEncoding="GB18030"%>
<!DOCTYPE html PUBLIC "-//W3C//DTD HTML 4.01 Transitional//EN"
                    "http://www.w3.org/TR/html4/loose.dtd">
```

表 4-6 Out 对象的主要方法

方 法	功 能
void print ()或 void println()	向客户端输出字符串。二者区别在于 println()会在输出数据（即 HTML 代码）后加上换行符
void flush()	将缓冲区内容输出到客户端
void clear()	清除缓冲区，不将数据输出到客户端
void clearBuffer()	清除缓冲区，并将数据输出到客户端
int getBufferSize()	返回缓冲区字节数，单位为 KB
int getRemaining()	返回缓冲区剩余可用字节数
boolean isAutoFlush()	当缓冲区已满时，是否自动清空
void close()	关闭输出流

```
<html><head>
<meta http-equiv="Content-Type" content="text/html; charset=GB18030">
<title>out 对象管理缓冲示例</title></head>
<body>
<%  int buffer = out.getBufferSize();
    int avaliable = out.getRemaining();
    int use = buffer - avaliable;
%>
<h3>缓冲区大小: <%=buffer%></h3>
<h3>可用的缓冲区大小: <%=avaliable%></h3>
<h3>使用中的缓冲区大小: <%=use%></h3>
</body></html>
```

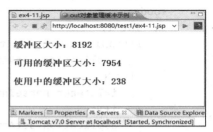

图 4-12 使用 Out 对象管理缓冲区

运行结果如图 4-12 所示。

2. Page 对象

Page 对象代表 JSP 页面，即当前 JSP 编译后的 Servlet 类的对象，也可认为它是普通 Java 类中的 this，指代页面本身。Page 对象的主要方法如表 4-7 所示。

表 4-7 Page 对象的主要方法

方 法	功 能
class getClass()	返回当前 Object 的类
int hashCode()	返回当前 Object 的 hash 代码
String toString()	将 Object 对象转换为 String 类的对象
boolean equals(Object obj)	比较对象和指定的对象是否相等
void copy(Object obj)	将对象复制到指定的对象中
Object clone()	复制对象

【例 4-12】 page 对象示例，调用 page 对象的方法，程序如下：

```
<%@ page language="java" contentType="text/html; charset=GB18030"
    pageEncoding="GB18030"%>
<!DOCTYPE html PUBLIC "-//W3C//DTD HTML 4.01 Transitional//EN"
                "http://www.w3.org/TR/html4/loose.dtd">
<html><head>
<meta http-equiv="Content-Type" content="text/html; charset=GB18030">
<title>page 对象示例</title></head>
<body>
<%! Object obj=null; %>
当前页面所在类: <%=page.getClass()%> <br>
当前页面的 hash 代码: <%=page.hashCode()%> <br>
```

转换成 String 类的对象：<%=page.toString()%>
页面对象比较 1: <%=page.equals(obj) %>
页面对象比较 2: <%=page.equals(this) %>
</body></html>

运行结果如图 4-13 所示。

图 4-13　调用 page 对象的方法

3. pageContext 对象

pageContext 对象代表页面上下文，用于访问 JSP 之间的共享数据，可以访问 page、request、session 和 application 等对象。pageContext 对象的主要方法如表 4-8 所示。

表 4-8　pageContext 对象的主要方法

方　法	功　能
int getAttributesScope(String name)	获取属性名为 name 的属性范围
Object getAttribute(String name,int scope)	获取指定范围的 name 属性值。范围参数有 4 个：PAGE_SCOPE、REQUEST_SCOPE、SESSION_SCOPE、APPLICATION_SCOPE
Enumeration getAttributeNamesInScope(int scope)	获取 scope 范围内的属性名
void setAttribute(String name, Object value, int scope)	设置指定范围的属性值
Object findAttribute(String name)	查找在所有范围中属性名为 name 的属性对象
void removeAttribute(String name, int scope)	移除范围 scope 内名为 name 的对象
forward(String relativeUrlPath)	将当前页面转发到另一个页面或 Servlet 组件上

【例 4-13】　利用 pageContext 对象获取不同范围的属性值。程序如下：
```
<%@ page language="java" contentType="text/html; charset=GB18030"
    pageEncoding="GB18030" import="java.util.*"%>
<!DOCTYPE html PUBLIC "-//W3C//DTD HTML 4.01 Transitional//EN"
                "http://www.w3.org/TR/html4/loose.dtd">
<html><head>
<meta http-equiv="Content-Type" content="text/html; charset=GB18030">
<title>pageContext 对象示例</title></head>
<body>
<% request.setAttribute("test","test of request scope");
    session.setAttribute("test","test of session scope");
    application.setAttribute("test","test of application scope");
%>
利用 pageContext 取出以下范围内各值：<br>
page 范围的值：<%=pageContext.getAttribute("test",pageContext.PAGE_SCOPE) %> <br>
request 范围的值：
<%=pageContext.getAttribute("test",pageContext.REQUEST_SCOPE) %> <br>
session 范围的值：
<%=pageContext.getAttribute("test",pageContext.SESSION_SCOPE) %> <br>
application 范围的值：
```

```
<%=pageContext.getAttribute("test",pageContext.APPLICATION_SCOPE) %> <hr>
利用 pageContext 修改或删除某个范围内的值:
<% pageContext.setAttribute("test","test of request scope is modified by pageContext",2); %>
修改 request 设定的值: <br>
<%=pageContext.getRequest().getAttribute("test") %> <br>
<% pageContext.removeAttribute("test"); %>
删除 session 设定的值: <%=session.getAttribute("test") %>
</body></html>
```

运行结果如图 4-14 所示。

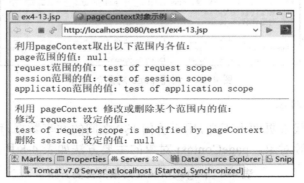

图 4-14　pageContext 对象获取属性值

pageContext 对象在实际 JSP 开发过程中很少使用,因为 request 和 response 等对象可以直接调用方法进行使用,而通过 pageContext 调用其他对象较为繁琐。

4. Config 对象

Config 对象表示 Servlet 的配置信息,其作用是访问 web.xml 中 Servlet 的配置信息。Config 对象的主要方法如表 4-9 所示。

表 4-9　Config 对象的主要方法

方　法	功　能
String getInitParameter(String name)	获取名为 name 的初始化参数值
Enumeration getInitParameterNames()	获取所有初始化参数的名称
ServletContext get ServletContext ()	获取 Servlet 的名称

【例 4-14】　利用 config 对象获取 web.xml 中 Servlet 的初始参数值。设配置文件如下。

```
<servlet>
    <servlet-name>jsp</servlet-name>
    <servlet-class>org.apache.jasper.servlet.JspServlet</servlet-class>
    <init-param>
        <param-name>fork</param-name>
        <param-value>false</param-value>
    </init-param>
    <init-param>
        <param-name>xpoweredBy</param-name>
        <param-value>false</param-value>
    </init-param>
</servlet>
```

程序如下:

```
<%@ page language="java" contentType="text/html; charset=GB18030"
```

```
        pageEncoding="GB18030" import="java.util.*"%>
<!DOCTYPE html PUBLIC "-//W3C//DTD HTML 4.01 Transitional//EN"
                "http://www.w3.org/TR/html4/loose.dtd">
<html><head>
<meta http-equiv="Content-Type" content="text/html; charset=GB18030">
<title>config示例</title></head>
<body>
<% Enumeration parameters = config.getInitParameterNames();
    while (parameters.hasMoreElements()) {
        String pname=(String)parameters.nextElement();
        out.print("<h2>"+pname+": "+config.getInitParameter(pname)+"<br></h2>");
    }
%>
</body></html>
```
运行结果如图 4-15 所示。

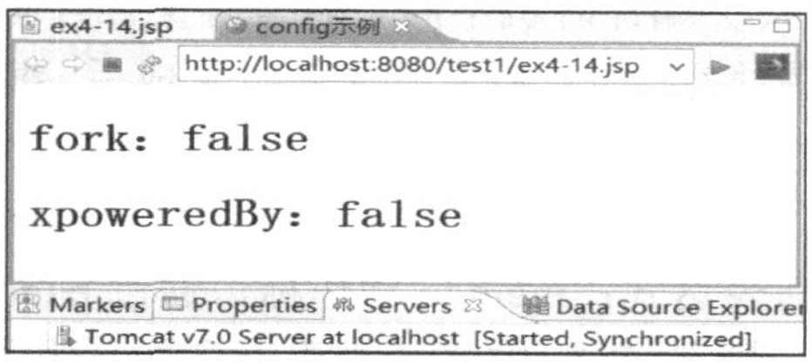

5. exception 对象

exception 对象用于处理 JSP 执行时发生的异常。注意：必须在产生异常的 JSP 页面的 page 指令中设置 errorPage="处理异常 JSP 文件名"，在处理异常的 JSP 文件的 page 指令中设置 isErrorPage="true"。

图 4-15 config 对象获取初始参数值

4.3 JSP 动作标识

JSP 动作标识是一种特殊标记，格式为<jsp:***>，用于控制 JSP 引擎的动作。JSP 有以下基本动作标识：
- jsp:include —在页面被请求时引入一个文件。
- jsp:forward —将请求转到一个新的页面。
- jsp:param —提供附加参数信息。
- jsp:useBean —创建或加载一个 JavaBean 实例。
- jsp:setProperty —设置 JavaBean 的属性。
- jsp:getProperty —获取 JavaBean 的属性。
- jsp:plugin —根据浏览器类型为 Java 插件生成 OBJECT 或 EMBED 标记。

以下简介常用的 include、forward 和 param 标识。其余请读者查阅相关技术资料。

4.3.1 include 动作标识

include 动作标识指定当前页面包含的其他文件，其主要用途是共享文件。例如，一个网站的多个页面有共同的 banner，那么可将 banner 设计为一个独立文件，各页面均用 include 动作标识将其包含进来即可。include 动作标识语法格式如下：

```
<jsp:include page="url" flush="true|false" />
```
或者
```
    <jsp:include page="url" flush="true|false">
        param 子标识<jsp:param>
    </jsp:include>
```

说明：

① page 指定包含的其他文件是相对路径名，可以是 HTML、JSP 或文本文件；被包含文件不能使用<html></html>和<body></body>标记。

② flush 为可选属性，说明是否刷新缓冲区。

③ param 子标识<jsp:param>用于向被包含的文件传递参数值。

例如，若 banner.jsp 为页面的 banner，网站多个 JSP 页面均使用该 banner，则在 JSP 页面中使用如下 include 动作标识即可包含该文件：

```
<jsp:include page="banner.jsp" flush="true " />
```

include 动作标识与 include 指令都可以指定包含文件，两者的主要区别如下：

① 编译时机不同。若包含文件含有 JSP 代码需要编译，include 指令在包含时也不会被编译执行，而是将所有文件组合成后，编译处理为一个 Java 文件，最后返回结果页面；include 动作标识的原理是将被包含的页面编译处理后，再将结果包含在页面中。

② 对属性表达式支持不同。include 指令通过 file 属性指定被包含的文件，该属性不支持任何表达式；include 动作标识通过 page 属性指定被包含的文件，该属性支持 JSP 表达式。

③ 对变量/方法能否重命名的要求不同。include 指令要求包含文件和被包含文件不能有重名的变量或方法，因为最终会合并为一个源文件；在应用<jsp:include>包含文件时，由于每个文件单独编译，因此允许文件间变量和方法使用相同名称。

4.3.2　forward 动作标识

forward 动作标识将请求转发到其他 Web 资源（HTML 页面、JSP 页面和 Servlet 等），执行该标识中指定的页面。语法格式如下：

```
<jsp: forward page="url" />
```

或者
```
<jsp: forward page="url" >    param 子标识<jsp:param>
</jsp: forward>
```

其中，page 指定目标页面；param 子标识用于向目标页面传递参数值。

【例 4-15】 用 forward 动作标识实现多个页面之间的跳转。显示登录窗口 ex4-15.html，输入用户名和密码后转向 ex4-15-1.jsp 页面进行验证，如果通过认证，则转入欢迎页面 ex4-15-2.jsp，如果没有通过认证，则转入登录窗口重新输入。

ex4-15.html 文件的内容如下：

```
<!DOCTYPE html PUBLIC "-//W3C//DTD HTML 4.01 Transitional//EN"
                 "http://www.w3.org/TR/html4/loose.dtd">
<html><head>
<meta http-equiv="Content-Type" content="text/html; charset=UTF-8">
<title>forward 动作标识--登录页</title></head>
<body>
<form action="ex4-15-1.jsp" method=post>
<br>输入用户名： <INPUT type="text" name="name" ><br><br>
输入密码： <INPUT type="password" name="pwd" ><br><br>
<INPUT type ="submit" value="登录" ></form>
</body></html>
```

ex4-15-1.jsp 文件的内容如下：

```
<%@ page language="java" contentType="text/html; charset=UTF-8"
    pageEncoding="UTF-8" %>
```

```
<!DOCTYPE html PUBLIC "-//W3C//DTD HTML 4.01 Transitional//EN"
                      "http://www.w3.org/TR/html4/loose.dtd">
<html><head>
<meta http-equiv="Content-Type" content="text/html; charset=UTF-8">
<title>forward 动作标识--验证输入</title></head>
<body>
<% String name = request.getParameter("name");
   String pwd = request.getParameter("pwd");
   if(name.equals("test") && pwd.equals("123")) {
%>
        <jsp:forward page="ex4-15-2.jsp"/>
<% }
   else {
%>
        <jsp:forward page="ex4-15.html"/>
<%
} %>
</body></html>
```

ex4-15-2.jsp 文件的内容如下：

```
<%@ page language="java" contentType="text/html; charset=GB18030"
    pageEncoding="GB18030"%>
<!DOCTYPE html PUBLIC "-//W3C//DTD HTML 4.01 Transitional//EN"
                      "http://www.w3.org/TR/html4/loose.dtd">
<html><head>
<meta http-equiv="Content-Type" content="text/html; charset=UTF-8">
<title>forward 动作标识示例--欢迎页</title></head>
<body>
<h1>登录成功</h1>
welcome! <%=request.getParameter("name") %>
</body></html>
```

运行结果如图 4-16 所示。

(a) 登录页面　　　　　　　　　　(b) 登录成功跳转到欢迎页

图 4-16　forward 动作标识实现多个页面跳转

读者可能注意到，response 对象的 sendredirect()方法也可以实现页面跳转，forward 动作标识与其有什么区别呢？主要区别如下：

① forward 动作标识是服务器直接访问目标地址 URL，将其内容发送给浏览器；sendredirect()方法是服务端发送一个状态码，让浏览器重新去请求 URL。

② forward 在页面之间可以共享 request 数据；sendredirect()方法则不能。

③ forward 是服务器内部的操作，只能在同一个 Web 应用程序内的资源之间转发请求；sendredirect()方法不仅可重定向到当前应用程序的其他资源，还可以重定向到同一站点上其

他应用程序中的资源，甚至重定向到其他站点的资源。

4.3.3 param 动作标识

param 动作标识与 include、forward、plugin 等标识配合使用，用于传递所需的参数。param 标识以"名字-值"对的形式为其他标识提供参数值，语法格式如下：

```
<jsp:param name="属性名" value="属性值" />
```

【例 4-16】 编写 ex4-16-1.jsp，计算累加和；编写 ex4-16-2.jsp，用 include 动作标识包含 ex4-16-1.jsp，并用 param 动作标识传入参数值 100，页面中显示 1～100 之和。

ex4-16-1.jsp 文件的内容如下：

```
<%@ page language="java" contentType="text/html; charset=GB18030"
    pageEncoding="GB18030"%>
<!DOCTYPE html PUBLIC "-//W3C//DTD HTML 4.01 Transitional//EN"
                      "http://www.w3.org/TR/html4/loose.dtd">
<html><head>
<meta http-equiv="Content-Type" content="text/html; charset=GB18030">
<title>param 对象示例</title></head>
<body>
<%  String nstr=request.getParameter("n");
    int n=Integer.parseInt(nstr);
    int sum=0;
    for(int i=1;i<=n;i++)
        sum=sum+i;
%>
<h2>1~<%=n %>之和为：<%=sum %></h2>
</body></html>
```

ex4-16-2.jsp 文件的内容如下：

```
<%@ page language="java" contentType="text/html; charset=GB18030"
    pageEncoding="GB18030"%>
<!DOCTYPE html PUBLIC "-//W3C//DTD HTML 4.01 Transitional//EN"
                      "http://www.w3.org/TR/html4/loose.dtd">
<html><head>
<meta http-equiv="Content-Type" content="text/html; charset=GB18030">
<title>param 动作标识示例</title></head>
<body><h1>加载 ex4-16-1.jsp 文件，执行结果：</h1>
<jsp:include page="ex4-16-1.jsp" >
<jsp:param value="100" name="n"/>
</jsp:include>
</body></html>
```

运行结果如图 4-17 所示。

图 4-17 param 动作标识传递参数值

4.4 Cookie 及其应用

4.2 节已经介绍过 session 对象，它是将客户连接信息保存于 Web 服务器端，以解决 HTTP 的无状态问题。Cookie 也可以解决该问题，是将相关信息保存于客户端（即浏览器）中。例 4-6 给出了利用 response 和 request 对象写入和读取 Cookie 的示例。本节将介绍 Cookie 的概念、JSP 操作 Cookie 的原理，并举例说明 Cookie 的应用。

Cookie 有时用其复数形式 Cookies，指 Web 服务器为了辨别用户身份、进行会话跟踪而存储在用户浏览器上的数据。Cookie 由 Web 服务器随网页发送到浏览器，存储在浏览器端计算机内存或磁盘指定路径下。Cookie 是文本文件，存放用户与服务器连接相关的参数，如用户 id、访问时间等。在 Cookie 有效期内，若用户再次访问服务器，浏览器会将相应的 Cookie 一起发送到服务器，服务器会依据 Cookie 的内容来判断用户信息，从而实现个性化服务。

JSP 操作 Cookie 主要包括创建 Cookie、发送 Cookie 和读取 Cookie。Web 服务器发送 Cookie 到浏览器，需要先创建一个 Cookie 对象，然后调用 resopnse 对象的 addCookie()方法将其加入到 HTTP Header，即可将 Cookie 发送到浏览器。JSP 调用 request.getCookies()则可从浏览器端读取 Cookie。

1. 创建 Cookie

JSP 创建 Cookie 的语法格式如下：
```
Cookie cookie =new Cookie("Name","Value");
```
其中，cookie 是创建的 Cookie，参数 Parameter 和 Value 分别是所创建的 Cookie 对象的名称和值。例如：
```
Cookie cookie =new Cookie("username","mary");        // 创建 Cookie
```

2. 发送 Cookie

response 对象中定义了 addCookie()方法，用于在其响应头中增加一个相应的 Set-Cookie 头字段，将定义的 Cookie 对象写入客户端浏览器（见表 4-3）。例如：
```
response.addCookie(cookie);                          // 发送 Cookie
```

3. 读取 Cookie

request 对象中定义了 getCookies()方法，返回 HTTP 请求头中的内容对应的 Cookie 对象数组。通过循环访问该数组的各元素，调用 getName 方法检查各 Cookie 的名称，直至找到目标 Cookie，然后对该 Cookie 调用 getValue 方法取得与指定名字关联的值。例如：
```
Cookie[] cookie = request.getCookies();              // 获取 Cookie 数组
if (cookie !=null) {
  for (int i=0;i<cookie.length;i++) {
    String cookie_name = cookie[i].getName();        // 获取 Cookie 名称
    if(cookie_name.equals("uaername")) {             // 为待取 Cookie 名称
      String cookie_value = cookie.getValue();       // 读取 Cookie 值
    }
  }
}
```

4. Cookie 对象的方法

Cookie 对象的主要方法如表 4-10 所示。

表 4-10 Cookie 对象的主要方法

方 法 名	功　　能
String getName()	返回 Cookie 的名称
String getValue()	返回 Cookie 的值
String getPath()	返回 Cookie 适用的路径
int getMaxAge()	返回 Cookie 最大生存时间，以秒为单位
String getDomain()	返回 cookie 中 Cookie 适用的域名
String getComment()	返回 cookie 中注释，如果没有注释将返回空值
boolean getSecure()	如果浏览器通过安全协议发送 cookies，返回 true；如果浏览器使用标准协议，则返回 false
int getVersion()	返回 Cookie 所遵从的协议版本
void setMaxAge(int expiry)	设置 Cookie 最大生存时间，以秒为单位
void setPath(String uri)	指定 Cookie 适用的路径
void setValue(String newValue)	cookie 创建后设置一个新值
void setComment(String purpose)	设置 cookie 中注释
void setDomain(String pattern)	设置 cookie 适用的域名

说明如下：

① Cookie 对象名称应按用途命名，不能包含逗号、分号和空格。

② 有关 Cookie 的生存期：setMaxAge()方法用于设置 Cookie 对象的有效期。若设置了该值且大于 0，则 Cookie 按指定的生存期保存在磁盘上，如 cookie.setMaxAge(14*24*60*60)设置 Cookie 生存期为 14 天；若设置该值为 0，则删除该 Cookie；若不设置该值，则采用生存期默认值-1，表示 Cookie 保存在内存中，当会话结束时失效。

③ Cookie 存储的数据量有限，不同的浏览器有不同的存储大小，一般不超过 4 KB，因此使用 Cookie 只能存储一些小量的数据。

④ 若用户浏览器禁止了 Cookie，则不能实现对 Cookie 的操作。

5. Cookie 示例

本示例使用 Cookie 记录用户访问同一网页的次数。程序中设置名为"visit_num"的 Cookie，其值用于记录用户访问页面的次数；每打开一次连接，值增加 1。程序如下：

```
<%@ page language="java" contentType="text/html; charset=GB18030"
    pageEncoding="GB18030" %>
<!DOCTYPE html PUBLIC "-//W3C//DTD HTML 4.01 Transitional//EN"
                "http://www.w3.org/TR/html4/loose.dtd">
<html><head>
<meta http-equiv="Content-Type" content="text/html; charset=GB18030">
<title>JSP 操作 Cookie 示例</title></head>
<body>
<%  int count=0;
    Cookie[] cookie=request.getCookies();          // 获取 Cookie 数组
    if(cookie!=null) {
        for(int i=0;i<cookie.length;i++) {         // 遍历 Cookie 数组并处理
            String name=cookie[i].getName();       // 获取当前 Cookie 名称
            // 若 cookie 名称为 visit_num 则将其值增 1 并再次发送
            if(name.equals("visit_num")) {
                String num=cookie[i].getValue();
                count=Integer.parseInt(num)+1;
                num=new Integer(count).toString();
                cookie[i].setValue(num);
```

```
                response.addCookie(cookie[i]);
                out.println("第"+num+"次访问网页");
            }
        }
    }
    if(count==0) {      // 第一次访问网页,创建 Cookie 并发送
        Cookie cookie_first = new Cookie("visit_num","1");
        cookie_first.setMaxAge(14*24*60*60);        // 设置 Cookie 生存期为 14 天
        response.addCookie(cookie_first);           // 发送 Cookie
        out.println("第 1 次访问网页,创建 Cookie");    // 网页显示
    }
%>
</body></html>
```

程序第 1 次运行结果如图 4-18(a)所示,第 10 次运行时结果如图 4-18(b)所示。

(a) 第 1 次运行结果   (b) 第 10 次运行结果

图 4-18 使用 Cookie 记录用户访问次数示例运行结果

4.5 应用示例:Web 聊天程序

【例 4-17】 利用 JSP 设计一个简单的 Web 聊天程序,其功能类似 QQ 的群聊。用户输入用户名登录,进入聊天页面,该页面可以发送并显示聊天信息;若用户已经登录,则不可重复登入;用户登录成功,在聊天内容窗口显示该用户上线。程序中用 application 对象保存聊天内容和全部登录用户名,用 session 对象保存用户登录信息,用 request 和 response 对象进行页面参数传递。本例共设计如下 6 个文件。

- ex4-17-login.jsp ——"用户登录"界面,显示用户名输入框。单击"登录"按钮,若该用户已登录,则会显示提示,否则提交 ex4-17-login.jsp 处理。
- ex4-17-loginpro.jsp ——"用户登录"处理程序,通过 application 对象判断用户是否登录。若已登录,通过 request 对象传回 ex4-17-login.jsp 页面显示;若未登录,将该用户信息加入 application 和 session 对象,并跳转到 ex4-17-page.jsp 主页面。
- ex4-17-page.jsp ——主页面,该页面由上、下两个 frame 构成,上方 frame 显示聊天内容,下方是用户信息发送窗口,分别加载 ex4-17-listmsg.jsp 和 ex4-17-sendmsg.jsp。
- ex4-17-listmsg.jsp ——从 application 对象中读取用户发送的消息,每隔 3 秒刷新。
- ex4-17-sendmsg.jspno.htm ——单击"发送"按钮,将文本框中的内容经过处理后加载到 application 对象的 msg 属性中。单击"退出"按钮,转入 ex4-17-logout.jsp。
- ex4-17-logout.jsp ——从 application 对象的 users 属性中移除该用户并注销其会话。

各文件的内容如下。

(1)文件 ex4-17-login.jsp

```
<%@ page language="java" contentType="text/html; charset=UTF-8" pageEncoding="UTF-8"%>
<!DOCTYPE html PUBLIC "-//W3C//DTD HTML 4.01 Transitional//EN"
```

```jsp
                    "http://www.w3.org/TR/html4/loose.dtd">
<html><head>
<meta http-equiv="Content-Type" content="text/html; charset=UTF-8">
<title>Web 聊天--登录页</title></head>
<body>
<%  String loginmsg = (String) request.getAttribute("loginmsg");
    if (loginmsg == null) { loginmsg = ""; }
%>
    <center><h2><%=loginmsg%></h2></center><br>
<form action="ex4-17-loginpro.jsp" method="post" name="logform">
    <center>用户名: <input type="text" name="usrname" ></center><br><br>
    <center><input type="submit" value="登录" ></center></form>
</body></html>
```

(2) 文件 ex4-17-loginpro.jsp

```jsp
<%@ page language="java" contentType="text/html; charset=GB18030"
    pageEncoding="GB18030" import="java.util.*"%>
<!DOCTYPE html PUBLIC "-//W3C//DTD HTML 4.01 Transitional//EN"
                    "http://www.w3.org/TR/html4/loose.dtd">
<html><head>
<meta http-equiv="Content-Type" content="text/html; charset=GB18030">
<title>Web 聊天--用户登录处理</title></head>
<body>
<%  request.setCharacterEncoding("UTF-8");
    String usrname = request.getParameter("usrname");    // 获取用户名
    if(usrname.trim().length() == 0) {                   // 判断用户名是否为空
        request.setAttribute("loginmsg", "请输入用户名");
        request.getRequestDispatcher("ex4-17-login.jsp").forward(request,response);
        return;
    }
    String users;
    if(application.getAttribute("users")==null)
        users="";
    else
        users=(String)application.getAttribute("users");
    if(users!="") {
        if(users.indexOf(usrname)==-1) {//当前已登录用户不包含 usrname
            users=users+','+usrname;        //将当前用户加入在线用户中
            application.setAttribute("users", users);
        }
        else {
            request.setAttribute("loginmsg", "用户"+usrname+"已登录,请输入其他用户名");
            request.getRequestDispatcher("ex4-17-login.jsp").forward(request,response);
            return;
        }
    }
    else
        application.setAttribute("users", usrname);
    session.setAttribute("user", usrname);
    response.sendRedirect("ex4-17-page.jsp");
%>
```

```
</body></html>
```

（3）文件 ex4-17-page.jsp
```jsp
<%@ page language="java" contentType="text/html; charset=GB18030"
    pageEncoding="GB18030"%>
<!DOCTYPE html PUBLIC "-//W3C//DTD HTML 4.01 Transitional//EN"
                    "http://www.w3.org/TR/html4/loose.dtd">
<html><head>
<meta http-equiv="Content-Type" content="text/html; charset=GB18030">
<title>Web 聊天---主页</title></head>
<frameset rows="70%,*">
    <frame src="ex4-17-listmsg.jsp">
    <frame src="ex4-17-sendmsg.jsp">
</frameset></html>
```

（4）文件 ex4-17-listmsg.jsp
```jsp
<%@ page language="java" contentType="text/html; charset=GB18030"
    pageEncoding="UTF-8" import="java.util.*"%>
<!DOCTYPE html PUBLIC "-//W3C//DTD HTML 4.01 Transitional//EN"
                    "http://www.w3.org/TR/html4/loose.dtd">
<html><head>
<meta http-equiv="Content-Type" content="text/html; charset=GB18030">
<title>Web 聊天--显示聊天内容</title></head>
<body>
<%
    response.setHeader("refresh", "3");
    String msgs = (String) application.getAttribute("msgs");
    if(application.getAttribute("msgs")==null)
        out.print("聊天程序启动");
    else
        out.print(msgs);
%>
</body></html>
```

（5）文件 ex4-17-sendmsg.jsp
```jsp
<%@ page language="java" contentType="text/html; charset=UTF-8" pageEncoding="UTF-8"
    import="java.util.*,java.util.Date,java.text.SimpleDateFormat"%>
<!DOCTYPE html PUBLIC "-//W3C//DTD HTML 4.01 Transitional//EN"
                    "http://www.w3.org/TR/html4/loose.dtd">
<html><head>
<meta http-equiv="Content-Type" content="text/html; charset=UTF-8">
<title>Web 聊天--消息发送窗口</title></head>
<body>
<form action="" method="post"><%=session.getAttribute("user")%>，发言：
    <input type="text" name="message" size="40" ><br><br>
    <input type="submit" value="发言" >
    <input type="button" value="退出" onClick="parent.location.href='ex4-17-logout.jsp'">
</form>
<%
    String msgs=(String)application.getAttribute("msgs");   // 获取全部消息
    String user=(String)session.getAttribute("user");       // 获取当前用户
    SimpleDateFormat df=new SimpleDateFormat("yyyy-MM-dd HH:mm:ss");
    String s=df.format(new Date());
```

```
            request.setCharacterEncoding("UTF-8");
            String message = request.getParameter("message");  // 获取当前用户发送的消息
            if(application.getAttribute("msgs")!=null) {       // 已有用户发消息
                if(request.getParameter("message")==null)      // 当前用户刚上线尚未发消息
                    msgs=msgs+"<br>"+user+"上线（ "+s+")";     // 提示该用户上线
                else
                    msgs=msgs+"<br>"+user+ "说: "+message+ " ("+s+")";//显示该用户的消息
            }
            else {                                             // 尚未有用户发消息
                if(request.getParameter("message")==null)      // 当前用户刚上线尚未发消息
                    msgs=user+":上线（ "+s+")";
                else
                    msgs="<br>";
            }
            application.setAttribute("msgs", msgs);            // 更新消息内容
        %>
    </body></html>
```

（6）文件 ex4-17-logout.jsp

```
<%@ page language="java" contentType="text/html; charset=GB18030"
    pageEncoding="GB18030" import="java.util.*"%>
<!DOCTYPE html PUBLIC "-//W3C//DTD HTML 4.01 Transitional//EN"
                     "http://www.w3.org/TR/html4/loose.dtd">
<html><head>
<meta http-equiv="Content-Type" content="text/html; charset=GB18030">
<title>Web 聊天--用户登出</title></head>
<body>
<%
    String users = (String)application.getAttribute("users");
    String username = (String) session.getAttribute("user");
    String s[] = users.split(",");
    String newusers="";                              // 保存移除当前用户后的全部用户
    // 从 application 对象 users 属性中移除当前用户
    if(!s[0].equals(username))
         newusers=s[0];
    for(int i=1;i<s.length;i++) {
        if(!s[i].equals(username)) {
            if(newusers!="")
                newusers=newusers+","+s[i];
            else
                newusers=s[i];
        }
    }
    application.setAttribute("users", newusers);
    session.invalidate();                            // 注销当前用户会话
%>
<jsp:forward page="ex4-17-login.jsp"/>
</body></html>
```

程序运行时，先显示登录界面，如图 4-19(a)所示；若该用户已登录，则会给出提示信息，并要求重新输入用户名，如图 4-19(b)所示；用户输入登录名后，进入主页面，如图 4-19(c)所示；用户发送信息后，会在消息窗口显示，如图 4-19(d)所示。

(a) 登录页

(b) 对重复登录的验证

(c) 主页面

(d) 显示用户发送的消息

图 4-19 Web 聊天程序示例

本章小结

本章介绍了 JSP 基本语法、JSP 内置对象和 JSP 动作标识。JSP 基本语法包括 JSP 页面结构、指令和脚本标识。JSP 内置对象是由容器实现和管理的，不需要预先声明即可在程序段和表达式中使用，其中 request、response、session 和 application 是最常用的内置对象。JSP 动作标识用于控制 JSP 引擎的动作，包括包含、转发和指定参数等。通过本章的学习，读者应掌握 JSP 的基本编程方法。

习 题 4

4.1 简述 JSP 的特点。
4.2 JSP 页面由哪些部分构成？
4.3 JSP 指令的作用是什么？常用指令有哪几个？
4.4 JSP 脚本标识的作用是什么？包括哪几部分？
4.5 JSP 的注释有哪几种形式？
4.6 JSP 内置对象的特点是什么？JSP 提供了哪些内置对象？
4.7 JSP 动作标识的作用是什么？有哪几个动作标识？
4.8 使用 JSP 内置对象设计一个页面访问计数器。
4.9 编写 JSP 程序，根据当前时间，输出相应的提示：凌晨（0~6 点），上午（6~11 点），中午（11~13 点），下午（13~18 点），晚间（18~24 点）。
4.10 编写 JSP 程序，实现用户注册，将注册信息保存在 application 对象中。
4.11 编写 JSP 程序，统计当前在线用户数，并显示所有在线用户名。
4.12 编写 JSP 程序实现猜数游戏，系统随机产生一个 1~100 的整数，用户输入自己的猜数，程序给出是否正确的判断，若不正确则给出大于或小于正确答案的提示。

4.13 Cookie 的作用是什么？试比较 Cookie 和 Session 对象。

上机实验 4

4.1 在 Eclipse 开发环境中创建简单 JSP 程序。

【目的】

（1）熟悉 JSP 开发环境。

（2）掌握在 Eclipse 开发环境中创建 JSP 程序的过程。

【内容】

查阅资料掌握 JDK、Tomcat 和 Eclipse 的安装过程；编写可以显示如图 4-20 所示页面的 JSP 程序，并在 Eclipse 中编辑、调试和运行。

图 4-20 简单 JSP 程序运行效果

【步骤】

<1> 打开 Eclipse 开发环境。

<2> 在 Eclipse 菜单中选择"File→New→Other"，在弹出的对话框中选择"Web→Dynamic Web Project"，项目命名为 test1，单击"Next"进入下一步。

<3> 在 test1 项目的 WebContent 文件夹下创建文件 exp4-1.jsp，并输入代码，如图 4-21 所示。单击运行按钮，即可获得图 4-20 所示的结果。

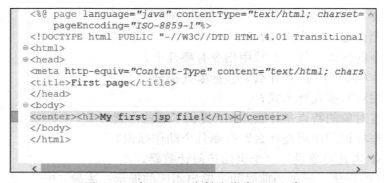

图 4-21 在 Eclipse 中创建简单 JSP 程序

4.2 计算 10!并在 JSP 网页中显示结果。

【目的】

（1）掌握将 JSP 元素插入 HTML 文件的方法。

（2）掌握 JSP 基本语法。

【内容】

编写 JSP 程序，在网页中显示 10!的结果。

【步骤】

<1> 打开 Eclipse 开发环境。

<2> 在 test1 项目的 WebContent 文件夹下创建文件 exp4-2.jsp，输入能够计算 10!并在网页中显示的 JSP 程序源代码。

<3> 运行 exp4-2.jsp 程序，在 Eclipse 内置浏览器中查看结果。

4.3 获取 Web 服务器参数。

【目的】

（1）掌握 JSP 基本语法。

（2）掌握 JSP 内置对象 request 的常用方法。

【内容】

编写 JSP 程序，获取 Web 服务器参数并在网页中显示。

【步骤】

<1> 打开 Eclipse 开发环境。

<2> 在 test1 项目的 WebContent 文件夹下创建文件 exp4-3.jsp，输入能够获取 Web 服务器参数并显示如图 4-22 所示网页的 JSP 程序源代码。

图 4-22 获取 Web 服务器参数

<3> 运行 exp4-3.jsp 程序，在 Eclipse 内置浏览器中查看结果。

4.4 用 JSP 实现 Web 聊天室。

【目的】

（1）掌握 JSP 基本语法和内置对象。

（2）掌握 JSP 内置对象的综合应用。

【内容】

在例 4-17 的基础上完成所有的程序，并进行测试。

【步骤】

<1> 打开 Eclipse 开发环境。

<2> 在 test1 项目的 WebContent 文件夹下创建 Web 聊天室系统的各 JSP 文件，输入相应的 JSP 程序源代码。

<3> 运行程序，在 Eclipse 内置浏览器中查看结果。

第5章 Servlet 与 JavaBean

Web 服务器端程序的开发是扩展 Web 应用功能的重要技术，Servlet 是一个标准的服务器端程序 Java 类，可以处理包括 Web 在内的不同客户端的请求，因此可以增强 Web 服务器的处理能力。JavaBean 是一种组件技术，提供了一组实现特定功能的 Java 类，通过复用，可以快速构造一个新的应用程序。本章将介绍 Servlet 和 JavaBean 的相关概念和应用。

5.1 Servlet 简介

Servlet 是服务器端的 Java 程序，符合一般 Java 类的规则。同时，Servlet API 提供了大量方法供 Servlet 调用，以处理来自浏览器的 HTTP 请求，加强服务器端的处理能力，提升和增强 Web 应用系统功能。Servlet 必须在编译后方可执行。

JSP 本质上就是一个 Servlet，是以页面形式展现的 Servlet。其目的是便于程序员在需要开发复杂页面布局和效果时，采用页面布局来提高开发的效率和质量。编译后的 JSP 即为一个 Servlet 程序。因此，如果服务器端处理注重的是业务逻辑，宜采用 Servlet，如果注重页面布局或显示效果，则可采用 JSP。

一个 Servlet 程序的创建实际上是继承一个 Servlet API 提供的 HttpServlet 类，并根据需要重写对 HTTP 请求响应处理的方法。

【例 5-1】 简单的 Servlet 程序。

```java
// 引入必要的 Servlet API 包
package javaServletDemo;
import java.io.IOException;
import javax.servlet.ServletException;
import javax.servlet.http.HttpServlet;
import javax.servlet.http.HttpServletRequest;
import javax.servlet.http.HttpServletResponse;
// 定义一个 HttpServlet 类
public class myServlet extends HttpServlet {
// 重写 doGet()方法
  protected void doGet(HttpServletRequest request,
      HttpServletResponse response) throws ServletException, IOException {
    response.getWriter().append("Hi, this is my first Servlet!");
  }
  // 重写 doPost()方法
  protected void doPost(HttpServletRequest request,
      HttpServletResponse response) throws ServletException, IOException {
    doGet(request, response);
  }
}
```

例 5-1 是一个典型的 Java 程序，程序中的 import javax.servlet.xxxxx 语句为 Servlet 程序中需要使用 API 接口，在 5.3 节阐述。myServlet 即创建的 Servlet 程序类，public class myServlet extends HttpServlet 说明是 HttpServlet 的子类。该程序重写了 doGet( )方法和 doPost( )方法，doGet( )方法回送页面字符串 "Hi, this is my first servlet!"。doGet( )方法和 doPost( )方法是 servlet 对 HTTP 请求的响应方法，也将在后续章节详述。

5.2 Servlet 的运行和配置

5.2.1 Servlet 的生命周期

Servlet 是与平台无关的服务器端组件，是 javax.servlet 包中的 HttpServlet 类的子类，运行在 Servlet 容器中，由服务器完成该子类的创建和初始化。HttpServlet 的 init()、service()、destroy()方法用以完成 Servlet 生命周期活动。

Servlet 的生命周期从初始化一个 Servlet 对象开始到撤销对象终止，包括一系列方法的调用执行，如图 5-1 所示。初始化方法 init()创建一个 Servlet 对象；service()方法响应处理客户的请求；destroy()方法结束 Servlet 对象的生命周期。

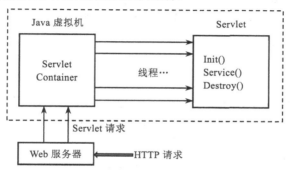

图 5-1 Servlet 生命周期

用户通过浏览器发出 HTTP 请求 Web 服务器服务，当 Web 服务器需要 Servlet 程序运行时，加载创建一个 Servlet 实例。Servlet 容器调用 Servlet 的 init()方法进行 Servlet 的初始化，此后容器调用 Servlet 的 service()方法，并将 HttpServletRequest 和 HttpServletResponse 两个参数对象传送给该方法。service()方法依据请求类型调用 Servlet 相应的 doXXX 处理程序进行处理，并将处理结果返回给容器，容器再将结果返回给 Web 客户端。其中，XXX 对应的是 HTTP 请求类型。当 Servlet 容器关闭时，调用 destroy()方法撤销 Servlet 实例。

1. init()方法

Servlet 的 init()方法在该 Servlet 首次被客户请求加载时被调用一次，完成 Servlet 的初始化工作。当客户再次请求该 Servlet 服务时，不用再执行 init()，Servlet 容器将启动一个新的线程调用 service()方法来响应客户的请求。

每个 Servlet 程序都有语句 public class myServlet extends HttpServlet，这表明用户创建的是 Servlet API 提供的 HttpServlet 类的子类。init()方法是 servlet 对象固有的初始化服务方法，用户可以不用重写，Servlet 容器加载 Servlet 时自动执行。当用户需要进行自己的初始化工作时，可以在 Servlet 程序中重写，如：

```
public void init(servletConfig config) throws servletException {
    super.init(config);              // 调用父类初始化方法
    ...                              // 初始化开始
    ...
}
```

ServletConfig 对象是 Servlet 配置参数对象，可以帮助获取 Servlet 的配置参数，如 Servlet 的名称、访问路径、入口参数等。Servlet 的配置将在 5.2.2 节中阐述。

注意：重写了 Servlet 的 init()方法后，一定要记得调用父类的 init()方法，否则运行时会出现 NullPointerException 错误。

2. service()方法

service()方法是 HttpServlet 的固有方法，用来响应处理客户的 HTTP 请求。service()方法是 Servlet 的核心，可以被多次调用。每当客户端请求一个 Servlet 程序服务（访问一个 HttpServlet 对象），该 Servlet 的 service()方法就被调用。

默认的 service()方法功能是调用与 HTTP 请求类型相应的 doXXX 方法，XXX 对应某类请求。例如，如果 HTTP 请求方式为 GET，则默认情况下调用 doGet()方法。do 系列的方法包括 doGet()、doPost()、doHead()、doPut()、doTrace()、doDelete()和 doOptions()等。

service()方法可以在 Servlet 中直接继承或重写，语句形式为：

```
public void service(HttpServletRequest request, HttpServletResponse response)
                    throw ServletException, IOException {
    ...
}
```

一般来说，HttpServlet.service()方法会自动进行适当的请求服务处理调用，不必进行重写，而其调用的 doXXX 方法需要程序员根据自己的处理要求进行重写，以满足需要的功能。如 Servlet 需要根据请求检索某个数据库表并显示检索结果，如果请求检索的条件参数是采用 GET 方式传递，则重写 doGet()方法代码实现检索功能。

HTTP 请求被封装成一个 HttpServletRequest 对象。请求信息包括请求参数、提交的数据、客户端的 IP 地址、操作系统、认证信息等。Servlet 引擎将 HttpServletResponse 和 HttpServletRequest 两个类型的参数对象传送给 service()方法，HttpServletRequest 类型的参数对象封装了用户的请求信息，而 HttpServletResponse 对象用来响应用户的请求。

3. destroy()方法

当 Servlet 引擎终止服务时，destroy()方法会结束 Servlet 对象的生命周期，撤销对象。destroy()方法可以在 Servlet 中直接继承，一般不需重写。

【例 5-2】 包含 init()、请求服务和 destroy()生命周期的 Servlet 示例。

```
import javax.servlet.ServletException;
import javax.servlet.http.HttpServlet;
import javax.servlet.http.HttpServletRequest;
import javax.servlet.http.HttpServletResponse;
import java.io.IOException;
public class ServTest extends HttpServlet {
    // 重写初始化方法
    public void init (ServletConfig config) throws servletException {
        super.init(config);
        this.config = config;                    // 获取 Servlet 配置对象
```

```
    }
    // 重写 doGet()方法，处理 GET 模式传递的数据请求
    protected void doGet(HttpServletRequest request, HttpServletResponse response)
                        throws ServletException, IOException {
        // 获取 Servlet 配置中指定的初始化参数 startFlag 并显示
        String paramStart = this.config.getInitParameter("startFlag");
        response.getWriter().print(paramStart);
        // 获取通过 GET 方式传递给本 Servlet 的变量 userName 的值
        String userName = request.getParameter("userName");
        System.out.println(userName);
    }
    // 处理 POST 方式传递的数据请求
    protected void doPost(HttpServletRequest request, HttpServletResponse response)
                 throws ServletException, IOException {      // 处理 POST 请求
        doGet(request, response);
    }
    // 撤销 Servlet
    public void destroy() {}
}
```

本例包含了一个 Servlet 对象生命周期初始化服务 init()、service()调用的处理 GET 数据和 POST 数据请求的 doGet()和 doPost()方法，以及结束 Servlet 对象生命周期的 destroy()方法。在 init()方法中获取本 Servlet 的配置；当有 GET 方式的数据请求时，在 doGet()方法中获取和显示 Servlet 配置的初始化参数 startFlag 的值，获取 userName 变量的值并显示。当有 POST 方式的数据请求时，doPost()方法的处理同 doGet()方法。

有关 Servlet 配置和 GET、POST 概念参见后续章节。

5.2.2 Servlet 配置

要实现一个 Servlet 的运行，首先用 Java 编译器将 Servlet 文件编译为 Java 类文件（class），然后对 Servlet 进行配置。配置的目的是将 class 文件注册到 Servlet 容器中，设置 Servlet 容器对该 Servlet 的调用路径。Servlet 3.0 版本前只能采用 web.xml 文件进行配置，3.0 以后的版本还提供了利用注解来配置 Servlet。Servlet 的配置信息可以通过 servletConfig 对象进行访问，见例 5-2。

1. 采用 web.xml 文件配置 Servlet

开发者创建的工程目录下的 web.xml 文件，可用于对 Servlet 进行配置。Servlet 最基本配置文件需要包含如下元素：

```
<servlet>
    <servlet-name>Servlet 名（要创建的 Servlet 名称，自定义）</servlet-name>
    <servlet-class>Servlet 类的路径（类的全名：包名+简单类名）</servlet-class>
</servlet>
<servlet-mapping>
    <servlet-name>Servlet 名（与前 Servlet 名相同）</servlet-name>
    <url-pattern>/URL 名（访问 Servlet 的 URL 名称，自定义）</url-pattern>
</servlet-mapping>
```

在文件代码中，<servlet>…</servlet>配置 Servlet 名和完整路径信息，<servlet-name>可以自定义，一般应具有一定意义，<servlet-class>…</servlet-class>配置 Servlet 容器能找到该程序类的包含包名的全路径。<servlet-mapping>…</servlet-mapping>配置 Servlet 的 URL 访问路

径映射信息。其中，<servlet-name>对应的是前面<servlet>… </servlet>配置的 Servlet 名，<url-pattern>是该 Servlet 对应的访问路径名称，是访问 Servlet 时在浏览器地址栏后输入名，通常应具有明确的含义。

例如，<url-pattern>给出访问路径名称是"/testServlet"，则地址栏中应输入 http://localhost/Demo/testServlet，其中 localhost/Demo 为该 Servlet 所属 Web 应用的 URL 地址。注意，映射路径名称设置中必须有"/"，否则会产生错误。

上述配置只是最简单的配置，保证在 Servlet 与访问路径名之间建立了映射关系。除此之外，Web.xml 还包含了其他有关 Servlet 的配置元素，用于 Servlet 加载顺序、初始化参数、JSP 页面等参数的配置。下面以例 5-3 说明常用的配置项。

【例 5-3】 采用 web.xml 对 Servlet 进行配置的示例。

```xml
<servlet>
    <servlet-name>demoServlet</servlet-name>        // 配置一个 Servlet 名为 demoServlet
    <servlet-class>com.demoServlet</servlet-class>
    <jsp-file>test.jsp</jsp-file>                    // 指定要访问的 JSP 网页
    <load-on-startup> 1 </load-on-startup>           // 指定 demoServlet 的加载顺序
    <init-param>
        <param-name>initNumber</param-name>          // 指定 demoServlet 加载时的初始参数名
        <param-value>20</param-value>                // 指定 demoServlet 加载时的初始参数值
    </init-param>
    <run-as>
        <description>a demo </description>           // demoServlet 的描述信息
        <role-name>tomcat</role-name>
    </run-as>
</servlet>
<servlet-mapping>
    <servlet-name> demoServlet </servlet-name>
    <url-pattern>/ demoServlet </url-pattern>        // 配置 demoServlet 的 URL 访问名
</servlet-mapping>
<servlet>
    <servlet-name>myServlet </servlet-name>          // 配置一个 Servlet 名为 myServlet
    <servlet-class>com.myservlet</servlet-class>
    <load-on-startup> 4 </load-on-startup>           // 指定 myServlet 加载顺序
</servlet>
<servlet-mapping>
    <servlet-name> myServlet </servlet-name>
    <url-pattern>/ myServlet </url-pattern>          // 配置 myServlet 的 URL 访问名
</servlet-mapping>
```

本例对 demoServlet 和 myServlet 两个 Servlet 进行了配置，定义了它们与访问路径的映射关系；设置了 demoServlet 加载时的初始参数值；设置了两个 Servlet 的加载顺序。

<init-param>…</init-param>用来定义 Servlet 加载时初始参数，可有多个 init-param。这些初始参数可在 Servlet 加载后通过 config.getInitParameter()获取使用，见例 5-2。

<load-on-startup>…</load-on-startup>设置 Web 应用加载 Servlet 的次序。当值为正数或零时，Servlet 容器根据数值从小到大依次加载 Servlet；当值为负或未定义时，Servlet 容器在 Web 客户端首次访问该 Servlet 时加载。

2. 采用注解配置 Servlet

Servlet 3.0 以后版本支持开发 Servlet 时用注解配置，即在 Servlet 文件中加注解予以配置，默认不生成 XML 配置文件。使用注解配置可以更直观地看到 Servlet 的配置参数。

注解配置形式为：

  @WebServlet(配置项 1，配置项 2，…)

括号中的配置项对应 web.xml 中的各项。

【例 5-4】 用注解配置方法配置一个 myServlet 类，且加载次序为 1，有一个值为 "jack" 的初始变量 username。代码形式为：

```
@WebServlet(
    name = "myServlet",
    urlPatterns = {"myServlet"},
    loadOnStartup = 1,
    initParams = {@WebInitParam(name = "username", value = "Jack")}
)
```

这段注解代码等价于下列 web.xml 中的配置代码：

```
<servlet>
    <servlet-name>myServlet </servlet-name>
    <servlet-class>com.myservlet</servlet-class>
    <load-on-startup> 1 </load-on-startup>
    <init-param>
        <param-name>username</param-name>
        <param-value>jack</param-value>
    </init-param>
</servlet>
<servlet-mapping>
<servlet-name> myServlet </servlet-name>
    <url-pattern>/ myServlet </url-pattern>
</servlet-mapping>
```

有关配置注解请参考相关资料，在此不再详述。

5.3 Servlet API

  Servlet API 提供用于管理 Servlet 运行、创建 Web 系统、响应 HTTP 请求的类和接口，以有效、便捷地开发 Web 应用系统服务器端程序。API 主要包含 Servlet 接口、GenericServlet 类、HttpServlet 类、ServletConfig 接口、HttpServletRequest 接口和 HttpServletResponse 接口。这些类和接口的关系如图 5-2 所示。Servlet 是一个抽象的接口，GenericServlet 实现了 Servlet 接口、ServletConfig 接口和 Serializable 接口；HttpServlet 类是 GenericServlet 的子类，依赖 HttpServletRequest 和 HttpServletResponse 两个参数接口，从而能响应 HTTP 请求。

5.3.1 Servlet 接口

  Servlet API 是由 javax.servlet 包提供的一组类和接口。Servlet 接口是所有 Java Servlet 的基础接口，定义了一个抽象的接口框架。表 5-1 列出了 Servlet 接口类的方法和描述。

  Servlet 接口是一个抽象接口类，并未实现这些接口，如果利用 Servlet 接口来创建自己的 Servlet 类，则需要实现 Servlet 接口中定义的 5 个方法。显然对开发者来说比较麻烦，因此，javax.servlet 提供了 GenericServlet 抽象类，实现了 Servlet 接口和 ServletConfig 接口。

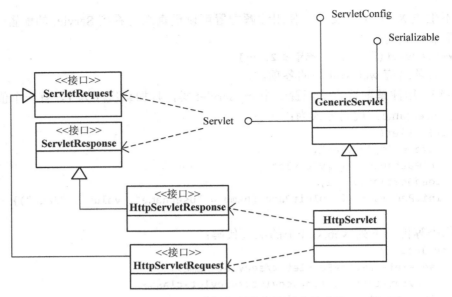

图 5-2 Servlet API 包中类与接口的关系

表 5-1 javax.sevlet.servlet 接口类的方法

方 法	描 述
void destory()	Servlet 容器调用该方法结束 Servlet 对象的生命周期
servletConfig getServletConfig()	返回值为 servletConfig 对象，用于获取 Servlet 配置参数（web.xml 中的配置参数）
string getServletInfo()	返回 Servlet 的基本信息，如 Servlet 版本号、作者等
void init(ServletConfig config)	Servlet 首次加载时进行初始化工作
void service(ServletRequest req, ServletResponse res)	由 Servlet 容器调用该方法响应 Web 请求，其中 ServletRequest 对象封装了请求信息，ServletResponse 则是处理服务器端向客户端传递信息的对象

5.3.2 ServletConfig 接口

ServletConfig 接口也由 javax.servlet 包提供，接口定义了 4 个方法用于提供对 Servlet 配置的访问，如表 5-2 所示。其中，getInitParameter()方法用于 Servlet 初始化时获取<init-param>中定义的初始参数。由于 Servlet 首次加载时会调用 init()方法，因此一些初始参数借此方法进行传递，如指定该 Servlet 欲连接的数据库名等。

表 5-2 javax.sevlet.servletConfig 接口类定义的方法

方 法	描 述
string getInitParameter(string para())	根据参数变量名返回 servlet 配置中的初始化参数值
public Enumeration getInitParameterNames()	返回所有初始化参数的变量名
servletContext getServletContext()	返回 ServletContext 对象
string getServletName()	返回所配置的 Servlet 名

同样，ServletConfig 接口也是抽象接口，未定义具体实现。

5.3.3 GenericServlet 类

GenericServlet 类包含在 javax.servlet 包中，定义了通用的、不依赖于具体协议的 Servlet，实现了除 service()方法外的 Servlet 接口的其他 4 个方法。因此，通过继承 GenericServlet 来编写 Servlet 类，只需实现 service()方法即可。GenericServlet 类使编写 Servlet 变得更容易，还实现了 ServletConfig 接口。表 5-3 列出了 GenericServlet 类的方法。

表 5-3 javax.sevlet.GenericServlet 类的方法

方 法	描 述
void destory()	Servlet 容器调用该方法结束 Servlet 服务
String getInitParameter(String name)	返回一个包含初始化变量的值的字符串，如果变量不存在，则返回 null，该方法从 Servlet 的 ServletConfig 变量获得命名变量的值
Enumeration getInitParameterNames()	返回一个包含所有初始化变量的枚举函数。如果没有初始化变量，则返回一个空枚举函数
ServletConfig getServletConfig()	返回 Servlet 的 ServletConfig 对象
String getServletInfo()	返回关于 Servlet 的信息如版本号、版权、作者等
void init(ServletConfig config)	Servlet 容器用该方法初始化 Servlet
void init()	不带参的初始化方法，会重载 Servlet.init(ServletConfig config)方法而不需调用 super.init(config)
void log(String msg)	将运行记录写入日志文件，日志文件名一般为 Web 程序的 Servlet 名
void log(String message, java.lang.Throwable t)	向 Web 容器和 log 目录写入运行记录和运行错误信息
abstract void service(ServletRequest req, ServletResponse res)	由 Servlet 容器调用，以允许 Servlet 对请求进行响应

可以看出，GenericServlet 实现了 Servlet 接口和 ServletConfig 接口的方法（service()方法除外），还提供了日志写入方法。

但 GenericServlet 并非为响应 Web 客户端的 HTTP 方法而特别设计，它不解析来自 Web 客户端的 HTTP 请求内容，不会根据 HTTP 请求的内容调用相应的服务方法。例如，代码

```
public class myGeServlet extends GenericServlet{}
```

仅定义了一个普通的、不依赖于 HTTP 的 Servlet。

如果采用 GenericServlet 类开发 Web 应用系统，因为其没有响应 HTTP 请求的方法，使得开发较困难。因此，若编写用于响应 Web HTTP 请求的 Servlet，则需创建 HpptServlet 类。

5.3.4 HttpServlet 类

从图 5-2 可以看出，HttpServlet 类是 GenericServlet 的子类，是面向 HTTP 的 Servlet API，开发者通过继承 HttpServlet 类可以方便地生成 Web 服务器端的 Servlet 程序。因此在 Web 开发中，一般通过继承 HttpServlet 类来创建服务器端 Servlet，而不是继承 GenericServlet 类。

Web 客户端（浏览器）和服务器端间的数据通信遵从 HTTP，浏览器到服务器端的信息即为请求，服务器回送给浏览器的信息称为响应。HTTP 的请求数据有 OPTIONS、GET、HEAD、POST、PUT、DELETE、TRACE 等请求类型，HttpServlet 类提供支持 HTTP、处理上述 HTTP 请求的 doGet()、doPost()、doPut()、doDelete()、init()、destroy()、getServletInfo() 等方法。HttpServlet 类提供了解析 HTTP 内容并根据不同的请求类型调用相应的 doXXX 方法的功能，程序员需要根据程序的需要重写相应的方法。表 5-4 列出了 HttpServlet 类的方法。

当构建一个 HttpServlet 子类时，一般需要重新编码上述某个 doXXX()方法，分别处理不同的 HTTP 请求。Servlet 的 services()方法根据每个 HTTP 请求类型调用相应的 doXXX()方法来处理请求。

下列代码声明了一个 HttpServlet 子类并重写了 doGet()方法，用来处理 HTTP GET 请求。

```
// 创建一个 HttpServlet 类
public class myServlet extends HttpServlet{
```

表 5-4 javax.sevlet.HttpServlet 类的方法

方 法	描 述
void doGet(HttpServletRequest req, HttpServletResponse res)	被调用响应一个 HTTP GET 请求，即附加在 URL 后的参数请求。开发者应依据程序需要重写该方法
void doPost(HttpServletRequest req,HttpServletResponse res)	被调用响应一个 HTTP POST 请求，即隐式传递参数的请求。开发者应依据程序需要重写该方法
long getLastModified(HttpServletRequest req)	返回 HttpServletRequest 最近一次被修改的时间如果时间未知，则返回一个否定的默认值（-1）
void doHead(HttpServletRequest req,HttpServletResponse res)	被调用响应一个 HTTP HEAD 请求
void doPut(HttpServletRequest req,HttpServletResponse res)	被调用响应一个 HTTP PUT 请求。PUT 操作允许将文件放置到服务器
void doDelete(HttpServletRequest req,HttpServletResponse res)	被调用响应一个 HTTP DELETE 请求。DELETE 操作允许从服务器中删除一个文档或网页
void doOptions(HttpServletRequest req,HttpServletResponse res)	被调用响应一个 HTTP OPTIONS 请求
void doTrace(HttpServletRequest req,HttpServletResponse res)	被调用响应一个 HTTP TRACE 请求，主要用于程序调试

```java
public class myServlet extends HttpServlet{
    // 重写 doGet 方法
    protected void doGet(HttpServletRequest request, HttpServletResponse response)
                                       throws ServletException, IOException {
        System.out.print("do get!");
    }
}
```

5.4 Servlet 编程

5.4.1 Servlet 的基本结构

通常，Servlet 程序是一个 HttpServlet 类，具有 doGet()、doPost()等系列方法，应根据 HTTP 的请求类型重写 doXXX()方法代码，以满足应用程序的需要。

从表 5-4 可以看出，doGet()、doPost()等系列方法含有两个参数对象 HttpServletRequest 和 HttpServletResponse。HttpServletRequest 对象提供访问请求信息的方法，包括表单数据，HTTP 请求头信息等；HttpServletResponse 对象提供的方法可以向用户客户端回送 doXXX 处理的结果数据、HTTP 响应状态等。HTTP 响应状态包括大家熟知的 404、200 等。因此，程序员在重写 doXXX()方法时经常需要使用这两个参数对象。

Servlet 的基本结构通常包含：需要引入的类包，继承 HttpServlet 的子类，读取来自客户端请求的和向客户端回送响应处理结果的 doGet()方法、doPost()方法。

【例 5-5】响应 URL 地址 http://localhost/traningJsp/myServlet?msg1=Hello!&msg2=Welcome! 的 Servelet，代码为服务器端 Servlet 程序代码 myServlet.Java。

```java
package training.servlet;
// 以下为程序需要的接口包
import java.io.IOException;
import javax.servlet.ServletException;
import javax.servlet.http.HttpServlet;
import javax.servlet.http.HttpServletRequest;
import javax.servlet.http.HttpServletResponse;
```

```java
// 以下声明一个HttpServlet子类
public class mgServlet extends HttpServlet {
    // 重写doGet()方法
    public void doGet(HttpServletRequest requst, HttpServletResponse response)
                                    throws ServletException, IOException {
        // 获取通过GET模式（地址栏）传递的两个参数
        String msg1=request.getParameter("msg1");
        String msg2=request.getParameter("msg2")
        // 用response对象回送处理结果
        response.setContentType("text/html;charset=utf-8");          // 防止乱码
        response.getWriter().write(msg1);
        response.getWriter().write(msg2);
    }
    // 重写doPost()方法，处理同doGet()方法
    public void doPost(HttpServletRequest request, HttpServletResponse response)
                                    throws ServletException, IOException {
        doGet(request, response);
    }
}
```

本例创建了一个httpServlet类mgServlet，重写了doGet()方法，以处理通过地址栏传入的参数msg1和msg2，通过HttpServletRequest获取参数，通过HttpServletResponse回显。

5.4.2 表单处理

表单是网页中用户和系统交互控件，当Web客户端用户需要向Web应用系统提交需处理的信息时，由页面表单接收输入。浏览器采用GET和POST方法提交本网页待处理的输入数据，交给后续网页或后台程序处理。例如，下列代码是在一个JSP页面嵌入了带有三个输入域的表单，采用POST方式传递数据给demo.jsp。

```html
<form action="demo.jsp" method="post" >
    <input type="text" name="name" value=""/>
    <input type="password" name="password" value=""/>
    <input type="submit" value="提交"/>
</form>
```

GET方式将请求提交视的表单信息附加在网址后，"?"后为表单输入信息，如：

http://www.trainWeb.com/register?text1=value1&text2=value2

"?"后的text1=value1和text2=value2表示提交的两个输入变量和值。注意，GET方式是浏览器默认的传递参数的方法，若传输密码等敏感信息，不要使用GET方式。此外，GET方式传递数据的大小有限制，最大为1024字节。

POST方式提交数据是隐式的，提交的输入信息不会出现在地址栏，适合传递敏感信息，传递给Servlet这样的后台程序通常也采用POST方式。

Java Servlet采用Request对象的getParameter( )方法用于接收从表单传递的数据。

【例5-6】Servlet处理用POST方式传递的表单数据。以下代码为带有表单的网页页面和处理该网页表单的servlet程序代码。

表单页面代码：

```html
<!DOCTYPE html>
<html> <head> <meta charset="utf-8">
```

```html
<title>教材信息录入</title> </head>
<body>
    <form action="/servletTraining/postDemo" method="post">
        教材名称: <input type="text" name="bookName"><br/>
        出版社: <input type="text" name="publication"><br/>
        <input type="submit" value="提交">
    </form>
</body>
</html>
```

后台程序 postDemo.java 用 request.getParameter( )方法接收。

```java
package training.servlet;
import java.io.IOException;
import java.util.Iterator;
import javax.servlet.ServletException;
import javax.servlet.annotation.WebServlet;
import javax.servlet.http.HttpServlet;
import javax.servlet.http.HttpServletRequest;
import javax.servlet.http.HttpServletResponse;
// 注解配置url访问名称
@WebServlet("/postDemo")
// 声明Servlet类为HttpServlet子类
public class postDemo extends HttpServlet {
    // 重写doPost()
    protected void doPost(HttpServletRequest request, HttpServletResponse response)
                                            throws ServletException, IOException {
        request.setCharacterEncoding("UTF-8");
        // 获取传过来的表单数据，根据表单中的name获取所填写的值
        String bookName = request.getParameter("bookName");
        String publication= request.getParameter("publication");
        System.out.println(bookName);
        System.out.println(publication);
    }
}
```

本例中页面定义的表单采用 POST 方式传递表单数据，后台的 Servlet 程序 postDemo.java 重写了 doPost()方法，其中用 request 对象获取传递过来的表单输入变量 bookName、publication 的值，并显示输出。

5.4.3　Servlet 编程示例

前面讲解了 Servlet 的基本结构、需要的配置以及可供使用的 Servlet API，本节通过一个较完整的 JSP 和 Servlet 结合的示例说明一个应用于 Web 的 Servlet 开发步骤和基本内容。

【例 5-7】　使用 JSP Servlet 技术实现用户登录处理。

（1）用 web.xml 文件配置 Servlet 程序，配置 Servlet 名 doLogin、类路径 training.myservlet. myLogin 和 URL 访问名/doLogin。

```xml
<?xml version="1.0" encoding="UTF-8"?>
<!DOCTYPE web-app PUBLIC "-//Sun Microsystems, Inc.//DTD Web Application 2.3//EN"
                        "http://java.sun.com/dtd/web-app_2_3.dtd">
<web-app>
```

```xml
        <display-name>JSP 培训系统</display-name>
        <description>This a description of my web app made by Eclipse</description>
        <servlet>
            <servlet-name>doLogin</servlet-name>
            <servlet-class>training.myservlet.doLogin</servlet-class>
        </servlet>
        <servlet-mapping>
            <servlet-name>doLogin</servlet-name>
            <url-pattern>/dologin</url-pattern>
        </servlet-mapping>
        <welcome-file-list>
            <welcome-file>login.jsp</welcome-file>
        </welcome-file-list>
    </web-app>
```

（2）创建 JSP 登录页面，文件名为 login.jsp，含表单输入域用于输入账号和密码，采用 POST 方式传递参数，响应程序是/dologin 对应的 Servlet。

```jsp
<%@ page language="java" import="java.util.*" pageEncoding="UTF-8"%>
<% String path = request.getContextPath();
   String basePath = request.getScheme()+"://"
   basePath = basePath +request.getServerName()+":"+request.getServerPort()+path+"/";
%>
<!DOCTYPE HTML PUBLIC "-//W3C//DTD HTML 4.01 Transitional//EN">
<html>
    <head>
        <base href="<%=basePath%>">
        <title>JSP and servlet login</title>
        <style>
            .main {
                float:left;
                min-width:1200;
            }
        </style>
    </head>
    <body>
        <div class="main">
            <h1>请输入账号密码</h1>
            <div class="logindiv">
                <form id="loginid" action="/dologin" method="post">
                    <span>请输入账号:</span><input type="text" name="account"><br>
                    <span>请输入密码:</span><input type="password" name="mypassword"><br>
                    <input type="submit" value="提交">
                </form>
            </div>
        </div>
    </body>
</html>
```

（3）后台 Servlet 程序 doLogin.java 重写了 doPost()方法，通过 HttpServletRequest 的 getParameter()方法获取 JSP 表单输入的用户账号和密码，并验证。由于尚未讲解数据库访问，本例中用户名和密码用固定值代替数据库访问结果。

```java
package training.myservlet;       // 与 web.xml 中<servlet-class>配置的包名相同
import java.io.IOException;
```

```java
import javax.servlet.ServletException;
import javax.servlet.http.HttpServlet;
import javax.servlet.http.HttpServletRequest;
import javax.servlet.http.HttpServletResponse;
// 声明一个 Servlet 类 doLogin
public class doLogin extends HttpServlet{
    // 保持不同类版本的序列化的兼容性，避免报错
    private static final long serialVersionUID = 1L;
    @Override                              // 注解，表示重写了下列方法
    public void doPost(HttpServletRequest req, HttpServletResponse resp)
                                    throws ServletException, IOException{
        String account=req.getParameter("account");
        String password=req.getParameter("mypassword");
        System.out.println(account);
        System.out.println(password);
        private final static String myaccount="Super";
        private final static String mypassoword="123456";
        if(account .equals(myaccount)) {
           System.out.println("用户名正确");
           if(password.equals(mypasswrd)) {
              System.out.println("密码正确");
              System.out.println("密码错误");
           }
           else
              System.err.println("错误");
        }
    }
    @Override
    public void doGet(HttpServletRequest req, HttpServletResponse resp)
                                    throws ServletException, IOException{
        System.out.println("in doget");
    }
}
```

5.5 组件技术和 JavaBean

软件技术的发展使得目前大多软件系统采用基于组件的开发。组件封装了一组解决特定问题的相关类和对象，是可复用的软件单元。组件技术为应用系统的开发提供了有效、便利的开发平台，使系统更易于开发实现，也更为可靠和易于使用。Microsoft 公司的 COM、COM+和 SUN 公司的 JavaBean、EJB 是典型的 Web 应用开发组件技术。

5.5.1 JavaBean 简介

JavaBean 将组件技术引入 Java 编程领域，每个 JavaBean 采用 Java 语言实现特定的功能，具有独立性、可重用性、跨平台、可视化开发等特点。应用不同的 JavaBean 可以快速构造一个新的应用程序。JavaBean 技术为开发人员提供了高效的应用系统解决方案。

在 Web 应用中，JSP、Serlet、JavaBean 之间的关系如图 5-3 所示。JSP 主要接收来自客户端浏览器的请求并回送结果给浏览器；JSP 调用 Servlet 和 JavaBean 可加强服务器端的处

理能力；JSP、Servlet、JavaBean 均可访问数据库，多层机制使得程序可以轻易通过开发和使用 JavaBean 扩展功能。

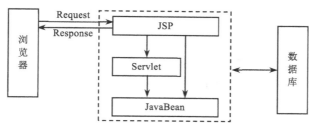

图 5-3 JSP、Servlet、JavaBean 之间的关系

JavaBean 是特殊的 Java 类，遵守 JavaBean API 规范。通常，一个标准的 JavaBean 需符合以下规范：实现 java.io.Serializable 接口；是一个公共类；类中必须包含无参数构造函数；提供对属性访问的 set 和 get 函数。

按照这个规范编写的 Java 类在编译部署后即可成为 JSP/Servlet 使用的 JavaBean。

【例 5-8】 符合规范的 JavaBean 示例。

```java
// 声明一个公共的实现 java.io.Serializable 的类
public class studentsBean implements java.io.Serializable {
    private String firstName = null;
    private String lastName = null;
    private int age = 0;
    // 定义一个同名的无参构造函数
    public studentsBean() { }
    // 定义 get 属性函数
    public String getFirstName() {
        return firstName;
    }
    public String getLastName() {
        return lastName;
    }
    public int getAge() {
        return age;
    }
    // 定义 set 属性函数
    public void setFirstName(String firstName) {
        this.firstName = firstName;
    }
    public void setLastName(String lastName) {
        this.lastName = lastName;
    }
    public void setAge(int age) {
        this.age = age;
    }
}
```

代码中，public class StudentsBean implements java.io.Serializable 定义了一个公共 Bean 类 studentBean，其实例化的对象由 JVM 转换为一系列字节序列，以符合组件跨网络平台的规范要求；public studentsBean() 定义了一个无参构造函数；public String getFirstName()、public void setFirstName(String firstName) 等语句定义了对属性访问的 set 和 get 函数。

JavaBean 可以分为可视化和非可视化的 JavaBean。可视化的 JavaBean 具有 GUI 用户接口；非可视化的 JavaBean 通常用来封装数据、数据操作和业务逻辑。

5.5.2　创建和部署 JavaBean

JavaBean 实际是遵循了一种编写规范的 Java 类，可以在任何 Java 程序编辑器中编写代码，然后通过 Java 编译器生成一个 class 文件。JavaBean 需要放到指定的目录下，以便服务器能找到执行，一般需要放在 Web Root/WEB－INF/classes 目录下。Web Root 是指该 Web 系统的根目录。

如果用 Eclipse 新建一个 JavaBean，只需右击项目的 src 目录，在弹出的快捷菜单中选择"New java class"，在出现的新建类对话框（如图 5-4 所示）中给出类名；在后续的界面（如图 5-5 所示）中选择"Source"→"Generate Getters and Setters"，并在随后的界面中选择要生成 get 和 set 方法的属性。

完成后将会自动生成如下所示的 Bean 基础代码：

```
package com;
public class JavaBean {
   private string name;
   public string getName(){
      return name;
   }
   public string setName(String name){
      this.name = name;
   }
}
```

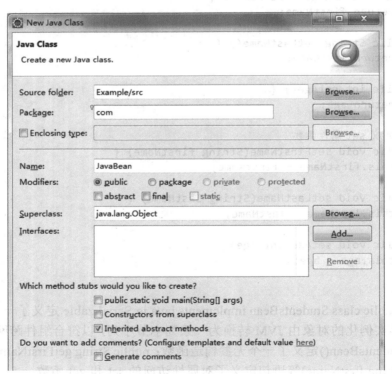

图 5-4　新建 Java class 对话框

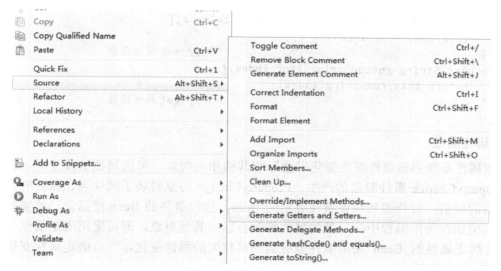

图 5-5　源码生成选择

5.6　JavaBean 的属性

JavaBean 的属性分为 4 种：简单属性（Simple）、索引属性（Indexed）、绑定属性（Bound）和约束属性（Constrained）。

1. 简单属性在 JavaBean 中对应 set 和 get 方法的变量

【例 5-9】　JavaBean 简单属性示例

```
…
string stuID;                                 // 定义一个字符型简单属性
boolean registered;                           // 定义一个布尔型简单属性
public void setstuID(String id) {
   this.id = id;
}                                             // set 属性函数
public void setRegistered(boolean registerd) {
   this. registerd = registerd;
}
public String getstuID () {
   return this.id;
}                                             // get 属性函数
public String getRegistered (){
   return this.registerd;
}
…
```

2. 索引属性

索引属性是指描述多值的属性，需要通过索引位置访问。如一个字符串数组，若要获得字符串中指定位置的元素，需要通过数组索引来定位。

【例 5-10】　JavaBean 索引属性示例。

```
…
private string comString[]={"Update"};        // 定义一个类型为字符串型的索引属性
```

```
public void setcomString (int index, string c){
    this.comString[index] = c;
}                                              // set 属性函数
public String getcomString (int index){
    return this.comString[index];
}                                              // get 属性函数
...
```

3. 绑定属性

绑定属性是指当该属性发生变化时会影响其他相关对象。每次属性值改变时，就会触发一个 PropertyChange 事件对象的产生。PropertyChange 对象封装了属性名、属性的原值、属性变化后的新值，被传递到和该属性绑定的 Bean。接收事件的 Bean 根据自己的需要执行相应代码。例如在图形编程中，一处的属性修改会影响其他对象，即可采用绑定属性。

包含绑定属性的 Bean 采用事件监听器观察相关的属性变化，一旦绑定属性变化，触发 PropertyChange 事件。

java.beans 包中提供有 PropertyChangeSupport 类，用于管理注册的监听器对象列表和触发 PropertyChange 事件。其 addPropertyChangeListener()方法用于加入对绑定属性进行监听的对象；removePropertyChangeListener()方法则从表中移去一个监听对象；firePropertyChange()方法把 PropertyChangeEvent 事件对象发送给注册的监听者。

绑定属性 Bean 的实现主要步骤如下：

<1> 绑定属性需要创建 PropertyChangeSupport 的实例，传入 this 作为参数。例如：
```
String boundLab= "Hello";                      // boundLab 是一个 bound 属性
private PropertyChangeSupport changes = new PropertyChangeSupport(this);
```
<2> 在属性变化处进行用 firePropertyChange 方法触发变化事件。
```
...
String oldLab= boundLab;
String newLab = "a new string";
boundLab=newLab                                // 属性赋新值
// boundLab 的属性值变化，触发 change 事件
changes.firePropertyChange("boundLab", oldLab, newLab);
...
```
<3> 用 addListener()、removeListener()方法管理监听对象列表。下列语句将一个需要监听该属性变化的 Bean 监听器加到<1>中创建的 PropertyChangeSupport 实例 changes 的监听者列表中。
```
changes.addPropertyChangeListener(new oneBeanPropertyListener());
```
oneBeanPropertyListener()参数是需要绑定的的 Bean 监听器。

<4> 在关联 Bean 中编写实现由绑定属性变化引起的 propertyChange 事件处理方法。需要继承 PropertyChangeListener 接口，实现 void propertyChange(PropertyChangeEvent e)方法。
```
public class LabelPropertyListener implements PropertyChangeListener,
                                              VetoableChangeListener {
    ...
    public void propertyChange(PropertyChangeEvent evt) {
        ...                                    // 监听到事件后触发该方法的执行代码
    }
}
```

4．约束属性

约束属性是指当该属性值发生变化时，与这个属性已建立某种连接的其他对象可以否决属性值的变化。约束属性是一种特殊的绑定属性，只是属性的监听者可以通过抛出 PropertyVetoException 来阻止该属性值的改变。

约束属性有两种监听者：属性变化监听者和否决属性改变的监听者。约束属性值是否改变取决于其他关联的 Bean 和 Java 对象是否允许这种改变。否决属性改变的监听者在监听到有约束属性发生变化时，可以用语句判断是否应否决这个属性值的改变。

约束属性的编码与绑定属性类似，可以通过 addVetoableChangeListener() 方法加入约束属性监听对象；代码
```
public void vetoableChange(PropertyChangeEvent evt) throws PropertyVetoException
```
用于声明一个可否决属性值变化的方法。参见绑定属性中的<4>。

5.7 在 JSP 中引用 JavaBean

JavaBean 可以分为可视化和非可视化的 JavaBean。在 JSP 中引用的通常是不可视的 JavaBean，需要被编译成 class 文件，存放在 WEB-INF\classes 目录下方可被 JSP 引用。在 JSP 页面中引用 JavaBean 通常需要使用以下动作标识：<jsp:useBean/>，<jsp:setProperty>和 <jsp:getProperty>标识。

1．<jsp:useBean/>引用 Bean

JSP 的<jsp:useBean/>动作标识可以在 JSP 中创建或加载一个 JavaBean 实例，以实现引用 JavaBean。其语法基本格式为：
```
<jsp:useBean
    id="Bean 对象名称"
    scope="page | request | session | application"
    class="package.className" |
    type="数据类型" |
    class="package.className" type="数据类型" |
    beanName="package.className" type="数据类型"
/>
```
其中，"｜"表示或的关系。

id 是 JSP 中需加载引用的 JavaBean 对象名称。scope 是该 Java Bean 对象的作用范围，可选值为 page、request、session 和 application。为 page 时，只在该 JSP 中有效；为 request 时，只在当前的 request 中有效；为 session 时，对当前用户有效；为 application 时，当前的 Web 应用程序范围内均有效。Scope 的默认值为 page。class 是 Java Bean 的完整类名，beanName 也指定一个完整的类名。指定 beanName 时，必须同时定义数据类型，且与 class 二者只能取一。Type 指定了 id 定义的对象的数据类型。

一个简单的 jsp:useBean 语句如下：
```
<jsp:useBean id="queAction" class="com.useQueBean" />
```
该语句创建一个由 com.useQueBean 类的实例，其对象名为 queAction，作用范围为默认值 page，即在该页面范围内可以使用对象名 queAction 引用该对象。

每个 Bean 都定义了属性，在用 useBean 创建了该 JavaBean 对象后，就可以通过 getPropert

动作标识来获取 Java Bean 属性，通过 setPropert 动作来设置 Java Bean 属性。

2．<jsp:setProperty>设置 Bean 属性

当采用<jsp:useBean/>加载一个 Bean 后，就可以用<jsp:setProperty>设置已经加载（实例化）的 Bean 对象的属性，通常可以由以下几种形式。

（1）<jps:setProperty name = "JavaBean 对象名称" property = "*"/>

指令将所有 Request 对象参数名和 Bean 属性名匹配的参数传递给相应的 Bean 属性。Bean 对象名称是指<jsp:useBean/>中 id 指定的对象名称；property = "*"表示任意属性与 request 对象参数自动匹配。

（2）<jsp:setProperty name = "JavaBean 对象名称" property = "JavaBean 属性名">

指定 Bean 属性的值为 request 对象中同名参数的值。

（3）<jsp:setProperty name = "JavaBean 对象名称" property = "JavaBean 属性名" value = "BeanValue" />

设置 Bean 中指定属性的值。

（4）<jsp:setProperty name = "JavaBean 实例名" property = "propertyName" param = "request 对象中的参数名"/>

该指令指定 Bean 的属性和 request 对象中的参数名的对应关系，设置 param 指定的 rqruest 对象参数值为 Bean 相应属性的值。该指令使得引用 Bean 时允许 Bean 属性和 request 参数的名字不同。默认情况下，Bean 属性只与 request 对象的同名参数相对应。

3．<jsp:getProperty>获取 Bean 属性

<jsp:getProperty>用于获取 Bean 属性的值，基本形式为：
```
<jsp:getProperty name="beanName" property="propertyName"/>
```
其中，beanName 为引用的 Java Bean 对象名称，就是 useBean 动作标识示例里 id 定义的名称；propertyName 为 Java Bean 属性名。

当用<jsp:useBean/>动作标识加载了一个 Bean 对象后，<jsp:setProperty>即可用于建立该 Bean 属性与 request 对象参数的对应关系，即建立了 Bean 属性与表单数据的关联。而<jsp:getProperty>可以获取 Bean 的属性值。同时，加载 Bean 实例后，也可有效减少在 JSP 页面中嵌入较多的 Java 代码。

在以往的提请表单输入处理时，通常采用 request 对象实现参数传递，采用<jsp:useBean/>后可以使用<jsp:setProperty>和<jsp:getProperty>进行相应处理。例 5-11 是在 JSP 中引用 JavaBean 完成用户注册的示例。

【例 5-11】 在注册页面，通过表单输入用户名、密码和年龄等注册数据，提交后转入注册页面处理。要求采用 JSP 引用 JavaBean 的方式实现程序。

程序包含 3 个文件：注册页面 register.jsp，注册处理页面 doRegister.jsp，页面引用的 JavaBean 文件 testBean.java。

（1）注册页面 register.jsp
```
<%@ page language="java" pageEncoding="gb2312"%>
<html>
  <body>
    <form action="register.jsp" method="post">
      <table>
        <tr><td>
```

```html
            姓名:<input type="text" name="userName">
          </td></tr>
          <tr><td>
            密码:<input type="text" name="password">
          </td></tr>
          <tr><td>
            年龄:<input type="text" name="age">
          </td></tr>
          <tr><td>
            <input type="submit">
          </td></tr>
        </table>
      </form>
    </body>
  </html>
```

（2）处理注册的 doRegister.jsp 页面，加载了 com.testBean，指定其实例名称为 user，用 <jsp:setProperty>指令建立了 Bean user 属性与表单提交的 Request 对象参数的对应关系，分别采用 user.getXXX 方法和<jsp:getProperty>两种方式获取注册信息并输出。

```jsp
<%@ page language="java" pageEncoding="gb2312"%>
<!-- 加载引用的 testBean，引用名为 user-- >
<jsp:useBean id="user" scope="page" class="com.testBean"/>
<!— 设置名为 user 的 bean 的属性 userName 对应的是 param 项定义的 request 参数-- >
<jsp:setProperty property="userName" name="user" param="userName"/>
<!— 设置名为 user 的 bean 的属性 password 对应的是 param 项定义的 request 参数-- >
<jsp:setProperty property="password" name="user" param="password"/>
<jsp:setProperty property="age" name="user" param="age"/>
<%
// 可以用<jsp:setProperty name="user" property="*"/>语句替代上述的设置属性语句
// property="*"表示任何属性与 Request 对象的同名参数匹配
%>
<html>
  <body> <br>
    <hr>
      引用名为 user 的 Bean 的获取属性方法<br>
      用户名: <%=user.getUserName()%><br>
      密码: <%=user.getPassword()%><br>
      年龄: <%=user.getAge()%><br>
    <hr>
      使用 getProperty 获取属性并输出<br>
      用户名: <jsp:getProperty name="user" property="userName"/><br>
      密码: <jsp:getProperty name="user" property="password"/><br>
      年龄: <jsp:getProperty name="user" property="age"/><br>
      客户端名称: <%=request.getRemoteAddr() %>
  </body>
</html>
```

（3）被引用 JavaBean 文件 testBean.java，具有 userName、password 和 age 等 Bean 属性和存取属性的 set、get 方法。

```java
package com;
public class TestBean {
```

```java
    private String userName;
    private String password;
    private int age;
    public String getUserName() {
        return userName;
    }
    public void setUserName(String userName) {
        this.userName = userName;
    }
    public String getPassword() {
        return password;
    }
    public void setPassword(String password) {
        this.password = password;
    }
    public int getAge() {
        return age;
    }
    public void setAge(int age) {
        this.age = age;
    }
}
```

将编译好的 Javabean 按照包结构保存在 WEB-INF/classes 文件夹中，即可在 JSP 中引用该 Javabean。

5.8 应用示例

本节通过一个网上课堂讨论区示例说明，建立一个网上课堂讨论区。登录到这个讨论区的用户可以在这里发表信息和查看别人的发言。用户登录界面如图 5-6 所示。

输入用户名时，要求用户名不得少于 4 个字符，否则出现如图 5-6(b)所示的错误提示信息。单击"登录"按钮进入讨论区的主页面，如图 5-7 所示。

该应用程序由 5 个 JSP 文件和 3 个 Java 程序（servlet/bean）组成。login.jsp 是用户登录页面，在页面中引用了 2 个 JavaBean：Users.java 和 userDao.java，并使用它们完成登录名的校验；main.jsp 定义了一个讨论区框架；display.jsp 程序用于显示讨论的内；speak.jsp 程序处理用户发言信息输入；show.jsp 显示在线用户列表；Users.java 存储用户信息；Userdao.java 进行登录名的校验；OnlineUserListener.java 定义了 sessionCreated()和 sessionDestroyed()方法，用于管理用户增删。由于尚未涉及数据库内容，故讨论区用户登录名校验只针对其字符组成合法性。

（1）login.jsp 程序处理用户的登录，使用 jsp:useBean 进行登录名校验。

课堂讨论区

请输入用户名 aaaaa　　登录　重置

(a)

课堂讨论区

请输入用户名　　　　　登录　重置
无效的用户名！！用户名不得少于4个字符！

(b)

图 5-6　用户登录页面

图 5-7　讨论区主页面

```jsp
<%@ page language="java" contentType="text/html; charset=utf-8"
    pageEncoding="utf-8"%>
    <!--加载 Users.java 和 userDao.java 两个 JavaBean,分别命名为 loginUser 和 userDao -- >
    <jsp:useBean id="loginUser" class="com.Users" scope="page"></jsp:useBean>
    <jsp:useBean id="userDao" class="com.UserDao"></jsp:useBean>
    <!-- 属性用 "*",系统自动根据提交上来的参数去找对应的属性赋值 -->
    <jsp:setProperty property="*" name="loginUser"/>
<%@ page import="java.util.*"%>
<!DOCTYPE html>
<html>
<head>
    <meta charset="UTF-8">
</head>
<body>
    <h1>课堂讨论区</h1>
    <form  action="" method="post"  >
      <div>
          <label>请输入用户名</label>
          <input type="text" name="username">
          <input type="submit" value="登录" onclick="check()">
          <input type="reset" value="重置">
          <br>
          <font color="red" style="font-weight: bold;">${error }</font>
      </div>
    </form>
    <% // 调用 userDao Bean 的 userLogin 进行登录验证
       if(userDao.userLogin(loginUser)) {
           // 通过登录验证,进入讨论区
           List<Object> userlist = (List<Object>) application.getAttribute("userlist");
           if(userlist == null) {
               userlist = new ArrayList<Object>();
           }
           // 用 loginUser 的 getUsername 方法获取用户名
```

```jsp
            userlist.add(loginUser.getUsername());
            session.setAttribute("username", loginUser.getUsername());
            application.setAttribute("userlist", userlist);
            response.sendRedirect("main.jsp");
        }
        else {                                        // 用户名少于4个字符
            session.setAttribute("error", "无效的用户名!!用户名不得少于4个字符!");
            loginUser.setUsername("");
        }
    %>
    </body>
</html>
```

（2）main.jsp 源程序定义了一个框架页面，由 display.jsp, show.jsp 和 speak3 个子页面组成，组成讨论区的课堂讨论区、用户列表区和发言区，见图 5-6。

```jsp
<%@ page language="java" contentType="text/html; charset=utf-8"
    pageEncoding="utf-8"%>
<!DOCTYPE html PUBLIC "-//W3C//DTD HTML 4.01 Transitional//EN" "
                    http://www.w3.org/TR/html4/loose.dtd">
<html>
<head>
<meta http-equiv="Content-Type" content="text/html" charset="utf-8">
<title>Insert title here</title>
</head>
<frameset rows="65%,*" frameborder="no" >
    <frameset cols="65%,*" frameborder="no">
        <frame name="display" src="display.jsp" scrolling="auto" >
        <frame name="show" src="show.jsp" scrolling="auto">
    </frameset>
    <frame name="speak" src="speak.jsp" scrolling="auto">
</frameset>
</html>
```

（3）display.jsp 程序显示课堂讨论区内容。

```jsp
<%@ page language="java" contentType="text/html; charset=utf-8" pageEncoding="utf-8"%>
<%@ page import="java.util.*"%>
<!DOCTYPE html>
<html>
<head>
<meta charset="utf-8">
<title>Insert title here</title>
</head>
<body>
    <form action="" method="get">
        <h1 align="center">课堂讨论区</h1>
        <!-- 在多行文本框中显示讨论内容 -->
        <textarea rows="20" cols="110" name="content"><% response.setHeader("refresh", "5");
        List<Object> messages = (List<Object>) application.getAttribute("messages");
        String user = (String) session.getAttribute("username");
        try {
            for(int i = 0; i < messages.size(); i++) {
                String message = (String) messages.get(i);
```

```
                out.print(message);
            }
        }
        catch(Exception e) { }
    %>
    </textarea>
    </form>
</body>
</html>
```

（4）speak.jsp 处理用户输入的发言，并将发言内容传给 application 对象，交由 display.jsp 程序显示。

```
<%@ page language="java" contentType="text/html; charset=utf-8" pageEncoding="utf-8"%>
<%@ page import="java.util.*"%>
<!DOCTYPE html>
<html>
<head>
<meta charset="utf-8">
<title>Insert title here</title>
</head>
<body>
    <form action=" " method="post">
        <div>
        请发言：<br>
        <textarea name="content" style="height:72px;width:444px"></textarea>
        <input type="submit" value="发言">
        <input type="reset" value="清除">
        </div>
    </form>
    <% String username=(String)session.getAttribute("username");
        request.setCharacterEncoding("UTF-8");
        String content = request.getParameter("content");
        List<Object> messages = (List<Object>) application.getAttribute("messages");
        if(messages == null) {
            messages = new ArrayList<Object>();
        }
        if(content != null && !content.equals("")) {
            messages.add(username + " :  " +content + "\n");
            // 将用户名、发言内容写入 Application 变量
            application.setAttribute("messages", messages);
        }
    %>
</body>
</html>
```

（5）show.jsp 程序为在线用户列表区，显示在线用户名和人数。

```
<%@ page language="java" contentType="text/html; charset=utf-8" pageEncoding="utf-8"%>
<%@ page import="java.util.*"%>
<!DOCTYPE html >
<html>
<head>
<meta http-equiv="Content-Type" content="text/html" charset="utf-8">
```

```
        <title>Insert title here</title>
    </head>
    <body>
        <h1 align="left">在线用户</h1>
        <!-- 在多行文本框中显示在线用户 -->
        <textarea rows="20" cols="35">
        <% List<Object> users = (List<Object>) application.getAttribute("userlist");
            for(int i = 0; i < users.size(); i++) {
                String username = (String) users.get(i);
                out.print(username+"\n");
            }
        %>
        </textarea>
        <br>
        <!-- 在文本框中显示在线人数 -->
        <% out.print("在线人数: "+users.size()+"人");
        %>
    </body>
</html>
```

(6) Users.java 由 login.jsp 用 jsp：usebean 指令引用，以存储、传递 username。
```
package com;
public class Users {
    private String username;
    public Users(){}
    public String getUsername() {
        return username;
    }
    public void setUsername(String username) {
        this.username = username;
    }
}
```

(7) UserDao.java 由 login.jsp 用 jsp:usebean 指令引用，进行登录用户名的合法性校验。
```
package com;
public class UserDao {
    public boolean userLogin(Users user){
        if(user.getUsername()!=null&&  user.getUsername().length()>=4)
            return true;
        else
            return false;
    }
}
```

(8) OnlineUserListener.java 程序用于管理用户列表。
```
package com;
import java.util.List;
import javax.servlet.ServletContext;
import javax.servlet.http.HttpSession;
import javax.servlet.http.HttpSessionEvent;
import javax.servlet.http.HttpSessionListener;
public class OnlineUserListener implements HttpSessionListener {
```

```java
        @Override
        public void sessionCreated(HttpSessionEvent se) {
            ...                                    // TODO Auto-generated method stub
        }
        @Override
        public void sessionDestroyed(HttpSessionEvent se) {
            ...                                    // TODO Auto-generated method stub
            HttpSession session = se.getSession();
            ServletContext application = session.getServletContext();
            // 取得登录的用户名
            String username = (String) session.getAttribute("username");
            // 从在线列表中删除用户名
            List<Object> userlist = (List<Object>) application.getAttribute("userlist");
            userlist.remove(username);
        }
    }
```

（9）Web.xml 配置。

```xml
<session-config>
    <session-timeout>2</session-timeout>
</session-config>
<listener>
    <listener-class>com.OnlineUserListener</listener-class>
</listener>
```

本章小结

本章介绍了 Servlet 程序和 JavaBean 的基本构成和基础编程知识，重点介绍了 Servlet 的配置和 Servlet 的编程接口，主要包括 GenericServlet、HttpServlet、ServletConfig 等类和接口。HttpServlet 类是 Servlet 程序用于处理 Web 应用程序 HTTP 请求的类，会根据请求的类型自动调用响应的 doXXX()系列处理方法，程序员通常需要依据程序的需要重写 doXXX()方法。

本章同时着重介绍了 JavaBean 技术，分别讨论了 JavaBean 的基本结构和如何在 JSP 中引用 JavaBean。

习 题 5

5.1 简述 Servlet 的生命周期。
5.2 Servlet 运行前需要做哪些配置？如何配置？
5.3 简述一个 Servlet 程序的基本构成。
5.4 创建一个 JSP 页面可以通过表单输入两个字符串，编写一个 Servlet，可以接收这两个参数串，并予以显示。
5.5 简述一个 JavaBean 的基本构成。
5.6 简述 JavaBean 的绑定属性。
5.7 用 JSP 引用 JavaBean 技术实现 5.4。

上机实验 5

5.1 创建一个 JSP 页面，可以提交 account 和 password 两个参数；编写一个 Servlet，能检验表单提交的字符串 account 是否含有非法字符 "=" "|" "#" 或连续的两个 "-"，合法输出 accout 的值，否则显示"账户名非法"。

【目的】

掌握 Servlet 程序的基本编程方法，了解 Servlet 的配置过程，掌握通过重写 doGet()、doPost()方法实现需要的功能。

【内容】

创建一个 JSP 页面完成表单输入，编写一个 Servlet 实现对表单提交数据的校验，采用注解配置 Servlet。

【步骤】

<1> 创建 login.jsp 页面，可输入 account 和 password 信息并提交。

<2> 编写一个 Servlet 程序 dologin.java，重写 doGet()、doPost()方法，实现对 account 的检验。

<3> 在 dologin.java 中采用注解配置配置该 Servlet。

5.2 采用在 JSP 中引用 JavaBean 的方式实现 5.1 功能。

【目的】

掌握如何在 JSP 中引用 JavaBean。

【内容】

创建一个 JSP 页面完成表单输入，编写一个 JavaBean 其属性关联表单数据，且能实现 account 信息校验。

【步骤】

<1> 创建 login.jsp 页面，可输入 account 和 password 信息并提交。

<2> 编写一个 JavaBean 类 check.java，其属性与表单参数相一致，编写 checkAccount( )方法，可校验 account。

<3> 编写 dologin.jsp，用<jsp:usebean>指令引用 check，调用 Check 的 checkAccount( )方法，实现校验并回送结果。

第 6 章　JSP 数据库应用

大多数 Web 应用系统建立在数据库基础上。如何利用 JSP 技术实现与数据库的交互是本章讨论的主要内容,包括 Java 数据库接口 JDBC、数据库查询语言 SQL 和 JSP 的数据库访问操作。

6.1　Web 数据库访问技术

在网络环境下,Web 应用系统一般采用 Browser/Web Server/Application Server 模式实现,Web 数据库应用系统也不例外。因此,对于应用系统来说,Web 程序设计语言、应用服务器平台以及二者之间的接口技术是必不可少的。就数据库应用系统来说,应用服务器就是数据库服务器,因而 Web 访问数据库的关键是与数据库服务器间的接口。Web 数据库访问一般基于 ODBC(Open Database Connectivity)或 JDBC(Java Database Connectivity)平台。

ODBC 是一个数据库编程接口,由 Microsoft 公司建议并开发,允许程序使用结构化查询语言(SQL)作为数据访问标准,应用程序可通过调用 ODBC 的接口函数来访问来自不同数据库管理系统的数据。对于应用程序来讲,ODBC 屏蔽了异种数据库之间的差异。Web 也是一类应用,与其他应用程序一样可以通过 ODBC 实现对数据库的访问。图 6-1 为采用 ODBC 访问数据库的 Web 应用系统模型。

图 6-1　ODBC 应用系统模型

JDBC 与 ODBC 一样,是支持基本 SQL 功能的一个通用低层的应用程序编程接口(API),它在不同的数据库功能模块层次上提供一个统一的用户界面。只不过由于 ODBC 提供的是 C 语言 API,而 JDBC 提供 Java 语言的 API,这使得独立于 DBMS 的 Java 应用程序的开发成为可能,同时提供了多样化的数据库连接方式。

JDBC 有两种接口:面向程序开发人员的 JDBC API 和面向低层的 JDBC Driver API。JDBC API 是一系列抽象的接口,应用程序开发者可以利用其进行数据库连接,执行 SQL 命令,并且得到返回结果。JDBC Driver API 是面向驱动程序开发商的编程接口。

JDBC 是较早的 Web 开发平台,在早期的 Web 应用中,常通过嵌于网页(HTML)中的 Java Applets 利用 JDBC 来访问数据库,目前已成为各类 Java 数据库应用开发的通用 API 接口。图 6-2 为 JDBC 的 Web 数据库访问模型。可以看出,每种类型的数据库系统如 SQL Server、Oracle 或 MySQL 都需要自己的驱动程序才能访问。JDBC Driver 驱动程序接口提供统一的数据库访问接口以屏蔽不同数据库驱动的差异,以方便应用程序的开发;JDBC DriverManager 接口负责管理和跟踪驱动程序,包括驱动程序的注册、撤销、日志记录处理等。

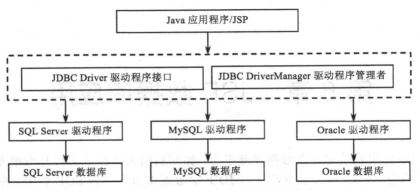

图 6-2 JDBC 技术的 Web 数据库模型

JDBC 允许 Java 程序访问数据库时采用与数据库类型无关的代码，通常采用 SQL 结构化查询语言完成数据库的访问。这样的模式使得同样的代码，在访问不同数据库时，只需要指定使用的数据库类型，不需要重修改数据库查询或操作代码。

JDBC 驱动程序有 4 种：JDBC-ODBC 桥、本地 API 驱动、网络协议驱动和本地协议驱动。

1. JDBC-ODBC 桥（JDBC-ODBC Bridge）

JDBC-ODBC 桥由 Sun 公司提供，是 JDK 提供的标准 API，利用 ODBC 驱动程序实现 JDBC 访问。应用程序将 JDBC 的调用传送给 ODBC，由 ODBC 驱动程序完成数据库的访问。该方式需要将 ODBC 驱动代码加载到使用该模式的客户机上。

JDBC-ODBC 桥可以访问所有的具有 ODBC 驱动的数据库，但由于 JDBC-ODBC 先调用 ODBC 再由 ODBC 调用本地数据库接口访问数据库，因此执行效率较低，不适合大数据量访问的应用系统。

2. JDBC 本地 API 驱动（JDBC-Native API）

JDBC 本地 API 驱动方式通过调用本地的驱动程序实现数据库连接，把客户机 API 上的 JDBC 调用转换为对某种指定数据库的调用，如将 JDBC 的调用转换为对 Oracle、SQL Server、Sysbase 等的调用。

这种方式需要本地数据库驱动代码，与 JDBC-ODBC 桥相比，执行效率大大提高，但仍然需要在客户端加载数据库厂商提供的代码库。

3. JDBC 中间件驱动（JDBC-Middleware Driver）

JDBC 中间件驱动方式又称为网络协议驱动，是一种纯 Java 编程的驱动。JDBC 将对数据库的访问请求转换为与 DBMS 无关的网络协议，传递给网络中间件服务器，中间件服务器再把请求转换为 DBMS 相关的数据库访问调用。网络中间件服务器能将纯 Java 的客户机连接到不同的数据库上。这种驱动不需要在客户端加载数据库厂商提供的代码库，执行效率较高。由于大部分功能实现都在服务器端，因此驱动程序较小，可以快速地加载到内存中。但在中间件层仍然需要有配置其他数据库驱动程序。

4. 纯 JDBC 驱动（Pure JDBC Driver）

纯 JDBC 驱动又称为本地协议驱动，是一种完全用 Java 实现的 JDBC 驱动。这种驱动方式将 JDBC 调用转换为符合相关数据库系统规范的请求，允许客户端应用直接访问数据库服务器。

由于这种驱动不需要把 JDBC 的调用传给 ODBC 或本地数据库接口或者是中间层服务器，因此执行效率很高；同时，不需要在客户端或服务器端装载任何的软件或驱动，驱动程序可以动态的下载。

6.2 数据库语言 SQL

6.2.1 SQL 概述

SQL（Structured Query Language）是一个被广泛采用、适用于关系数据库访问的数据库语言工业标准，包括数据定义、数据操纵、数据查询和数据控制等语句标准。目前，所有主流的 DBMS 软件商均提供对 SQL 的支持。SQL 最早出现在 1981 年，由 IBM 公司推出其雏形。1986 年由美国国家标准协会（ANSI）公布了 SQL 的第一个标准 X3.135-1986。不久，国际标准化组织 ISO 也通过了这个标准，即通常所说的 SQL-86。1989 年，ANSI 和 ISO 公布了经过增补和修改的 SQL-89；此后，于 1992 年公布了 SQL-92，又称为 SQL-2。SQL-2 对语言表达式进行了较大扩充。

SQL 不是一种 DBMS，也不是真正、独立的计算机语言，它没有 IF 语句，也没有其他如 FOR、GOTO 这样的流程控制语句，是一种数据库子语言，一种控制与 DBMS 交互的语言，包含了 40 余条针对数据库管理任务的语句，这些语句可嵌入在 C 语言、Java 语言以及各类脚本语言中，如 Web 系统常用的 Java、JavaScript、VBScript、C#、VB 等，以扩展这些语言的数据库访问能力。SQL 具有以下 4 项功能。

- 数据定义：定义数据模式。
- 数据查询：从数据库中检索数据。
- 数据操纵：对数据库数据进行增加、删除、修改等操作。
- 数据控制：控制对数据库用户的访问权限。

SQL 主体大约由 40 条语句组成，每条语句都对 DBMS 产生特定的动作，如创建新表、检索数据、更新数据等。SQL 语句通常由一个描述要产生的动作的谓词（Verb）关键字开始，如 CREATE、SELECT、UPDATE 等。紧随语句的是一个或多个子句（Clause），子句进一步指明语句对数据的作用条件、范围、方式等。

6.2.2 主要 SQL 语句

1. 查询语句 SELECT

SELECT 是 SQL 的核心语句，功能强大，与各类 SQL 子句结合，可完成多种复杂的查询操作。其语法格式如下：

```
SELECT [ALL | DISTINCT] fields_list
[INTO] new_tablename
FROM table_names
[WHERE …]
[GROUP BY …]
[HAVING …]
[ORDER BY …]
```

其中：

- ALL —选择符合条件的所有记录,为语句默认值。
- INTO —将查询结果放入指定新表中。
- DISTINCT —略去选择字段中包含重复数据的记录。
- Fields_list —用","隔开的字段名列表,列出需查询的记录字段,可用"*"代替所有字段。
- FROM —SQL 子句,指定 SQL 语句所涉及的表(Table)。
- Table_names —SELECT 语句所涉及的表名,用","隔开。
- WHERE —SQL 子句,指定查询结果应满足的条件。
- GROUP BY —SQL 子句,按照指定的字段将查询结果分组。
- HAVING —SQL 子句,指定查询结果分组后需满足的条件,只有满足 HAVING 条件的分组才会出现在查询结果中。
- ORDER BY —SQL 子句,指定查询结果按哪些字段排序,是升序(ASC)还是降序(DESC)。

【例 6-1】 用最基本的 SELECT 语句实现从 department 表中检索出所有部门的相关资料。

```
SELECT dept_no, dept_name, location
FROM department
```

该语句执行后的结果为:

dept_no	dept_name	location
001	research	Dallas
002	accounting	Seattle
003	marketing	Dallas

【例 6-2】 用 WHERE 子句指定查询条件,列出位于 Dallas 的所有部门。

```
SELECT dept_no, dept_name
FROM department
WHERE location= 'Dallas'
```

语句执行后的结果如下:

dept_no	dept_name
001	search
003	marketing

【例 6-3】 用 INTO 子句从雇员表 employee 中将属于 001 部门的雇员信息检索出来,并放入一个新数据库表 researchemp 中,新表按 emp_name 字段升序排列。

```
SELECT *
INTO researchemp
FROM employee
WHERE dept_no= '001'
ORDER BY emp_name ASC
```

2. 插入数据语句 INSERT

INSERT 可添加一个或多个记录至一个表中。INSERT 有两种语法形式:

(1) INSERT INTO target [IN externaldatabase] (fields_list)
    {DEFAULT VALUES|VALUES(DEFAULT | expression_list)
(2) INSERT INTO target [IN externaldatabase] fields_list
    {SELECT …| EXECUTE …}

其中,target 是追加记录的表(Table)或视图(View)的名称;externaldatabase 是外部数据库的路径和名称;expression_list 是要插入的字段值表达式列表,其个数应与记录的字段个数一致,若指定要插入值的字段 fields_list,则应与 fields_list 的字段个数一致。

使用第(1)种形式将一个记录或记录的部分字段插入到表或视图中。第(2)种形式的 INSERT 语句插入来自 SELECT 语句或来自使用 EXECUTE 语句执行的存储过程的结果集。

【例 6-4】 用第(1)种 INSERT 形式,将一个雇员的信息插入到雇员表中。
```
INSERT INTO employee VALUES('255001', 'Ann', 'Jones', 'd3')
```
【例 6-5】 用第(2)种 INSERT 形式,将从部门表 department 中检索出的位于 Dallas 的部门记录插入到 dallas_dept 表中。
```
INSERT INTO dallas_dept(dept_no,dept_name)
SELECT dept_no,dept_name
FROM department
WHERE location='Dallas'
```

3. 删除数据语句 DELETE

DELETE 从一个或多个表中删除记录,语法格式如下:
```
DELETE
FROM table_names
[WHERE …]
```
【例 6-6】 删除表 works_on 中所有经理的记录。
```
DELETE FROM works_on
WHERE job='manager'
```
【例 6-7】 从数据库表中删除雇员 Ann 的相关记录。
```
DELETE FROM works_on
WHERE emp_no IN(SELECT emp_no   FROM  employee
                WHERE emp_no='Ann')
```

4. 更新数据语句 UPDATE

UPDATE 语句用来更新表中的记录,语法格式如下:
```
UPDATE table_name
SET Field_1=expression_1[, Field_2=expression_2 …]
[FROM table1_name|view1_name[, table2_name|view2_name …]]
[WHERE …]
```
其中,Field 是需要更新的字段;Expression 是要更新字段的新值表达式。

【例 6-8】 更新 employee 表中雇员 John 的部门。
```
UPDATE employee
SET dept_no='d3'
WHERE emp_fname='John'
```
【例 6-9】 将雇员 Jones 的岗位置空。
```
UPDATE works_on
SET job=NULL
FROM works_on, employee
WHERE emp_lname='Jones'
AND works_on.emp_no = empoyee.emp_no
```

6.3　JDBC API

JDBC API 提供了一组与数据库访问相关的接口规范,定义了连接数据库、创建 SQL 语句、在数据库中执行 SQL 查询、查看和修改结果记录等功能操作。不同类型的 Java 代码程序，如 Java 应用程序、Java Applet、Java Servlet、Java Server Pages（JSP）、企业级 JavaBeans（EJB）均可以使用 JDBC API 完成所需要的数据库访问功能。

JDBC API 接口规范主要定义了 Driver、DriverManager、Connection、Statement、ResultSet 等接口，以完成数据库加载、数据库连接、数据库查询和更新等操作。接口类由各类数据库驱动程序具体实现。

6.3.1 驱动程序接口 Driver

由于 JDBC 仅定义一组接口，因此要用 JDBC 访问某一类数据库，则必须提供该类数据库的完整的驱动程序包，含有实现了接口的所有类。驱动程序包为 JAR 文件，包含了所有数据库访问的类，其中包括驱动程序 Driver 类。对于 Oracle 数据库，驱动程序包为 ojdbc14.jar，其驱动程序类的名为 oracle.jdbc.driver.OracleDriver；对于 SQL Server 数据库，驱动程序包名为 mssqlserver.jar，驱动程序类的名字为 com.microsoft.jdbc.sqlserver.SQLServerDriver；对于 MySQL 数据库，其驱动程序包名为 mysql.jar，驱动程序类为 com.mysql.jdbc.Driver。不同版本的驱动程序包名可能不同。

驱动程序 Driver 类主要用于创建一个到指定数据库的连接，在类的实例创建时，必须通过 java.lang.class 类的方法 forName() 注册到 driverManager 方可使用。Driver 类常用方法如表 6-1 所示。

表 6-1 Driver 类常用方法

方　法	描　述
boolean acceptsURL(string url)	查看驱动程序是否可以打开到指定 URL 的连接，是则返回 true，否则返回 False
connection connect(string url, properties info)	创建一个到给定 URL 的连接
int getMajorVersion()	返回驱动程序的主版本号
int getMinorVersion()	返回驱动程序的次版本号
driver PropertyInfo getPropertyInfo()	获得驱动程序的属性信息
Boolean jdbcCompliant()	查看该驱动程序是否是 jdbcCompliant 驱动程序，是则返回 true

acceptsURL() 方法用来测试对指定的 URL 地址，该驱动程序能否打开这个 URL 连接。驱动程序对能够连接的 URL 会制定自己的协议标准，只有符合协议形式的 URL 才认为能够打开。例如，Oracle 定义的 URL 协议形式如下：

```
jdbc:oracle:thin:@//<host>:<port>/ServiceName
jdbc:oracle:thin:@<host>:<port>:<SID>
```

其中，<host>:<port> 是指数据库服务器的 IP 地址和端口号，ServiceName 是数据库名，SID 是系统建立数据库时赋予该数据库的标识。

下列代码判定指定的 URL Oracle 驱动是否符合 Oracle URL 规则：

```
boolean flag = driver.acceptsURL("jdbc:oracle:thin:@127.0.0.1:1521:xe");
```

Driver 类的 connect() 方法用于创建一个数据库连接，对数据库访问操作前均需首先创建一个 connection 对象。例如，以下代码段使用 connect() 方法创建到指定地址的数据库连接。

```
Driver driver = new com.mysql.jdbc.Driver();    // 声明一个驱动器对象
String url = "jdbc:mysql://127.0.0.1:3306/java_jdbc";
Properties info = new Properties();              // 创建数据库属性对象
info.put("user", "root");                        // 指定数据库用户名
info.put("password", "123456");                  // 指定数据库密码
```

```
// 创建一个连接 url 上数据库的连接
Connection connection = driver.connect(url, info);
```

6.3.2 驱动程序管理器 DriverManager

驱动程序管理器 DriverManager 提供若干方法跟踪和管理 JDBC 驱动程序。驱动程序管理接口定义一组方法用以设置数据库连接时间限制、进行消息显示、设置日志文件等。在加载 Driver 类并在 DriverManager 类注册后，可以在数据库和驱动程序之间建立连接。

表 6-2　DriverManager 接口的常用方法

方　法	描　述
void registerDriver(driver driver)	向 driverManager 注册驱动程序
void deregisterDriver(driver driverName)	从 driverManager 中删除驱动程序
Enumeration<driver> getDriver()	获取当前调用者可访问的所有已加载的驱动程序，返回驱动程序列表
connection GetConnection(string url, string user, string password)	依据数据库的 URL、用户名和密码建立一个数据库连接，并返回 java.sql.connection 的连接对象
void SetLoginTimeout(int seconds)	设置等待建立数据库连接的时间限值
void SeLogWriter(java.io.printWriter.out)	设置日志写入的对象
void Println(string message)	输出消息到输出设备

registerDriver()的作用等价于 forName()，实现注册某个数据库的驱动程序。注册驱动程序的工作一般放在整个系统的初始化工作中，不需要每个连接的创建前都注册。

GetConnection()方法用于建立一个数据库连接，会检查已注册的 driver 类是否可以建立指定的数据库连接，若可以，则建立数据库连接，否则抛出异常。例如：

```
Class.forName("com.mysql.jdbc.Driver");        // 注册 mySQL 使用的驱动
String url="jdbc:mysql://localhost:3306/myData";
String user="root";
String pwd="345678"
Connection conn  = DriverManager.getConnection(url, user, pwd);
```

创建了一个连接本地主机 3306 端口 mydata 数据库的连接对象，3306 是 mySQL 数据库的默认端口号。

DriverManager 的 GetConnection()方法是建立数据库连接的常用方法，与 Driver 类的 connect()方法一样，返回的是一个数据库连接。

6.3.3 数据库连接接口 Connection

Connection 接口主要用于管理和维护数据库连接整个过程中有关数据库操作模式、数据更新方式和 SQL 语句创建，包括设置当前的操作是否为只读模式、设置数据的提交方、关闭连接、创建不同类型的数据库操作语句对象等。Connection 接口定义了处理当前的连接设置的一系列方法，常用方法如表 6-3 所示。Connection()方法中的设置保存点、提交、滚回操作在事务处理中常被用到，本文将在后续章节详细讨论。

CreateStatement()、PrepareStatement()和 PrepareCall()三个方法用于创建不同类型的访问数据库操作的 SQL 语句对象，分别可以用于执行无参、带参的 SQL 命令和存储过程调用。例如，以下代码段创建了一个连接对象 conn，用连接对象的 createStatement()方法创建了一个语句对象 stmt，用语句对象的 execiteQuery()方法执行了一条 SQL 语句。

表 6-3　connection 接口的常用方法

方法	描述
Ststement CreateStatement()	创建并返回一个 SQL statement 语句对象。该语句对象适合执行无参数语句
PrepareStatement PrepareStatement(string sql)	创建并返回一个 PrepareStatement。该语句对象适合带参执行，且进行了语句预编译
CallableStatement PrepareCall()	创建并返回一个 callableStatement 对象。该语句对象用于执行调用存储过程
void SetAutoCommit(Boolean autoCommit)	设置当前的 connection 对象是否为自动提交模式。自动提交模式为 true 时（默认），数据更新自动同步到数据库；如果设置为 false，则需要调用 commit()或 rallback()方法完成数据库更新。
Boolean GetAutoCommit()	查看当前 connection 对象的提交模式，返回值 true 为自动提交模式，返回值 false 为非自动提交
SavePoint SetSavePoint()	在当前事务中创建一个保存点 savePoint 对象，该设置不能处于自动提交模式
void ReleaseSavePoint()	从当前事务中取消保存点 savePoint
void setReadOnly(Boolean readonly)	设置当前连接对象是否只读模式，true 为只读模式，false 为关闭只读模式
Boolean isReadOnly()	查看当前连接对象是否只读模式，true 为只读模式
Boolean isClosed()	查看当前和数据库的连接是否关闭，true 为已关闭
void commit()	将提交更新数据到数据库
void rollback()	取消当前事务的数据更新，数据恢复到上一次提交状态，用于非自动提交模式。如果带参 savePoint，数据将恢复到该 savePoint 时，取消之后的所有数据更改
void close()	关闭当前的数据库连接

```
String url = "jdbc:mysql://localhost:3306/myData";
Connection conn = DriverManager.getConnection(url, "root", "123456");
Statement stmt = conn.createStatement();
ResultSet rs = stmt.executeQuery("SELECT * FROM userTable");
```

如果连接对象使用完毕，应采用 close()方法关闭连接，释放连接所占资源。

6.3.4　语句执行接口 Statement 和 PrepareStatement

Statement 接口定义了用于执行静态的不带参的 SQL 语句的方法，并将执行结果返回。一般需声明一个 ResultSet 对象来存放返回的 SQL 命令执行结果。

表 6-4　常用的 Statement 方法

方法	描述
Resultset executeQuery(string sql)	执行参数串 sql 表示的 SELECT 查询语句，查询结果返回在结果集 resultSet 对象中
int executeUpdate(string sql)	执行参数串 sql 表示的 INSERT、UPDATE 或 DELETE 语句，并返回一个表示更新记录数的整型值
void addBatch(string sql)	将参数串 sql 表示的数据库命令串加到批处理中
void clearBatch()	清除批处理中的所有 SQL 语句，若驱动程序不支持批处理命令，则抛出异常
int[] executeBatch()	执行批处理中的命令集
void Close()	关闭该 statement 占用的数据库和 JDBC 资源

Statement 对象的 executeQuery()方法用于执行 SQL 查询命令，executeUpdate()方法则用于执行有关数据库更新的其他 SQL 语句，如 INSERT、UPDATE、DELETE、CREATE TABLE 等。如下列语句完成 SELECT 和 DELETE 操作：

```
Statement stmt = conn.createStatement();   // 创建一个 statement 对象
ResultSet rs = stmt.executeQuery("SELECT name FROM student"); // 执行 SQL SELECT 语句
stmt.executeUpdate("delete from student where stuid='0032'")
```

executeBatch()方法执行由若干 SQL 命令组成的语句集，批处理执行成功后，返回存有更新记录数的数组，每个记录元素值为对应执行顺序的 SQL 命令更新结果，该值大于等于 0，为更新记录数；小于 0 为执行结果有异常。

PrepareStatement 类是 Statement 的子类，继承了 Statement 的所有方法，也具有自己的方法，用以完成动态带参的 SQL 语句执行。

表 6-5　常用的 prepareStatement 方法

方法	描述
Resultset executeQuery()	执行 prepareStatement 对象创建时指定的可带参的 SQL SELECT 查询语句，查询结果返回在结果集 ResultSet 对象中
Int executeUpdate()	执行 prepareStatement 对象创建时指定的可带参的 SQL 的 INSERT、UPDATE 或 DELETE 语句，并返回一个表示更新记录数的整型值
void clearParameter()	清除该 prepareStatement 所有参数值
void setXXX(int paraIndex, para)	为 prepareStatement 对象中执行时需要的特定参数设置 XXX 类型值，paraIndex 为参数顺序，para 为参数值
void Close()	关闭该 prepareStatement 占用的数据库和 JDBC 资源

以下代码定义了一个带参的 SQL UPDATE 语句串，参数用 "?" 表示，需要在执行方法调用前动态给出。PreparedStatement 对象 pst 的 setString() 方法在语句执行前设置该参数为 "Supervisor"。

```
String sql="update user set user_name=? where id=1";   // 构造一个带参 SQL 语句串
// 创建一个 prepareStatement 对象 pst
PreparedStatement pst=conn.prepareStatement(s);
// 设置 pst 对象的执行语句的第 1 个参数为 Supervisor
pst.setString(1, "Supervisor");
pst.executeUpdte();                                     // 执行 SQL 语句串
```

Statement 对象不再引用后，应用对象的 close() 方法关闭，释放资源。

6.3.5　结果集接口 ResultSet

ResultSet 类用于存放执行 SQL 语句检索数据库后的结果，也用于存放即将插入、更新数据库表的数据，可以视为数据库表在内存中的映射。所有 ResultSet 对象均使用记录（行）和字段（列）进行构造。如当使用 executeQuery() 方法执行一条 SELECT 语句时，查询结果会返回给某个 ResultSet 对象。ResultSet 的方法与数据库表的操作类似，主要是定位记录位置和获取记录列值，如表 6-6 所示。

表 6-6　resultSet 的常用方法

方法	描述
boolean first()	移动指针到结果集的第 1 行。若结果集为空，则返回 false，否则返回 true
boolean last()	移动指针到结果集的最后 1 行。若结果集为空，则返回 false，否则返回 true
Boolean previous()	移动指针到当前记录的前 1 行。若存在前 1 行，则返回 true，否则返回 false
Boolean next()	移动指针到当前记录的后 1 行。若存在后 1 行返回 true，否则返回 false
void beforeFirst()	移动指针到第 1 行记录之前。若指针处于第 1 行前，则 next() 方法将移动指针到第 1 行
void afterLast()	移动指针到最后 1 行之后。若指针处于最后 1 行后，则 previous() 方法将移动指针到最后 1 行
Boolean absolute(int cursor)	移动指针到指定位置记录行。入口参数可为正或负整数，正为从前向后编号位置，负为从后向前编号位置
Boolean relative(int n)	移动指针到相对当前行的 n 行位置。正数为向后移动 n 行，负数为向前移动 n 行
xxx getXXX(index | column)	可以通过列（字段）顺序号或列名获得 XXX 类型的列值

续表

方法	描述
void update(index, value)	通过（字段）顺序号或列名更新指定列值
int getRow()	获取当前行指针位置，有效位置返回值为整型数，否则为 0
int findColumn(string columnname)	获取指定列名的记录行位置，返回值为整型行编号
Boolean isbeforeFirst	查看指针是否在结果集的第 1 个记录前，是则返回 true，否则 false
Boolean isAfterLast()	查看指针是否在最后 1 个记录后，是则返回 true，否则 false
Boolean isFirst()	查看指针是否在第 1 个记录，是则返回 true，否则 false
Boolean isLast()	查看指针是否在最后 1 个记录，是则返回 true，否则 false
void close()	关闭该 ResultSet 对象占用的数据库和 JDBC 资源

下列语句段完成一次数据库记录的检索，并将结果赋予 resultSet 对象 rs，分别通过列名和列序号取出相应的列值，然后记录指针移至下一个记录。

```
Statement stmt = conn.createStatement();
ResultSet rs = stmt.executeQuery("SELECT name FROM student");
String stuid = rs.getString( "stuid" );        // 根据列名取列值
String stuname = rs.getString(2);              // 根据列序号取列值
Rs.next();                                     // 记录指针移到下一行记录
```

ResultSet 的 getXXX()方法是一系列的与列值数据类型相对应的方法，包括 getInt()、getString()、getDate()、getFloat()、getTime()等。

6.4 JDBC 数据库访问

用 JDBC 访问数据库一般经过加载 JDBC 驱动程序、创建数据库连接、执行 SQL 语句、访问查询结果集、关闭数据库连接等步骤。这些步骤均可通过调用 JDBC API 来实现。

6.4.1 加载 JDBC 驱动程序

JDBC 驱动程序需要加载注册到 DriverManager 中方可使用，可以有两种加载方法：一是通过 java.lang.class 类的 forName()方法，二是通过 DriverManager.registerDriver()方法。

1. 用 forName()加载驱动程序

java.lang.class 类的 forName(string driverName)方法完成向驱动程序管理器注册驱动程序，其中，driverName 为完整的驱动程序类名，每个 DBMS 都有其完整的驱动程序类名，参见 6.3.1 节。例如：

```
Class.forName("oracle.jdbc.driver.OracleDriver");      // 加载 Oracle 驱动程序
Class.forName("com.mysql.jdbc.Driver");                // 加载 MySQL 驱动程序
// 加载 SQL Server 数据库驱动
Class.forName("com.microsoft.sqlserver.jdbc.SQLServerDriver");
```

2. 用 DriverManager.registerDriver()加载驱动程序

DriverManager.registerDriver()方法是 DriverManager 类的注册驱动程序方法,其语句形式为：
```
DriverManager.registerDriver(new com.mysql.jdbc.Driver());//加载 MySQL 驱动程序
```
registerDriver()方法的参数是某个 DBMS 的 Driver 类实例，加载会将驱动程序类的实例注册到 DriverManager 类中，如果加载失败，会抛出 classNotFoundException 异常，即驱动程序类未找到。

【例 6-10】 采用 registerDriver()方法加载 mySQL 数据库驱动。
```
Static{
  try{
    if(defaultDriver ==null) {
      // 以下创建一个 MySql Driver 实例
      defaultDriver =new com.mysql.jdbc.Driver();
      // 注册到 DriverManager
      DriverManager.registerDriver(defaultDriver);
    }
  }
  catch(RuntimeException localRuntimeException) { }
  catch(SQLException localSQLException) { }
```

6.4.2 创建数据库连接

在 Java 应用程序访问数据库数据前，必须创建与待访问数据库的连接对象。驱动程序管理类 DriverManager 类负责建立和管理数据库的连接。DriverManager 类的 getConnection()方法和 Driver 类的 connect()方法都可以创建一个数据库连接对象。

1. 用 driverManager 类的 getConnection 创建连接

DriverManager 类的 getConnection()方法通过 URL 自动匹配对应的驱动 Driver 实例，然后调用对应的 connect()方法返回 Connection 对象实例。getConnection()创建数据库连接代码形式为：
```
Class.forName("com.mysql.jdbc.Driver ");
Connection connection = DriverManager.getConnection(url, user, password);
```
【例 6-11】 连接一个 mySQL 数据库，数据库用户名为"root"，密码为"666888"。
```
protected String url="jdbc:mysql://localhost:3306/user";
protected String user="root";
protected String password="666888";
protected String driverName="com.mysql.jdbc.Driver";
protected Connection conn=null;
protected Statement state=null;
public void create() {
  try {
    Class.forName(driverName);                               // 加载驱动程序
    conn=DriverManager.getConnection(url,user,password);    // 连接数据库
    if(conn!=null)
      System.out.println("数据库连接成功！");
  }
}
```

2. 用 Driver 类的 connect()方法创建数据库连接

Driver 类的 connect()方法同样可以创建一个数据库连接对，语句形式为：
```
Connection connection = driver.connect(url, props);
```
其中，url 是欲连接的数据库 URL 地址，props 为欲连接数据库的属性参数对象。

连接过程需要先创建一个驱动程序 Driver 类对象，定义连接数据库的基本信息的参数

property 对象，然后调用 Driver 类的 connect()方法创建数据库连接对象。

下列代码示意了连接过程。

```
// 创建一个 mySQL 数据库的 Driver 对象
Driver driver = new com.mysql.jdbc.Driver();
// 设置连接数据库的 URL 地址
String url = "jdbc:mysql://127.0.0.1:3306/java_jdbc";
Properties info = new Properties();                        // 创建数据库属性对象
info.put("user", "root");                                  // 设置用户名属性
info.put("password","123456");                             // 设置密码属性
Connection connection = driver.connect(url, info);         // 获取数据库连接
```

创建了 Connection 数据库连接对象后，即可用 connection()对象方法创建 SQL 语句对象、设置数据库访问和提交模式等。

3. 数据库连接池

对于 Web 应用程序来说，多用户同时段访问数据库服务器是常见的情况，意味着需要存在多个数据库连接。同时存在的数据库连接数量会影响系统的性能，数据库连接池则用于解决连接数管理问题。

数据库连接池为系统设置最大、最小数据库连接数。一般在系统初始化时，创建一定数量的数据库连接，被称为数据库连接池。最小数据库连接数是指系统中应保持的最小的数据库连接数量；最大数据库连接数量是同时存在的最大数据库连接数，当应用程序请求的连接数超过最大连接数时，新的连接请求将被加到等待队列中。

数据库连接池通常需要连接池软件支持管理。常用的开源 Java 数据库连接池软件有 C3P0、Proxool、Primrose、SmartPool、MiniConnectionPoolManager 等。

6.4.3 执行 SQL 语句访问数据库

在建立数据库连接后，将采用 SQL 语句存取、更新、查询数据库数据。连接对象 Connection 的 createStatement()、prePareStatement()和 callableStatement()方法可以创建 SQL 语句对象，但不能执行语句。

Statement 对象用于执行不带参数的基本 SQL 语句，如果一条语句需要在执行时动态构成执行参数，则需要使用 PrepareStatement 对象来完成。PrepareStatement 是 Statement 的子类，增加了带输入参数的预编译 SQL 语句，语句会被预先编译，编译一次后，可通过设置不同的参数值多次使用；CallableStatement 又是 PrepareStatement 的子类，增加了处理输出参数的方法，用于调用数据库的存储过程，下一节将详细描述。

1. 无参数 SQL 语句执行

无参数 SQL 语句执行也称为静态 SQL 语句执行。Statement 对象在执行 SQL 语句时执行的是固定的 SQL 命令串，执行前不需向 SQL 命令串提供动态参数。Statement 的 executeQuery()和 executeUpdate()方法完成 SQL 语句的执行，其中 executeQuery()方法一般用于执行数据库查询 SELECT 语句。

【例 6-12】 使用 Statement 对象检索学生数据库表记录。

程序代码示意如下。

```
...
conn=DriverManager.getConnection(url, user, password);        // 连接数据库
```

```
String sql="SELECT *  FROM students";            // 构造 SQL 语句
stmt=conn.createStatement();                      // 创建 Statement 对象
ResultSet rs=stmt.executeQuery(sql);    // 执行 SQL 查询,并将结果返回给 ResultSet 对象
// 循环部分遍历结果集,输出学生姓名列表
while(rs.next()) {
   System.out.println(rs.getString("stuID") + rs.getString("stuName"))
}
rs.close();
stmt.close();
conn.close();                                     // 关闭连接
...
```

可以看到,程序创建了一个 Statement 对象 stmt,该对象采用 executeQuery()方法执行了一条不带参的 SQL 语句"SELECT * FROM students",完成从 students 表中检索出所有数据记录,将检索结果返回给 ResultSet 对象 rs 并输出显示。rs.next()是用结果集的移动指针方法达到遍历记录集的目的。

rs.close()、stmt.close()、conn.close()这 3 条语句用于关闭结果集、语句对象和连接对象,若不再使用这些对象,应进行关闭操作,以后的示例不再赘述。

执行 SQL 语句前,加载驱动和数据库连接是必要的,一般在 Servlet 初始化代码部分可以完成。本代码略去公共部分,包括 import 部分。本章其他示例同。

Statement 对象的 executeUpdate()方法用于执行 INSERT、UPDATE 或 DELETE 语句,返回一个整数值,为插入、删除或更新的记录行数。该方法也可执行 SQL DDL 数据定义语句,如建表 CREATE TABLE 和删除表 DROP TABLE 等,返回值为 0,因为不涉及更新数据行。

【例 6-13】 用 Statement 对象的 executeUpdate()方法创建一个数据库表。

程序代码示意如下。

```
...
conn=DriverManager.getConnection(url, user, password);
if(conn!=null) {
   stmt=conn.createStatement();                   // 创建 statement 对象
   // 构造一条创建名为 userlist 数据库表的 SQL 语句
   String sql="create table userlist(id int primary key not null
               auto_increment, username varchar(50), password varchar(50))";
   int flag=stmt.executeUpdate(sql);              // 用 executeUpdate 执行 SQL 语句
   System.out.println(flag);
}
```

注意:在 statement 对象执行 SQL 语句时将关闭所调用的 Statement 对象的当前打开结果集。因此在重新执行 Statement 对象之前,已获取的 ResultSet 对象数据应处理完。

2. 带参数 SQL 语句执行

例 6-12 和例 6-13 均为 Statement 对象执行的静态的无参数变化的 SQL 语句。若 SQL 语句执行时需要动态参数,则应采用 prepareStatement 对象。

PreparedStatement 对象有自己的 executeQuery()、executeUpdate()方法。Statement 对象本身不包含 SQL 语句,执行 SQL 语句的方法均需提供字符串型 SQL 语句串作为参数。而 PreparedStatement 对象已经包含预编译 SQL 语句,不需提供 SQL 语句串,只需提供语句串需要的动态变量。

PreparedStatement 对象的 setXXX()方法用于在执行语句前设置语句需要的动态参数值,

其中 XXX 是动态参数的类型，如 int、string 等。

【例 6-14】 用 PreparedStatement()方法完成带参的数据库操作。

程序代码示意如下。

```
...
String sql="select ?,? from user where user_name=xiao and user_password=123";
// 创建一个语句串为 sql 的 prepareStatement
PreparedStatement pst=conn.prepareStatement(sql);
pst.setString(1, "user_name");            // 设置 SQL 语句的第 1 个参数
pst.setString(2, "user_password");        // 设置 SQL 语句的第 2 个参数
ResultSet rs=pst.executeQuery();          // 执行带参的 SQL 语句
...
```

如上代码建立了一个带动态参数的 SQL SELECT 语句，在 SQL 命令串中的两个"?"即为执行时需动态给出的变量参数。pst 为创建的一个 PrepareStatement 对象，在执行 SQL 语句前，pst 的 setString()方法给出了 SQL 字符串的两个动态参数。

6.4.4 数据库访问结果集的处理

在本章很多示例中可以看到这样的语句：

```
ResultSet rs=stmt.executeQuery(sql);
```

其中，rs 为 ResultSet 对象（结果集对象），通过 ResultSet 对象可对数据进行操作。ResultSet 对象可被看作一个数据库表和操作的封装。ResultSet 对象方法主要用于移动指针到指定位置获取指定记录或列值，即访问从数据库获取到 resultSet 的数据记录。

采用 Statement 和 prepareStatement 对象的 ExecuteQuery()方法从执行 SELECT 语句从数据库返回查询结果时，一个 ResultSet 对象会被自动创建。例如，语句

```
ResultSet rs=stmt.executeQuery("SELECT * FROM sales");
```

将创建含有数据库表 sales 中所有记录数据的 ResultSet 对象 rs。

ResultSet 对象的数据结构与数据库的关系表一样，由记录行（Row）和列/字段（Column/Field）构成，任何时候对记录集数据的访问只是访问其当前的记录。一个记录是若干字段（列）的集合，故读取记录数据即为对列/字段的访问。

对于 ResultSet 对象来说，列（字段）名和列的顺序号均可标识一个字段。例如，sales 表的第 1 个字段的字段名为 ID，第 2 个字段的字段名为 GoodName，其字段的顺序号则为 0 和 1。ResultSet 集中的记录可以用 getXXX()方法通过列名或列的顺序号获取列值。方法调用形式分别为：

```
rs.getString("userName");            // 取当前记录列名为 userName 的值
rs.getString(2);                     // 取当前记录列序号为 2 的列的值
```

如果字段顺序号为 2 的字段名就是 userName，则两个调用返回的结果相同。

getXXX()方法中的 XXX 为获取的列值的类型，基本的数据类型包括整型（int）、布尔型（boolean）、浮点型（float、double）、字节型（byte）等，还包括日期型（java.sql.Date）、时间型（java.sql.Time）、时间戳型（java.sql.Timestamp）等特殊类型。

【例 6-15】 数据库表 sales 包含 4 个字段：int 型的 ID、string 型的 goodName、string 型的 country 和 int 型的 price。使用 ResultSet 的 get()方法用字段名和字段顺序号获取当前记录。

程序代码示意如下。

```
...
String sql = "SELECT * FROM sales";
```

```
PreparedStatement psta = conn.prepareStatement(sql);
ResultSet rs = psta.executeQuery();              // 返回结果集 ResultSet
int id = rs.getInt("ID");                        // 用字段名"ID"（列名）获取商品编号值
String goodName = rs.getString("goodName");      // 用字段名 goodName 获取商品名称
String country= rs.getString(3);                 // 用字段顺序号获取第 3 列商品出产国值
float price = rs.getFloat(4);                    // 用字段顺序号获取第 4 列商品价格值
System.out.println(id+"   "+goodName+"   "+country+"   "+price);
...
```

当要读取记录集的所有字段时，用字段的顺序号来访问比较简单。虽然任何时候只能对记录集中的当前记录数据进行操作，但可以使用 ResultSet 对象的一组移动方法进行当前记录的重定位，以达到遍历结果和指定记录访问的目的。方法列表见表 6-6。

6.4.5 数据库操作中的事务处理

在数据库系统中，事务是一个重要的概念。事务是指完成一定功能的一组相关操作步骤。执行过程中，任何一步的失败都被视为事务处理不成功，系统将复原至事务开始前的状态。Connection 对象提供了一组事务处理的方法，包括 setAutoCommit()、getAutoCommit()、commit()、rollback()方法等。

JDBC API 默认数据库的数据更新模式为自动提交，即每条对数据库的更新命令都会令磁盘存储中的数据库记录更新。实质上是把每条 SQL 语句的执行都视为一个事务，语句执行成功后，系统自动调用 commit()来提交。

如果事务涉及一系列操作步骤，由若干条语句构成，则对事务的处理主要通过setAutoCommit()设置非自动提交模式，采用手动提交 commit()方法和回滚操作 rollback()方法来控制。

【例 6-16】 事务处理。本例采用 Web 站点进行网上交易，允许用户使用信用卡付账完成网上交易。为了记录交易信息，在数据库中设立了两个表：creditCard 和 shipping，分别记录购买商品的信用卡号和被购买商品的交易情况。当交易发生时将更新这两张表，更新过程为一个事务处理过程。若该事务处理过程中，一张表已更新，而第二张表未更新时，机器发生故障，则该事务的整个处理过程无效，第一张表的内容也保持事务开始前的状态。

程序代码示意如下。

```
...
conn=DriverManager.getConnection(url, user, password);
...
conn.setAutoCommit(false);                // 设置非自动提交模式
// 构造在 CreditCard 表中记录交易的信用卡号 SQL 命令串
string sql= "INSERT INTO creditCard(CreNo)  VALUES('5555-446780190')";
stmt=conn.createStatement();              // 创建 Statement 对象
stmt.executeUpdate(sql);                  // 执行在 CreditCard 表中增加一个信用卡号记录
// 构造在 Shipping 表中使被购买商品的次数增 1 的 SQL 命令串
sql= "UPDATE shipping SET SalesCount =SalesCount+1  WHERE ID='100020' ";
stmt.executeUpdate(sql);                  // 执行 shipping 表数据更新
Conn.Commit();                            // 事务提交，完成在磁盘中存储的表数据更新
con.setAutoCommit(true);                  // 恢复事务自动提交方式
...
```

本例中，一旦交易成功，应同时记录信用卡号和商品的购买次数，两个步骤有一个不成

功,则 creditCard 和 shipping 表都被恢复到 conn.setAutoCommit(false)设置非自动提交模式前的状态。

上面的示例是防止在事务处理过程中,意外故障使数据库中的数据处于不一致状态,采用 setAutoCommit(false)和 Commit()两个方法界定事务处理步骤后,可以使意外产生后,数据库能自动恢复至事务开始前的原态。rollback()方法则用来人为地使事务处理恢复到事务开始之前。

【例 6-17】 采用 rollback()方法进行事务恢复。

程序代码示意如下。

```
...
conn.setAutoCommit(false);                        // 设置非自动提交模式
string sql= "INSERT INTO creditCard(CreNo)  VALUES('5555-446780190')";
stmt=conn.createStatement();                      // 创建一个 Statement 对象
stmt.executeUpdate(sql);         // 执行在 CreditCard 表中增加一个信用卡号记录
sql= "UPDATE shipping SET SalesCount =SalesCount+1 WHERE ID='100020' ";
stmt.executeUpdate(sql);
if(WeekDay= "Sunday")
   conn.rollback()                                // 取消更新,事务滚回
else
   conn.commit()                                  // 提交
...
```

本例中,变量 weekDay 是 Sunday 判别交易当日是否为星期天(非交易日),若是,则将执行 conn.rollbackTrans,撤销之前所做的记录交易信息的操作,使 creditCard 和 shipping 表都被恢复到事务开始时的状态。

6.4.6 存储过程的调用

存储过程由一系列的 SQL 语句组成,常用来完成一个特定的功能。如同其他程序设计语言中的过程、函数或子程序的概念,便于共享及程序模块化调用。存储过程在数据库系统中通过如下语句建立,可被其他应用程序调用。

```
CREATE PROCEDURE 过程名(输入/输出参数表)
AS
SQL 语句序列
```

由多个 SQL 语句序列构成的存储过程意味较复杂的数据库操作被视为一个调用整体,在 Web 数据库程序设计中使用 SQL 存储过程有下列好处:

- SQL 存储过程的执行比 SQL 命令快得多。当一个 SQL 语句包含在存储过程中时,服务器不必每次执行它时都要分析和编译它。
- 在多个网页中可以调用同一个存储过程,站点易于维护。
- 一个存储过程可以包含多个 SQL 语句,这意味着可用存储过程建立复杂的查询。
- 存储过程可以接收和返回参数,这是复杂数据库访问功能实现的必要基础。

在 Java 数据库操作中,可以通过 CallableStatement 对象调用存储过程。CallableStatement 是 Statement 类的子类,同时继承了 PreparedStatement 的方法,主要用于处理带有输入参数的 SQL 语句。CallableStatement 提供了以标准形式调用数据库存储过程的方法。调用有两种形式:一种是带返回参数,另一种则不带返回参数。返回参数是一种输出(OUT)参数,为存储过程的返回值。执行存储过程调用的方法 executeQuery()支持带有数量可变的输入(IN)、

输出（OUT）参数。"?"是用于表示参数的占位符。

CallableStatement 对象用 conn.prepareCall()方法创建，形式为：

```
CallableStatement cstmt = conn.prepareCall("call transProc(?, ?)");
```

其中，"call transProc(?, ?)"为 CallableStatement 对象的 executeQuery()方法执行调用存储过程的语句串；"?"为参数占位符，参数的类型（IN、OUT、INOUT）取决于存储过程 transProc 的参数定义。

与 PrepareStatement 相同，程序通过 setXXX()方法将将输入（IN）参数传递给 CallableStatement 对象。例如：

```
CallableStatement cstmt=conn.prepareCall("call transProc(?, ?)");
cstmt.setInt(1, 2);                         // 设置第1个参数为整型值2
```

如果存储过程具有返回型 OUT 参数，则在执行 CallableStatement 对象前必须用 registerOutParameter()方法注册 OUT 参数的 JDBC 数据类型。调用存储过程后，可用 CallableStatement 的 getXXX()方法获取返回值。例如：

```
cstmt.registerOutParameter(1, Types.VARCHAR);   // 注册第1个OUT参数类型
cstmt.registerOutParameter(3, Types.INT);       // 注册第3个OUT参数类型
ResultSet rs=cstmt.executeQuery();
String name=cstmt.getString(1);                 // 获取第1个返回值
int b=cstmt.getInt(3);                          // 获取第3个返回值
```

注意，registerOutParameter()注册的参数类型是与数据库相匹配 JDBC 数据类型，用 getXXX()获取值时会将其转换为 Java 数据类型。JDBC 数据类型可参考相关资料，本书不再详述。

【例 6-18】 利用对存储过程 LoginCheck 的调用，验证登录用户的合法性。该存储过程在调用时，必须给定两个入口参数：登录用户名 UserName 和密码 Password。LoginCheck 存储过程在校验完后将返回校验结果。

程序代码示意如下。

```
...
Class.forName("com.mysql.jdbc.Driver");
Connection conn=DriverManager.getConnection(URL, UserName, Password);
// 设置带有3个参数的存储过程 loginCheck 的调用语句串
String sql="call loginCheck (?,?,?)";
// 创建可带调用存储过程的 CallableStatement 对象
CallableStatement csmt=conn.prepareCall(s);
// 设置 CallableStatement 对象第1个参数值为 admin
csmt.setString(1, "admin");
// 设置第2个参数值为 87654321
csmt.setString(2, "87654321");
// 注册返回值类型为 BOOLEAN
csmt.registerOutParameter(3, Types.BOOLEAN);
ResultSet rs=csmt.executeQuery();            // 调用存储过程
Boolean check=csmt.getBoolean(3);            // 获得存储过程返回值
if(check)
   System.out.println("成功！");
else
   System.out.println("校验错误");
rs.close();
csmt.close();
```

```
        conn.close();
...
```

6.5 JSP 数据库操作

Web 采用 JSP 访问数据库可以采用前端 JSP 页面+Servlet 程序访问数据库的形式,也可直接在 JSP 页面中对数据库进行操作,两者本质上仍然是采用 Java 和 JDBC 编程实现的,本章阐述的方法技术均可采用。这里通过一个示例予以说明 JSP 页面中的数据库操作。

【例 6-19】 将注册页面提交的会员注册信息写入数据库。

程序代码示意如下。

```jsp
<%@ page language="java" import="java.sql.*,java.util.*"
          contentType="text/html; charset=UTF-8" pageEncoding="UTF-8"%>
<!DOCTYPE html PUBLIC "-//W3C//DTD HTML 4.01 Transitional//EN"
          "http://www.w3.org/TR/html4/loose.dtd">
<html>
<head>
  <meta http-equiv="Content-Type" content="text/html; charset=UTF-8">
  <title>接收页面</title>
</head>
<body>
  <% // 需加载的 mySQL 驱动程序名
    String driverName="com.mySql.jdbc.Driver";
    // 定义带有数据库地址和数据库名的 URL 串
    String dbURL="jdbc:mySql://localhost:3306/myDataBase";
    String userName="sa";
    String pwd="123456sa";
    Class.forName(driverName);                      // 加载的数据库驱动程序
    // 连接数据库,创建一个连接对象
    Connection conn=DriverManager.getConnection(dbURL, userName, pwd);
    // 定义一个带参的进行记录插入的 SQL 语句串,创建可执行带参 SQL 语句
    // 的 PreparedStatement 对象
    String sql="INSERT INTO stu_info(id, name, sex, age, weight, hight)
          VALUES(?,?,?,?,?,?)";
    PreparedStatement pstmt=conn.prepareStatement(sql);
    request.setCharacterEncoding("UTF-8");
    // 以下通过 request 对象获取注册输入页面传递过来的注册参数
    int id=Integer.parseInt(request.getParameter("id"));
    String name=request.getParameter("name");
    String sex=request.getParameter("sex");
    int age=Integer.parseInt(request.getParameter("age"));
    float weight=Float.parseFloat(request.getParameter("weight"));
    float hight=Float.parseFloat(request.getParameter("hight"));
    // 以下设置 prepareStatement 对象的动态参数值
    pstmt.setInt(1, id);
    pstmt.setString(2, name);
    pstmt.setString(3, sex);
    pstmt.setInt(4, age);
    pstmt.setFloat(5, weight);
```

```
        pstmt.setFloat(6,hight);
        // 执行定义好的 SQL 插入命令
        int n=pstmt.executeUpdate();
        if(n==1)
%> 数据插入操作成
<% else
%> 数据插入操作失败!
<% if(pstmt!=null)
        pstm.close();
    if(conn!=null)
        conn.close();
%>
</body>
</html>
```

6.6 SQL 语句注入攻击与防范

由于 Web 的互联网特性，数据库数据会面临许多安全问题。黑客们会利用现行的系统漏洞、平台漏洞、敏感数据缺陷等侵入甚至攻击系统，给系统和数据带来安全隐患。Web 数据库系统的安全性问题涉及面较广，这里只讨论 JSP 数据库编程中常见的 SQL 注入攻击问题以及防范处理。

6.6.1 SQL 注入攻击

SQL 注入攻击是黑客对数据库进行攻击的常用手段之一。由于经验不足，很多程序员在编写代码时，没有注意对用户输入数据的合法性进行检验，从而使所开发的数据库应用系统存在安全隐患。恶意攻击的黑客往往通过提交一段能利用 SQL 语句漏洞的数据库查询代码，获取本无权访问的数据，这就是所谓的 SQL 注入（Injection）攻击。

这里举例说明 SQL 注入攻击原理。例如，某个网站的登录验证的 SQL 查询代码为：
        String sql = "SELECT * FROM users WHERE user ='"+uid+"' AND password ='"+pwd+"' ";
若在 SQL 语句中恶意填入：
        uid = "1' OR '1'='1";
        pwd = "1' OR '1'='1";
则 SQL 语句串成为了：
        sql = "SELECT * FROM users WHERE (name = '1' OR '1'='1') AND (password = '1' OR '1'='1')"
由于填入的两个字符串会使得条件语句的条件恒为真，因此实际运行的 SQL 命令变成：
        sql = "SELECT * FROM users;"
执行该语句的后果就是登录密码检验完全无效，数据库被攻破。

基于以上攻击思路，若一个认证页面的输入框需要用户输入用户名和密码，认证需要执行下列类似语句：
        SELECT * FROM users WHERE user ='"+uid+"' AND password ='"+pwd+"'
其中，用户名和密码都是用户在页面输入框输入的字符串。

如果文本框内输入字符串'abc''' OR 1=1#，在密码框内输入"123"，则 SQL 语句变成：
        SELECT * FROM users WHERE username='abc''' OR 1=1# AND password='123'
由于"#"是 mySQL 数据库的注释标志，后面的 password='123' 不再起作用，用户输入的任何用户名与密码，都骗过了系统，获取了合法身份。因此，如果执行该语句前没有进行必要的输入检验和字符过滤，很容易遭到 SQL 注入式攻击。

下例是在动态构造 SQL 语句时，因为存在参数构造缺陷，造成黑客附加破坏性语句。假如应执行的 SQL 串本应如这样形式的语句

```
SELECT stuname, course  FROM students  WHERE stuid = '14010222'
```

若黑客利用了输入条件参数不加过滤的漏洞，可以在条件输入时加上语句终止符并附加其他 SQL 语句，加上"；　DROP DATABASE pubs --"，则该查询语句成为：

```
SELECT stuname, course  FROM students  WHERE stuid = ''; DROP DATABASE pubs -- ''
```

通过";"字符来终止当前的 SQL 语句，添加了恶意的删除 pub 数据库的 SQL 语句，并把语句的其他部分用"--"字符串注释掉。"--"也是注释符。

可以看出，依据页面用户输入动态构造 SELECT 语句会有巨大的风险。这样的方式可以将其他任何 SQL 命令 DELETE、UPDATE 等轻易插入到程序中，带来无法估计的损失。

6.6.2　避免 SQL 注入攻击

依据以上所述 SQL 注入攻击的原理，这里给出避免攻击的一些建议。

1．SQL 语句中审慎使用引号

前述的攻击示例可以看出，动态构造 SQL 语句条件参数时，黑客输入串主要利用了单、双引号配对的漏洞，设法将单引号转换为双引号。

2．输入参数一定要经过参数检验

输入参数一定要经过校验，过滤容易造成条件恒为真的字符、注释符及其他可能造成漏洞的字符。

3．参数类型指定

在构造动态 SQL 语句时，一定要使用类安全（type-safe）的参数编码机制。大多数数据库 API 允许指定所提供的参数的准确类型（字符串、整数、日期等），称为正确的参数编码（ecoded），以避免被黑客利用在字符和数值间转换。

4．敏感数据加密

敏感数据避免以明文形式在数据库里存放，如用户密码。若存放密码的数据表被攻破，密码即泄漏。敏感数据可用加密工具加密或做其他处理后存放数据库。

5．为数据库表设置最低访问权限

对数据库中的各数据表只给用户/操作最低的权限，避免安全漏洞牵涉更大范围的影响。

6.7　应用示例：课程信息查询与修改

【例 6-20】 对 student 数据库中的 course 数据表进行数据查询并显示在页面中，同时实现数据的编辑、删除、更新和取消操作。

本例包含 4 个 JSP 页面和 3 个 Java 程序（Servlet）。Show.jsp 页面调用 creditDao.java 程序的 getCredit 方法获取 course 数据库表的信息，并以列表的形式在页面显示，如图 6-3(a)所

示。当在 Show.jsp 页面单击编辑链接时,跳转进入 update.jsp 页面,如图 6-3(b)所示。当在 update.jsp 页面输入更改的信息,单击更新按钮后,跳转至 doupdate.jsp 页面。doupdate.jsp 调用 creditDao.java 的 updateCredit()方法更新数据库中的记录。单击删除链接则进入 delete.jsp 页面,delete.jsp 调用 creditDao.java 的 deleteCredit()方法删除相应记录。Credit.java 为课程信息类对象与 Show.jsp 页面的 list 列表控件关联,存放数据库中检索出的结果数据。Condb.java 程序负责加载 mySQL 驱动程序和创建数据库连接。

课程号	课程名	学分		
0001	高等数学2	5	编辑	删除
0002	英语3	8	编辑	删除
0003	工程数学2	6	编辑	删除
0004	计算机网络下	4	编辑	删除

(a) 课程学分检索显示

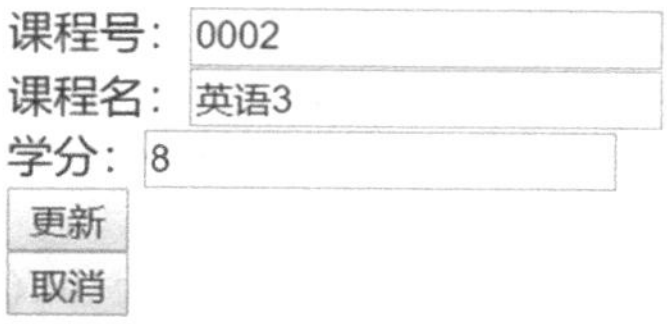

课程号:0002
课程名:英语3
学分:8
更新 取消

(b) 课程信息编辑显示界面

图 6-3 课程信息查询与修改界面

(1) show.jsp 程序获取数据库的课程信息并显示。界面见图 6-3(a)。

```jsp
<%@ page language="java" contentType="text/html; charset=utf-8"
    pageEncoding="utf-8"%>
<!-- 引入需要的Java包,CreditDao和Credit是本系统处理课程信息数据库访问的Java类 -->
<%@ page import="edu.njtech.dao.CreditDao" %>
<%@ page import="edu.njtech.model.Credit" %>
<%@ page import="java.util.List" %>
<!DOCTYPE html PUBLIC "-//W3C//DTD HTML 4.01 Transitional//EN"
                      "http://www.w3.org/TR/html4/loose.dtd">
<html>
<head>
<meta http-equiv="Content-Type" content="text/html; charset=utf-8">
<title>查询页</title>
<% // 创建一个CreditDao对象,用于执行对数据库的检索、删除和编辑操作
    CreditDao crd = new CreditDao();
    // 定义页面数据列表,其数据由CreditDao类的getCredit()方法从数据库中检索出来
    List<Credit> crlist = crd.getCredit();
%>
</head>
<body>
    <table width="400">
        <tr>
            <td>课程号</td>
            <td>课程名</td>
            <td>学分</td>
            <td></td>
            <td></td>
        </tr>
        <% // 设置传递和接收的参数编码为utf-8,防止中文字符乱码
            response.setCharacterEncoding("UTF-8");
            request.setCharacterEncoding("UTF-8");
            // 页面显示crlist中的查询结果
            for(int i=0;i<crlist.size();i++) {
                Credit cr= crlist.get(i);
```

```jsp
                String cno = cr.getCno();
                out.print("<tr>");
                out.print("<td>"+cr.getCno()+"</td>");        // 显示 cno
                out.print("<td>"+cr.getCname()+"</td>");      // 显示 cname
                out.print("<td>"+cr.getCcredit()+"</td>");    // 显示 ccredit
        %>
        <!--单击编辑按钮时，跳转到 update.jsp，并将参数传递到对应页面 -->
        <td><a href="update.jsp?cno=<%=cr.getCno() %>&cname=<%=cr.getCname() %>
                            &ccredit=<%=cr.getCcredit() %>">编辑</a></td>
        <!--单击删除按钮时，跳转到 delete.jsp，执行删除操作-->
        <td><a href="delete.jsp?cno=<%=cr.getCno() %>&cname=<%=cr.getCname() %>
                            &ccredit=<%=cr.getCcredit() %>">删除</a></td>
        <%    out.print("</tr>");
            }
        %>
    </table>
</body>
</html>
```

（2）delete.jsp 响应来自 show.jsp 的删除命令，删除相关记录并返回查询页面。

```jsp
<%@ page language="java" contentType="text/html; charset=utf-8" pageEncoding="utf-8"%>
<%@ page import="edu.njtech.dao.CreditDao" %>
<%@ page import="edu.njtech.model.Credit" %>
<!DOCTYPE html PUBLIC "-//W3C//DTD HTML 4.01 Transitional//EN"
                        "http://www.w3.org/TR/html4/loose.dtd">
<html>
<head>
    <meta http-equiv="Content-Type" content="text/html; charset=utf-8">
    <title>Insert title here</title>
    <% CreditDao crd = new CreditDao();
    %>
</head>
<body>
    <% response.setCharacterEncoding("UTF-8");
        request.setCharacterEncoding("UTF-8");
        // 获得来自 show.jsp 传递来的待删除的课程信息
        String no = request.getParameter("cno");
        // 将参数转为 utf-8，防止参数乱码
        String name = new String(request.getParameter("cname").getBytes("iso-8859-1"),
                                                                    "utf-8");
        String credit = request.getParameter("ccredit");
        // 调用 creditDao 的 deleteCredit()方法执行删除操作
        int flag = crd.deleteCredit(no);
        response.sendRedirect("show.jsp");                    // 返回查询页
    %>
</body>
</html>
```

（3）update.jsp 响应来自 show.jsp 的编辑除命令，显示需编辑的课程号、学分信息，单击更新按钮后进入 doupdate.jsp 程序进行更新，见图 6-3(b)。

```jsp
<%@ page language="java" contentType="text/html; charset=utf-8" pageEncoding="utf-8"%>
<!DOCTYPE html PUBLIC "-//W3C//DTD HTML 4.01 Transitional//EN"
```

```jsp
                          "http://www.w3.org/TR/html4/loose.dtd">
<html>
<head>
  <meta http-equiv="Content-Type" content="text/html; charset=utf-8">
  <title>修改页</title>
</head>
<body>
  <% response.setCharacterEncoding("UTF-8");
     request.setCharacterEncoding("UTF-8");
     // 接收传递来的参数
     String no = request.getParameter("cno");
     String name = new String(request.getParameter("cname").getBytes("iso-8859-1"),
                              "utf-8");
     String credit = request.getParameter("ccredit");
  %>
  <!-- 单击更新后前往更新执行页面 doupdate.jsp -->
  <form action="doupdate.jsp" method="get">
  <!-- 接收的 cno 在此文本框显示，这里设置为不可修改 -->
    课程号：<input type="text" id="cno" name="cno" readonly="readonly"
              value="<%=no %>"/><br/>
  <!-- 接收的 cname 在此文本框显示 -->
    课程名：<input type="text" id="cname" name="cname"
              value="<%=name %>"/><br/>
  <!-- 接收的 ccredit 在此文本框显示 -->
</body>
```

（4）doupdate.jsp 实现对数据库的更新操作并返回 show.jsp 页面。

```jsp
<%@ page language="java" contentType="text/html; charset=utf-8" pageEncoding="utf-8"%>
<%@ page import="edu.njtech.dao.CreditDao" %>
<%@ page import="edu.njtech.model.Credit" %>
<!DOCTYPE html PUBLIC "-//W3C//DTD HTML 4.01 Transitional//EN"
                      "http://www.w3.org/TR/html4/loose.dtd">
<html>
<head>
  <meta http-equiv="Content-Type" content="text/html; charset=utf-8">
  <title>Insert title here</title>
  <% CreditDao crd = new CreditDao();
  %>
</head>
<body>
  <% response.setCharacterEncoding("UTF-8");
     request.setCharacterEncoding("UTF-8");
     String no = request.getParameter("cno");
     String name = new String(request.getParameter("cname").getBytes("iso-8859-1"),
                              "utf-8");
     String credit = request.getParameter("ccredit");
     // 调用 updateCredit()方法将 update.jsp 编辑的信息在数据库中更新
     int flag = crd.updateCredit(no,name,credit);
     response.sendRedirect("show.jsp");     // 返回 show.jsp 页
  %>
</body>
```

```
</html>
```

（5）condb.java 程序加载 mySQL 数据库驱动程序，创建并返回一个数据库连接对象。

```java
package edu.njtech.utils;
import java.sql.Connection;
import java.sql.DriverManager;
import java.sql.SQLException;
public class ConDB {
    public Connection connection() {
        Connection conn = null;
        try {
            // 加载 mySQL 驱动程序
            Class.forName("com.mysql.jdbc.Driver");
            // 定义一个数据库所在的 URL 地址串，此处为本机服务器
            String url = "jdbc:mysql://localhost:3306/test";
            // 创建数据库连接对象
            conn = DriverManager.getConnection(url,"root","123456");
        }
        catch(ClassNotFoundException e){           // 捕获异常，异常时输出异常信息
            System.out.println("not found");
            e.printStackTrace();
        }
        catch(SQLException e) {
            e.printStackTrace();
        }
        return conn;
    }
}
```

（6）credit.java 声明了一个可设置/获取课程属性的类。

```java
package edu.njtech.model;
public class Credit {
    // 定义课程信息
    private String cno;              // 课程名
    private String cname;            // 课程号
    private String ccredit;          // 学分
    public String getCno() {
        return cno;
    }
    // 声明设置信息的方法
    public void setCno(String cno) {
        this.cno = cno;
    }
    public String getCname() {
        return cname;
    }
    public void setCname(String cname) {
        this.cname = cname;
    }
    public String getCcredit() {     // 设置获取信息的方法
        return ccredit;
    }
```

```java
        public void setCcredit(String ccredit) {
           this.ccredit = ccredit;
        }
     }
```
（7）creditdao.java 程序定义了一个实现课程信息访问的类 CreditDao，该类包含 getCredit()、deleteCredit()和 updateCredit()三个方法，分别响应来自 JSP 页面的检索、删除和更新数据库记录的操作。

```java
        package edu.njtech.dao;
        import java.sql.Connection;
        import java.sql.PreparedStatement;
        import java.sql.ResultSet;
        import java.sql.Statement;
        import java.util.ArrayList;
        import java.util.List;
        import edu.njtech.model.Credit;
        import edu.njtech.utils.ConDB;
        // 定义 CreditDao 执行对课程数据库表的访问操作
        public class CreditDao {
           // 声明课程信息查询的方法，返回 list 型查询结果
           public List<Credit> getCredit(){
              // 创建一个 conDB 对象，进行数据库加载和连接
              ConDB conn = new ConDB();
              Connection connection = conn.connection();
              // 构造检索课程信息的 SQL 查询语句串
              String sql="select * from course";
              // 创建 list 对象，以保存查询的结果
              List<Credit> list = new ArrayList<>();
              try {
                // 创建 Statement 语句对象
                Statement statement = connection.createStatement();
                // 用 Statement 对象执行 SQL 查询，结果返回至 ResultSet 对象
                ResultSet resultset = statement.executeQuery(sql);
                // 创建 Credi 对象 cr 存储所有的查询结果
                while(resultset.next()){
                   Credit cr = new Credit();
                   // 按列顺序获取查询结果的列值
                   cr.setCno(resultset.getString(1));
                   cr.setCname(resultset.getString(2));      // 获取 cname
                   cr.setCcredit(resultset.getString(3));    // 获取 cno
                   // 将数据库查询得到的结果存入 List 列表中
                   list.add(cr);                             // 将本条结果添加到 list 中
                }
                // 依次关闭数据库访问的各对象
                statement.close();
                resultset.close();
                connection.close();
             }
             catch(Exception e){                             // 捕获异常，输出异常信息
                e.printStackTrace();
             }
```

```java
      return list;      // 返回检索结果
   }
   // 声明删除操作方法，输入参数 cno，如果成功执行，则返回 1，否则返回 0
   public int deleteCredit(String cno){
      ConDB conn = new ConDB();
      Connection connection = conn.connection();
      int flag=0;
      // 构造 SQL 删除语句串
      String sql="DELETE FROM course  WHERE cno = '" + cno + "'";
      try {
         PreparedStatement ps = connection.prepareStatement(sql);
         // 执行删除操作，如果成功执行，则返回 1，否则返回 0
         flag = ps.executeUpdate();
         ps.close();
         connection.close();
      }
      catch(Exception e) {  e.printStackTrace();  }
      return flag;
   }
   // 声明执行修改操作的方法，如果成功执行，则返回 1，否则返回 0
   public int updateCredit(String cno,String cname,String ccredit){
      ConDB conn = new ConDB();
      Connection connection = conn.connection();
      int flag = 0;
      String sql="UPDATE course  SET cname = '" + cname +"', ccredit = '" +
            ccredit + "'  WHERE cno = '" + cno + "'";           // SQL 查询语句
      try {
         PreparedStatement ps = connection.prepareStatement(sql);
         flag = ps.executeUpdate();
         ps.close();
         connection.close();
      }
      catch(Exception e){  e.printStackTrace();  }
      return flag;
   }
}
```

本章小结

本章主要介绍了利用 JDBC API 实现 JSP 数据库访问的方法。

JDBC API 提供了一组数据库访问接口，包括 Driver、DriverManger、Connection、Statement、ResultSet 等接口类，可以完成数据库驱动程序加载、数据库连接、SQL 语句执行和执行结果访问等操作。通常的数据库访问步骤主要有：用 class.forName 加载数据库驱动程序，用 driverManager.getConnection()方法创建与数据库的连接，用 Statement、PrepareStatement、CallableStatement 类的 exec()方法执行 SQL 语句访问数据库，最后可用 resultSet 对象的方法访问数据库检索的结果。

本章还简单讨论了动态构成数据库访问 SQL 语句时可能造成的攻击安全问题，应在数据库程序设计中采取进相应的防范措施。

习 题 6

6.1 简述 JDBC API 的主要作用。

6.2 现有两个数据库表：students 表记录学生的一般数据，其中字段 StudId 为学号，StudName 记录学生姓名；score 表记录学生的成绩，其中 Computer 字段和 English 字段分别记录 StudId 所表示的学生的计算机和英语课程的成绩。试写出下列数据库操作的 SQL 语句。

① 从成绩表中查询张强同学的计算机和英语成绩。

② 在表中加入一个学生的记录，其学号为 12010145，姓名为李雨，计算机成绩为 91，英语成绩为 82。

③ 将所有英语成绩高于 80 分（含 80 分）的同学的信息检索出来放入一个新表中，新表名为 highscore，包含的字段有学生的学号 StudId、姓名 StudName、英语成绩 English。

6.3 概括使用 JDBC API 执行数据库访问的主要步骤。

6.4 简述如何加载数据库驱动程序，试写程序代码能加载 mySQL 数据库驱动程序，并连接数据库服务器地址为本机 3306 端口的名为 courses 的数据库。

6.5 简述 Statement、PrepareStatement 和 CallableStatement 对象的差别。

6.6 编写代码，用 PrepareStatement 对象完成从数据库 courses 中检索出符合 id=courseid 的记录，其中 courseid 由表单输入时动态给出。

6.7 如果一个登录页面提交时对输入的用户名和密码不进行参数检验，直接采用数据库的查询参数可能会产生什么后果？请举例解释。

上机实验 6

6.1 用 JSP 访问数据库技术设计一个程序可以检索数据库表 score 中的所有记录并显示在 Web 页面上。

【目的】

掌握数据库访问的基本编程步骤，掌握常用的 JDBC API 接口类。

【内容】

采用 JDBC API 编程接口和 JSP 技术，创建一个 Web 页面，通过表单输入学号或姓名等检索条件，根据条件检索出相关记录并显示在另一个页面上。

【步骤】

<1> 创建一个数据库表 score，包含学号、姓名、课程名、成绩字段。

<2> 编写 JSP 页面 query.jsp，含有可输入姓名、学号等检索条件表单，提交表单信息后进入 doquery.jsp 页面处理。

<3> 编写 doquery.jsp 页面用以响应 query.jsp 提交的表单数据，并根据检索数据库的结果在本页面上显示出相应的查询结果。

第 7 章　JSP 实用组件

在 JSP 程序中可以使用许多流行的组件，这些组件功能实用、使用简单，如文件上传与下载、动态图表（柱形图、饼形图等）、邮件收发、报表处理等，大大拓展了 JSP 的功能，提高了程序设计的效率。

7.1　文件操作

文件上传、下载是经常使用的功能，如提交照片、资料等。文件下载比较简单，通过超链接就能实现，但文件上传比较麻烦，借助第三方组件实现比较容易。常用的有 jspSmartUpload、Commons-FileUpload 组件，本文介绍 Commons-FileUpload 组件，在 http://commons.apache.org/fileupload/ 网站下载 commons-fileupload-1.4-bin.zip 文件，解压后将 commons-fileupload-1.4.jar 复制到 lib 文件夹中。同时，在 http://commons.apache.org/proper/commons-io/ 下载 commons-io-2.6-bin.zip 文件，解压后将 commons-io-2.6.jar 复制到 lib 文件夹中即可。

文件上传的原理是 FileUpload 组件接收完全部的数据后，数据保存在 List 集合中，需要使用迭代器 Iterator 输出，但是由于其中既有普通的文本数据又有上传的文件，每个上传内容都使用一个 FileItem 类对象表示，所以当使用迭代器依次取出每个 FileItem 对象的时候，通过 FileItem 类中的 isFormField()方法来判断当前操作的内容是普通的文本还是上传文件，如果是上传文件，则将文件的内容依次取出，如果是普通的文本，则直接通过 getString()方法取得具体的信息。

7.1.1　创建上传对象

在应用 Commons-FileUpload 组件实现文件上传时，先创建一个工厂对象，并根据该对象创建一个文件上传对象，具体代码如下。

创建磁盘工厂：
```
DiskFileItemFactory factory = new DiskFileItemFactory();
```
创建处理工具：
```
ServletFileUpload upload = new ServletFileUpload(factory);
```
设置上传文件大小：
```
upload.setFileSizeMax(3145728);
```
这里需要相应的包：
```
import org.apache.commons.fileupload.disk.DiskFileItemFactory;
import org.apache.commons.fileupload.servlet.ServletFileUpload;
```

7.1.2 解析上传请求

文件上传对象创建成功后,就可以应用这个对象解析上传请求。首先通过文件上传对象的 parseRequest()方法来获取全部的表单项:

    public List parseRequest(HttpServletRequst request) throws FileUploadException

例如,应用该方法获取全部表单项,并保存到 items 中的具体代码如下:

    List items = upload.parseRequest(request);

7.1.3 FileItem 接口

DiskFileItem 实现了 FileItem 接口,用来封装单个表单字段元素的数据,通过调用 FileItem 定义的方法可以获得相关表单字段元素的数据。我们不需要关心 DiskFileItem 的具体实现,可以用 FileItem 接口类型来对 DiskFileItem 对象进行引用和访问。FileItem 类还实现了 Serializable 接口,以支持序列化操作。

FileItem 接口常用的方法如下。

① boolean isFormField()方法:判断 FileItem 类对象封装的数据是一个普通文本表单字段,还是一个文件表单字段,如果是普通表单字段,则返回 true,否则返回 false。

② String getName()方法:获得文件上传字段中的文件名,即表单字段元素头中的 filename 属性值。

③ String getFieldName()方法:返回表单字段元素描述头的 name 属性值,也是表单标签 name 属性的值。

④ void write(File file)方法:将 FileItem 对象中保存的主体内容保存到某个指定的文件中。如果 FileItem 对象中的主体内容是保存在某个临时文件中,该方法顺利完成后,临时文件有可能会被清除。该方法也可将普通表单字段内容写入到一个文件中,但主要用途是将上传的文件内容保存在本地文件系统中。

⑤ String getString()方法:将 FileItem 对象中保存的数据流内容以一个字符串返回。

⑥ String getContentType()方法:获得上传文件的类型,即表单字段元素描述头属性 Content-Type 的值。

⑦ boolean isInMemory()方法:判断 FileItem 对象封装的数据内容是存储在内存中还是存储在临时文件中,如果存储在内存中,则返回 true,否则返回 false。

⑧ void delete()方法:清空 FileItem 类对象中存放的主体内容,如果主体内容被保存在临时文件中,将删除该临时文件。

⑨ InputStream getInputStream()方法:以流的形式返回上传文件的数据内容。

⑩ long getSize()方法:返回该上传文件的大小(以字节为单位)。

7.1.4 ServletFileUpload 类

ServletFileUpload 类是处理文件上传的核心类,使用 parseRequest(HttpServletRequest)方法可以将表单中每个标签提交的数据封装成一个 FileItem 对象,然后以 List 列表的形式返回。

ServletFileUpload 类的构造方法如下。

① public ServletFileUpload():构造一个未初始化的实例,需要在解析请求之前先调用 setFileItemFactory()方法设置 fileItemFactory 属性。

② public ServletFileUpload(FileItemFactory fileItemFactory)：构造一个实例，并根据参数指定的 FileItemFactory 对象，设置 fileItemFactory 属性。

ServletFileUpload 类的常用方法如下。

① public void setSizeMax(long sizeMax)方法：设置请求消息实体内容（即所有上传数据）的最大尺寸限制，以防止客户端恶意上传超大文件来浪费服务器端的存储空间，其参数是以字节为单位的 long 型数字。

② public void setFileSizeMax(long fileSizeMax)方法：设置单个上传文件的最大尺寸限制，以防止客户端恶意上传超大文件。

③ public List parseRequest(javax.servlet.http.HttpServletRequest req))方法：对 HTTP 请求消息体内容进行解析，解析出 Form 表单中的每个字段的数据，并将它们分别包装成独立的 FileItem 对象，然后将这些对象加入进一个 List 类型的集合对象中返回。该方法抛出 FileUploadException 异常来处理诸如文件尺寸过大、请求消息中的实体内容的类型不是 multipart/form-data、IO 异常、请求消息体长度信息丢失等异常。

7.1.5 DiskFileItemFactory 类

将请求消息实体中的每个项目封装成单独的 DiskFileItem 对象的任务，当上传的文件项目比较小时，直接保存在内存中（速度比较快）；比较大时，以临时文件的形式保存在磁盘临时文件夹。其常用属性如下。

① public static final int DEFAULT_SIZE_THRESHOLD：将文件保存在内存还是磁盘临时文件夹的默认临界值，值为 10240，即 10 KB。

② private File repository：配置在创建文件项目时，当文件项目大于临界值时使用的临时文件夹，默认采用系统默认的临时文件路径，可以通过系统的 java.io.tmpdir 获取。

③ private int sizeThreshold：保存将文件保存在内存还是磁盘临时文件夹的临界值。

DiskFileItemFactory 类的构造方法如下。

① public DiskFileItemFactory()：用默认临界值和系统临时文件夹构造文件项工厂对象。

② public DiskFileItemFactory(int sizeThreshold,File repository)：采用参数指定临界值和系统临时文件夹构造文件项工厂对象。

DiskFileItemFactory 类的常用方法如下。

① FileItem createItem()方法：根据 DiskFileItemFactory 相关配置将每个请求消息实体项目创建成 DiskFileItem 实例并返回。该方法不需要调用，FileUpload 组件在解析请求时内部使用。

② void setSizeThreshold(int sizeThreshold)：Apache 文件上传组件在解析上传数据中的每个字段内容时，需要临时保存解析出的数据，以便在后面进行数据的进一步处理。如果上传的文件很大，如 500 MB 的文件，在内存中将无法临时保存该文件内容，Apache 文件上传组件转而采用临时文件来保存这些数据；如果上传的文件很小，如 500 字节的文件，显然将其直接保存在内存中性能会更加好些。

③ setSizeThreshold()方法：设置是否将上传文件已临时文件的形式保存在磁盘的临界值（以字节为单位 int 值），如果从没有调用该方法设置此临界值，将用系统默认值 10 KB。对应的 getSizeThreshold()方法用来获取此临界值。

④ void setRepository(File repository)方法：设置当上传文件尺寸大于 setSizeThreshold()方

法设置的临界值时，将文件以临时文件形式保存在磁盘上的存放目录。对应的获得临时文件夹的方法为 File getRespository()。

7.1.6 文件操作示例

【例 7-1】 用 Commons-FileUpload 组件实现将文件上传到服务器的指定目录。

（1）创建 index.jsp 页面，选择要上传的文件。

```jsp
<%@ page language="java" import="java.util.*" pageEncoding="UTF-8"%>
<!DOCTYPE HTML>
<html>
<head>
<title>应用 commons-fileUpload 实现文件上传</title>
<style type="text/css">
ul{list-style: none;}
li{padding:5px;}
</style>
</head>
<body>
    <script type="text/javascript">
      function validate() {
        if(form1.file.value == "") {
           alert("请选择要上传的文件");
           return false;
        }
      }
    </script>
    <form action="UploadServlet" method="post"
          enctype="multipart/form-data" name="form1" id="form1"
          onsubmit="return validate()">
    <ul>
        <li>请选择要上传的文件: </li>
        <li>上传文件:   <input type="file" name="file" /></li>
        <li><input type="submit" name="Submit" value="上传" />
        <input type="reset" name="Submit2" value="重置" /></li>
    </ul>
    <% // 判断保存在 request 范围内的对象是否为空
        if(request.getAttribute("result") != null) {
            out.println("<script >alert('" + request.getAttribute("result")+
                        "');</script>");
        }
    %>
    </form>
</body>
</html>
```

（2）设计 Servlet 程序 UploadServlet.java 处理文件上传请求，设置上传文件大小、保存路径等参数。

```java
package com.yhx.Servlet;
import java.util.List;
import java.util.Iterator;
```

```java
import java.io.File;
import java.io.IOException;
import javax.servlet.RequestDispatcher;
import javax.servlet.ServletException;
import javax.servlet.annotation.WebServlet;
import javax.servlet.http.HttpServlet;
import javax.servlet.http.HttpServletRequest;
import javax.servlet.http.HttpServletResponse;
import org.apache.commons.fileupload.*;
import org.apache.commons.fileupload.disk.DiskFileItemFactory;
import org.apache.commons.fileupload.servlet.ServletFileUpload;
@SuppressWarnings("serial")
@WebServlet("/UploadServlet")
public class UploadServlet extends HttpServlet {
    /**
     * The doGet method of the servlet. <br>
     * This method is called when a form has its tag value method equals to get.
     * @param request the request send by the client to the server
     * @param response the response send by the server to the client
     * @throws ServletException if an error occurred
     * @throws IOException if an error occurred
     */
    public void doGet(HttpServletRequest request, HttpServletResponse response)
        throws ServletException, IOException {
        doPost(request, response);
    }
    /**
     * The doPost method of the servlet. <br>
     * This method is called when a form has its tag value method equals to post.
     * @param request the request send by the client to the server
     * @param response the response send by the server to the client
     * @throws ServletException if an error occurred
     * @throws IOException if an error occurred
     */
    public void doPost(HttpServletRequest request, HttpServletResponse response)
                                        throws ServletException, IOException {
        String adjunctname;
        // 指定上传文件的保存地址
        String fileDir = request.getSession().getServletContext().getRealPath("upload");
        String message = "文件上传成功";
        String address = "";
        if(ServletFileUpload.isMultipartContent(request)){   // 判断是否是上传文件
            DiskFileItemFactory factory = new DiskFileItemFactory();
            factory.setSizeThreshold(20*1024);      // 设置内存中允许存储的字节数
            // 设置存放临时文件的目录
            factory.setRepository(factory.getRepository());
            // 创建新的上传文件句柄
            ServletFileUpload upload = new ServletFileUpload(factory);
            int size = 2*1024*1024;                 // 指定上传文件的大小
            List formlists = null;                  // 创建保存上传文件的集合对象
            try {
```

```java
                formlists = upload.parseRequest(request);    // 获取上传文件集合
            }
            catch(FileUploadException e) {  e.printStackTrace();  }
            Iterator iter = formlists.iterator();            // 获取上传文件迭代器
            while(iter.hasNext()) {
                FileItem formitem = (FileItem)iter.next();   // 获取每个上传文件
                if(!formitem.isFormField()){                 // 忽略不是上传文件的表单域
                    String name = formitem.getName();        // 获取上传文件的名称
                    if(formitem.getSize()>size){ // 如果上传文件大于规定的上传文件的大小
                        message = "您上传的文件太大，请选择不超过 2 MB 的文件";
                        break;                               // 退出程序
                    }
                    // 获取上传文件的大小
                    String adjunctsize = new Long(formitem.getSize()).toString();
                    // 如果上传文件为空
                    if((name == null) ||(name.equals("")) &&(adjunctsize.equals("0")))
                        continue;                            // 退出程序
                    adjunctname = name.substring(name.lastIndexOf("\\")+1,name.length());
                    address = fileDir+"\\"+adjunctname;  // 创建上传文件的保存地址
                    File saveFile = new File(address);   // 根据文件保存地址，创建文件
                    try {
                        formitem.write(saveFile);        // 向文件写数据
                    }
                    catch (Exception e) {  e.printStackTrace();  }
                }
            }
        }
        request.setAttribute("result", message); // 将提示信息保存在 request 对象中
        // 设置相应返回页面
        RequestDispatcher requestDispatcher = request.getRequestDispatcher("index.jsp");
        requestDispatcher.forward(request, response);
    }
    /**
     * Initialization of the servlet. <br>
     *
     * @throws ServletException if an error occurs
     */
    public void init() throws ServletException {
        ...                                           // Put your code here
    }
}
```

(3) 为解决中文字符问题，设计一个过滤器 SetCharacterEncodingFilter.java。

```java
package com.userCommonFile.filter;
import java.io.IOException;
import javax.servlet.Filter;
import javax.servlet.FilterChain;
import javax.servlet.FilterConfig;
import javax.servlet.ServletException;
import javax.servlet.ServletRequest;
import javax.servlet.ServletResponse;
```

```java
import javax.servlet.annotation.WebFilter;
import javax.servlet.annotation.WebInitParam;
@WebFilter(urlPatterns = {"/*"},
           initParams = {@WebInitParam(name = "encoding", value = "UTF-8")}
           )                                             // 配置过滤器
public class SetCharacterEncodingFilter implements Filter{
    protected String encoding=null;
    protected FilterConfig filterConfig=null;
    protected boolean ignore=true;
    public void init(FilterConfig filterConfig) throws ServletException {
        this.filterConfig=filterConfig;
        this.encoding=filterConfig.getInitParameter("encoding");
        String value=filterConfig.getInitParameter("ignore");
        if(value==null) {
            this.ignore=true;
        }
        else if(value.equalsIgnoreCase("true")) {
            this.ignore=true;
        }
        else if(value.equalsIgnoreCase("false")) {
            this.ignore=true;
        }
        else {
            this.ignore=false;
        }
    }
    public void doFilter(ServletRequest request, ServletResponse response,
               FilterChain chain) throws IOException,ServletException {
        if(ignore||(request.getCharacterEncoding()==null)) {
            String encoding=selectEncoding(request);
            if(encoding != null)
                request.setCharacterEncoding(encoding);
        }
        response.setCharacterEncoding(encoding);
        chain.doFilter(request, response);
    }
    protected String selectEncoding(ServletRequest request) {
        return (this.encoding);
    }
    public void destroy() {
        this.encoding=null;
        this.filterConfig=null;
    }
}
```

7.2 JSP 动态图表

我们经常需要将各种数据以动态图表的形式表现出来，这样更加直观醒目，方便对比，如用柱状图、饼形图、折线图显示数据等。

7.2.1 JFreeChart 的下载和使用

JFreeChart 是优秀的用于生成各种动态图表的开源组件，实用、简单、方便，目前是最好的 Java 图形解决方案，基本能够解决目前的动态图形方面的需求，主要产品有 JFreeReport 报表解决工具、JFreeChart 图形解决方案、JCommon 公共类库、JFreeDesigner 报表设计工具。在 http://www.jfree.org/jfreechart/index.html 网站下载 jfreechart-1.0.19.zip 文件。解压后，将 jcommon-1.0.23.jar、jfreechart-1.0.19.jar 这两个文件复制到 lib 中基本就可以使用了。

用 JFreeChart 组件生成动态图表的基本步骤如下：配置 web.xml → 创建绘图数据集合 → 创建 JFreeChart 实例 → 自定义图表绘制属性，该步可选 → 生成指定格式的图片，并返回图片名称 → 组织图片浏览路径 → 通过 HTML 中的<img>标记显示图片。

在 web.xml 中进行如下配置：

```
<servlet>
    <servlet-name>DisplayChart</servlet-name>
    <servlet-class>org.jfree.chart.servlet.DisplayChart</servlet-class>
</servlet>
<servlet-mapping>
    <servlet-name>DisplayChart</servlet-name>
    <url-pattern>/servlet/DisplayChart</url-pattern>
</servlet-mapping>
```

这样可以用 JFreeChart 组件生成动态图表了。

7.2.2 JFreeChart 的核心类

JFreeChart 主要用来绘制各种各样的图表，包括：饼图、柱状图（普通柱状图、堆栈柱状图）、线图、区域图、分布图、混合图和一些仪表盘等，核心类如表 7-1 所示。

表 7-1 JFreeChart 核心类

类名称	说 明
JFreeChart	图表对象，生成任何类型的图表都要通过该对象，JFreeChart 插件提供了一个工厂类 ChartFactory，用来创建各种类型的图表对象
XXXDataset	数据集对象，用来保存绘制图表的数据，不同类型的图表对应不同类型的数据集对象
XXXAxis	坐标轴对象，用来定义坐标轴的绘制属性
XXXPlot	绘图区对象，如果需要自行定义绘图区的相关绘制属性，需要通过该对象进行设置
XXXRenderer	图片渲染对象，用于渲染和显示图表
XXXURLGenerator	链接对象，用于生成 Web 图表中项目的鼠标单击链接
XXXToolTipGenerator	图表提示对象，用于生成图表提示信息，不同类型的图表对应不同类型的图表提示对象

通过工厂 ChartFactory 类的 create()方法创建图表对象 JFreeChart，常用的 create()方法有 createPieChart()、createPieChart3D()、createLineChart()、createBarChart()、createBarChart3D()、createXYLineChart()、createTimeSeriesChart()等，分别用来创建饼形图、3D 饼形图、折线图、柱状图、3D 柱状图、时间序列图等。

饼图的 dataset 一般是用 PieDataset 接口，具体实现类是 DefaultPieDataset。柱状图的 dataset 一般是用 CatagoryDataset 接口（具体实现类是 DefaultCategoryDataset）。折线图的 dataset 分为 CatagoryDataset 接口（具体实现类是 DefaultCategoryDataset）和 XYDataset 接口。

7.2.3 利用 JFreeChart 生成动态图表

JFreeChart 中的图表对象用 JFreeChart 对象表示。图表对象由 Title（标题或子标题）、Plot（图表的绘制结构）、BackGround（图表背景）、toolstip（图表提示条）等主要对象组成。其中，Plot 对象包括 Render（图表的绘制单元——绘图域）、Dataset（图表数据源）、domainAxis（X 轴）、rangeAxis（Y 轴）等对象，而 Axis（轴）由更细小的刻度、标签、间距、刻度单位等一系列对象组成。

若通过工厂类 ChartFactory 创建 JFreeChart 实例，可以通过 ChartFactory 类提供的方法获得绘图区实例；若通过 JFreeChart 类创建 JFreeChart 实例，则需在创建 JFreeChart 实例之前订制好绘图区实例，然后在创建时传入。

7.2.4 动态图表应用示例

【例 7-2】 利用 JFreeChart 显示华为、三星、苹果公司四个季度的手机销售量的柱形图（按季度），各公司手机销量如表 7-2 所示。

表 7-2 手机销售量（万台）

	一季度	二季度	三季度	四季度
华为	3715	3958	4257	4459
三星	4018	2179	4016	3915
苹果	3865	4011	3971	2625

程序如下：

```jsp
<%@ page language="java" import="java.util.*" pageEncoding="GBK"%>
<%@ page import="org.jfree.chart.ChartFactory" %>
<%@ page import="org.jfree.chart.JFreeChart" %>
<%@ page import="org.jfree.data.category.DefaultCategoryDataset" %>
<%@ page import="org.jfree.chart.plot.PlotOrientation" %>
<%@ page import="org.jfree.chart.entity.StandardEntityCollection" %>
<%@ page import="org.jfree.chart.ChartRenderingInfo" %>
<%@ page import="org.jfree.chart.servlet.ServletUtilities" %>
<%@ page import="org.jfree.data.category.DefaultCategoryDataset"%>
<%@ page import="org.jfree.chart.StandardChartTheme"%>
<%@ page import="java.awt.Font"%>
<% // 创建主题样式
    StandardChartTheme standardChartTheme = new StandardChartTheme("CN");
    // 设置标题字体
    standardChartTheme.setExtraLargeFont(new Font("隶书", Font.BOLD, 20));
    // 设置图例字体
    standardChartTheme.setRegularFont(new Font("微软雅黑", Font.PLAIN, 15));
    // 设置轴向字体
    standardChartTheme.setLargeFont(new Font("微软雅黑", Font.PLAIN, 15));
    ChartFactory.setChartTheme(standardChartTheme);    // 设置主题样式
    DefaultCategoryDataset dataset1=new DefaultCategoryDataset();
    dataset1.addValue(3715, "华为", "一季度");
    dataset1.addValue(3958, "华为", "二季度");
    dataset1.addValue(4257, "华为", "三季度");
    dataset1.addValue(4459, "华为", "四季度");
```

```
dataset1.addValue(4018,"三星","一季度");
dataset1.addValue(2179,"三星","二季度");
dataset1.addValue(4016,"三星","三季度");
dataset1.addValue(3915,"三星","四季度");
dataset1.addValue(3865,"苹果","一季度");
dataset1.addValue(4011,"苹果","二季度");
dataset1.addValue(3971,"苹果","三季度");
dataset1.addValue(2625,"苹果","四季度");
//创建JFreeChart组件的图表对象
JFreeChart chart=ChartFactory.createBarChart3D(
                    "手机销售情况",             // 图表标题
                    "季度",                    // X轴的显示标题
                    "销量（万台）",             // Y轴的显示标题
                    dataset1,                  // 数据集
                    PlotOrientation.VERTICAL,  // 图表方向（垂直）
                    true,                      // 是否包含图例
                    false,                     // 是否包含提示
                    false                      // 是否包含URL
                    );
// 设置图表的文件名
// 固定用法
ChartRenderingInfo info = new ChartRenderingInfo(new StandardEntityCollection());
String fileName=ServletUtilities.saveChartAsPNG(chart, 400, 270, info, session);
String url=request.getContextPath()+"/servlet/DisplayChart?filename="+fileName;
%>
<html>
    <head>
        <title>绘制柱形图</title>
    </head>
    <body topmargin="0">
        <table width="100%" border="0" cellspacing="0" cellpadding="0">
            <tr>  <td> <img src="<%=url %>"></td>  </tr>
        </table>
    </body>
</html>
```

运行效果如图7-1所示。

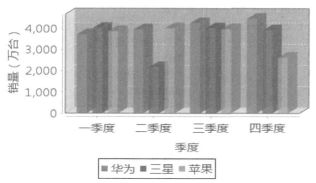

图7-1 手机销售情况（按季度）

【例 7-3】 利用 JFreeChart 显示华为、三星、苹果公司四个季度的手机销售量的柱形图（按公司），各公司手机销量见表 7-2。注意与例 7-2 的差别。

程序如下：

```jsp
<%@ page language="java" import="java.util.*" pageEncoding="GBK"%>
<%@ page import="org.jfree.chart.ChartFactory" %>
<%@ page import="org.jfree.chart.JFreeChart" %>
<%@ page import="org.jfree.data.category.DefaultCategoryDataset" %>
<%@ page import="org.jfree.chart.plot.PlotOrientation" %>
<%@ page import="org.jfree.chart.entity.StandardEntityCollection" %>
<%@ page import="org.jfree.chart.ChartRenderingInfo" %>
<%@ page import="org.jfree.chart.servlet.ServletUtilities" %>
<%@ page import="org.jfree.data.category.DefaultCategoryDataset"%>
<%@ page import="org.jfree.chart.StandardChartTheme"%>
<%@ page import="java.awt.Font"%>
<% // 创建主题样式
    StandardChartTheme standardChartTheme = new StandardChartTheme("CN");
    // 设置标题字体
    standardChartTheme.setExtraLargeFont(new Font("隶书", Font.BOLD, 20));
    // 设置图例字体
    standardChartTheme.setRegularFont(new Font("微软雅黑", Font.PLAIN, 15));
    // 设置轴向字体
    standardChartTheme.setLargeFont(new Font("微软雅黑", Font.PLAIN, 15));
    ChartFactory.setChartTheme(standardChartTheme);     // 设置主题样式
    DefaultCategoryDataset dataset1=new DefaultCategoryDataset();
    dataset1.addValue(3715,"一季度","华为");
    dataset1.addValue(3958,"二季度","华为");
    dataset1.addValue(4257,"三季度","华为");
    dataset1.addValue(4459,"四季度","华为");

    dataset1.addValue(4018,"一季度","三星");
    dataset1.addValue(2179,"二季度","三星");
    dataset1.addValue(4016,"三季度","三星");
    dataset1.addValue(3915,"四季度","三星");

    dataset1.addValue(3865,"一季度","苹果");
    dataset1.addValue(4011,"二季度","苹果");
    dataset1.addValue(3971,"三季度","苹果");
    dataset1.addValue(2625,"四季度","苹果");
    // 创建 JFreeChart 组件的图表对象
    JFreeChart chart=ChartFactory.createBarChart3D(
                        "手机销售情况",               // 图表标题
                        "公司",                      // X 轴的显示标题
                        "销量（万台）",               // Y 轴的显示标题
                        dataset1,                    // 数据集
                        PlotOrientation.VERTICAL,    // 图表方向（垂直）
                        true,                        // 是否包含图例
                        false,                       // 是否包含提示
                        false                        // 是否包含 URL
                        );
    // 设置图表的文件名
    // 固定用法
```

```
        ChartRenderingInfo info = new ChartRenderingInfo(new StandardEntityCollection());
        String fileName=ServletUtilities.saveChartAsPNG(chart, 400, 270, info, session);
        String url=request.getContextPath()+"/servlet/DisplayChart?filename="+fileName;
%>
<html>
    <head>
        <title>绘制柱形图</title>
    </head>
    <body topmargin="0">
        <table width="100%" border="0" cellspacing="0" cellpadding="0">
            <tr>  <td> <img src="<%=url %>"></td>  </tr>
        </table>
    </body>
</html>
```

运行效果如图 7-2 所示。

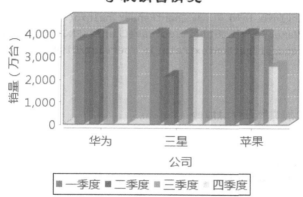

图 7-2 手机销售情况（按公司）

【例 7-4】 利用 JfreeChart 显示华为、三星、苹果公司第二个季度的手机销售量的饼形图，各公司手机第二个季度销量见表 7-2。

程序如下：

```
<%@ page language="java" pageEncoding="GBK"%>
<%@ page import="org.jfree.chart.ChartFactory" %>
<%@ page import="org.jfree.chart.JFreeChart" %>
<%@ page import="org.jfree.data.general.DefaultPieDataset" %>
<%@ page import="org.jfree.chart.entity.StandardEntityCollection" %>
<%@ page import="org.jfree.chart.ChartRenderingInfo" %>
<%@ page import="org.jfree.chart.servlet.ServletUtilities" %>
<%@ page import="org.jfree.data.category.DefaultCategoryDataset"%>
<%@ page import="org.jfree.chart.StandardChartTheme"%>
<%@ page import="java.awt.Font"%>
<% // 创建主题样式
    StandardChartTheme standardChartTheme = new StandardChartTheme("CN");
    // 设置标题字体
    standardChartTheme.setExtraLargeFont(new Font("隶书", Font.BOLD, 20));
    // 设置图例字体
    standardChartTheme.setRegularFont(new Font("微软雅黑", Font.PLAIN, 15));
```

```
            // 设置轴向字体
            standardChartTheme.setLargeFont(new Font("微软雅黑", Font.PLAIN, 15));
            ChartFactory.setChartTheme(standardChartTheme);           // 设置主题样式
            DefaultPieDataset dataset1=new DefaultPieDataset();
            dataset1.setValue("华为", 3958);
            dataset1.setValue("三星", 2179);
            dataset1.setValue("苹果", 4011);
            // 创建 JFreeChart 组件的图表对象
            JFreeChart chart=ChartFactory.createPieChart(
                                "二季度手机销量",            // 图表标题
                                dataset1,                   // 数据集
                                true,                       // 是否包含图例
                                false,                      // 是否包含图例说明
                                false                       // 是否包含连接
                                );
            // 设置图表的文件名
            // 固定用法
            ChartRenderingInfo info = new ChartRenderingInfo(new StandardEntityCollection());
            String fileName=ServletUtilities.saveChartAsPNG(chart,400,270,info,session);
            String url=request.getContextPath()+"/servlet/DisplayChart?filename="+fileName;
    %>
    <html>
        <head>
            <title>绘制饼形图</title>
        </head>
        <body topmargin="0">
            <table width="100%" border="0" cellspacing="0" cellpadding="0">
                <tr><td>  <img src="<%=url%>">  </td></tr>
            </table>
        </body>
    </html>
```

运行效果如图 7-3 所示。

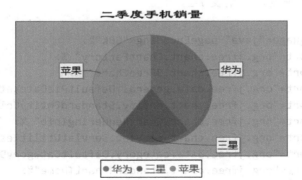

图 7-3　二季度华为、三星、苹果手机销量

7.3　JSP 报表

信息系统中的报表处理一直有着比较重要的地位，iText 是一种快速生成各种报表的 Java

组件。通过在服务器端使用 JSP 或 JavaBean 生成报表，客户端采用超链接显示或下载得到生成的报表，这样就很好地解决了应用系统中的报表处理问题。

7.3.1 iText 组件

iText 是著名的开放源码的站点 sourceforge 的项目，是用于生成 PDF 文档的一个 Java 类库，不仅可以生成包含文本、表格、图形等内容的 PDF 或 RTF 的文档，还可以将 XML、HTML 文件转化为 PDF 文件。它的类库尤其与 Servlet 有很好的给合，与 PDF 配合，能够正确地控制 Servlet 的输出。

在网站 http://sourceforge.net/projects/itext/?source=typ_redirect 下载 iText 组件。下载后，需要把包放入项目目录下的 WEB-INF/lib 路径中，这样在程序中就可以使用 iText 类库了。如果生成的 PDF 文件中需要出现中文字符，则需要在 http://itext.sourceforge.net/downloads/iTextAsian.jar 页面中下载 iTextAsian.jar 包。

7.3.2 应用 iText 组件生成报表

用 iText 生成 PDF 文档需要 6 个步骤。

1. 建立 com.lowagie.text.Document 对象的实例

```
public Document document = new Document();
public Document(Rectangle pageSize);                // 定义页面的大小
/* 定义页面的大小，参数 marginLeft、marginRight、marginTop、marginBottom 分别为左、
   右、上、下的页边距 */
public Document(Rectangle pageSize, int marginLeft, int marginRight,
                                    int marginTop, int marginBottom);
```

其中，通过 Rectangle 类对象的参数可以设定页面大小、面背景色、页面横向/纵向等属性。

iText 组件定义了 A0-A10、AL、LETTER、HALFLETTER、_11x17、LEDGER、NOTE、B0-B5、ARCH_A-ARCH_E、FLSA 和 FLSE 等纸张类型，也可以自定义纸张大小。例如：

```
Rectangle pageSize = new Rectangle(144, 720);
```

在 iText 组件中，可以通过下面的代码实现将 PDF 文档设定成 A4 页面大小。当然，通过 Rectangle 类中的 rotate()方法也可以将页面设置成横向。例如：

```
Rectangle rectPageSize = new Rectangle(PageSize.A4);    // 定义 A4 页面大小
rectPageSize = rectPageSize.rotate();                    // 可以实现 A4 页面的横置
// 其余 4 个参数设置了页面的 4 个边距
Document doc = new Document(rectPageSize, 50, 50, 50, 50);
```

2. 设定文档属性

在文档打开前可以设定文档的标题、主题、作者、关键字、装订方式、创建者、生产者、创建日期等属性，调用的方法分别如下：

```
public boolean addTitle(String title);              // 设定文档的标题
public boolean addSubject(String subject);          // 设定文档的主题
public boolean addKeywords(String keywords);        // 设定文档的关键字
public boolean addAuthor(String author);            // 设定文档的作者
public boolean addCreator(String creator);          // 设定文档的创建者
public boolean addProducer();                       // 设定文档的生产者
public boolean addCreationDate();                   // 设定文档的创建日期
```

3. 对象与书写器关联

文档对象建立好后，还需要建立一个或多个书写器与对象相关联，通过书写器可以将具体的文档存盘成需要的格式，如 om.lowagie.text.PDF.PDFWriter 可以将文档存成 PDF 格式，而 com.lowagie.text.html.HTMLWriter 可以将文档存成 HTML 格式。

```
PDFWriter.getInstance(document, new FileOutputStream("Helloworld.PDF"));
```

4. 打开文档

```
document.open();
```

5. 向文档中添加内容

```
document.add(new Paragraph("Hello World"));
```

iText 组件本身不支持中文，为了解决中文输出的问题，需要下载 iTextAsian.jar 组件。下载后，放入项目目录的 WEB-INF/lib 路径中。使用这个中文包无非是实例化一个字体类，把字体类应用到相应的文字中，从而可以正常显示中文。可以通过以下代码解决中文输出问题：

```
BaseFont bfChinese = BaseFont.createFont("STSong-Light", "UniGB-UCS2-H",
                                         BaseFont.NOT_EMBEDDED);
// 用中文的基础字体实例化一个字体类
Font ft= new Font(bfChinese, 12, Font.NORMAL);
Paragraph par = new Paragraph("Web 程序设计", ft);   // 将字体类用到一个段落中
document.add(par);                                    // 将段落添加到了文档中
```

在上面的代码中，STSong-Light 定义了使用的中文字体，UniGB-UCS2-H 定义文字的编码标准和样式，GB 代表编码方式为 GB2312，H 是代表横排字，V 代表竖排字。

6. 关闭文档

```
document.close();
```

【例 7-5】 生成一个 yhx.pdf 文件，在其中写入三行文字：南京师范大学、计算机科学与技术学院、软件工程系，并用不同的字体、字号。

程序如下：

```jsp
<%@ page language="java" pageEncoding="gb2312"%>
<%@ page import="java.io.*,com.lowagie.text.*,com.lowagie.text.pdf.*"%>
<% String str1="南京师范大学\n";
String str2="计算机科学与技术学院\n";
String str3="软件工程系";
response.reset();
response.setContentType("application/pdf");    // 设置文档格式
Document document = new Document();
// 创建 Document 实例
ByteArrayOutputStream buffer = new ByteArrayOutputStream();
PdfWriter.getInstance(document, buffer);
PdfWriter.getInstance(document, new FileOutputStream("C:\\yhx.pdf"));
// 保存到文件 C:\yhx.pdf 中
document.addTitle("这是生成 PDF 的一个例子");
document.addAuthor("YinHX");
document.addSubject("这是主题");
document.addKeywords("这是关键字");
document.addCreator("by njnu.edu.cn");
// 进行中文输出设置
BaseFont bfChinese = BaseFont.createFont("STSong-Light", "UniGB-UCS2-H",
```

```
                                                BaseFont.NOT_EMBEDDED);
        Font ft1=new Font(bfChinese, 16, Font.NORMAL);
        Font ft2=new Font(bfChinese, 20, Font.ITALIC);
        Font ft3=new Font(bfChinese, 12, Font.BOLD);
        Paragraph par = new Paragraph();
        par.add(new Paragraph(str1,ft1));
        par.add(new Paragraph(str2,ft2));
        par.add(new Paragraph(str3,ft3));
        document.open();                            // 打开文档
        document.add(par);                          // 添加内容
        document.close();                           // 关闭文档
        // 解决抛出 IllegalStateException 异常的问题
        out.clear();
        out = pageContext.pushBody();
        DataOutput output = new DataOutputStream(response.getOutputStream());
        byte[] bytes = buffer.toByteArray();
        response.setContentLength(bytes.length);
        for(int i = 0; i < bytes.length; i++) {
           output.writeByte(bytes[i]);
        }
    %>
```

运行效果如图 7-4 所示。

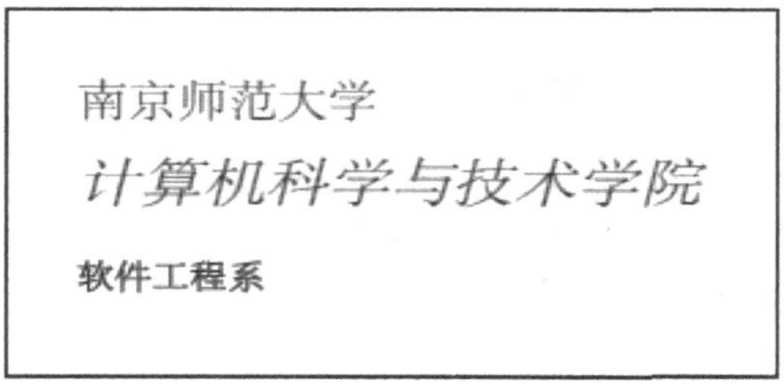

图 7-4 PDF 处理中文

7.3.3 处理表格

iText 中处理表格的类为 com.lowagie.text.Table 和 com.lowagie.text.PDF.PDFPTable，对于比较简单的表格处理可以用 com.lowagie.text.Table，但是如果要处理复杂的表格，就需要 com.lowagie.text.PDF.PDFPTable 进行处理。iText 中一个文档可以有很多个表格，一个表格可以有很多个单元格，一个单元格中可以放很多个段落，一个段落中可以放一些文字图像。在 iText 中没有行的概念，一个表格中直接放单元格，如果一个 3 列的表格中放进 6 个单元格，就是两行的表格。

1. com.lowagie.text.Table 类

com.lowagie.text.Table 类的构造函数有 3 个：
```
Table(int columns)
Table(int columns, int rows)
Table(Properties attributes)
```
参数 columns、rows、attributes 分别为表格的列数、行数、表格属性。创建表格时必须指定表格的列数，而行数可以不指定。建立表格之后，可以设定表格的属性，如边框宽度、边框颜色、单元格之间的间距大小等属性。

【例 7-6】 在 PDF 文件中生成一个表格，显示学生的成绩表。

程序如下：

```jsp
<%@ page language="java" pageEncoding="gb2312"%>
<%@ page import="java.io.*,com.lowagie.text.*,com.lowagie.text.pdf.*"%>
<%@ page import="java.util.*" %>
<% String str1="南京师范大学\n";
   String str2="计算机科学与技术学院\n";
   String str3="软件工程系";
   response.reset();
   response.setContentType("application/pdf");      // 设置文档格式
   Document document = new Document();
   // 创建 Document 实例
   ByteArrayOutputStream buffer = new ByteArrayOutputStream();
   PdfWriter.getInstance(document, buffer);
   // 保存到文件 C:\yhx2.pdf 中
   PdfWriter.getInstance(document,new FileOutputStream("C:\\yhx2.pdf"));
   document.addTitle("这是生成 PDF 的一个例子");
   document.addAuthor("YinHX");
   document.addSubject("这是主题");
   document.addKeywords("这是关键字");
   document.addCreator("by njnu.edu.cn");
   // 进行中文输出设置
   BaseFont bfChinese = BaseFont.createFont("STSong-Light", "UniGB-UCS2-H",
                                            BaseFont.NOT_EMBEDDED);
   Font ft1=new Font(bfChinese, 16, Font.NORMAL);
   Font ft2=new Font(bfChinese, 20, Font.ITALIC);
   Font ft3=new Font(bfChinese, 12, Font.BOLD);
   Paragraph par = new Paragraph();
   par.add(new Paragraph(str1, ft1));
   par.add(new Paragraph(str2, ft2));
   par.add(new Paragraph(str3, ft3));
   Table table = new Table(3);                        // 建立列数为 3 的表格
   table.setBorderWidth(2);                           // 边框宽度设置为 2
   table.setPadding(3);                               // 设置单元格的间距
   table.setSpacing(3);                               // 设置单元格的间距
   Cell cell = new Cell(new Paragraph("成绩表", ft1)); // 创建单元格作为表头
   cell.setHorizontalAlignment(Cell.ALIGN_CENTER);
   cell.setHeader(true);                              // 表示该单元格作为表头信息显示
   cell.setColspan(3);                                // 合并单元格,使该单元格占用 3 列
   table.addCell(cell);
   table.endHeaders();      // 表头添加完毕,必须调用此方法,否则跨页时,表头联显示
   cell = new Cell(new Paragraph("姓名", ft1));        // 添加单元格
   cell.setHorizontalAlignment(Cell.ALIGN_CENTER);    // 居中对齐
   table.addCell(cell);
   table.addCell(new Paragraph("数学", ft1));
   table.addCell(new Paragraph("语文", ft1));
   cell = new Cell(new Paragraph("李军", ft1));
   cell.setHorizontalAlignment(Cell.ALIGN_CENTER);
   table.addCell(cell);
```

```
        table.addCell("94");
        table.addCell("99");
        cell = new Cell(new Paragraph("王小勇", ft1));
        cell.setHorizontalAlignment(Cell.ALIGN_CENTER);
        table.addCell(cell);
        table.addCell("91");
        table.addCell("95");
        cell = new Cell(new Paragraph("刘晓明",ft1));
        cell.setHorizontalAlignment(Cell.ALIGN_CENTER);
        table.addCell(cell);
        table.addCell("88");
        table.addCell("93");
        document.open();                                      // 打开文档
        document.add(par);                                    // 添加内容
        document.add(table);
        document.close();                                     // 关闭文档
        // 解决抛出 IllegalStateException 异常的问题
        out.clear();
        out = pageContext.pushBody();
        DataOutput output = new DataOutputStream(response.getOutputStream());
        byte[] bytes = buffer.toByteArray();
        response.setContentLength(bytes.length);
        for(int i = 0; i < bytes.length; i++) {
          output.writeByte(bytes[i]);
        }
    %>
```

运行效果如图 7-5 所示。

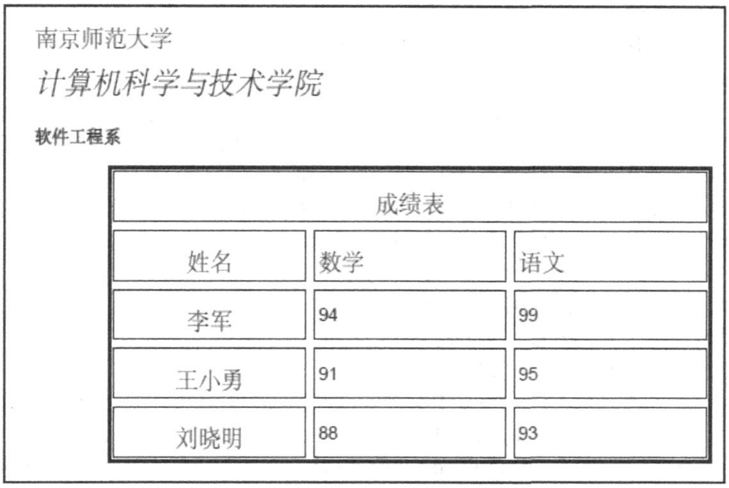
南京师范大学

计算机科学与技术学院

软件工程系

成绩表		
姓名	数学	语文
李军	94	99
王小勇	91	95
刘晓明	88	93

图 7-5　Table 表格用法

2．com.lowagie.text.PdfPTable 类

com.lowagie.text.PdfPTable 类的构造函数是 PdfPTable(cols)，参数 cols 为表格的列数。定义单元格：PdfPCell cell = new PdfPCell()。添加单元格到表格：table.addCell(cell)。

PdfPTable 不能合并行，没有 setRowspan()方法，只能用 setColspan()合并列。而 com.lowagie.text.Table 的 setRowspan()方法可以合并行，setColspan()可以合并列。

【例7-7】 用 PdfPTable 生成一个表格。

程序如下：

```jsp
<%@ page language="java" pageEncoding="gb2312"%>
<%@ page import="java.io.*,com.lowagie.text.*,com.lowagie.text.pdf.*"%>
<%@ page import="java.util.*" %>
<% // 表头
   String[] tableHeader= {"姓名", "性别", "年龄","学院", "专业", "年级"};
   int colNumber = 6;              // 数据表字段数
   int spacing = 1;
   int padding = 1      ;
   String[][] stu={{"刘勇", "男", "19","计算机", "软件", "2018"},
                   {"王蒙", "男", "18","计算机", "安全", "2018"},
                   {"李月琴", "女", "19","文学院", "现代文学", "2017"},
                   {"张成功", "男", "20","理学院", "数学", "2018"}};
   String str1="南京师范大学\n";
   String str2="计算机科学与技术学院\n";
   String str3="软件工程系\n\n";
   response.reset();
   response.setContentType("application/pdf");           // 设置文档格式
   // 创建文 PDF 文档上下左右各 50 距离
   Document document = new Document(new Rectangle(1500, 2000), 50, 50, 50,50);
   ByteArrayOutputStream buffer = new ByteArrayOutputStream();
   PdfWriter.getInstance(document, buffer);
   // 保存到文件 C:\yhx3.pdf 中
   PdfWriter.getInstance(document, new FileOutputStream("C:\\yhx3.pdf"));
   document.addTitle("这是生成 PDF 的一个例子");
   document.addAuthor("YinHX");
   document.addSubject("这是主题");
   document.addKeywords("这是关键字");
   document.addCreator("by njnu.edu.cn");
   BaseFont bfChinese = BaseFont.createFont("STSong-Light", "UniGB-UCS2-H",
                                             BaseFont.NOT_EMBEDDED);
   Font ft1=new Font(bfChinese, 16, Font.NORMAL);
   Font ft2=new Font(bfChinese, 20, Font.ITALIC);
   Font ft3=new Font(bfChinese, 12, Font.BOLD);
   Paragraph par = new Paragraph();
   par.add(new Paragraph(str1,ft1));
   par.add(new Paragraph(str2,ft2));
   par.add(new Paragraph(str3,ft3));
   PdfPTable datatable = new PdfPTable(colNumber); // 创建有 colNumber 个列的表格
   int[] cellsWidth = {1,1,1,1,1,1};                   // 定义单元格的宽度
   datatable.setHorizontalAlignment(0);                // 设置表格居左
   datatable.setTotalWidth(150);                       // 定义表格的宽度
   datatable.setWidths(cellsWidth);
   datatable.setWidthPercentage(50);                   // 表格的宽度百分比
   datatable.getDefaultCell().setPadding(padding);
   datatable.getDefaultCell().setBorderWidth(spacing);
   datatable.getDefaultCell().setHorizontalAlignment(Element.ALIGN_CENTER);
   for(int i = 0; i <colNumber; i++) {
      PdfPCell pcell=new PdfPCell();
```

```
            pcell.setPhrase(new Paragraph(tableHeader[i], ft1));
            datatable.addCell(pcell);                    // 添加表头元素
        }
        for(int r=0;r<4;r++) {
            for(int i = 0; i <colNumber; i++) {
                PdfPCell pcell=new PdfPCell();
                pcell.setPhrase(new Paragraph(stu[r][i], ft1));
                datatable.addCell(pcell);                // 添加数据
            }
        }
        document.open();                                 // 打开文档
        document.add(par);                               // 添加内容
        document.add(datatable);                         // 添加表格
        document.close();                                // 关闭文档
        // 解决抛出 IllegalStateException 异常的问题
        out.clear();
        out = pageContext.pushBody();
        DataOutput output = new DataOutputStream(response.getOutputStream());
        byte[] bytes = buffer.toByteArray();
        response.setContentLength(bytes.length);
        for(int i = 0; i < bytes.length; i++) {
            output.writeByte(bytes[i]);
        }
    %>
```

运行效果如图 7-6 所示。

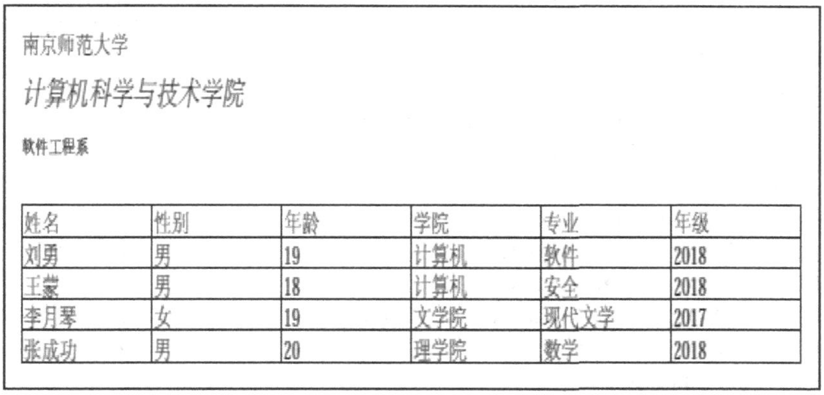

图 7-6　PdfPTable 用法

7.3.4　处理图像

iText 组件中处理图像的类为 com.lowagie.text.Image，目前支持的图像格式有 GIF、JPEG、PNG、WMF 等格式，对于不同的图像格式，iText 组件用同样的构造函数自动识别图像格式。

1. 图像的位置

图像的位置主要是指图像在文档中的对齐方式、图像和文本的位置关系，用 setAlignment(int alignment)设置，参数 alignment 的可选值为 Image.RIGHT、Image.MIDDLE 和 Image.LEFT，分别指右对齐、居中和左对齐；当参数 alignment 为 Image.TEXTWRAP、

Image.UNDERLYING 时,分别指文字绕图形显示、图形作为文字的背景显示。这两种参数可以结合以达到预期的效果,如

    setAlignment(Image.RIGHT | Image.TEXTWRAP)

上述代码实现的显示效果为图像右对齐,文字围绕图像显示。

2. 图像的尺寸和旋转

如果图像在文档中不按原尺寸显示,可以通过下面的代码进行设定。

直接设定显示尺寸:

    public void scaleAbsolute(int newWidth, int newHeight)

设定显示比例:

    public void scalePercent(int percent)

如 scalePercent(50)表示显示的大小为原尺寸的 50%

设定图像高宽的显示比例:

    public void scalePercent(int percentX, int percentY)

如果图像需要旋转一定角度之后在文档中显示,可以通过下面的代码进行实现:

    public void setRotation(double r)

上述方法中,参数 r 为弧度,如果旋转角度为 30 度,则参数 r= Math.PI*30 / 180。

【例 7-8】 显示图片。

程序如下:

```jsp
<%@ page language="java" pageEncoding="gb2312"%>
<%@ page import="java.io.*,com.lowagie.text.*,com.lowagie.text.pdf.*"%>
<%@page import="java.util.*,javax.swing.*" %>
<% BaseFont bfChinese = BaseFont.createFont("STSong-Light", "UniGB-UCS2-H",
                                            BaseFont.NOT_EMBEDDED);
    Font ft1=new Font(bfChinese, 20, Font.NORMAL);
    response.reset();
    response.setContentType("application/pdf");
    Document document = new Document();
    String filePath="njnu.jpg";
    Image jpg = Image.getInstance(filePath);
    jpg.setAlignment(Image.MIDDLE);                         // 设置图片居中
    Table table=new Table(1);
    table.setAlignment(Table.ALIGN_MIDDLE);                 // 设置表格居中
    table.setBorderWidth(0);                                // 将边框宽度设为 0
    table.setPadding(3);                                    // 表格边距离为 3
    table.setSpacing(3);
    table.addCell(new Cell(jpg));                           // 将图片加载在表格中
    Cell cellword=new Cell(new Paragraph("南京师范大学", ft1));
    cellword.setHorizontalAlignment(Cell.ALIGN_CENTER);     // 设置文字水平居中
    cellword.setBorder(0);
    table.addCell(cellword);                                // 添加表格
    ByteArrayOutputStream buffer = new ByteArrayOutputStream();
    PdfWriter.getInstance(document, buffer);
    document.open();
    // 通过表格进行输出图片的内容
    document.add(table);
    document.close();
    // 解决抛出 IllegalStateException 异常的问题
```

```
        out.clear();
        out = pageContext.pushBody();
        DataOutput output = new DataOutputStream(response.getOutputStream());
        byte[] bytes = buffer.toByteArray();
        response.setContentLength(bytes.length);
        for(int i = 0; i < bytes.length; i++) {
           output.writeByte(bytes[i]);
        }
    %>
```

运行效果如图 7-7 所示。

图 7-7 显示图片

7.4 Ajax 技术

传统的 Web 应用程序会把用户（客户端）请求提交到 Web 服务器，在 Web 服务器把用户请求处理完毕之后，会向用户（客户端）返回一个新网页。由于每当用户提交输入，服务器就会返回新网页，传统的 Web 应用程序往往运行缓慢，加重了服务器负担，增加了网络负荷。Ajax 技术可以在不重新加载整个页面的情况下，与服务器交换数据并更新部分网页内容，使得 Web 应用程序更迅速地回应用户动作，减轻了服务器负担，减少了网络负荷。

7.4.1 Ajax 简介

Ajax 是 Asynchronous JavaScript and XML 的缩写，即异步 JavaScript 与 XML。Ajax 并不是一门新的语言或技术，是 JavaScript、XML、CSS、DOM 等已有技术的组合，可以实现客户端的异步请求操作，从而实现在不需要刷新页面的情况下与服务器进行通信，减少了用户的等待时间，减轻了服务器和带宽的负担，提供更好的服务响应。

Ajax 应用程序独立于浏览器和平台，不需要任何浏览器插件，但需要用户允许 JavaScript 在浏览器上运行。通过在后台与服务器进行少量数据交换，可以使网页实现异步更新，不需要重新加载整个网页。

Ajax 工作原理是一个页面的指定位置可以加载另一个页面所有的输出内容，这样就实现了一个静态页面也能动态获取到数据库中的数据了，实现了一个静态网页在不刷新整个页面的情况下与服务器通信，提高了系统性能，优化了用户界面。

Ajax 技术在 1998 年前后得到了应用，Outlook 是第一个应用了 Ajax 技术的成功的商业应用程序。2005 年，Google 在它的交互应用程序中使用了 Ajax，如 Google 地图、Google 搜索、Gmail 等，由此 Ajax 技术得到普遍应用。

7.4.2 Ajax 开发模式

Ajax 通过 XMLHttpRequest 对象采用异步方式在后台发送请求，然后处理服务器响应。

1．XMLHttpRequest 对象的常用方法

open()方法：设置进行异步请求目标的 URL、请求方法以及其他参数信息

send()方法：向服务器发送请求。如果请求声明为异步，该方法将立即返回，否则将等到接收到响应为止。

setRequestHeader()方法：为请求的 HTTP 头设置值。

abort()方法：停止或放弃当前异步请求。

getResponseHeader()方法：以字符串形式返回指定的 HTTP 头信息。

getAllResponseHeaders()方法：以字符串形式返回完整的 HTTP 头信息，其中包括 Server、Date、Content-Type 和 Content-Length。

2．XMLHttpRequest 对象的常用属性

onreadystatechange 属性：指定状态改变时所触发的事件处理器。在 Ajax 中，每个状态改变时都会触发这个事件处理器，通常会调用一个 JavaScript 函数。

readyState 属性：获取请求的状态。

responseText 属性：获取服务器的响应，表示为字符串。

responseXML 属性：获取服务器的响应，表示为 XML。这个对象可以解析为一个 DOM 对象。

status 属性：返回服务器的 HTTP 状态码。

statusText 属性：返回 HTTP 状态码对应的文本，如 OK 或 Not Fount（未找到）等。

3．向服务器发送请求

通常情况下，Ajax 发送请求有两种：发送请求 GET、发送请求 POST。无论发送哪种请求，都需要经过以下 4 个步骤。

（1）初始化 XMLHttpRequest 对象

为了提高程序的兼容性，需要创建一个跨浏览器的 XMLHttpRequest 对象，并且判断 XMLHttpRequest 对象的实例是否成功，如果不成功，则给予提示。具体代码如下：

```
http_request=false;
if(window.XMLHttpRequest) {                    // 非 IE 浏览器
  http_request=new XMLHttpRequest();           // 创建 XMLHttpRequest 对象
}
else if(window.ActiveXObject) {                // IE 浏览器
  try {                                        // 创建 XMLHttpRequest 对象
    http_request=new ActiveXObject("Msxml2.XMLHTTP");
  }
  catch(e) {
    try {
```

```
                // 创建 XMLHttpRequest 对象
                http_request=new ActiveXObject("Microsoft.XMLHTTP");
            }
            catch(e) { }
        }
    if(!http_request) {
        alert("不能创建 XMLHttpRequest 对象实例！");
        return false;
    }
```
（2）为 XMLHttpRequest 对象指定一个返回结果处理函数（即回调函数），用于对返回结果进行处理

具体代码如下：
```
    http_request.onreadystatechange=getResult;        // 调用返回结果处理函数
```
注意：使用 XMLHttpRequest 对象的 onreadystatechange 属性指定回调函数时，不能指定要传递的参数。如果要指定传递的参数，可以用以下方法：
```
    http_request.onreadystatechange=function() {  getResult(param)  };
```
（3）创建一个与服务器的连接

在创建时，需要指定发送请求的方式（即 GET 或 POST），以及设置是否采用异步方式发送请求。

采用异步方式发送 GET 方式的请求的具体代码如下：
```
    http_request.open('GET', url, true);
```
采用异步方式发送 POST 方式的请求的具体代码如下：
```
    http_request.open('POST', url, true);
```
说明：在 open()方法中的 url 参数可以是一个 JSP 页面的 URL 地址，也可以是 Servlet 的映射地址。也就是说，请求处理页可以是一个 JSP 页面，也可以是一个 Servlet。

（4）向服务器发送请求

XMLHttpRequest 对象的 send()方法可以实现向服务器发送请求，该方法需要传递一个参数，如果发送的是 GET 请求，可以将该参数设置为 null；如果发送的是 POST 请求，可以通过该参数指定要发送的请求参数。

向服务器发送 GET 请求的代码如下：
```
    http_request.send(null);                          // 向服务器发送请求
```
向服务器发送 POST 请求的代码如下：
```
    // 组合参数
    var param="user="+form1.user.value+"&password="+form1.pwd.value;
    http_request.send(param);                         // 向服务器发送请求
```
注意，在发送 POST 请求前，还需要设置正确的请求头。具体代码如下：
```
    http_request.setRequestHeader("Content-Type","application/x-www-form-urlencoded");
```
上面这句代码需要加在 send(param)语句之前。

4．处理服务器响应

XMLHttpRequest 对象提供了两个用来访问服务器响应的属性：一个是 responseText 属性，返回字符串响应；另一个是 responseXML 属性，返回 XML 响应。

（1）处理字符串响应

字符串响应通常应用在响应不是特别复杂的情况下。例如，将响应显示在提示对话框中，

或者响应只是显示成功或失败的字符串。

```
function getResult() {
    if(http_request.readyState==4){           // 判断请求状态
        if(http_request.status==200){          // 若请求成功，则开始处理返回结果
            alert(http_request.responseText);  // 显示判断结果
        }
        else {                                 // 若请求页面有错误
            alert("您所请求的页面有错误！");
        }
    }
}
```

如果需要将该响应结果显示到页面的指定位置，可以先在页面的合适位置添加一个\<div\>或\<span\>标记，设置该标记的 id 属性，如 div_result，然后在回调函数中应用以下代码显示响应结果：

```
document.getElementById("div_result").innerHTML=http_request.responseText;
```

（2）处理 XML 响应

如果在服务器端需要生成特别复杂的响应，就需要应用 XML 响应。应用 XMLHttpRequest 对象的 responseXML 属性，可以生成一个 XML 文档，现在的浏览器已经提供了很好的解析 XML 文档对象的方法。例如，保存学生信息的 XML 文档：

```
<?xml version="1.0" encoding="UTF-8"?>
<students>
    <student>
        <no>19180105</no>
        <name>张小华</name>
    </student>
    <student>
        <no>19180108</no>
        <name>刘丽英</name>
    </student>
</students>
```

在回调函数中遍历保存学生信息的 XML 文档，并将其显示到页面中的代码如下：

```
function getResult() {
    if(http_request.readyState==4) {
        if(http_request.status==200) {
            var xmldoc=http_request.responseXML;
            var str="";
            for(int i = 0; i<xmldoc.getElementByTagName("student").length; i++) {
                var student=xmldoc.getElementByTagName("student").item(i);
                str = str+"学号："+student.getElementByTagName("no")[0].firstChild.data+
                    "姓名："+student.getElementByTagName('name')[0].firstChild.data+"<br>";
            }
            document.getElementById("stu").innerHTML=str;    // 显示学生信息
        }
        else
            alert("您所请求的页面有错误！");
    }
}
<div id="stu"></div>
```

（3）处理 AJAX - onreadystatechange 事件

当请求被发送到服务器时，readyState 改变，就会触发 onreadystatechange 事件。readyState 属性存有 XMLHttpRequest 的状态信息，从 0 到 4 发生变化：0，请求未初始化；1，服务器连接已建立；2，请求已接收；3，请求处理中；4，请求已完成，且响应已就绪。

status 属性的值如下：200，表示成功；202，表示请求被接受，但尚未成功；400，错误的请求；404，文件未找到；500，内部服务器错误。

在 onreadystatechange 事件中，我们规定当服务器响应已做好被处理的准备时所执行的任务。当 readyState 等于 4 且状态为 200 时，表示响应已就绪。

7.4.3 Ajax 应用示例

【例 7-9】 完整的实例——检测用户名是否唯一。

（1）创建 index.jsp 文件，从中添加一个用于收集用户注册信息的表单及表单元素，以及表示"检测用户名"按钮的图片，并在该图片的 onclick 事件中调用 checkName()方法，检测用于名是否被注册。在页面的合适位置添加一个用于显示提示信息的<div>标记，并且通过 CSS 设置该<div>标记的样式。代码如下：

```
<%@ page language="java" contentType="text/html; charset=UTF-8" pageEncoding="UTF-8"%>
<!DOCTYPE HTML>
<html>
<head>
<meta charset="utf-8">
<title>Ajax用法——检测用户名是否唯一</title>
<script type="text/javascript">
  function createRequest(url) {
    http_request = false;
    if(window.XMLHttpRequest) {           // 非 IE 浏览器
      http_request = new XMLHttpRequest();  // 创建 XMLHttpRequest 对象
    }
    else if(window.ActiveXObject) {       // IE 浏览器
      try {                                // 创建 XMLHttpRequest 对象
        http_request = new ActiveXObject("Msxml2.XMLHTTP");
      }
      catch(e) {
        try {                              // 创建 XMLHttpRequest 对象
          http_request = new ActiveXObject("Microsoft.XMLHTTP");
        }
        catch(e) { }
      }
    }
    if(!http_request) {
      alert("不能创建 XMLHttpRequest 对象实例！");
      return false;
    }
    http_request.onreadystatechange = getResult;  // 调用返回结果处理函数
    http_request.open('GET', url, true);          // 创建与服务器的连接
    http_request.send(null);                      // 向服务器发送请求
  }
```

```
        function getResult() {
            if(http_request.readyState == 4) {              // 判断请求状态
                if(http_request.status == 200) {            // 请求成功,开始处理返回结果
                    // 设置提示内容
                    document.getElementById("toolTip").innerHTML = http_request.responseText;
                    // 显示提示框
                    document.getElementById("toolTip").style.display = "block";
                }
                else                                        // 请求页面有错误
                    alert("您所请求的页面有错误！");
            }
        }
        function checkUser(userName) {
            if(userName.value == "") {
                alert("请输入用户名！");
                userName.focus();
                return;
            }
            else {
                createRequest('checkUser.jsp?user='+ encodeURIComponent(userName.value));
            }
        }
    </script>
    <style type="text/css">
    <!--
        #toolTip {
            position: absolute;                             // 设置为绝对定位
            left: 331px;                                    // 设置左边距
            top: 39px;                                      // 设置顶边距
            width: 98px;                                    // 设置宽度
            height: 48px;                                   // 设置高度
            padding-top: 45px;                              // 设置文字与顶边的距离
            padding-left: 25px;                             // 设置文字与左边的距离
            padding-right: 25px;                            // 设置文字与右边的距离
            z-index: 1;                                     // 设置索引
            display: none;                                  // 设置默认不显示
            color: red;                                     // 设置文字的颜色
            background-image: url(images/tooltip.jpg);      // 设置背景图片
        }
        #bg {
            width: 509px;                                   // 设置宽度
            height: 298px;                                  // 设置高度
            background-image: url(images/bg.gif);           // 设置背景图片
            padding-top: 54px;
            margin: 0 auto auto auto;                       // 设置外边距
        }
        body {
            font-size: 12px;                                // 设置文字的大小
        }
        ul {
            list-style: none;                               // 设置不显示列表的项目符号
```

```
        }
        li {
            padding: 10px;                          // 设置内边距
            font-weight: bold;                      // 设置文字加粗
            color: #8e6723;                         // 设置文字颜色
        }
    -->
    </style>
    </head>
    <body>
    <body style="margin: 0px;">
        <form method="post" action="" name="form1">
            <div id="bg">
            <div style="position: absolute;">
                <ul>
                    <li>用  户  名: <input name="username" type="text"
                        id="username" size="32"><img src="images/checkBt.jpg"
                        width="104" height="23" style="cursor: pointer;"
                        onClick="checkUser(form1.username);"></li>
                    <li>密     码: <input name="pwd1" type="password" id="pwd1" size="35">
                    <div id="toolTip"></div></li>
                    <li>确认密码: <input name="pwd2" type="password" id="pwd2" size="35"></li>
                    <li>E-mail  : <input name="email" type="text" id="email" size="45"></li>
                    <li><input type="image" name="imageField" src="images/registerBt.jpg"></li>
                </ul>
            </div>
            </div>
        </form>
    </body>
    </html>
```

（2）编写检测用户名是否被注册的处理页 checkUse.jsp，从中判断输入的用户名是否注册，并应用 JSP 内置对象 out 的 println()方法输出判断结果。代码如下：

```
<%@ page language="java" import="java.util.*" pageEncoding="UTF-8" %>
<% String[] userList={"李明","王阳","njnu","math"};        // 用户
    // 获取用户名
    String user=new String(request.getParameter("user").getBytes("ISO-8859-1"),"UTF-8");
    Arrays.sort(userList);                                  // 对数组排序
    int result=Arrays.binarySearch(userList,user);          // 搜索数组
    if(result>-1)
        out.println("很抱歉，该用户名已经被注册！");            // 输出检测结果
    else
        out.println("恭喜您，该用户名没有被注册！");            // 输出检测结果
%>
```

运行效果如图 7-8 所示。

7.4.4 Ajax 开发需要注意的问题

1．安全问题

Ajax 技术如同对企业数据建立了一个直接通道，使得开发者在不经意间会暴露比以前更

图 7-8 用 Ajax 技术检查用户名

多的数据和服务器逻辑。Ajax 的逻辑可以对客户端的安全扫描技术隐藏起来，允许黑客从远端服务器上建立新的攻击。Ajax 也难以避免一些已知的安全弱点，如跨站点脚步攻击、SQL 注入攻击和基于 credentials 的安全漏洞等。

虽然 JavaScript 的安全性已逐步提高，提供了很多受限功能，包括访问浏览器的历史记录、上传文件、改变菜单栏等，但是当在 Web 浏览器中执行 JavaScript 代码时，用户允许任何人编写的代码运行在自己的机器上，这就为移动代码自动跨越网络来运行提供了方便条件，从而给网站带来了安全隐患。

① 数据在网络上传输的安全问题。当采用普通的 HTTP 请求时，请求参数的所有的代码都是以明码的方式在网络上传输的。对于一些不太重要的数据，采用普通的 HTTP 请求即可满足要求，如果涉及特别机密的信息，这样做是不行的。因为一个正常的路由不会查看传输的任何信息，而对于一个恶意的路由，则可能读取传输的内容。为了保证 HTTP 传输数据的安全，可以对传输的数据进行加密，这样即使被看到，危险也是不大的。

② 客户端调用远程服务的安全问题。虽然 Ajax 允许客户端完成部分服务器的工作，并可以通过 JavaScript 来检查用户的权限，但是通过客户端脚本控制权限并不可取，一些解密高手可以轻松绕过 JavaScript 的权限检查，直接访问业务逻辑组件，从而对网站造成威胁。通常情况下，在 Ajax 应用中应该将所有的 Ajax 请求都发送到控制器，由控制器负责检查调用者是否有访问资源的权限，所有的业务逻辑组件都隐藏在控制器的后面。

2．没有后退功能，即对浏览器后退机制的破坏

后退按钮是一个标准的 Web 站点的重要功能，但是它没法与 JS 进行很好的合作。这是 Ajax 带来的一个比较严重的问题，因为用户往往是希望能够通过后退来取消前一次操作的。那么对于这个问题有没有办法？答案是肯定的，不过比较麻烦。

3．浏览器兼容性问题

Ajax 使用了大量的 JavaScript 和 Ajax 引擎，而这些内容需要浏览器提供足够的支持。目前多数浏览器都支持 Ajax，除了 IE 4.0 及以下版本、Opera 7.0 及以下版本、基于文本的浏览器、没有可视化实现的浏览器以及 1997 年以前的浏览器。虽然现在我们常用的浏览器都支持 Ajax，但是提供 XMLHttpRequest 对象的方式不一样。所以，使用 Ajax 的程序必须测试针对各个浏览器的兼容性。

4．中文编码问题，发送请求时出现中文乱码

将数据提交到服务器有两种方法，一种是使用 GET 方法提交，另一种是使用 POST 方法提交。使用不同的方法提交数据，在服务器端接收参数时解决中文乱码的方法是不同。获取服务器的响应结果时出现中文乱码，由于 Ajax 在接收 responseText 或 responseXML 的值时是按照 UTF-8 的编码格式进行解码的，因此如果服务器端传递的数据不是 UTF-8 格式，在接收 responseText 或 responseXML 的值时，就可能产生乱码。

其他还有性能问题，以及对搜索引擎的支持比较弱。

本章小结

本章介绍了文件上传组件 Commons-FileUpload、动态图表 JFreeChart 组件、iText 报表组件、Ajax 技术，并用实例演示了这些组件的开发过程。这些组件功能实用、使用简单，大大拓展了 JSP 的功能，提高了程序设计的效率。

习 题 7

7.1 JSP 的 SmartUpload、JFreeChart 和 iText 组件的作用是什么？
7.2 简述使用 JFreeChart 组件的基本步骤。
7.3 简述使用 iText 生成 PDF 文档的基本步骤。
7.4 什么是 Ajax？简述 Ajax 中使用的技术。
7.5 简述 Ajax 的工作原理。
7.6 Ajax 最核心的技术是 XMLHttpRequest，为了提高程序的兼容性，请创建一个跨浏览器的 XMLHttpRequest 对象。

上机实验 7

7.1 设计一个登录页面，若是老用户，则显示用户名、密码、出生年月、性别、照片；若是新用户，则提供注册页面，包括用户名、密码、出生年月、性别、照片，将用户的信息保存到数据库中，其中照片仅将文件名保存在表中，图片保存在服务器的 img 目录中。

【目的】
（1）熟悉文件上传、下载功能。
（2）掌握数据库的基本应用。

【内容】
在数据库中创建一个表，输入若干用户的用户名、密码、出生年月、性别、照片文件名，在服务器中再建一个目录 img，用来保存用户上传的照片，然后创建项目及相关的页面完成题目要求。

【步骤】
<1> 在数据库中创建一个表，输入若干用户的用户名、密码、出生年月、性别、照片文件名。
<2> 在服务器中再建一个目录 img，用来保存用户上传的照片。
<3> 创建项目和登录页面。
<4> 识别新老用户，实现题目中的登录要求。

7.2 测试 JFreeChart 组件的用法

【目的】
(1) 熟悉柱形图、饼形图的用法。
(2) 掌握数据库的基本应用。

【内容】
在数据库中有一个 sell 表，含有公司名称、一季度、二季度、三季度、四季度五个字段，记载 2018 年各公司每个季度的销售量；用柱形图显示一季度、二季度、三季度、四季度各个公司的销售量；用饼形图显示各公司全年的总销售量。

【步骤】
<1> 在数据库中创建一个 sell 表，包含公司名称、一季度、二季度、三季度、四季度五个字段。
<2> 输入 2018 年各公司每个季度的销售量。
<3> 用柱形图显示一季度、二季度、三季度、四季度各公司的销售量。
<4> 用饼形图显示各公司全年的总销售量。

第 8 章 表达式语言和标签

JSP 表达式语言 Expression Language（EL），是 JSP 2.0 中引入的一种计算和输出 Java 对象的简单语言，为存取变量、表达式运算和读取内置对象等内容提供了新的操作方式，可用来代替传统的基于 "<%=%>" 形式的 JSP 表达式和 Java 代码。EL 为不熟悉 Java 语言的页面开发人员提供了一个开发 JSP 应用程序的途径。

JSP 标签库全称是 Java Server Pages Standard Tag Library（JSTL），主要给 Web 开发人员提供一个标准的通用的标签库，可看成一种生成基于 XML 脚本的方法，经由 JavaBean 来支持。从概念上，标签库就是很简单而且可重用的代码结构。

JSP 标签分为 3 类：内置标签（动作标签）、JSTL 标签、自定义标签。内置标签即 <jsp:forward/>、<jsp:pararm/>、<jsp:include/>等动作标签。JSTL 标签主要包括核心标签库、格式标签库、SQL 标签库、XML 标签库、函数标签库。其中，核心标签库、SQL 标签库较为常用，本章将介绍这两个标签库。使用 JSTL 标签库需要先在 http://tomcat.apache.org/taglibs/ 下载，解压后，把相应的包复制到 lib 中，并在页面中使用 taglib 指令声明。

8.1 EL 表达式

在 EL 表达式中可以执行关系、逻辑和算术等运算，访问一般变量，可以获得命名空间（PageContext）对象，访问 JavaBean 类中的属性以及嵌套属性和集合对象，可以访问 JSP 的作用域 page、request、session、application。

8.1.1 EL 表达式的语法

EL 表达式语法简单，使用很方便，以${为起始、以}为结尾，语法格式如下：
$\{表达式\}$
例如，${4+8}结果是输出 12；${" 4+8 "}结果是输出 4+8；\${" 4+8 "}结果是输出${" 4+8 "}；\${4+8}结果是输出${4+8}；${s[0]}表示访问 s 数组中的第一个元素。

EL 表达式与 Java 表达式一样，既可以直接插入 JSP 文件的模板文件中，也可以作为 JSP 标签的属性的值。例如，下面的代码表示将 count 属性的值加 1：
    <jsp:useBeanid="myBean" scope="page" class="com.Bean"/>
    <jsp:setProerpty name="myBean" property="count" value="${myBean.count+1}"/>
显示 count 的值：
    ${myBean.count}

8.1.2 EL 表达式的运算符

在 JSP 中，EL 表达式提供了存取数据运算符、算术运算符、关系运算符、逻辑运算符、条件运算符及 empty 运算符，这些运算符的优先级同 Java 一样。

1．存取数据运算符

在 EL 表达式中可以使用运算符"[]"和"."来取得对象的属性。例如，${user.name}或者${user[name]}都是表示取出对象 user 中的 name 属性值。

2．算术运算符

算术运算符可以作用在整数和浮点数上。EL 表达式的算术运算符包括加（+）、减（-）、乘（*）、除（/或 div）、求余（%或 mod）等 5 个。

3．关系运算符

除了可以作用在整数和浮点数，关系运算符还可以依据字母的顺序比较两个字符串的大小。EL 表达式的关系运算符包括等于（==或 eq）、不等于（!=或 ne）、小于（<或 lt）、大于（>或 gt）、小于等于（<=或 le）和大于等于（>=或 ge）等 6 个。

注意：在使用 EL 表达式关系运算符时，不能写成${v1} == ${v2}，而应写成${v1==v2}。

4．逻辑运算符

逻辑运算符可以作用在布尔值（Boolean），EL 表达式的逻辑运算符包括与（&&或 and）、或（||或 or）和非（!或 not）等 3 个。

5．empty 运算符

empty 运算符是一个前缀（prefix）运算符，即 empty 运算符位于操作数前方，被用来决定一个对象或变量是否为 null 或空。例如，${empty userName}表示若 userName 不存在或为空则输出 true，否则输出 false。

6．条件运算符

EL 表达式中可以利用条件运算符进行条件求值，其格式如下：

${条件表达式？表达式 1 ：表达式 2}

如果条件表达式为真则结果等于表达式 1 的值，否则等于表达式 2 的值。

8.1.3　EL 表达式中的隐含对象

EL 表达式中定义了一些隐含对象，分为 3 类，共 11 个。

1．PageContext 隐含对象

PageContext 隐含对象可用于访问 JSP 内置对象，取得其他有关用户要求或页面的详细信息，如提取 request、response、out、session、config、servletContext 等内置对象的属性。例如，${PageContext.session.id}取得 session 的 ID，${pageContext.request.requestURL}取得请求的 URL。

2．访问环境信息的隐含对象

EL 表达式中定义的用于访问环境信息的隐含对象包括以下 6 个。

- cookie：把请求中的参数名和单个值进行映射。
- initParam：把上下文的初始参数和单一的值进行映射。
- header：把请求中的 header 名字和单个值映射。

- param：把请求中的参数名和单个值进行映射。
- headerValues：把请求中的 header 名字与一个 Array 值进行映射。
- paramValues：把请求中的参数名与一个 Array 值进行映射。

例如，${param.userName}等价于<%=request.getParameter("userName")%>；${paramValues.name}等价于<%=request.getParameterValues(name) %>。

3．访问作用域范围的隐含对象

EL 表达式中定义的用于访问作用域范围的隐含对象包括以下 4 个。
- applicationScope：映射 application 范围内的属性值。
- sessionScope：映射 session 范围内的属性值。
- requestScope：映射 request 范围内的属性值。
- pageScope：映射 page 范围内的属性值。

例如，${sessionScope.user.sex}等价于<% User user =(User)session.getAttribute("user"); String sex =user.getSex( );out.print(sex); %>

8.1.4 EL 表达式中的保留字

保留字是系统预留的名称。在为变量命名时应该避开这些预留的名称，以免程序编译时发生错误。EL 表达式的保留字包括：and、eq、gt、div、or、ne、le、mod、no、lt、ge、true、instanceof、empty、null、false。

8.2 JSTL 核心标签库

JSTL 核心标签库共 13 个，从功能上可以分为 4 类：表达式标签、流程控制标签、循环标签、URL 标签。JSP 页面中引入核心标签库时需要使用的指令如下：

```
<%@ taglib prefix="c" uri="http://java.sun.com/jsp/jstl/core" %>
```

8.2.1 表达式标签

表达式标签包括<c:out>、<c:set>、<c:remove>、<c:catch>等 4 个标签，需要在 JSP 页面中引入核心标签库的指令代码为：

```
<%@ taglib prefix="c" uri="http://java.sun.com/jsp/jstl/core" %>
```

下面分别介绍它们的语法及应用。

1．<c:out>标签

<c:out>标签用于将计算的结果输出到 JSP 页面中，可以替代<%=%>，语法格式如下：
（1）`<c:out value="value" [escapeXml="true|false"] [default="defaultValue"]/>`
（2）`<c:out value="value" [escapeXml="true|false"]>`
    `    defaultValue`
    `</c:out>`

属性 value 表示要输出的变量或表达式，这里可以引用 EL 表达式。

属性 escapeXml 表示是否转换特殊字符，默认值为 true，如 "<" 转换为 "<"，不可以引用 EL 表达式。

属性 default 表示如果 value 属性值等于 NULL 时显示的默认值,不可以引用 EL 表达式。

2. <c:set>标签

<c:set>标签用于定义和存储变量,可以定义变量是在 JSP 会话范围中还是 JavaBean 的属性中。<c:set>标签有如下 4 种语法格式。

语法 1:把值 value 存储到变量 name 中,指定的域范围是 scope。
```
<c:set value="value" var="name" [scope="page|request|session|application"]/>
```
语法 2:把值 value 存储到变量 name 中,指定的域范围是 scope。
```
<c:set var="name" [scope="page|request|session|application"]>
    value
</c:set>
```
语法 3:把值 value 存储到 object 对象的 propName 属性中。
```
<c:set value="value" target=" object " property="propName"/>
```
语法 4:把值 value 存储到 object 对象的 propName 属性中。
```
<c:set target=" object " property="propName">
    value
</c:set>
```

3. <c:remove>标签

<c:remove>标签可以从指定的 JSP 范围中移除指定的变量 name,其语法格式如下:
```
<c:remove var="name" [scope="page|request|session|application"]/>
```
scope 的默认值是 page。

4. <c:catch>标签

<c:catch>标签是 JSTL 中处理程序异常的标签,用于捕获嵌套在标签体中的内容抛出的异常,还可以将异常信息保存在变量中,其语法格式如下:
```
<c:catch [var="name"]>
    ...                                    // 存在异常的代码
</c:catch>
```
var 属性可以指定存储异常信息的变量,可选项,如果不需要保存异常信息,可以省略。

【例 8-1】 表达式标签用法使用范例。

注意,值"<hr>"通知"<hr>"在 escapeXml 属性为"false"时,"<hr>"被显示为水平线,也就是说,符号"<"和">"被转换为"<"和">";而在 escapeXml 属性为"true"时,值"<hr>"就是显示为"<hr>",符号"<"和">"没有被转换。

本例用 set 标签定义两个同名的变量 resl,但作用域不一样,使用时如果不指明作用域,则 EL 表达式从 page、request、session、application 依次查找。可以用 sessionScope 等类似的对象限定作用域,如 sessionScope.resl 等。

程序代码如下:
```
<%@ page language="java" pageEncoding="utf-8"%>
<%@ taglib prefix="c" uri="http://java.sun.com/jsp/jstl/core" %>
<html>
<head>
    <title>表达式标签的用法</title>
</head>
<body>
<c:set var="name" value="计算机" scope="page"/>
```

```
<c:set var="res1" value="<hr>page 通知<hr>" />
<c:set var="res1" value="<hr>session 通知<hr>" scope="session"/>
<br>***escapeXml 属性值为 false 时***<br>
<c:out value="<hr>测试 1" escapeXml="false"/><br>
<c:out value="${usr}" default="usr 的值为空" escapeXml="false"/>
<c:out value="${res1}" default="res1 的值为空" escapeXml="false"/>
<br>***escapeXml 属性值为 true 时***<br>
<c:out value="<hr>测试 2"/><br>
<c:out value="${name}" default="name 的值为空" /><br>
<c:out value="${res1}" default="res1 的值为空" /><br>
<c:out value="${sessionScope.res1}" default="res1 的值为空" /><br>
<br>*****删除对象****<br>
<c:remove var="res1" scope="page"/>
<c:out value="${pageScope.res1}" default="page 内的 res1 已被删除" /><br>
<c:out value="${sessionScope.res1}" default="session 内的 res1 已被删除" /><br>
<br>*****测试异常******<br>
<c:catch var="errorInfo">
<!--实现了一段异常代码，向一个不存在的 JavaBean 中插入一个值-->
   <c:set target="person" property="hao"/>
</c:catch>
<!--用 EL 表达式得到 errorInfo 的值，并输出 -->
异常: <c:out value="${errorInfo}" /><br>
异常 errorInfo.getMessage:
<c:out value="${errorInfo.message}" /><br>
</body>
</html>
```

程序运行结果如图 8-1 所示。

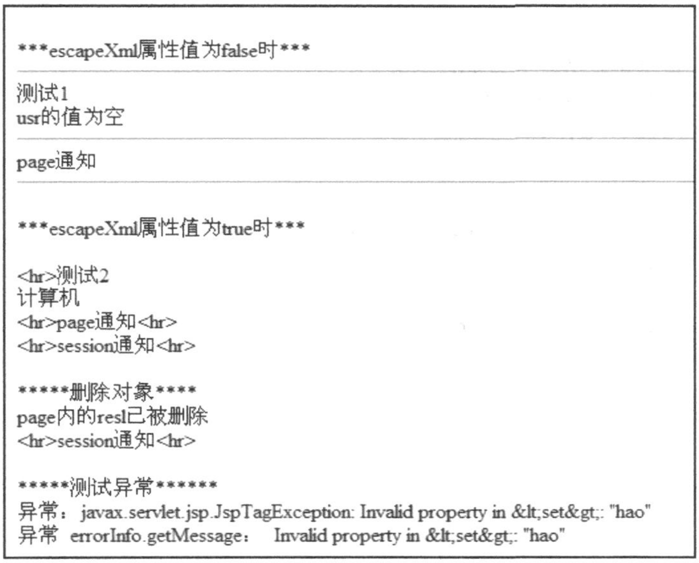

```
***escapeXml属性值为false时***

测试1
usr的值为空

page通知

***escapeXml属性值为true时***

<hr>测试2
计算机
<hr>page通知<hr>
<hr>session通知<hr>

*****删除对象****
page内的res1已被删除
<hr>session通知<hr>

*****测试异常******
异常: javax.servlet.jsp.JspTagException: Invalid property in &lt;set&gt;: "hao"
异常 errorInfo.getMessage:   Invalid property in &lt;set&gt;: "hao"
```

图 8-1　表达式标签的用法

8.2.2　流程控制标签

在程序中，使用流程控制标签可以根据不同的条件去执行不同的代码段，来产生不同的运行结果，流程控制标签包括<c:if>标签、<c:choose>标签、<c:when>标签和<c:otherwise>标签等 4 种。下面详细介绍这些标签的语法及应用。

1. <c:if>标签

根据不同的条件去执行不同的代码段，<c:if>标签与 Java 语言中 if 语句的功能相同，有两种语法格式。语法 1：

```
<c:if test="condition" var="name" [scope=page|request|session|application]/>
```

判断条件表达式，并将结果保存在 var 属性指定的变量中，而这个变量的作用域由 scope 属性指定。

语法 2：

```
<c:if test="condition" var="name" [scope=page|request|session|application]>
    代码段
</c:if>
```

判断条件表达式，并将结果保存在 var 属性指定的变量中，这个变量的作用域由 scope 属性指定。根据条件的判断结果去执行代码段，代码段可以是 JSP 页面能够使用的任何元素，如 HTML 标记、Java 代码或者嵌入其他 JSP 标签。

标签中的 test 是必须定义的属性，可以使用 EL 表达式，其他属性是可选的。

【例 8-2】 <c:if>标签用法使用范例。

本例可以根据用户名是否为空这个条件决定是否生成表单，代码如下：

```
<%@ page language="java" pageEncoding="utf-8"%>
<%@ taglib prefix="c" uri="http://java.sun.com/jsp/jstl/core" %>
<html>
    <head>
        <title>测试 if 标签</title>
    </head>
    <body>
        语法一：输出用户名是否为 null<br>
        <c:if test="${pageScope.userName==null}" var="rtn" scope="session"/>
        <c:out value="${rtn}"/>
        <hr>
        <br>语法二：如果用户名为空，则生成一个用于输入用户名的文本框及"提交"按钮<br>
        <c:if test="${pageScope.userName==null}">
            <form>
                请输入用户名：<input type="text" name="userName">
                <input type="submit" value="提交">
            </form>
        </c:if>
    </body>
</html>
```

程序运行结果如图 8-2 所示。

2. <c:choose>标签

根据不同的条件去执行不同的代码段，如果没有符合的条件，会执行默认条件的代码段。<c:choose>标签只能作为<c:when>和<c:otherwise>标签的父标签，可以在其中间嵌套这两个标签完成条件选择逻辑。<c:choose>标签的语法格式如下：

```
<c:choose>
```

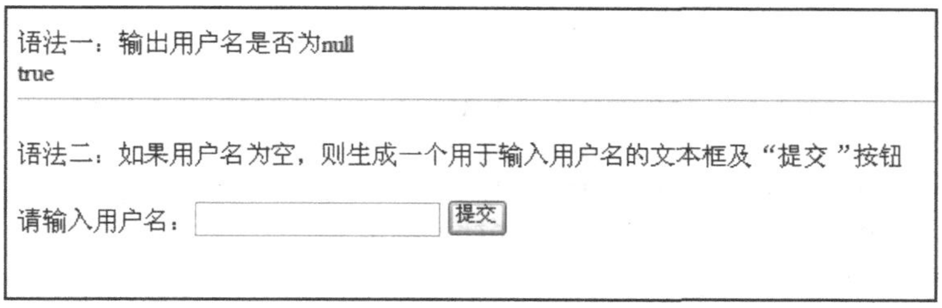

```
语法一：输出用户名是否为null
true
```

语法二：如果用户名为空，则生成一个用于输入用户名的文本框及"提交"按钮

请输入用户名：[   ] [提交]

图 8-2 <c:if>标签的用法

```
<c:when>
    代码段
</c:when>
...
<!--多个<c:when>标签-->
<c:otherwise>
    代码段
</c:otherwise>
</c:choose>
```

<c:choose>标签中可以包含多个<c:when>标签来处理不同条件的代码段，但是只能有一个<c:otherwise>标签来处理默认条件的代码段。

3. <c:when>标签

<c:when>标签只能在<c:choose>标签中，表示当条件为真时执行代码段，语法格式如下：

```
<c:when test="condition">
    代码段
</c:when>
```

4. <c:otherwise>标签

<c:otherwise>标签也是一个包含在<c:choose>标签的子标签，用于定义<c:choose>标签中的默认条件代码段，如果没有任何一个结果满足<c:when>标签指定的条件，将执行这个标签主体中定义的代码段。在<c:choose>标签范围内只能存在一个该标签的定义，语法格式如下：

```
<c:otherwise>
    标签主体
</c:otherwise>
```

注意：<c:otherwise>标签必须定义在所有<c:when>标签的后面，也就是说，它是<c:choose>标签的最后一个子标签。

【例8-3】 <c:choose>标签、<c:when>、<c:otherwise>标签用法使用范例。

本例可以根据分数grade显示相应的等级，代码如下：

```
<%@ page language="java"  pageEncoding="utf-8"%>
<%@ taglib prefix="c" uri="http://java.sun.com/jsp/jstl/core" %>
<html>
<head>
    <title>测试choose标签</title>
</head>
<body>
    <c:set var="grade">
        <%=95%>
    </c:set>
```

```
<br>你的分数是：${grade}，换成等级就是：
<c:choose>
   <c:when test="${grade>=90 && grade<=100}">优秀！</c:when>
   <c:when test="${grade>=80}">良好！</c:when>
   <c:when test="${grade>=60}">及格！</c:when>
   <c:otherwise>不及格！</c:otherwise>
</c:choose>
</body>
</html>
```

程序运行结果如图 8-3 所示。

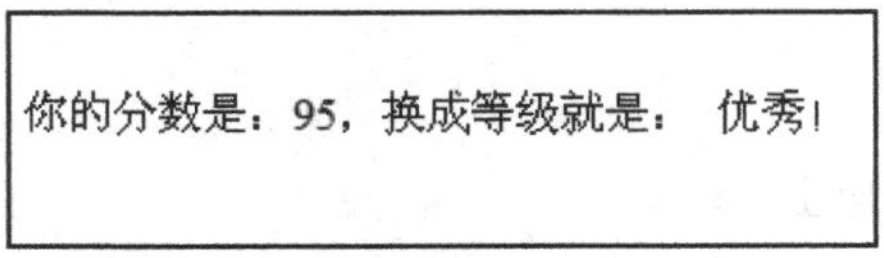

> 你的分数是：95，换成等级就是： 优秀！

图 8-3 <c:choose>标签的用法

8.2.3 循环标签

页面开发经常需要使用循环标签生成大量的代码，如生成 HTML 表格等。JSTL 标签库中提供了<c:forEach>和<c:forTokens>两个循环标签。

1. <c:forEach>标签

<c:forEach>标签可以枚举集合中的所有元素，也可以根据相应的属性指定循环的次数。
语法格式如下：

```
<c:forEach items="data" var="name" begin="start" end="finish" step="step"
           varStatus="statusName">
    代码段
</c:forEach>
```

标签中的属性都是可选项，可以根据需要使用相应的属性。其中：

- items 属性 —被循环遍历的对象，可以是数组、集合类、字符串和枚举类型，允许为 EL 表达式。
- var 属性 —循环体的变量，存储 items 指定的对象的成员，不能使用 EL 表达式。
- begin、end、step 属性 —分别表示循环的起始位置、终止位置、步长，允许使用 EL 表达式。
- varStatus 属性 —循环的状态变量，不能使用 EL 表达式。

【例 8-4】 <c:forEach>标签用法使用范例。

本例循环输出 list 中的值，代码如下：

```
<%@ page language="java" pageEncoding="utf-8"%>
<%@ taglib prefix="c" uri="http://java.sun.com/jsp/jstl/core" %>
<%@ page import="java.util.*" %>
<html>
<head>
    <title>测试 forEach 标签</title>
</head>
<body>
<% List list=new ArrayList();
```

```
        list.add("苹果");
        list.add("梨子");
        list.add("香蕉");
        list.add("草莓");
        request.setAttribute("list",list);
    %>
    利用&lt;c:forEach&gt;标签遍历 List 集合的结果如下：<br>
    <c:forEach items="${list}" var="v1" varStatus="id">
        ${id.count} ${v1} <br>
    </c:forEach>
    <c:forEach begin="1" end="6" step="1" var="idx">
        <c:out value="${idx}"/>水果
    </c:forEach>
</body>
</html>
```

程序运行结果如图 8-4 所示。

> 利用<c:forEach>标签遍历List集合的结果如下：
> 1 苹果
> 2 梨子
> 3 香蕉
> 4 草莓
> 1水果 2水果 3水果 4水果 5水果 6水果

图 8.4　<c:forEach>标签的用法

2．<c:forTokens>标签

<c:forTokens>标签用指定的分隔符将一个字符串分割开，根据分割的数量确定循环的次数，相当于 split 函数。其语法格式如下：

```
<c:forTokens items="String" delims="char" [var="name"] [begin="start"]
             [end="end"] [step="len"] [varStatus="statusName"]>
    代码段
</c:forTokens>
```

标签中的属性都是可选项，可以根据需要使用相应的属性。其中，delims 属性是字符串的分割字符，可以同时有多个分隔字符，不允许使用 EL 表达式，其他属性的含义同<c:forEach>。

【例 8-5】　<c:forTokens>标签用法使用范例。

本例分割字符串并显示，代码如下：

```
<%@ page language="java"  pageEncoding="utf-8"%>
<%@ taglib prefix="c" uri="http://java.sun.com/jsp/jstl/core" %>
<html>
<head>
    <title>测试 forTokens 标签</title>
</head>
<body>
<c:set var="str" value="计算机原理|高等数学|Jsp 程序设计|C++|JavaEE 编程"/>
    原字符串：<c:out value="${str}"/>
<br>分割后的字符串：<br>
<c:forTokens var="v1" items="${str}" delims="|" varStatus="st">
    第<c:out value="${st.count}"/>个：<c:out value="${v1}"/><br>
    <c:if test="${st.last}">
```

```
            <br>总共输出<c:out value="${st.count}"/>个元素。
        </c:if>
    </c:forTokens>
    </body>
</html>
```
程序运行结果如图 8-5 所示。

```
原字符串：计算机原理|高等数学|Jsp程序设计|C++|JavaEE编程
分割后的字符串：
第1个：计算机原理
第2个：高等数学
第3个：Jsp程序设计
第4个：C++
第5个：JavaEE编程

总共输出5个元素。
```

图 8.5 <c:forTokens>标签的用法

8.2.4 URL 标签

URL 标签有 3 种：<c:import>、<c:redirect>和<c:url>标签，分别实现导入其他页面、重定向和产生 URL 的功能。

1. <c:import>标签

<c:import>标签的作用是导入站内或其他网站的静态和动态文件到 JSP 页面中。与动作元素<jsp:include>只能导入站内资源相比，<c:import>标签要更方便，有两种语法格式。

语法格式 1：
```
<c:import url="url" [context="context"] [var="name"]
[scope="page|request|session|application"] [charEncoding="encoding"]>
    标签体
</c:import>
```
标签体一般是<c:param>标签，用于给被包含的资源传递参数。

语法格式 2：
```
<c:import url="url" varReader="name" [context="context"] [charEncoding="encoding"]/>
```
其中：URL 属性为资源的路径，这是必选属性，可以使用 EL 表达式；context 属性用于在访问其他 Web 应用的文件时，指定根目录；var 属性指定将 URL 资源的内容保存到变量中；Scope 属性指定 var 属性的范围；charEncoding 属性指定被包含资源的编码格式；varReader 属性指定以 Reader 类型存储被包含文件内容。

例如，<c:import url="disp.jsp" />表示将 disp.jsp 的内容在当前位置显示；<c:import url="disp.jsp" var="v1" />表示将 disp.jsp 的内容（源程序）保存在变量 v1 中；<c:import url="http://www.njnu.edu.cn" />表示将网站的内容在当前位置显示，注意资源的编码格式与当前网页是否一致，否则用 charEncoding 属性声明。

2. <c:redirect>标签

<c:redirect>标签的作用是实现请求的重定向，还可以使用<c:param>标签在 URL 中加入指定的参数，有两种语法格式。

语法格式 1：没有标签主体，并且不添加传递到目标路径的参数信息。

```
<c:redirect url="url" [context="/context"]/>
```

语法格式 2：将客户请求重定向到目标路径，并且在标签主体中使用<c:param>标签传递其他参数信息。

```
<c:redirect url="url" [context="/context"]>
    <c:param>
</c:redirect>
```

其中：url 属性用于指定重定向页面的地址，是必选属性，可以使用 EL 表达式；context 属性用于指定其他 Web 应用文件的根目录。例如，<c:redirect url="http://www.phei.com.cn"/>表示重定向到 http://www.phei.com.cn 网页。

下面的代码表示重定向到 disp.jsp 页面，同时传递两个参数 usr 和 pwd。

```
<c:redirect url="disp.jsp">
    <c:param name="usr" value="yhx"/>
    <c:param name="pwd" value="123456"/>
</c:redirect>
```

3．<c:url>标签

<c:url>标签用于在 JSP 页面中构造一个 URL 地址，用<c:param>标签动态添加 URL 的参数信息。<c:url>标签有两种语法格式。

语法格式 1：

```
<c:url value="url" [var="name"] [scope="page|request|session|application"]
                   [context="context"]/>
```

输出产生的 URL 字符串信息，如果指定了 var 和 scope 属性，相应的 URL 信息就不再输出，而是存储在变量中。

语法格式 2：

```
<c:url value="url" [var="name"] [scope="page|request|session|application"]
                   [context="context"]>
    <c:param>
</c:url>
```

格式 2 不仅实现了语法格式 1 的功能，还可以用<c:param>标签生成一个带参数的 URL 地址。

例如，下面的代码先生成一个 URL 地址 http://www.njnu.edu.cn 并保存在变量 v1 中，然后超链接到这个地址：

```
<c:url value="http://www.njnu.edu.cn" var="v1" scope="session"/>
<a href="${url}">南京师范大学</a>
```

下面的代码先生成一个 URL 地址 disp.jsp 并保存在变量 v1 中，同时传递的两个参数 usr 值是 yhx 和 pwd 值是 12345，然后超链接到这个地址：

```
<c:url value="disp.jsp" var="v1" scope="session">
    <c:param name="usr" value="yhx"/>
    <c:param name="pwd" value="12345"/>
</c:url>
<a href="${v1}">显示</a>
```

4．<c:param>标签

<c:param>标签只用于为其他标签<c:import>标签、<c:redirect>标签和<c:url>标签提供参数信息，可以实现动态定制参数，从而使标签完成更复杂的应用。语法格式如下：

```
<c:param name="paramName" value="paramValue"/>
```

或
```
<c:param name="paramName">
    paramValue
</c:param>
```
其中，name 属性用于指定参数名称，可以引用 EL；value 属性用于指定参数值。

8.3 SQL 标签库

SQL 标签库提供了与关系型数据库（Oracle、MySQL、SQL Server 等）访问的通用逻辑，可以简化对数据库的操作，方便读取结果集数据。SQL 标签库有 6 个标签：<sql:setDataSource>、<sql:query>、<sql:update>、<sql:param>、<sql:dateParam>、<sql:transaction>。

JSP 页面中引入 SQL 标签库时需要使用的指令：
```
<%@ taglib prefix="sql" uri="http://java.sun.com/jsp/jstl/sql" %>
```

1. <sql:setDataSource>标签

<sql:setDataSource>标签指定连接数据库的数据源，语法格式如下：
```
<sql:setDataSource var="" scope="" dataSource="" driver="" url="" user="" password=""/>
```
其中：driver 属性是要注册的 JDBC 驱动程序；ur 属性指定数据库连接的 URL；var 属性保存数据源；scope 属性指明 var 的作用域；dataSource 属性指定连接数据库的数据源。

2. <sql:query>标签

<sql:query>标签用来执行 SELECT 查询语句，并将查询结果存储在变量中。其语法格式如下：
```
<sql:query var="" scope="" sql="" dataSource="" startRow="" maxRows=""/>
```
其中：sql 属性指明要执行的 SELECT 查询语句；var 属性保存查询结果；scope 属性指明 var 的作用域；dataSource 属性指定连接数据库的数据源；startRow 属性指定查询起始行；maxRows 属性指定查询的最大行数。

3. <sql:update>标签

<sql:update>标签用来执行 INSERT、UPDATE、DELETE 等语句。其语法格式如下：
```
<sql:update var="" scope="" sql="" dataSource=""/>
```
其中：var 属性保存受影响的行数。

4. <sql:param>标签

<sql:param>标签与<sql:query>标签和<sql:update>标签嵌套使用，用来提供传递参数。其语法格式如下：
```
<sql:param value=""/>
```

5. <sql:dateParam>标签

<sql:dateParam>标签与<sql:query>标签和<sql:update>标签嵌套使用，用来提供传递日期参数。其语法格式如下：
```
<sql:dateParam value="" type=""/>
```
其中：value 属性指定需要设置的日期参数（java.util.Date）；type 属性日期类型，值为 DATE（只有日期）、TIME（只有时间）、TIMESTAMP（日期和时间）。

6. <sql:transaction>标签

<sql:transaction>标签用来将<sql:query>标签和<sql:update>标签封装到事务中。可以将大量的<sql:query>和<sql:update>操作装入<sql:transaction>中,成为单一的事务,这样可以确保对数据库的修改不是被提交就是被回滚。其语法格式如下:

```
<sql:transaction dataSource="" isolation=""/>
```

其中:dataSource 属性指定数据源,isolation 属性表示事务隔离等级,值为 READ_COMMITTED、READ_UNCOMMITTED、REPEATABLE_READ 或 SERIALIZABLE。

【例 8-6】 SQL 标签的用法。

本例演示插入语句 INSERT 和查询语句 SELECT 的用法,DELETE、UPDATE 语句的用法和 INSERT 类似。本例连接的是 SQL Server 2008 数据库,其他数据库类似。代码如下:

```
<%@ page language="java" contentType="text/html; charset=UTF-8" pageEncoding="UTF-8"%>
<%@ page import="java.io.*,java.util.*,java.sql.*"%>
<%@ page import="javax.servlet.http.*,javax.servlet.*" %>
<%@ taglib uri="http://java.sun.com/jsp/jstl/core" prefix="c"%>
<%@ taglib uri="http://java.sun.com/jsp/jstl/sql" prefix="sql"%>
<html>
<head>
    <title>测试 SQL 标签的用法</title>
</head>
<body>
<sql:setDataSource var="stu"
                   driver="com.microsoft.sqlserver.jdbc.SQLServerDriver"
                   url="jdbc:sqlserver://localhost:1433;databaseName=studb"
                   user="sa"
                   password="123456"/>
    <sql:update dataSource="${stu}" var="count">
        INSERT INTO student(sno,sname,ssex,sage,sdept)
        VALUES('19170203', '刘华', '女', 10,'CS');
    </sql:update>
<br>更新了<c:out value="${ count}"/>行<br> <hr>
<br><br><center><h1>查询 student 表中数据</h1></center><br>
<sql:query dataSource="${stu}" var="result">
 SELECT *  FROM student  ORDER BY sno;
</sql:query>
<table border="1" width="100%">
    <tr>
        <th>学号</th>
        <th>姓名</th>
        <th>性别</th>
        <th>年龄</th>
        <th>系科</th>
    </tr>
    <c:forEach var="row" items="${result.rows}">
    <tr>
        <td><c:out value="${row.sno}"/></td>
        <td><c:out value="${row.sname}"/></td>
        <td><c:out value="${row.ssex}"/></td>
        <td><c:out value="${row.sage}"/></td>
```

```
            <td><c:out value="${row.sdept}"/></td>
        </tr>
        </c:forEach>
    </table>
    </body>
    </html>
```

程序运行结果如图 8-6 所示。

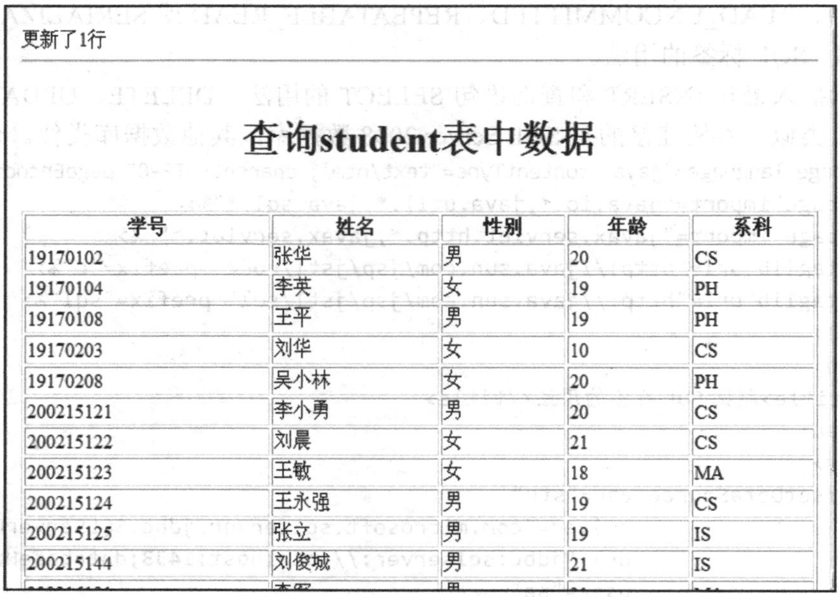

更新了1行

查询student表中数据

学号	姓名	性别	年龄	系科
19170102	张华	男	20	CS
19170104	李英	女	19	PH
19170108	王平	男	19	PH
19170203	刘华	女	10	CS
19170208	吴小林	女	20	PH
200215121	李小勇	男	20	CS
200215122	刘晨	女	21	CS
200215123	王敏	女	18	MA
200215124	王永强	男	19	CS
200215125	张立	男	19	IS
200215144	刘俊城	男	21	IS

图 8-6　SQL 标签用法

8.4　自定义标签库

自定义标签实际上是一个普通的继承 SimpleTagSupport 类的 Java 类，是用户定义的 JSP 标记，功能类似<jsp:forward>等动作元素。自定义标签的 JSP 程序更加清晰、简洁，便于管理维护及日后的升级，可以在简单的标签中封装复杂的功能，可以加快应用系统开发的速度，提高代码重用性，是一种非常优秀的表现层组件技术。

自定义标签的使用一般有三步：设计自定义标签处理类重写 doTag( )方法 → 建立 TLD 文件 → 使用自定义标签。

8.4.1　自定义标签处理类

自定义标签类必须继承父类 javax.servlet.jsp.tagext.SimpleTagSupport，并重写 doTag()方法，该方法负责生成页面内容。此外，自定义标签类如果包含属性，则每个属性都必须有对应的 setter()方法。

【例 8-7】 设计一个自定义标签类。

该标签负责在页面上输出 Hello World。代码如下：

```
package com.tag;
import javax.servlet.jsp.tagext.*;
```

```
import javax.servlet.jsp.*;
import java.io.*;
public class HelloTag extends SimpleTagSupport {
    public void doTag() throws JspException, IOException {
        JspWriter out = getJspContext().getOut();
        out.println("Hello World!");
    }
}
```

这个自定义标签类非常简单，继承了 SimpleTagSupport 父类，并重写了 doTag()方法，负责在页面输出字符串"Hello World!"。该标签没有属性，因此不需提供 setter()和 getter()方法。

8.4.2 建立 TLD 文件

标签库定义文件 TLD（Tag Library Definition）文件的后缀是必须是 .tld。每个 TLD 文件对应一个标签库，一个标签库中可包含多个标签，tld 文件也称为标签库定义文件。标签库定义文件必须在 WEB-INF 目录中。

标签库定义文件中，taglib 下有 3 个子标签。
- tlib-version：指定标签库的版本。
- short-name：标签库的默认短名。
- uri：指定了 TLD 文件在 Web 应用中的存放位置，JSP 页面中使用标签库时就是根据该 URI 属性来定位标签库的。

此外，taglib 标签下可以包含多个 tag 子标签，tag 子标签下至少应包含如下 3 个子标签。
- name：标签库的名称，JSP 页面中就是根据该名称来使用此标签的。
- tag-class：指定标签的处理类。
- body-content：指定标签体内容，值可以是如下——tagdependent，指定标签处理类自己负责处理标签体；empty，指定该标签只能作用空标签使用；scriptless，指定该标签的标签体可以是静态 HTML 元素、表达式语言，但不允许出现 JSP 脚本。

有属性的标签需要为 tag 增加 attribute 子标签，每个 attribute 子标签定义一个属性，attribue 子标签通常还需要指定如下子标签。
- name：设置属性名，值是字符串内容。
- required：设置该属性是否为必选属性，值是 true 或 false。
- fragment：设置该属性是否支持 JSP 脚本、表达式等动态内容，值是 true 或 false。

【例 8-8】 在 WEB-INF 目录中建立 TLD 文件。

该文件名为 mytaglib.tld，代码如下：

```
<?xml version="1.0" encoding="utf-8"?>
<taglib xmlns="http://java.sun.com/xml/ns/j2ee"
    xmlns:xsi="http://www.w3.org/2001/XMLSchema-instance"
    xsi:schemaLocation=http://java.sun.com/xml/ns/j2ee web-jsptaglibrary_2_0.xsd version="2.0">
<description>A tag library exercising SimpleTag handlers.</description>
    <tlib-version>1.2</tlib-version>
    <short-name>mytag</short-name>
    <!-- 定义第一个标签 -->
<tag>
<description>显示 helloWorld </description>
    <!-- 定义标签名 -->
```

```
        <name>helloWorld</name>
        <!-- 定义标签处理类 -->
        <tag-class>com.tag.HelloTag</tag-class>
        <!-- 定义标签体为空 -->
        <body-content>empty</body-content>
    </tag>
</taglib>
```

8.4.3 使用自定义标签

使用标签库分为两步，首先使用 taglib 指令导入标签库，然后在 JSP 页面中使用自定义标签。

taglib 指令中的 uri 属性指定了 TLD 文件在 Web 应用中的存放位置。此位置可以采用以下两种方式指定。一种方式是在 uri 属性中直接指明 TLD 文件的所在目录和对应的文件名：

```
<%@ taglib uri="/WEB-INF/mytaglib.tld" prefix="taglib.prefix"%>
```

另一种方式是通过在 web.xml 文件中定义一个关于 TLD 文件的 uri 属性，让 JSP 页面通过该 uri 属性引用 TLD 文件，有利于JSP 文件的通用性。例如，在 web.xml 中进行以下配置：

```
<jsp-config>
    <taglib>
        <taglib-uri> mytaglibUri </taglib-uri>
        <taglib-location>/WEB-INF/mytaglib.tld</taglib-location>
    </taglib>
</jsp-config>
```

在 JSP 页面中可用以下代码引用自定义标签：

```
<%@ taglib uri="mytaglibUri" prefix="taglib.prefix"%>
```

taglib 指令中的 prefix 属性规定了如何在 JSP 页面中使用自定义标签，即使用什么样的前缀来代表标签，使用时标签名就是在 TLD 文件中定义的<tag></tag>段中的<name>属性的取值，与前缀之间用 ":" 隔开。

【例 8-9】 在 JSP 页面中使用前面定义的标签。

程序代码如下：

```
<%@ page contentType="text/html;charset=UTF-8" pageEncoding="UTF-8"%>
<%@ taglib prefix="yhx" uri="WEB-INF/mytaglib.tld"%>
<html>
    <head>
        <title>自定义标签用法</title>
    </head>
    <body>
        <yhx:helloWorld/>
    </body>
</html>
```

8.4.4 自定义标签使用范例

前面的自定义标签没有属性，下面的示例中标签类中有两个属性 name 和 price，它们必须定义 setter()方法。

【例 8-10】 自定义标签使用范例。

（1）创建自定义标签类 HelloTag.java。

```java
package com.tag;
import javax.servlet.jsp.tagext.*;
import javax.servlet.jsp.*;
import java.io.*;
public class HelloTag extends SimpleTagSupport {
    private String name;
    private double price;
    public void setName(String name) {
        this.name = name;
    }
    public void setPrice(double price) {
        this.price = price;
    }
    public void doTag() throws JspException, IOException {
        JspWriter out = getJspContext().getOut();
        out.write("名称: " + name);
        out.write("    价格: " + price);
    }
}
```

（2）在 WEB-INF 目录中建立 tld 文件 mytaglib.tld。

```xml
<?xml version="1.0" encoding="utf-8"?>
<taglib xmlns="http://java.sun.com/xml/ns/j2ee"
    xmlns:xsi="http://www.w3.org/2001/XMLSchema-instance"
    xsi:schemaLocation="http://java.sun.com/xml/ns/j2ee web-jsptaglibrary_2_0.xsd"
    version="2.0">
<description>A tag library exercising SimpleTag handlers.</description>
    <tlib-version>1.2</tlib-version>
    <short-name>mytag</short-name>
    <tag>
<description>显示 helloWorld </description>
    <!-- 定义标签名 -->
    <name>helloWorld</name>
    <!-- 定义标签处理类 -->
    <tag-class>com.tag.HelloTag</tag-class>
    <!-- 定义标签体为空 -->
    <body-content>empty</body-content>
    <!-- 配置 name 属性 -->
        <attribute>
            <name>name</name>
            <required>true</required>
            <fragment>true</fragment>
        </attribute>
    <!-- 配置 price 属性 -->
        <attribute>
            <name>price</name>
            <required>true</required>
            <fragment>true</fragment>
        </attribute>
    </tag>
</taglib>
```

(3) 创建 JSP 页面 index.jsp，使用前面定义的标签。
```
<%@ page language="java" contentType="text/html; charset=UTF-8" pageEncoding="UTF-8"%>
<%@ taglib prefix="y" uri="WEB-INF/mytaglib.tld"%>
<html>
<head>
    <title>自定义标签用法</title>
</head>
<body>
    测试自定义标签属性的用法<br>
    <y:helloWorld   name="苹果" price="12.98" /> <br>
    <y:helloWorld   name="梨子" price="9.56" /> <br>
    <y:helloWorld   name="葡萄" price="17.88" /> <br>
</body>
</html>
```

(4) 如果在上面的 index.jsp 中，taglib 指令中的 uri 属性不是直接指明 TLD 文件的所在目录和对应的文件名，而是通过在 web.xml 文件中定义一个关于 TLD 文件的 uri 属性，这时页面中 taglib 指令引用的方式为：

```
<%@ taglib prefix="y" uri="mytaglibUri"%>
```

web.xml 的配置如下：

```
<?xml version="1.0" encoding="UTF-8"?>
<web-app xmlns:xsi=http://www.w3.org/2001/XMLSchema-instance
    xmlns="http://java.sun.com/xml/ns/javaee"
    xmlns:web="http://java.sun.com/xml/ns/javaee/web-app_2_5.xsd"
    xsi:schemaLocation="http://java.sun.com/xml/ns/javaee
                        http://java.sun.com/xml/ns/javaee/web-app_3_0.xsd"
    id="WebApp_ID" version="3.0">
    <display-name>yhx</display-name>
    <jsp-config>
        <taglib>
            <taglib-uri> mytaglibUri</taglib-uri>
            <taglib-location>/WEB-INF/mytaglib.tld</taglib-location>
        </taglib>
    </jsp-config>
    <welcome-file-list>
        <welcome-file>index.jsp</welcome-file>
    </welcome-file-list>
</web-app>
```

程序运行结果如图 8-7 所示。

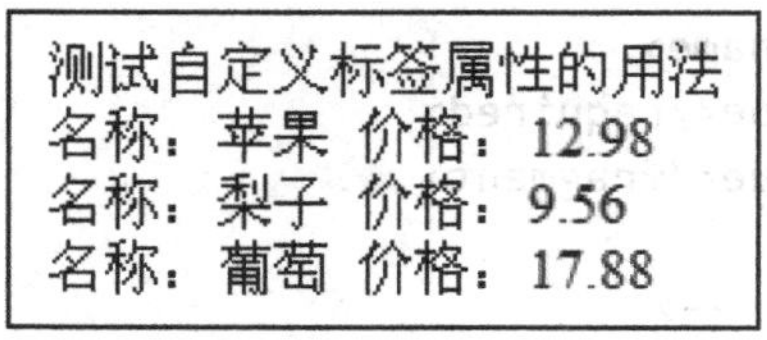

```
测试自定义标签属性的用法
名称：苹果 价格：12.98
名称：梨子 价格：9.56
名称：葡萄 价格：17.88
```

图 8-7 测试自定义标签属性的用法

本章小结

本章介绍了 EL 表达式语言，对 EL 表达式的运算、存取、隐含对象进行了详细介绍；接着介绍了 JSTL 标签库，重点讲解了核心标签库包括表达式标签、流程控制标签、循环标签、URL 标签，以及 SQL 标签库的语法规则、使用；最后介绍了用户自定义标签库的原理、使用方法。

习 题 8

8.1 什么是表达式语言 EL？
8.2 EL 表达式具有哪些特点？
8.3 JSP 标签一般分成哪几类？
8.4 JSTL 中的 EL 表达式的基本语法是什么？如何让 JSP 页面忽略 EL 表达式？标签包括哪些？
8.5 EL 表达式中定义的用于访问作用域范围的隐含对象有哪些？分别代表什么含义？
8.6 EL 表达式中定义的用于访问环境信息的隐含对象有哪些？分别代表什么含义？
8.7 JSTL 包括哪几种标签库？
8.8 JSTL 核心标签库共 13 个，从功能上一般可以分为哪几类？
8.9 表达式标签包括哪几个标签？
8.10 SQL 标签库包括哪几个标签？
8.11 如何在 JSP 文件中引用自定义标签？
8.12 自定义标签的使用一般有哪几步？
8.13 编写自定义标签，并调用该标签显示当前的系统日期和系统时间。要求：写出标签类（继承自 TagSupport）、标签库表述文件，并写出 JSP 页面引用自定义的标签显示系统日期和系统时间。

上机实验 8

8.1 测试 EL 表达式及 JSTL 标签的用法。
【目的】
（1）熟悉 EL 表达式及 SQL 标签的用法。
（2）掌握数据库的基本应用。
【内容】
将实验 7.1 中的表单及数据库处理改用 EL 表达式及 SQL 标签。
8.2 测试自定义标签的用法。
【目的】
熟悉自定义标签的使用过程。
【内容】
设计一个自定义标签，当调用该标签时显示当前的日期、时间，显示格式如下：
现在是 xxxx 年 xx 月 xx 日 xx 时 xx 分 xx 秒。
设计相应的标签类（继承自 TagSupport）、标签库 TLD 文件、有关 XML 文件，并写出 JSP 页面引用自定义的标签显示当前的日期、时间。

第 9 章 Java EE 框架技术基础

为了提高程序开发效率，减低维护难度，项目开发常用各种框架和工具，基于 Java EE 的应用开发是目前最流行的软件开发技术之一，其中 Struts2、Spring、Hibernate 是比较有代表性的三个轻量级框架。

Java EE 的体系结构一般分为三层：表示层、中间层、数据层。其中，表示层由用户界面和用户生成界面的代码组成。中间层包含系统的业务和逻辑功能代码。数据层负责完成存取数据库的数据和对数据进行封装。

三层体系结构的优点是一个组件的更改不会影响其他两个组件。例如，如果用户需要更换数据库，那么只有数据层组件需要修改代码；同样，如果更改了用户界面设计，那么只有表示层组件需要修改。由于表示层和数据层相互独立，因而可以方便地扩充表示层，使系统具有良好的可扩展性。

9.1 框架技术概述

我们可以把框架理解为某种应用的半成品，也就是一组组件，供用户选用，来完成用户自己的系统的构建。简单地说就是使用别人准备好的组件，来实施自己的项目。框架技术是在 Java EE 的基础上形成的，而应用程序是在框架的基础上创建的。

9.1.1 MVC 模型与设计模式

MVC 即模型（Model）、视图（View）和控制（Controller），是一种程序设计理念。MVC 模型的目的是实现系统的分层，应用程序被划分为模型层、视图层、控制层三部分，把一个应用程序的开发按照业务逻辑、数据、视图进行分离分层并组织代码，把应用的模型按一定的层次规则抽取出来，将业务逻辑聚集到一个部件中，在改进和个性化定制界面及用户交互的同时，不需要重新编写业务逻辑。模型层负责封装应用的状态，并实现功能，视图层负责将内容呈现给用户，控制层负责控制视图层发送的请求以及程序的流程。

模型层实现系统中的业务逻辑，通常可以用 JavaBean 或 EJB 来实现；视图层用于与用户的交互，通常用 JSP 来实现；控制层是模型层与视图层之间沟通的桥梁，可以处理用户的请求并选择恰当的视图用于显示，同时可以解释用户的输入并将它们映射为模型层可执行的操作，通常可以用 Servlet 来实现。

传统的 Java Web 应用程序采用 JSP+Servlet+JavaBean，实现了最基本的 MVC 分层，有负责前端展示的 JSP、负责流程逻辑控制的 Servlet 以及负责数据封装的 JavaBean。但是这种结构仍然存在问题：若 JSP 页面中需要使用<%%>符号嵌入很多 Java 代码，则会造成页面结构混乱，Servlet 和 JavaBean 负责了大量的跳转和运算工作，耦合紧密，程序复用度低等。

在 Java EE 架构模式的 MVC 中，模型层定义了数据模型和业务逻辑。为了将数据访问与业务逻辑分离，降低代码之间的耦合，提高业务精度，模型层又具体划分为 DAO 层和业务层。DAO 即 Data Access Object（数据访问对象模式），其主要职能是将访问数据库的代码封装起来，让这些代码不会在其他层出现或者暴露给其他层。业务层是整个系统最核心也是最具有价值的一层，封装应用程序的业务逻辑，处理数据，关注客户需求，在业务处理过程中会访问原始数据或产生新数据。DAO 层提供的 DAO 类能很好地帮助业务层完成数据处理，业务层本身侧重于对客户需求的理解和业务规则的适应。总体说来，DAO 层不处理业务逻辑，只为业务层提供辅助，完成获取原始数据或持久层数据等操作。

9.1.2 Struts2 框架

最能体现 MVC 程序设计理念的框架当属 Struts2，这是 Apache 基金会 Jakarta 项目组的一个开源项目，采用 MVC 模式，能够极大地提高开发的效率。Struts2 把 Servlet、JSP、标签库等技术整合到整个框架中，使用简单，功能非常强大。

Struts2 是一个完美的 MVC 实现，有一个中央控制类，针对不同的业务，需要 Action 类负责页面跳转和后台逻辑运算，一个或几个 JSP 页面负责数据的输入和输出显示，而 Form 类负责传递 Action 对象与 JSP 中间的数据。JSP 中可以使用 Struts2 框架提供的一组标签，就像使用 HTML 标签一样简单，但是可以完成非常复杂的逻辑。从此 JSP 页面中不再需要大量的 Java 代码了，整个应用程序分为三层：Struts2 负责显示层，调用业务层完成运算逻辑；业务层再调用持久层完成数据库的读写。使用框架进行开发可以采用标准的流程，可以避免开发的混乱，大大提高我们的开发效率。

Struts2 框架的核心控制器是 FilterDispatcher，通过 Filter 中加载的核心控制器类 StrutsPrepareAndExecuteFilter 启动，负责拦截用户请求。Struts2 框架大致可以分为 3 部分：核心控制器 FilterDispatcher、业务控制器 Action 和用户实现的企业业务逻辑组件。核心控制器 FilterDispatcher 是 Struts2 框架的基础，包含了框架内部的控制流程和处理机制。业务控制器 Action 和业务逻辑组件需要用户自己实现。用户在开发 Action 和业务逻辑组件的同时，还需要编写相关的配置文件，供核心控制器 FilterDispatcher 来使用。

Struts2 的工作过程大致分为以下步骤。

<1> 客户端初始化一个指向 Servlet 容器（如 Tomcat）的请求。
<2> 请求经过一个过滤器链（FilterChain）。
<3> 调用 FilterDispatcher 询问 ActionMapper，根据 struts.xml 配置，来决定这个请求是否需要调用某个 Action 类和方法。
<4> 如果 ActionMapper 决定需要调用某个 Action，那么 FilterDispatcher 把请求的处理交给 ActionProxy。
<5> ActionProxy 通过 Configuration Manager 询问框架的配置文件（struts.xml），找到需要调用的 Action 类。
<6> ActionProxy 创建一个 ActionInvocation 的实例。
<7> ActionInvocation 实例使用命名模式来调用，在调用 Action 过程前后，涉及相关拦截器（Intercepter）的调用。
<8> 一旦 Action 执行完毕，ActionInvocation 负责根据 struts.xml 中的配置找到对应的返回结果视图，跳转到相应页面。

Struts2 框架的优点如下：
- 实现了 MVC 模式，层次结构清晰，用户只需关注业务逻辑的实现。
- 丰富的标签库，大大提高了开发效率。
- 强大的、丰富的拦截器。
- 通过配置文件来调度业务类，实现重定向和跳转的页面导航。
- 简单、统一的表达式语言来处理的数据。
- 标准、强大的校验器和国际化 I18N 支持。
- 良好的 Ajax 支持。
- 简单方便的异常处理机制。
- 可扩展性。

9.1.3　Hibernate 框架

通过 JDBC 方式操作数据库，运用的是面向过程的编程思想，需要打开数据库连接、使用复杂的 SQL 语句进行读写、关闭连接，获得的数据需要转换或封装才可以使用，这是一个烦琐的过程。为了解决这一问题，提出了 ORM（Object Relational Mapping，对象－关系映射）模式。ORM 模式可以实现运用面向对象的编程思想操作关系型数据库。Hibernate 技术为 ORM 提供了具体的解决方案，实际上是将 Java 中的对象与关系数据库中的表做了映射，实现它们之间的自动转换。

Hibernate 在原有三层架构（MVC）的基础上，从业务逻辑层分离出持久层，专门负责数据的持久化操作，使业务逻辑层可以真正专注于业务逻辑的开发，不再需要编写复杂的 SQL 语句，增加了持久层的软件分层结构。Hibernate 对 JDBC 进行了非常轻量级的对象封装，通过标签进行文件映射，将数据库记录转化为 Java 的实体实例，而实体实例容易保存到数据库中，简化了 jdbc 操作。

Hibernate 的工作过程大致分为以下步骤。

<1> 应用程序先调用 Configration 类，读取 hibernate 的配置文件及映射文件中的信息，并使用这些信息生成一个 SessionFactory 对象。

<2> 从 SessionFacctory 生成一个 Session 对象，并用 Session 对象生成 Transaction 对象。通过 Session 对象的 get()、save()、update()、delete()和 saveOrUpdate()等方法进行加载、保存、更新、删除等操作；在查询的情况下，可通过 Session 对象生成一个 Query 对象，然后利用 Query 对象执行查询操作。

<3> 如果没有异常，Transaction 对象将提交这些操作结果到数据库中，否则回滚事务。

9.1.4　Spring 框架

Spring 是一个轻量级的 Java 开源框架，由 Rod Johnson 创建，是为了解决企业应用开发的复杂性而创建的，使 JAVA EE 开发更容易。Spring 的核心是控制反转和面向切面编程。

控制反转（Inversion of Control，IoC）是面向对象编程中的一种设计原则，可以用来减低代码之间的耦合度，其实是利用 Java 的反射机制，其中最常见的方式是依赖注入（Dependency Injection，DI）和依赖查找（Dependency Lookup）。通过控制反转，对象在被创建的时候，由一个调控系统内所有对象的外界实体，将其所依赖的对象的引用传递给它。也可以说，依赖被注入到对象中。

面向切面编程（Aspect Oriented Programming，AOP），通过预编译方式和运行期动态代理，实现程序功能的统一维护的一种技术。Spring 提供了面向切面编程的丰富支持，允许通过分离应用的业务逻辑与系统级服务（如审计（auditing）和事务（transaction）管理）进行内聚性的开发，应用对象只实现它们应该做的即完成业务逻辑而已。

Spring 目的是让对象与对象之间的关系没有通过代码来关联，而是通过配置类说明管理的。Spring 根据这些配置内部通过反射去动态的组装对象、动态注入，让一个对象的创建不用 new 就可以自动的产生，也就是在运行时动态的去创建、调用对象。

Spring 框架主要由核心模块、上下文模块、AOP 模块、DAO 模块、Web 模块等模块组成，它们提供了企业级开发需要的所有功能，而且每个模块可以单独使用，也可以与其他模块组合使用，灵活且方便的部署可以使开发的程序更加简洁、灵活。

Spring 的工作过程大致分为以下步骤。

<1> 请求的分发。用户向服务器发送请求 URL，请求被 Spring 前端控制 DispatcherServlet 捕获。

<2> 请求的处理。DispatcherServlet 对请求 URL 进行解析，得到请求资源标识符（URI）。再根据该 URI，调用 HandlerMapping 获得该 Handler 配置的所有相关对象（包括 Handler 对象和 Handler 对象对应的拦截器），最后以 HandlerExecutionChain 对象的形式返回。DispatcherServlet 根据获得的 Handler，选择合适的 HandlerAdapter。提取 Request 中的模型数据，填充 Handler 入参，开始执行 Handler(Controller)。在填充 Handler 的入参过程中，根据配置，Spring 帮用户做一些额外的工作：HttpMessageConveter 将请求消息（如 JSON、XML 等数据）转换成一个对象，将对象转换为指定的响应信息；对请求消息进行数据转换。

<3> 视图的处理。Handler 执行完成后，向 DispatcherServlet 返回一个 ModelAndView 对象；根据返回的 ModelAndView，选择适合的 ViewResolver（必须是已经注册到 Spring 容器中的 ViewResolver），返回给 DispatcherServlet；DispatcherServlet 根据所返回的 ModelAndView 对象所包含的信息进行视图的渲染。

过程如下：DispatcherServlet 根据 LocaleResolver 来识别请求中的 Locale，开发人员可以自己实现 LocaleResolver 接口，通过 IoC 注入到 DispatcherServlet，然后 DispatcherServlet 会判断 ModelAndView 中是否已经包含了接口 View 的具体实现。如果包含，则直接调用 View 中的方法 render(Map model, HttpServletRequest request, HttpServletResponse response)；否则说明该 ModelAndView 只是包含了 View 的名称引用，DispatcherServlet 会调用 ViewResolver 中的 resolveViewName(String viewName, Locale locale)来解析其真正的视图。该方法会返回一个 View 的具体实现。

<4> 视图的渲染。Spring 支持多种视图技术，常用的包括 JSTL 视图（JSP 标准标签库）、Veloctiy 视图、FreeMarker 视图等。对 JSTL 视图的渲染 Spring 是通过 JstlView 这个类具体实现的。

<5> 异常的处理。如果在 Hander 中处理请求时抛出异常，那么 DispatcherServlet 会查找 HandlerExceptionResolver 接口的具体实现。

9.2　Struts2 框架

Struts2 以 WebWork 为核心，采用拦截器的机制来处理用户的请求，这样的设计使得业务逻辑控制器能够与 Servlet API 完全脱离。要使用 Struts2，必须先安装和配置好 JDK、Java Web 服务器，本书选择开源的 Tomcat 作为服务器，然后下载、配置 Struts2 框架。

9.2.1 Struts2 的下载和配置

在 Struts2 的官方网站 https://struts.apache.org 下载 Struts2，然后将下载的压缩包进行解压，找到 lib 文件夹，将类库复制到 Web 应用的 WEB-INF/lib 文件夹中。一般只需将 min 文件夹中的包复制即可，其中 struts2-core-2.2.1.jar、xwork-2.2.1.jar、freemarker-2.3.1.jar、commons-fileupload-1.2.1.jar 和 commons-logging-1.0.4.jar 是必不可少的。

9.2.2 Struts2 基础和 struts.xml 的基本配置

Struts2 需要若干逻辑控制器组件 Action 处理客户端请求，若干视图处理输出，在 web.xml 文件中配置核心控制器。Struts2 还有两个核心配置文件 struts.xml 和 struts.properties 需要配置。struts.xml 文件主要负责管理应用中的 Action 映射，以及该 Action 包含的 Result 定义等，这是必须要配置的。struts.properties 文件定义了 Struts2 框架的大量属性，用户可以通过改变这些属性来满足应用的需求，初学者一般不需要改。

下面通过一个例子来演示使用 Struts2 的基本过程与 struts.xml 的基本配置。

【例 9.1】 实现一个简单的欢迎功能，用户打开一个登录页面 index.jsp 输入登录名称，就进入欢迎页面 disp.jsp，如图 9-1 所示，登录后结果如图 9-2 所示。

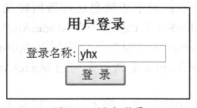
图 9-1　用户登录

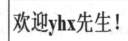
图 9-2　运行结果

（1）新建一个工程项目 ch9_1，并将 Struts2 解压的包复制到 lib 目录中（只需要将解压后的 min 文件夹中的包复制过来即可）。

（2）在 web.xml 文件中配置 Struts2 的核心控制器，用来拦截客户端请求，并把请求转发到相应的 Action 类来处理，元素 <url-pattern> 的值为 "*" 时表示用户的所有请求都是使用 Struts2 框架来处理。

web.xml 代码如下：

```
<?xml version="1.0" encoding="UTF-8"?>
<web-app version="2.5"
    xmlns="http://java.sun.com/xml/ns/javaee"
    xmlns:xsi="http://www.w3.org/2001/XMLSchema-instance"
    xsi:schemaLocation="http://java.sun.com/xml/ns/javaee
    http://java.sun.com/xml/ns/javaee/web-app_2_5.xsd">
<display-name></display-name>
<welcome-file-list>
    <welcome-file>index.jsp</welcome-file>
</welcome-file-list>
<filter>
```

```xml
    <filter-name>struts2</filter-name>
    <filter-class>
        org.apache.struts2.dispatcher.ng.filter.StrutsPrepareAndExecuteFilter
    </filter-class>
</filter>
<filter-mapping>
    <filter-name>struts2</filter-name>
    <url-pattern>/*</url-pattern>
</filter-mapping>
</web-app>
```

（3）新建一个登录页面 index.jsp 文件。标签库是 Struts2 的重要组成部分，不仅为表现层提供了数据处理能力，也提供了基本的流程控制功能以及对国际化、Ajax 的支持等功能，可以最大限度地减少视图页面的编码量。index.jsp 使用 Struts2 标签库实现了一个表单（也可以继续用 html 的表单），但需要通过页面标签指令说明<%@ taglib prefix="s" uri="/struts-tags" %>才能使用 Struts2 标签库。

index.jsp 代码如下：

```jsp
<%@ page language="java"  pageEncoding="UTF-8"%>
<%@ taglib prefix="s" uri="/struts-tags" %>
<style type="text/css">*{font-size:20px;}</style>
<html>
<body>
    <div style=" margin:30px 50px 20px 50px; text-align:center">
    <div style="font-size:24px; font-weight:bold">用户登录</div>
        <div>
            <s:form action="firstAction">
                <s:textfield name="userName" style="font-size:20px; width:150px;"
                            label="登录名称" />
                <s:submit value=" 登 录 " align="center"/>
            </s:form>
        </div>
    </div>
</body>
</html>
```

（4）新建包 com.action，再建逻辑控制器组件 Action 处理客户端请求：FirstAction.java，由父类 ActionSupport 派生。其中的属性 userName 应与表单一致，对 userName 需要生成一组 setter()和 getter()方法。方法 execute()是 Action 的默认方法，SUCCESS 是 Action 默认的逻辑视图名称。

FirstAction.java 代码如下：

```java
package com.action;
import com.opensymphony.xwork2.ActionSupport;
@SuppressWarnings("serial")
public class FirstAction  extends  ActionSupport {
    private String userName;
    public String getUserName() {
        return userName;
    }
    public void setUserName(String userName) {
        this.userName = userName;
```

```java
    }
    public String execute() {
        return SUCCESS;
    }
}
```

（5）配置 struts.xml。struts.xml 是 Struts2 框架的核心配置文件，主要负责配置业务逻辑控制器 Action，以及用户自定义的拦截器等，是 Struts2 各组件之间的纽带。Struts2 框架通过 struts.xml 文件自动加载资源完成各种所需的功能。

在 src 中新建 struts.xml 文件。在 Struts.xml 文件中配置 Action 时，Action 中的 name 属性定义该 Action 的名称，class 属性定义该 Action 的实际实现类，method 属性定义该 Action 类的处理方法，方法名为 execute()时可以省略。

配置 Action 时，为每个 Action 指定 result 元素，每个 result 元素都定义了一个逻辑视图，而用 name 定义了 Action 所返回的字符串。

Struts2 用 Package 将 Action、拦截器及其他资源进行分类组织，通过 namespace 属性设置命名空间。

本例中的 struts.xml 代码如下：

```xml
<?xml version="1.0" encoding="UTF-8" ?>
<!DOCTYPE struts PUBLIC "-//Apache Software Foundation//DTD Struts Configuration 2.1//EN"
    "http://struts.apache.org/dtds/struts-2.1.dtd">
<struts>
    <package name="struts2_login" extends="struts-default" namespace="/">
        <action name="firstAction" class="com.action.FirstAction" method="execute">
            <result name="success">/disp.jsp</result>
        </action>
    </package>
</struts>
```

（6）新建视图文件 disp.jsp 来显示用户登录名，这里用标签显示登录名。登录后会转向 disp.jsp 页面，是由 struts.xml 配置文件中的 Action 中的 result 元素决定的。

disp.jsp 代码如下：

```jsp
<%@ page language="java" contentType="text/html; charset=utf-8"%>
<%@ taglib prefix="s" uri="/struts-tags" %>
<html>
<head>
    <title>欢迎页面</title>
</head>
<body>
    <h1>
        欢迎<s:property value="userName"/>先生！
    </h1>
</body>
</html>
```

9.2.3　Action 详解

Action 是 Struts2 的业务逻辑控制器，负责处理客户端请求并将处理结果输出给客户端。要想处理客户端请求就必须获得请求字符串的参数或从表单提交的数据，Action 在处理完客户端请求后，会通过视图组件把处理结果显示出来。

1. Action 类

在 Struts2 中，一个 Action 类代表一次请求或调用，每个请求的动作都有相应的 Action 类。Action 类是一个独立的工作单元，每次用户的请求，都会转到相应的 Action 类，由它来进行处理。普通的 Java 类可以用作 Action，更普遍的是实现 Action 接口和继承 ActionSupport 类的 Java 类用作 Action。

Struts2 通常直接使用 Action 来封装 HTTP 请求参数，因此一般需要为 Action 中的属性添加 setter()和 getter()方法，Struts 提供了一个 Action 接口，代码如下

```
public interface Action {
    // 定义静态常量 SUCCESS，即字符串 success
    public static final java.lang.String SUCCESS = "success";
    // 定义静态常量 NONE，即字符串 none
    public static final java.lang.String NONE = "none";
    // 定义静态常量 ERROR，即字符串 error
    public static final java.lang.String ERROR = "error";
    // 定义静态常量 INPUT，即字符串 input
    public static final java.lang.String INPUT = "input";
    // 定义静态常量 LOGIN，即字符串 Login
    public static final java.lang.String LOGIN = "login";
    // 定义 execute()方法
    public abstract String execute() throws Exception;
}
```

一般，写 Action 类通常不用实现该接口，而是继承该接口的实现类 com.opensymphony.xwork2.ActionSupport，如例 9.1 中的 FirstAction.java 程序。

2. method 属性

在 struts.xml 配置文件中配置 action 元素时，如果不指定 method 属性，则表示使用 Action 类中默认的 execute()方法。也可以让 Action 调用指定的方法来处理用户的请求，而不是使用 execute()方法来处理，如 method="go"，表示使用 Action 类中的 go()方法来处理用户的请求。

```
<package name="default" extends="struts-default" namespace="/">
    <!-- 使用 LoginAction 类中的 execute 方法来处理验证请求  -->
    <action name="vali" class="com.action.LoginAction" >
        <result name="success">/validate.jsp</result>
    </action>
    <!-- 使用 LoginAction 类中的 go 方法来处理登录请求  -->
    <action name="login" class="com.action.LoginAction" method="go">
        <result name="ok">/disp.jsp</result>
    </action>
    <!-- 使用 LoginAction 类中的 register 方法来处理注册请求  -->
    <action name="register" class="com.action.LoginAction" method="register">
        <result name="success">/register.jsp</result>
    </action>
</package>
```

3. 动态调用

一般，表单 form 元素中的 action 属性直接指明某个 Action 的名字，如<s:form action="firstAction">，这是静态调用。表单 form 元素中的 action 属性也可以不直接是某个 Action 的名字，而是 Action 中由于通过使用通配符而包含的多个方法调用，这就是动态调

用。这时用如下形式来指定：
```
<s:form action="Action名称!方法名称">
或  <s:form action="Action名称!方法名称.action">
```
如
```
<s:form action="login!go">
或  <s:form action="login!go.action">
```

4．通配符

在 struts.xml 配置文件中配置 action 元素时，需要设置 name、class、method 属性，它们都支持通配符。这种通配符的调用是另一种形式的动态调用，使得 Action 的配置更加方便。例如：

```
<package name="default" extends="struts-default" namespace="/">
  <action name="login_*" class="com.action.LoginAction" method="{1}">
    <result>/index.jsp</result>
  </action>
</package>
```

这里实际上定义了一系列 Action，只要用户请求的 URL 是 login_*方式，都可以使用此 Action 来处理。其 method 属性使用了一个表达式{1}，是指使用 name 属性第一个"*"的值。如果用户请求的 Action 是 login_go，那么调用 LoginAction 的 go()方法；如果用户请求的 Action 是 login_register，那么调用 LoginAction 的 register()方法。

对 result、class 元素也可以采用通配符配置。

9.2.4 值栈和 OGNL 表达式

1．值栈

值栈是服务器与客户端进行数据交互的数据中心，用于存储数据，服务器将数据存储到值栈中。页面从值栈取出数据进行展示，也可以将数据存储到值栈。简单来说，Struts2 为每个用户请求创建一个新的存储空间,能够线程安全的给用户提供数据访问。几乎所有的 Struts2 操作都要同值栈打交道，Struts2 中的值栈实际上是一个存放对象的堆栈，这个堆栈中对象属性的值可以用 OGNL 表达式存取。

值栈中存储的对象主要包括以下 4 种。

① 临时对象（Temporary Object）：该对象是在程序执行过程中，由容器自动创建并存储到值栈中的。临时对象的值并不固定，会随着应用不同而发生变化。当应用结束时，该对象会被清空。比如，当在页面中利用 Struts2 标签输出迭代的值时，这些值都将以临时对象的形式存放到值栈中。

② 模型对象（Model Object）：该对象仅在 Action 使用模型驱动方式传值的时候被用到。如果某个 Action 中应用了模型驱动（model-driven），当 Action 被请求时，modeldriven 拦截器会自动从此 Action 中获得模型对象，并将所获得的对象放置在值栈中对应 Action 对象的上面。当 JSP 页面需要用到这些对象所携带数据时，也会到值栈中查找对应模型对象，获取数值。

③ Action 对象（Action Object）：当每个 Action 请求到来时，容器都会先创建一个此 Action 的对象并存入值栈，该对象携带所有与 Action 执行过程有关的信息。

④ 命名对象（Named Objects）：主要包括 Servlet 作用范围内相关的对象信息，如 Request、

Session、Application 等。

2. OGNL 表达式

OGNL（Object-Graph Navigation Language，对象图形导航语言）是表达式语言的一种，是 Struts2 默认的表达式语言。OGNL 的功能非常强大，通过简单一致的语法，可以任意存取对象的属性或者调用对象的方法，并能够遍历整个对象的结构图，实现对象属性字段的类型转化。Struts2 中的很多地方都要用到 OGNL 表达式，如 Struts2 的标签、校验文件等。

OGNL 支持对象方法调用、支持类静态的方法调用和值访问、访问 OGNL 上下文（OGNL context）和 ActionContext、操作集合对象、支持赋值操作和表达式串联等。例如：

```
d1.doSomething()              // 表示调用对象 d1 的方法
#parameters.userName          // 表示获取 parameters 中 userName 的值
#request.userName             // 表示获取 request 中 userName 的值
#session.userName             // 表示获取 session 中 userName 的值。
#application.userName         // 表示获取 application 中 userName 的
#attr.userName                // 表示依作用域的大小获取 userName 的值,作用域从小到大依
                              // 次为 parameters、request、session、application
// 表示用 request.userName 的结果作为 value 的值, 这里必须有#
<s:textfield name="username" value="%{#request.usrName}"/>
```

在程序中，OGNL 一般与 Struts 标签结合使用，可以方便地处理数据以及 List、Map 等集合、对象。

9.2.5 Struts2 的标签库

Struts2 自带一套功能非常强大的标签库，而且与其他部分无缝结合，大大简化了视图页面代码，提高了视图页面的维护效率，还支持更强大的表达式语言 OGNL，其绝大部分标签不依赖任何表现层技术。

Struts2 标签库分为 4 类：控制标签、数据标签、表单标签、非表单标签。

1. 控制标签

控制标签主要用于控制输出流程、访问值栈中的值。

（1）if/elseif/else 标签

if/elseif/else 标签用于完成分支控制。例如，通过 set 标签定义一个名为 score 的属性，并且为属性设置初始值，然后通过 if/elseif/else 标签根据 score 属性值的范围来控制输出：

```
<!-- 定义一个名称为 score 的属性并赋值 85 -->
<s:set name="score" value="85"/>
<s:if test="#score>=90">优</s:if>
<s:elseif test="#score>=80">良</s:elseif>
<s:elseif test="#score>=60">及格</s:elseif>
<s:else>成绩不及格</s:else>
```

（2）iterator 标签

iterator 标签用于对集合类型的变量进行迭代输出，集合类型包括 List、Set、数组和 Map 等，该标签主要有 3 个属性。

① Value：可选属性，用来指定被迭代输出的集合，被迭代的集合可以由 OGNL 表达式指定，也可以通过 Action 返回一个集合类型。

② id：可选属性，用来指定集合中元素的 ID 属性。

③ status：可选属性，用来指定集合中元素的 status 属性

例如，通过 iterator 标签指定一个集合，value 属性指定集合元素值，并指定 id 属性值为 depart，然后输出集合中每个元素的值：

```
<s:iterator id="depart" value="{'计算机学院','数科院','文学院','化科院'}">
    <s:property value="depart"/>
</s:iterator>
```

（3）generator 标签

generator 标签可以将一个字符串按指定的分隔符分隔成多个子串，新生成的多个子串可以使用 iterator 标签进行迭代输出。

generator 标签常用的属性如下。

① count：可选属性，指定所生成集合中元素的总数。
② val：必选属性，指定被解析的字符串。
③ separator：必选属性，指定分隔符。
④ converter：可选属性，指定一个转换器，该转换器负责将集合中的每个字符串转换成对象。
⑤ id：可选属性，如果指定该属性，则新生成的集合会被放在 pageContext 属性中。

例如：

```
<s:generator val="'数据库原理，JSP 实用教程，Struts2 学习手册，Java 实践教程，
                Java EE 开发从入门到精通'" separator=",">
    <s:iterator status="st">
        <ul <s:if test="#st.even">style="color:blue;width:400px;"</s:if>>
        <li style="width: 400px;"><s:property/></li></ul>
    </s:iterator>
</s:generator>
```

（4）append 标签

append 标签可以把多个集合对象连接起来，从而组成一个新的集合，其 id 属性定义连接后新集合的名字。该标签包含 param 子标签，每个子标签指定一个集合。例如：

```
<s:append id="newList">
    <s:param value="{'数据库原理','Ajax+JSP 巧学巧用','Java EE 从入门到精通'}"/>
    <s:param value="{'Java 实践教程','Struts2 学习手册'}"/>
</s:append>
<s:iterator value="#newList" status="st">
    <ul <s:if test="#st.odd">style="color:blue;width:500px;"</s:if>>
    <li style="width: 500px;"> <s:property /> </li></ul>
</s:iterator>
```

上面的 append 标签中定义了两个 param 子标签，每个子标签分别对应一个集合。这两个集合重新组合后，通过 iterator 标签循环输出，使 value 值指向 append 标签的 id 属性值。

2．数据标签

数据标签主要用来实现获得或访问各种数据的功能，常用于显示 Action 中的属性、国际化输出等。

（1）param 标签

param 标签通常与其他标签结合起来使用，主要用来为其他标签提供参数，有两种用法：

```
<s:param name="bookname">computer</s:param>
<s:param name="bookname" value="computer"/>
```

（2）bean 标签

bean 标签用于在当前页面中创建 JavaBean 实例对象，在使用该标签创建 JavaBean 对象时，可以嵌套 param 标签，为该 JavaBean 实例指定属性值。bean 标签的属性如下。

① name：必选属性，指定可以实例化 JavaBean 的实现类

② id：可选属性，如果指定该属性，就可以直接通过 id 的值来访问 JavaBean 实例。

例如，Person 类有两个属性 name、age，通过 bean 标签可以创建实例并赋值：

```
<s:bean name="com.Person" id="p">
  <s:param name="name" value="'李小华'" />
  <s:param name="age" value="20"></s:param>
</s:bean>
姓名：<s:property value="#p.name" /><br>
年龄：<s:property value="#p.age" /><br>
```

（3）include 标签

include 标签用于将 JSP 生成的 Servlet 等资源内容包含到当前页面中，有两个属性。

① value：必选属性，指定被包含的 JSP 或 Servlet 等资源文件。

② id：可选属性，指定该标签的引用 ID

在 include 标签中可以嵌套 param 标签，将当前页面的参数传给被包含的页面。例如：

```
<s:include value="top.jsp" />
<s:include value="main.jsp">
  <s:param name="message" value="'welcome'"></s:param>
</s:include>
```

（4）property 标签

property 标签输出 value 属性指定的值，default 属性用来指定当 value 为 null 时输出的值。例如：

```
<% session.setAttribute("param1","123"); request.setAttribute("param2","456"); %>
<s:property value="#session.param1"/><br>
<s:property value="#request.param2"/><br>
<s:property value="#session['param1']"/><br>
<s:property value="#request['param2']"/><br>
<s:property default="defaultvalue" value="s"/>
```

（5）set 标签

set 标签用来设置一个新的变量，并把一个已有的变量值复制给该新变量，同时可以把该新变量放到指定的范围内，如 application 范围和 session 范围等。set 标签的属性如下。

① name：定义新变量的名字。

② scope：定义新变量的使用范围，可选值有 application、session、request、response、page 和 action。

③ value：定义将要赋值给新变量的值。

④ id：定义该元素的引用 ID。

（6）i18n 标签

i18n 标签用于指定国际化资源文件。例如，<s:i18n name="application_zh_CN"></s:i18n>，表示用 application_zh_CN.properties 作为资源文件。

3．表单标签

表单标签主要用于生成表单元素，Struts2 不仅提供了与 HTML 表单标签作用相同的标

签,还提供了可用于完成某些特定功能的表单标签。表单标签的种类比较多,而且每个标签都包含很多属性,但有很多属性都是通用的。一般来说,表单标签的通用属性可以分成 3 种:模板相关属性、JavaScript 相关属性和通用属性。

(1) textfield 标签、textarea 标签、password 标签、submit 标签、reset 标签

以上标签与 HTML 的用法相似。例如:

```
<s:form action="addUser">
    <s:textfield name="loginname" label="登录名称"/>
    <s:password name="pwd" label="登录密码"/></s:password>
    <s:textarea name="info" label="个人简介" cols="28" rows="3"></s:textarea>
    <s:submit value="注册"></s:submit>
    <s:reset value="重填"></s:reset>
</s:form>
```

(2) checkboxlist 标签

checkboxlist 标签根据 list 属性指定的集合一次创建多个复选框,即一次生成多个 HTML 表单标签中的复选框 checkbox。如果 list 属性是一个字符串集合,就不需要再指定该标签的其他属性;如果 list 属性是一个 Java 对象或者 Map 对象,就需要指定该标签的 listKey 和 listValue 属性。listKey 属性用来指定集合元素中的某个属性作为复选框的 value,如果集合元素是一个 Java 对象,就指定该 Java 对象的 name 属性作为复选框的 value。listValue 属性用来指定集合元素中的某个属性作为复选框的标签,如果集合元素是一个 Java 对象,就指定该 Java 对象的 name 属性作为复选框的标签。

(3) radio 标签

radio 标签根据 list 属性指定的集合一次创建多个单选框,具体用法与 checkboxlist 标签的用法几乎完全相同。例如:

```
<s:form action=" deal">
    <s:checkboxlist list="{'JSP', 'Servlet', 'Struts2', 'Ajax'}"
                    name="skills1" label="熟悉技术" labelposition="center"
                    value="{'JSP', 'Struts2'}">
    </s:checkboxlist>
    <s:radio list="{'JSP', 'Servlet', 'Struts2', 'Ajax'}"
             name="skillsr"
             label="熟悉技术" labelposition="right"
             value="{'Servlet'}">
    </s:radio>
    <s:submit value="Ok"/>
</s:form>
```

(4) combobox 标签

combobox 标签会生成两个元素,分别是单行文本框和下拉列表框。其中,文本框的值对应请求参数,下拉列表框用来辅助输入。当选择下拉列表框中的一个选项时,该选项会自动出现在文本框中,通过 list 属性指定的集合来生成列表项。例如:

```
<s:form action="deal" >
    <s:combobox label="图书列表" labelposition="left"
                list="{'Java程序设计教程','Ajax+JSP教程','Struts2手册','Java从入门到精通'}"
                size="20"
                maxlength="20"
                name="books" >
    </s:combobox>
```

```
            <s:submit value="Ok"/>
        </s:form>
```

(5) select 标签

select 标签生成下拉列表框，其 list 属性生成下拉列表框的选项。该标签与 checkboxlist 标签的用法非常相似，在使用 Map 对象和 Java 对象集合来生成下拉列表框时，也可以使用 listkey 和 listValue 属性，用来指定下拉列表框的 value 和 label 属性。例如：

```
        <s:form action=" deal ">
            <s:select list="{'Java 程序设计教程', 'Ajax+JSP 教程', 'Struts2 学习手册'}"
                    name="booksl" label="图书列表">
            </s:select>
            <s:submit value="Ok"/>
        </s:form>
```

(6) doubleselect 标签

doubleselect 标签生成两个相互关联的下拉列表框，当选择第 1 个下拉列表框的值时，第 2 个下拉列表框的内容会随之改变，这两个下拉列表框时相互关联的，相当于级联下拉列表。通过 Map 类型来实现关联关系，可以把 Map 对象的 Key 值作为第 1 个下拉列表框的集合，把 Map 对象的 Value 值作为第 2 个下拉列表的集合。例如：

```
        <s:form action=" deal ">
            <s:set name="pc" value="#{'北京市':{'朝阳区', '西城区', '海淀区'},
                                    '上海市':{'黄浦区', '南汇区', '徐汇区'},
                                    '郑州市':{'二七区', '金水区', '郑东新区'}}" />
            <s:doubleselect name="city"
                        list="#pc.keySet()"
                        doubleName="area"
                        doubleList="#pc[top]"
                        label="所在城市" />
            <s:submit value="Ok"/>
        </s:form>
```

4．非表单标签

非表单标签主要用于生成非表单性质的可视化元素，如 Tab 页面、输出 HTML 页面的树形结构、日期时间下拉选择框等。例如：

a —生成一个超连接（link）。

actionerror —如果 Action 实例的 getActionError()方法返回不为 null，则该标签负责输出该方法返回的系列错误。

actionmessage —如果 Action 实例的 getActionMessage()方法返回不为 null，则该标签负责输出该方法返回的系列消息。

component —使用此标签可以生成一个自定义组件。

div —此标签负责生成一个 div 片段。

fielderror —如果 Action 实例存在表单域的类型转换错误、校验错误，该标签负责输出这些提示信息。

tabbedPanel —生成 HTML 页面的 Tab 页。

tree —生成一个树形结构。

treenode —生成树形结构的节点。

datetimepicker —生成一个日期、时间下拉选择框。

9.2.6 拦截器

拦截器（interceptor）是 Struts2 最强大的特性和核心功能之一，是 AOP（Aspect-Oriented Programming，面向切面编程）的一种实现策略。Struts2 框架中提供的许多功能都是使用拦截器实现的。拦截器是动态拦截 Action 调用的对象，提供了一种机制，使开发者可以定义在 Action 执行的前后执行的代码，也可以在 Action 执行前阻止其执行，同时提供了一种可以提取 Action 中可重用部分的方式。在 AOP 中，拦截器用于在某个方法或字段被访问前，进行拦截然后在之前或之后加入某些操作。

1. 拦截器工作原理

拦截器的工作原理：当请求到达 Struts2 的 ServletDispatcher 时，Struts2 会查找配置文件，并根据其配置实例化相对的拦截器对象，然后串成一个列表（list），最后一个一个地调用列表中的拦截器。拦截器是可插拔的，是 AOP 的一种实现。拦截器栈是将拦截器按一定的顺序连接成一条链。在访问被拦截的方法或字段时，拦截器链中的拦截器会按其之前定义的顺序被调用。

在 Struts2 中，当 Action 请求到来时，会由系统的代理生成一个 Action 的代理对象，由这个代理对象调用 Action 的 execute()或指定方法，并在 struts.xml 中查找与该 Action 对应的拦截器。如果有对应的拦截器，就在 Action 的方法执行前（后）调用这些拦截器，否则执行 Action 的方法。其中，系统对于拦截器的调用是通过 ActionInvocation 来实现的。

2. 拦截器配置

拦截器需要在 struts.xml 配置文件中定义，用<interceptors>声明，使用<interceptor>元素指定拦截类与拦截器名，配置默认拦截器需要使用<default-interceptor-ref>元素。例如：

```
<interceptor name="拦截器名字" class="拦截器的 Java 类"/>
```

如果需要向配置的拦截器传入参数，就可以在<interceptor>元素中加入<param>元素。例如：

```
<interceptors>
    <interceptor name="拦截器名字" class="拦截器对于的 Java 类型">
        <param name="参数名 1">参数值 1</param>
        <param name="参数名 2">参数值 2</param>
    </interceptor>
</interceptors>
```

3. 拦截器栈

多个拦截器合并在一起可以组成一个拦截器栈。定义拦截器栈可以使用<interceptor-stack>元素。拦截器栈是由多个拦截器组成的，所以加入<interceptor-ref>元素指定拦截器栈包含的每个拦截器。定义拦截器的语法形式如下：

```
<interceptor-stack name="拦截器栈名字">
    <interceptor-ref name="拦截器名字"/>
    <interceptor-ref name="拦截器名字"/>
    <interceptor-ref name="拦截器名字"/>
    <!--其他拦截器-->
</interceptor-stack>
```

拦截器栈被定义后，就可以将这个拦截器栈当成一个普通的拦截器来使用，只是在功能上是多个拦截器的有机组合，这样可以在一个拦截器栈中包含另一个拦截器栈。

4. 使用拦截器

定义拦截器或者拦截器栈后,就可以用来拦截 Action 了,拦截行为会在 Action 的 execute() 方法被执行之前执行。可以使用<interceptor-ref>元素在 Action 中配置拦截器,其配置语法与在拦截器栈中引用拦截器的语法完全一样,都是定义<interceptor-ref>元素,并且在该元素中定义 name 属性。

例如,定义一个拦截器 helloInterceptor,然后在名为 helloaction 的 Action 中使用拦截器,先是使用系统默认拦截器栈 defaultStack,接着使用用户自己的拦截器 helloInterceptor。

```xml
<package name="hellointerceptor" extends="struts-default">
    <interceptors>
        <interceptor name="helloInterceptor" class="com.action.HelloInterceptor"/>
    </interceptors>
    <action name="helloaction" class="com.action.HelloAction">
        <result name="success">/success1.jsp</result>
        <result name="input1">/input1.jsp</result>
        <interceptor-ref name="defaultStack"></interceptor-ref>
        <interceptor-ref name="helloInterceptor"></interceptor-ref>
    </action>
</package>
```

5. 自定义拦截器

自定义拦截器需要3步:先自定义实现 Interceptor 的接口(或者继承自 AbstractInterceptor)的类,然后在 struts.xml 中注册定义的拦截器,接着在需要使用的 Action 中引用上述定义的拦截器。为了方便,也可将拦截器定义为默认的拦截器,这样可以在不加特殊声明的情况下所有的 Action 都被这个拦截器拦截。

Struts2 提供了 Interceptor 接口,可以容易地实现一个拦截器类。我们只需要直接或间接实现 Interceptor 接口,这个接口提供了3个方法。

- init():初始化系统资源
- destroy():拦截器在执行之后销毁资源
- intercept():拦截器的核心方法,实现具体的拦截操作,返回一个字符串作为逻辑视图。

Struts2 还提供了一个抽象拦截器类 AbstractInterceptor,这样只需直接实现 Interceptor 接口即可。

【例9.2】 例 9.1 实现一个简单的欢迎功能,用户打开一个登录页面 index.jsp 输入登录名称,就进入欢迎页面 disp.jsp。现在增加一个拦截功能,如果没有输入用户名,系统会拦截并转向 login.jsp 登录页面;如果输入了用户名,就正常进入欢迎页面 disp.jsp。

创建一个拦截器 HelloInterceptor,继承自拦截器类 AbstractInterceptor,拦截后判断当前的 Action,如果是 FirstAction,则提取输入的用户名,然后判断是否为空,不为空则继续,否则返回 LOGIN 字符串。HelloInterceptor 的代码如下:

```java
package com.action;
import com.opensymphony.xwork2.Action;
import com.opensymphony.xwork2.ActionInvocation;
import com.opensymphony.xwork2.interceptor.AbstractInterceptor;
@SuppressWarnings("serial")
public class HelloInterceptor extends AbstractInterceptor {
    @Override
    public String intercept(ActionInvocation ai) throws Exception {
```

```
            Object object = ai.getAction();
            if(object != null) {
                if(object instanceof FirstAction) {
                    FirstAction ac = (FirstAction)object;
                    String usr = ac.getUserName();
                    if(usr.trim().length()!=0) {
                        ac.setUserName(usr);
                        return ai.invoke();
                    }
                    else
                        return Action.LOGIN;
                }
                else
                    return ai.invoke();
            }
            return Action.LOGIN;
        }
    }
```
login.jsp 的代码如下：
```
<%@ page language="java" pageEncoding="UTF-8"%>
<%@ taglib prefix="s" uri="/struts-tags" %>
<style type="text/css">*{font-size:20px;}</style>
<html>
<body>
    <div style=" margin:30px 50px 20px 50px; text-align:center">
        <div style="font-size:24px; font-weight:bold">请输入用户名</div>
        <div>
            <s:form action="firstAction">
                <s:textfield name="userName" style="font-size:20px; width:150px;"
                            label="登录名称"/>
                <s:submit value="登 录" align="center"/>
            </s:form>
        </div>
    </div>
</body>
</html>
```
在 struts.xml 中配置拦截器，关键代码段如下：
```
<package name="struts2_login" extends="struts-default" namespace="/">
    <interceptors>
        <interceptor name="helloInterceptor" class="com.action.HelloInterceptor"/>
    </interceptors>
    <action name="firstAction" class="com.action.FirstAction">
        <result name="success">/disp.jsp</result>
        <result name="login">/login.jsp</result>
        <interceptor-ref name="defaultStack"/>
        <interceptor-ref name="helloInterceptor"/>
    </action>
</package>
```

本章小结

本章主要介绍了 MVC、Struts2、Spring、Hibernate 框架的基本概念，重点阐述了 Struts2 框架的基础知识、标签、配置，包括拦截器的原理与应用，并通过实例讲述了 Struts2 框架的开发过程，为进一步学习 Java EE 打下了基础。

习 题 9

9.1 JSP 的框架技术包括哪些？
9.2 Java EE 的体系结构一般分为哪几层？
9.3 什么是 MVC？
9.4 Struts2 框架的核心控制器是什么？
9.5 简述 Struts2 的工作过程。
9.6 简述 Struts2 框架的优点。
9.7 什么是值栈？
9.8 什么是 OGNL 表达式？
9.9 Struts2 标签库一般分成几大类？
9.10 Action 的作用是什么？
9.11 什么是 Action 的动态调用？
9.12 什么是拦截器？
9.13 简述拦截器工作原理。
9.14 自定义一个拦截器需要哪几步？

上机实验 9

9.1 设计一个通讯录管理系统。
【目的】
熟悉 Struts2 框架的开发过程，包括标签库、值栈、OGNL 表达式、Action 的用法。
【内容】
通讯录的主要功能包括：添加联系人、删除联系人、修改联系人、查询联系人、联系人列表等。
【步骤】
<1> 使用 Struts2 框架技术设计数据库。
<2> 添加联系人，使用 Struts2 框架的输入验证。
<3> 删除联系人。
<4> 修改联系人。
<5> 查询联系人。
<6> 联系人列表。

第 10 章 JSP 综合应用实例

10.1 留言板

前面章节中介绍过留言板，本节介绍的留言板实例，应用了 JavaBean、数据库、EL 表达式和 JSTL 标签，并用过滤器解决了中文乱码问题。由于用 JavaBean 处理业务逻辑，标签处理页面，使得页面代码更加简洁。

10.1.1 设计目标

用户填写的留言信息要保存到数据库中，为此需要在数据库中先创建一个表 t_message，有 3 个列：usr、title、content，分别表示留言者、留言标题、留言内容。

用户输入留言的页面如图 10-1 所示，查看留言的页面如图 10-2 所示。

 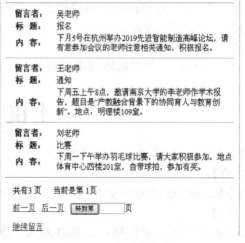

图 10-1 留言板输入界面　　　　　　　图 10-2 查看留言界面

10.1.2 设计实体类

为表 t_message 创建一个 JavaBean 实体类 T_message，就是将表中的每个字段与 JavaBean 的属性对应，并实现 getter() 和 getter() 方法。

新建名为 T_message 的 JavaBean 用来表示留言信息，有 3 个属性：usr、title、content，与表 t_message 对应，分别表示留言者、留言标题、留言内容，并生成相应的 setter() 和 getter() 方法。代码如下：

```
package y1.y2;
public class T_message {
```

```java
    private String usr;
    private String title;
    private String content;
    public String getUsr() {
       return usr;
    }
    public void setUsr(String usr) throws Exception {
       this.usr = usr;
    }
    public String getTitle() {
       return title;
    }
    public void setTitle(String title) {
       this.title = title;
    }
    public String getContent() {
       return content;
    }
    public void setContent(String content) {
       this.content = content;
    }
}
```

10.1.3 设计数据库处理程序

新建名为 DB 的 JavaBean 用来处理数据库连接、查询、更新、关闭的相关功能，这里连接的是 SQL Server2008 数据库，其他数据库连接相似。代码如下：

```java
package y1.db;
import java.sql.*;
public class DB {
    private String className;
    private String url;
    private String sql,usr,pwd;
    private ResultSet rst=null;
    private Connection con ;
    private Statement smt;
    public DB() {
       className="com.microsoft.sqlserver.jdbc.SQLServerDriver";
       url="jdbc:sqlserver://127.0.0.1:1433;DatabaseName=Message";
       usr="yhx";
       pwd="123456";
       getStatement();
    }
    public void getDriver() {
       try {  Class.forName(className);  }
       catch(ClassNotFoundException e){  System.out.print(e.toString());  }
    }
    public void getConnection() {
       try {
          getDriver();
          con=DriverManager.getConnection(url, usr, pwd);
       }
```

```java
        catch(Exception e){ System.out.print("连接失败!"); }
    }
    public void getStatement() {
        try {
            getConnection();
            smt=con.createStatement(ResultSet.TYPE_SCROLL_SENSITIVE,
                                    ResultSet.CONCUR_READ_ONLY);
        }
        catch(Exception e) { }
    }
    public ResultSet getResultSet(String sql) {
        try {   rst=smt.executeQuery(sql);   }
        catch(Exception e) { }
        return rst;
    }
    public int update(String sql) {
        int ret=0;
        try{   ret=smt.executeUpdate(sql);   }
        catch(Exception e) { }
        return ret;
    }
    public void closed() {
        try {
            if(rst!=null)
                rst.close();
            if(smt!=null)
                smt.close();
            if(con!=null)
                con.close();
        }
        catch(Exception e) { }
    }
}
```

10.1.4 设计留言处理程序

新建名为 SaveMessage 的 JavaBean，来处理留言初始状况、把留言写入数据库。留言的信息保存在 Application 的名为 conta 的对象中。为便于处理上下文信息，SaveMessage.java 继承了 HttpServlet。

该程序中主要有两个方法。

① initMess()方法，完成初始化工作。因为继承了 HttpServlet，所以可以给 initMess()方法提供两个参数：HttpServletRequest request 和 HttpServletResponse response，这样可以获取上下文。当留言板程序第一次运行时，首先检查 application 中是否存在名为 conta 的对象，如果不存在，则将数据库 t_Message 表中的数据加载到 conta 对象中；如果已经存在，或者数据库 t_Message 表中还没有数据，则直接返回。

② saveMess()方法，将新的留言加到 application 中的 conta 对象、写到数据库 t_Message 表中。方法 insert()专门用来将新的留言写到数据库 t_Message 表中。

程序 SaveMessage.java 的代码如下：

```java
package y1.db;
```

```java
import java.util.*;
import y1.y2. T_message ;
import y1.db.DB;
import java.io.*;
import javax.servlet.*;
import javax.servlet.http.*;
import java.sql.*;
@SuppressWarnings("serial")
public class SaveMessage extends HttpServlet {
   ServletContext context = null;
   T_message c;
   ArrayList initAl;
   ArrayList cont;
   private HttpServletRequest request=null;
   private HttpServletResponse response=null;
   ServletContext application;
   HttpSession session;
   public T_message getC() {
      return c;
   }
   public void setC(T_message c) {
      this.c = c;
   }
   public void doGet(HttpServletRequest request, HttpServletResponse response)
                                    throws IOException, ServletException {
      this.doPost(request,response);
   }
   public void doPost(HttpServletRequest request,HttpServletResponse response)
                                    throws IOException, ServletException {
      this.request=request;
   }
   public void initMess(HttpServletRequest request,HttpServletResponse response)
                                                     throws Exception {
      String sql="select * from t_Message";
      DB db=new DB();
      ResultSet rst=(ResultSet)db.getResultSet(sql);
      session=request.getSession();
      application=request.getServletContext();
      cont=(ArrayList)application.getAttribute("conta");
      if(cont==null) {
         if(rst!=null) {
            cont=new ArrayList();
            while(rst.next()) {
               T_message c=new T_message();
               c.setUsr(rst.getString(1));
               c.setTitle(rst.getString(2));
               c.setContent(rst.getString(3));
               cont.add(c);
            }
            application.setAttribute("conta", cont);
         }
      }
      db.closed();
```

```
        }
        public void saveMess(HttpServletRequest request,HttpServletResponse response) {
            initAl=new ArrayList();
            application=request.getServletContext();
            session=request.getSession();
            cont=(ArrayList)application.getAttribute("conta");
            if(cont==null) {
                initAl.add(c);
                application.setAttribute("conta", initAl);
            }
            else {
                cont.add(c);
                application.setAttribute("conta",cont);
            }
            insert(c);
        }
        public int insert(T_message c) {
            DB db=new DB();
            String sql;
            int ret;
            sql="insert into t_Message(usr,title,content) values('";
            sql=sql+c.getUsr()+"','";
            sql=sql+c.getTitle()+"','";
            sql=sql+c.getContent()+"')";
            ret=db.update(sql);
            db.closed();
            return ret;
        }
    }
```

10.1.5 设计页面

（1）设计 index.jsp，完成初始化工作，然后跳转到 main.jsp 页面。

主要代码如下：

```
<%@ page language="java" contentType="text/html; charset=UTF-8" pageEncoding="UTF-8"%>
<%@ page import="y1.db.SaveMessage" %>
<html>
<head>
</head>
<body>
<% SaveMessage sm=new SaveMessage();
    sm.initMess(request, response);
%>
<jsp:forward page="main.jsp"/>
</body>
</html>
```

（2）设计输入留言信息的页面程序 main.jsp，提供一个表单用来输入留言或查看留言，提交后由 dealMess.jsp 程序处理新的留言，处理完成后回来继续输入留言或查看留言。该程序运行的界面见图 10-1。其主要代码如下：

```
<%@page contentType="text/html; charset=utf-8" pageEncoding="utf-8"%>
<%@ taglib prefix="c" uri="http://java.sun.com/jsp/jstl/core" %>
```

```
<html>
<head>
    <style type="text/css">
        th,td{text-align:left}
        .p0{font-size:24px;font-weight:bold}
        .p1{font-size:18px;font-weight:bold;}
        .p2{text-align:center}
    </style>
    <title>欢迎使用留言板</title>
</head>
<body>
<center class="p0">留言板</center><br>
<center>
<form action="dealMess.jsp" method="post">
<table>
    <tr>
    <th>留言者</th><td><input type="text" name="usr" size=30/></td>
    </tr>
    <tr><th>标   题</th><td><input type="text" name="title" size=30/></td></tr>
    <tr><th>内   容</th><td>
    <textarea name="content" rows="10" cols="24"></textarea>
    </td></tr>
    <tr><td height=50px valign="middle" colspan="2" class="p2">
        <input class="p1" type="submit" value="留言"/>
      <input class="p1" type="reset" value="重置"/>
    </td></tr>
</table>
</form>
</center>
<br>
<center> <a href="disp.jsp?currentPage=1">查看留言</a></center>
</body>
</html>
```

（3）设计程序 dealMess.jsp，调用 SaveMessage 类中的 saveMess()方法处理新的留言，处理完成后回到 main.jsp 继续输入留言或查看留言。其主要代码如下：

```
<%@ page contentType="text/html; charset=UTF-8" pageEncoding="UTF-8"%>
<%@ page import="y1.y2.T_message,y1.db.SaveMessage" %>
<html>
<body>
<jsp:useBean id="bn" class="y1.y2. T_message ">
    <jsp:setProperty name="bn" property="*"/>
</jsp:useBean>
<% SaveMessage sm=new SaveMessage();
    T_message c=new T_message ();
    c.setContent(bn.getContent());
    c.setTitle(bn.getTitle());
    c.setUsr(bn.getUsr());
    sm.setC(c);
    sm.saveMess(request,response);
%>
<jsp:forward page="main.jsp"/>
</body>
```

（4）查看留言由 disp.jsp 程序实现。

先将保存在 application 中的 Conta 对象取出来，Conta 中保存了全部的留言信息，然后根据传递的当前页参数 currentPage，显示当前页。显示完成后提供分页显示功能，这里实现了前一页、后一页、跳转到指定页的分页显示功能。分页显示的界面见图 10-2。

处理分页显示时涉及的参数包括：currentPage 表示当前页，total 表示共多少条留言，pageSize 表示每页显示几条，pageCounts 表示共多少页，begin 表示从第几条开始显示。这里 pageSize 设为 3 表示每页显示 3 条，关键参数是当前页 currentPage，其他参数均可计算得到，如 total=list.size()，pageCounts=(total-1)/pageSize+1。但 EL 表达式除运算的结果有小数且会四舍五入，当然可以用 fmt 标签指定小数位是 0，不过本书没有介绍 fmt 标签，因此采取了如下方式：

```
pageCounts= ((total-1)-(total-1)%pageSize)/pageSize+1
```

begin 可以通过(currentPage-1)*pageSize 得到，同时对 currentPage 考虑了边界问题。其代码如下：

```jsp
<%@ page language="java" contentType="text/html; charset=utf-8"%>
<%@ taglib prefix="c" uri="http://java.sun.com/jsp/jstl/core" %>
<!DOCTYPE html PUBLIC "-//W3C//DTD HTML 4.01 Transitional//EN"
                      "http://www.w3.org/TR/html4/loose.dtd">
<html>
<head>
<style type="text/css">
  .p4{
     display:inline;
  }
  tr{height:20px}
  p{line-height:15px}
  th{width:100px;}
  td{white-space: normal;}
</style>
<meta http-equiv="Content-Type" content="text/html; charset=utf-8">
<title>Insert title here</title>
</head>
<body>
    <c:set var="currentPage" value="${param.currentPage}"/>
    <c:set var="total" value="${applicationScope.conta.size()}"/>
    <c:set var="pageSize" value="3"/>
    <c:set var="pageCounts" value="${((total-1)-(total-1)%pageSize)/pageSize+1}"/>
    <c:set var="begin" value="${(currentPage-1)*pageSize}"/>
    <c:if test="${currentPage<1}"> <c:set var="currentPage" value="1"/></c:if>
    <c:if test="${currentPage>pageCounts}"> <c:set var="currentPage"
             value="${currentPage-1}"/></c:if>
    <c:if test="${begin<0}"><c:set var="begin" value="0"/></c:if>
    <c:if test="${begin>total}"><c:set var="begin" value="${total-1}"/></c:if>
    <hr>
    <c:forEach items="${applicationScope.conta}" var="v1" varStatus="id"
       begin="${begin}"
       end="${begin+pageSize-1}"
       step="1">
       <c:if test="${id.index<total}">
```

```
        <table>
            <tr><th>留言者: </th><td>${v1.usr}</td></tr>
            <tr><th>标   题: </th><td>${v1.title}</td></tr>
            <tr><th>内   容: </th><td >${v1.content}  </td></tr>
        </table>
        <hr>
    </c:if>
 </c:forEach>
<p>
     共有${pageCounts} 页        
当前是第 ${currentPage }页</p>
<p>    <a href="disp.jsp?currentPage=${currentPage-1}">
前一页</a>  
<a href="disp.jsp?currentPage=${currentPage+1}">后一页</a>  
<form class="p4" >
<input type="submit" value="转到第"/><input type="text" name="currentPage" size="3"/>页
</form></p>
<p>    <a href="main.jsp">继续留言</a></p>
</body>
</html>
```

10.1.6　设计字符编码过滤器

1. 设计过滤器程序

由于 Web 容器内部所使用编码格式并不支持中文字符集，因此处理浏览器请求中的中文数据，就会出现乱码现象。在 Web 程序开发过程中，如果由每个程序指定字符集编码，过程过于烦琐，还容易漏掉某个编码设置。但是通过过滤器来处理字符编码，就可以做到既简单又万无一失。当然，使过滤器起作用，就需要配置 web.xml。这里设计的过滤器程序 CharactorFilter.java 是一个通用程序，其他项目同样可以使用。代码如下：

```
package y1.y2;
import java.io.IOException;
import javax.servlet.Filter;
import javax.servlet.FilterChain;
import javax.servlet.FilterConfig;
import javax.servlet.ServletException;
import javax.servlet.ServletRequest;
import javax.servlet.ServletResponse;
public class CharactorFilter implements Filter {
    String encoding = null;
    @Override
    public void destroy() {
        encoding = null;
    }
    @Override
    public void doFilter(ServletRequest request, ServletResponse response,
                FilterChain chain) throws IOException, ServletException {
        if(encoding != null) {
            // 设置 request 的编码格式
            request.setCharacterEncoding(encoding);
            // 设置 response 字符编码
```

```java
            response.setContentType("text/html; charset="+encoding);
        }
        // 传递给下一过滤器
        chain.doFilter(request, response);
    }
    @Override
    public void init(FilterConfig filterConfig) throws ServletException {
        // 获取初始化参数
        encoding = filterConfig.getInitParameter("encoding");
    }
}
```

2. 在 web.xml 中配置过滤器

web.xml 的主要代码如下：

```xml
<?xml version="1.0" encoding="UTF-8"?>
<web-app xmlns:xsi="http://www.w3.org/2001/XMLSchema-instance"
        xmlns="ttp://java.sun.com/xml/ns/javaee"
        xmlns:web="http://java.sun.com/xml/ns/javaee/web-app_2_5.xsd"
        xsi:schemaLocation="http://java.sun.com/xml/ns/javaee
        http://java.sun.com/xml/ns/javaee/web-app_2_5.xsd"
        id="WebApp_ID" version="2.5">
    <display-name>10.3</display-name>
    <welcome-file-list>
        <welcome-file>index.jsp</welcome-file>
        <welcome-file>default.jsp</welcome-file>
    </welcome-file-list>
    <!-- 声明过滤器 -->
    <filter>
        <!-- 过滤器名称 -->
        <filter-name>CharactorFilter</filter-name>
        <!-- 过滤器的完整类名 -->
        <filter-class>y1.y2.CharactorFilter</filter-class>
        <!-- 初始化参数 -->
        <init-param>
            <!-- 参数名 -->
            <param-name>encoding</param-name>
            <!-- 参数值 -->
            <param-value>UTF-8</param-value>
        </init-param>
    </filter>
    <!-- 过滤器映射 -->
    <filter-mapping>
        <!-- 过滤器名称 -->
        <filter-name>CharactorFilter</filter-name>
        <!-- URL 映射 -->
        <url-pattern>/*</url-pattern>
    </filter-mapping>
</web-app>
```

10.2 教务管理系统

教务管理系统的实例综合运用了本书第 1～9 章的知识，包括二级菜单的设计等技巧，全面采用 Struts2 框架的思想与技术，特别是利用 Java 的泛型技术，给出了几个非常实用的数据库查询通用方法，可以广泛应用于各类 Web 应用开发。通过本实例的学习，读者可以基本掌握 Struts2 框架的思想与开发过程。

10.2.1 系统功能

教务管理系统分为学生、教师、教务员三个模块，如图 10-3 所示。

学生模块有查看个人资料、修改个人资料、查看成绩、注销等功能，如图 10-4 所示。

图 10-3 系统功能模块　　　　图 10-4 学生功能模块

教师模块有查看个人资料、修改个人资料、录入成绩、注销等功能，如图 10-5 所示。

教务员模块有教务员信息管理、学院信息管理、专业信息管理、教师信息管理、学生信息管理、课程信息管理、开课信息管理、查询等 8 个功能模块，每个功能模块中均包含显示、增加、修改、删除相应信息的子功能，如图 10-6 所示，这里采用了二级菜单显示的技术。在程序模块中提供了查询学生成绩、按课程查询学生成绩、按专业查询学生成绩、查询任课教师所教课程的学生成绩等子功能。开课信息管理模块中还有根据开课信息自动生成成绩记载表的子功能。

图 10-5 教师功能模块

图 10-6 教务员功能模块

10.2.2 数据库设计

本案例设计了 8 个表用来处理相关数据，每个表的表名、功能、结构、类型、约束（包括主键）说明如下。

1. 学生基本信息表 student

student 表用来保存学生的基本信息，学生登录时需校验该表的学号和密码，其字段类型等说明如表 10-1 所示。

2. 教师基本信息表 teacher

teacher 表用来记载教师的基本信息，如工号、姓名、性别、电话、密码等，教师登录时需校验该表的工号和密码，其字段类型等说明如表 10-2 所示。

表 10-1 学生基本信息表 student

字段名	类型	说明
sno	char(8)	学号，主键
name	char(20)	姓名
sex	char(2)	性别，加 check 校验
birth	datetime	出生日期
dept	char(6)	专业代码，外键
phone	char(11)	联系电话
password	char(20)	密码

表 10-2 教师基本信息表 teacher

字段名	类型	说明
tno	char(6)	任课老师的工号，主键
name	char(20)	姓名
sex	char(2)	性别，加 check 校验
phone	char(11)	联系电话
password	char(20)	密码

3. 课程基本信息表 course

course 表用来保存课程的基本信息，如课程名、记分规则是百分制还是等级制等，其字段类型等说明如表 10-3 所示。

4. 成绩记载表 sc

sc 表用来记载学生的成绩信息，如课程号、任课老师、学期、成绩等，其字段类型等说明如表 10-4 所示。

表 10-3 课程基本信息表 course

字段名	类型	说明
cno	char(6)	课程号，主键
name	char(20)	姓名
credit	int	学分
grade_type	int	成绩类型，0 表示百分制，1 表示等级制

表 10-4 成绩记载表 sc

字段名	类型	说明
id	int	自增类型，主键
sno	char(8)	学号，外键
cno	char(6)	课程号，外键
grade0	int	百分制成绩，加 check 校验
grade1	char(6)	等级制成绩，加 check 校验
stype	int default 1	选修次数，1 表示第一次选修，2 表示第二次选修，等等
term	char(6)	开课学期，如 201802 表示 2018 年第二学期等
tno	char(6)	任课老师的工号，外键

5. 开课信息表 subject

subject 表用来记载所开课程的基本信息，如开课学期、所开课程号、任课老师、专业、上课教室等，其字段类型等说明如表 10-5 所示。

表 10-5　开课信息表 subject

字段名	类型	说明
id	int identity(1,1)	自增类型，主键
term	char(6)	开课学期，如 201801 表示 2018 年第一学期等
cno	char(6)	课程号，外键
dept	char(6)	专业代码，外键
tno	char(6)	任课老师的工号，外键
room	char(6)	上课教室
flag	int default 0	标志位，0 表示没有将选课学生添加到成绩记载表 sc 中；1 表示已添加，这时不能修改、删除该记录

6．教务员基本信息表 admin

admin 表用来记载教务员的基本信息，如教务员工号、姓名、电话、密码等，教务员登录时需校验该表的工号和密码，其字段类型等说明如表 10-6 所示。

7．专业代码表 speciality

speciality 表用来记载专业的代码、名称、所属院系等信息，其字段类型等说明如表 10-7 所示。

表 10-6　教务员基本信息表 admin

字段名	类型	说明
eno	char(6)	教务员工号，主键
name	char(20)	姓名
phone	char(11)	联系电话
password	char(20)	密码

表 10-7　专业代码表 speciality

字段名	类型	说明
no	char(6)	专业代码，主键
name	char(20)	专业名称
college	char(2)	所属学院代码，外键

8．院系代码表 college

college 表用来记载院系的代码、名称、院长等信息，其字段类型等说明如表 10-8 所示。

表 10.8　院系代码表 college

字段名	类型	说明
no	char(6)	学院代码，主键
name	char(20)	学院名称
dean	char(20)	院长

10.2.3　设计实体类

为了便于处理表中数据，我们为每个表创建一个 JavaBean 实体类，就是将表中的每个字段与 JavaBean 的属性对应，并实现 getter() 和 setter() 方法。例如，院系代码表 college 的对应的 JavaBean 实体类如下：

```
public class College {
    private String no,name,dean;
    public String getNo() {  return no;  }
    public void setNo(String no) {  this.no = no;  }
    public String getName() {  return name;  }
    public void setName(String name) {  this.name = name;  }
    public String getDean() {  return dean;  }
    public void setDean(String dean) {  this.dean = dean;  }
}
```

其他 7 个表对应的 JavaBean 实体类与此类似。

为了便于处理教师上课信息，专门设计了一个实体类 Tclass，属性包括：tno、cno、cname、dept、deptname、term，都是 String 类型，分别表示教师工号、课程号、课程名、专业代码、专业名称、上课学期；int 类型的属性 grade_type，表示课程的成绩类型是百分制还是等级制，每个属性都有相应的 getter()和 setter()方法。

10.2.4 文件组织架构

1. action 架构

对框架技术而言，文件组织架构非常重要，必须对系统所使用的所有文件、资源包括文件名的命名进行科学规划、合理分类，并分别存放在不同的文件目录中，可以确保系统条理清晰，也便于系统的开发、维护、更新，在团队合作开发中尤为重要。

Action 中方法的命名也必须合理规划，否则会使得 struts.xml 的配置臃肿、复杂。本案例命名科学规范，struts.xml 的配置显得非常简洁。

本案例将所有 Action 放置到 com.action 包中，有关登录的 Action 命名为 LoginAction，处理学生信息的 Action 命名为 StudentAction，处理教师信息的 Action 命名为 TeacherAction，处理教务员信息的 Action 命名为 AdminAction。处理数据库的 JavaBean 放置到 com.db 包中，每个数据表对应的 JavaBean 实例放置到 com.model 包中，如图 10-7 所示。

2. 视图架构

将学生有关的视图文件放置到 student 目录中，将教师有关的视图文件放置到 teacher 目录中，将教务员处理的所有视图文件放置到 admin 目录中。由于教务员模块功能繁多，又在其中设立了 admin、college、course、query、speciality、student、subject、teacher 子目录，因此与功能菜单对应，分别存放相关的视图文件，如图 10-8 所示。

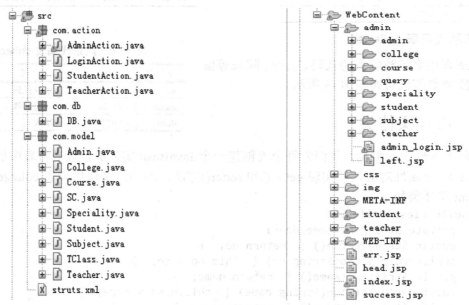

图 10-7 Action 及其他 JavaBean 组织架构　　图 10-8 系统文件组织架构

css 目录存放样式文件，img 目录存放图片文件。根目录下只有 4 个文件：index.jsp 是主页文件，err.jsp、head.jsp、success.jsp 是公共文件，分别表示错误处理视图、显示 log 标记、操作成功视图。

10.2.5 设计数据库处理程序

数据库连接、读写、关闭的相关程序 DB.java 与 10.1 节中的类似，这里增加了 3 个重要的通用方法，用了 Java 的泛型，使得这些方法可以被广泛使用。由于使用了 Java 的泛型，因此需要把 reflect 包导入进来。

1. queryToList()方法

queryToList()方法的功能是实现查询，并将查询的结果保存在 lsit 中返回。它有两个参数，一个是 String 类型表示查询语句，另一个是 Object 类型，表示查询的结果集中的记录（行）。其返回值是 Object 类型的 list，就是把查询的结果用 list 表示。这是一个通用的方法，如要得到"SELECT * FROM student"结果，可以用下列语句实现：

```
Object obj=new Object();
List<Object> list=db.queryToList(sql, obj);
```

由于在 Struts2 中处理 list 数据非常方便，可以容易地在页面上输出 list 内容。

queryToList 方法()的主要代码如下：

```
public List<Object> queryToList(String sql,Object obj) throws SQLException {
    if(obj==null)return null;
    rst=smt.executeQuery(sql);
    List list = new ArrayList();
    ResultSetMetaData md = rst.getMetaData();
    int columnCount = md.getColumnCount();         // 获取行的数量
    while(rst.next()) {
       Map rowData = new HashMap();                // 声明 Map
       for(int i = 1; i <= columnCount; i++)
          rowData.put(md.getColumnName(i), rst.getObject(i));
       list.add(rowData);
    }
    this.closed();                                 // 释放相关资源，见 10.1 节中的 DB.java
    return list;
}
```

2. queryToListObject 方法

queryToListObject()方法的功能是实现查询，并将查询的结果保存在 list 中返回。它有两个参数，一个是 String 类型表示查询语句，另一个是泛型，表示查询的结果集中的记录（行）。其返回值是泛型的 list，也就是把查询的结果用 list 表示。这是一个通用的方法，还实现了如何动态的获取对象属性名、动态的调用对象的 set()方法等。例如：

```
String sql="SELECT * FROM student";
Student obj=new Student ();
List<Student> list=db.queryToList(sql, obj);
```

queryToListObject()方法的代码如下：

```
public <T> List<T> queryToListObject(String sql, T obj) throws SQLException,
        NoSuchMethodException, SecurityException, InstantiationException,
        IllegalAccessException, IllegalArgumentException,
        InvocationTargetException {
    if(obj==null)
       return null;
    rst=smt.executeQuery(sql);
    Class<?> classType = obj.getClass();
```

```java
        ArrayList<T> list = new ArrayList<T>();
        Field[] fields = classType.getDeclaredFields();      // 得到对象中的字段
        ResultSetMetaData rsmd = rst.getMetaData();
        int columnCount = rsmd.getColumnCount();             // 获取行的数量
        while (rst.next()) {
            T objectCopy = (T) classType.getConstructor(new Class[] {}).newInstance(new Object[] {});
            for(int i = 1; i <= columnCount; i++) {
                Field field=null;
                String fieldName=rsmd.getColumnName(i);
                // 获得属性的首字母并转换为大写，与setXXX()对应
                String firstLetter = fieldName.substring(0, 1).toUpperCase();
                String setMethodName = "set" + firstLetter+ fieldName.substring(1);
                for(int j=0;j<fields.length;j++) {
                    if(fields[j].getName().equals(fieldName)) {
                        field=fields[j];
                        break;
                    }
                }
                Method setMethod = classType.getMethod(setMethodName, new Class[] {
                    field.getType();
                    // 调用对象的setXXX()方法
                    setMethod.invoke(objectCopy, new Object[] { rst.getObject(i)});
                }
                list.add(objectCopy);
            }
            this.closed();
            return list;
        }
```

3. updateBatch()方法

updateBatch()方法的功能是一次执行多条 SQL 语句，只有一个 String 类型的数组参数，表示 SQL 语句组（除 select 语句外的 UPDATE、INERT、DELETE 等数据操纵语句及数据定义语句等），可以完成多条 SQL 的执行，返回值是 int 型的数组，表示每条 SQL 语句影响的记录数。

updateBatch()方法的主要代码如下：

```java
    public int[] updateBatch(String[] sqls) throws Exception {
        if(sqls == null) {
            return null;
        }
        try {
            for(int i = 0; i < sqls.length; i++) {
                smt.addBatch(sqls[i]);           // 将所有的 SQL 语句添加到 Statement 中
            }
            …                                    // 一次执行多条 SQL 语句
            return smt.executeBatch();
        }
        catch(SQLException e) { e.printStackTrace(); }
        finally { this.closed(); }
        return null;
    }
```

10.2.6 设计 Action 类

本案例设计了 4 个 Action 类：LoginAction、StudentAction、TeacherAction、AdminAction。

1. LoginAction 类

LoginAction 类负责处理登录相关的事宜，有 3 个 String 类型属性 userNo、userPwd、operator，与表单对应，表示登录时输入的用户、密码、用户身份。这里的用户身份为教师、学生、教务员三者之一。在 execute 方法中，根据用户身份分别到 teacher、student、admin 表中验证用户名和密码，并将验证成功的用户信息保存到 user 对象中，便于其他事务引用用户的信息。这里用 queryToListObject()方法比较好，能够方便地将不同表中的查询结果统一封装到 user 对象中。核心代码如下：

```java
public String execute() throws Exception {
    // 表示结果状态，给其他视图用的，如 err.jsp 和 success.jsp
    String resultMessage="";
    ActionContext ac=ActionContext.getContext();
    ac.getSession().put("resultMessage",resultMessage);
    if(operator.equals("student")) {            // 若是学生，则到 student 表中验证
        String sql="SELECT * FROM Student WHERE sno='"+userNo+"'
                                    AND password='"+userPwd+"'";
        DB db=new DB();
        Student obj=new Student();
        List<Student> list=db.queryToListObject(sql, obj);
        if(list.isEmpty())
            return "error";
        else {
            obj=(Student)list.get(0);
            ac.getSession().put("user", obj);
            return "student";
        }
    }
    if(operator.equals("teacher")) {            // 若是教师，则到 teacher 表中验证
        String sql="SELECT * FROM teacher WHERE tno='"+userNo+"'
                                    AND password='"+userPwd+"'";
        DB db=new DB();
        Teacher obj=new Teacher();
        List<Teacher> list=db.queryToListObject(sql,obj);
        if(list.isEmpty())
            return "error";
        else {
            obj=(Teacher)list.get(0);
            ac.getSession().put("user", obj);
            return "teacher";
        }
    }
    if(operator.equals("admin")) {            //若是教务员，则到 admin 表中验证
        String sql="SELECT * FROM admin WHERE eno='"+userNo+"'
                                    AND password='"+userPwd+"'";
        DB db=new DB();
        Admin obj=new Admin();
        List<Admin> list=db.queryToListObject(sql, obj);
```

```
            if(list.isEmpty())
               return "error";
            else {
               obj=(Admin)list.get(0);
               ac.getSession().put("user", obj);
               return "admin";
            }
        }
        return "error";
    }
```

2. StudentAction 类

StudentAction 类负责处理以学生身份登录的相关事宜，声明了两个属性，一个是 Student 实体类型的对象 student，另一个是 SC 实体类型的对象 sc，便于处理学生基本信息和成绩信息。StudentAction 类还定义了一个 ActionContext 类型的对象 ac，其值为 ActionContext.getContext()；定义了一个 Sstring 类型的变量 resultMessage，表示结果状态，提供给其他视图。

StudentAction 类设计了 4 个核心方法。

① dispPerson()方法用来显示个人信息，注意这里的方法名和返回值一样，这样可以在配置文件中使用通配符，简化了配置文件。本案例的 Action 中设计的方法基本都是这样命名的。如果命名不科学，像本案例中几个 Action 有近百个方法，每个 Action 请求都需要在 struts.xml 中配置，配置文件会异常复杂、烦琐、臃肿，不利于项目的开发、组织、维护、更新。而本案例在命名时对整个项目统筹兼顾、规划科学，使得配置文件极其简洁，仅仅数行就解决了近百各类 Action 请求。

由于个人信息在登录成功时已经保存在 user 对象中，一般不需要再次提取了，直接返回字符串"dispPerson"即可，但学生个人信息还包括所在的专业，而专业名称在 speciality 表中，因此在 dispPerson 中将专业名称信息提取出来保存到 lists 对象中，这样在视图中显示学生个人信息时就可以将专业代码转换成专业名称显示了。

方法 dispPerson()的主要代码如下：

```
public String dispPerson() throws NoSuchMethodException, SecurityException,
        InstantiationException, IllegalAccessException,
        IllegalArgumentException, InvocationTargetException, SQLException {
    String sql;
    DB db=new DB();
    sql="select no,name,college from speciality";        // 查询专业名称
    Speciality obj=new Speciality();
    List<Speciality> lists=db.queryToListObject(sql, obj);
    ActionContext ac=ActionContext.getContext();
    ac.getSession().put("lists", lists);
    return "dispPerson";
}
```

② modifyPerson()方法，用来完成个人信息的修改，数据库表中的出生日期是 datetime 类型，因此 Java 处理时需要用 DateFormat 转换。modifyPerson()方法的主要代码如下：

```
public String modifyPerson() {
    String sql;
    DateFormat format = new SimpleDateFormat("yyyy-MM-dd hh:mm:ss");
    String bt=format.format(student.getBirth());
    sql="update Student set name='"+student.getName()+"',";
```

```
            sql=sql+"sex='"+student.getSex()+"',dept='"+student.getDept()+"',";
            sql=sql+"birth='"+bt+"',";
            sql=sql+"phone='"+student.getPhone()+"',";
            sql=sql+"password='"+student.getPassword()+"' ";
            sql=sql+"where sno='"+student.getSno()+"'";
            DB db=new DB();
            int ret=db.update(sql);
            ac.getSession().put("user",student);
            if(ret<=0) {
                resultMessage="修改失败！";
                ac.getSession().put("resultMessage", resultMessage);
                return "error";
            }
            else {
                resultMessage="修改成功！";
                ac.getSession().put("resultMessage", resultMessage);
                return SUCCESS;
            }
        }
```

③ dispScore()方法，用来列出学生的某学期成绩。由于有些课程是百分制，有些是等级制，而且存放在不同的列中，因此用 case 语句统一转换。其主要代码如下：

```
        public String dispScore() throws NoSuchMethodException, SecurityException,
                InstantiationException, IllegalAccessException,
                IllegalArgumentException, InvocationTargetException, SQLException {
            String sql;
            DB db=new DB();
            sql="SELECT a.cno as 'cno',b.name as 'cname',";
            sql=sql+"'grade'=case when b.grade_type=0  then cast(grade0 as char(6))
                            else cast(grade1 as char(6)) end ";
            sql=sql+" FROM sc a,course b";
            sql=sql+" WHERE a.cno=b.cno AND a.term='";
            sql=sql+sc.getTerm()+"' AND a.sno='";
            sql=sql+sc.getSno()+"'";
            Object obj=new Object();
            List<Object> list=db.queryToList(sql, obj);
            ac.getSession().put("list", list);
            return "dispScore";
        }
```

④ quit()方法，用来注销当前程序，其主要代码如下：

```
        public String quit() {
            ac.getSession().clear();
            return "index";                               // 返回登录页面
        }
```

3. TeacherAction 类

TeacherAction 类负责处理以教师身份登录的相关事宜，属性包括：teacher、sc、subject、tclass，分别对应 Teacher、SC、Subject、Tclass 实体类型。TeacherAction 类还定义了一个 ActionContext 类型的对象 ac，其值为 ActionContext.getContext()。TeacherAction 类定义了一个 Sstring 类型的变量 resultMessage，表示结果状态，提供给其他视图。

TeacherAction 类的方法如下。

① dispPerson 方法(), 用来显示教师个人信息, 由于个人信息在登录成功时已经保存在 user 对象中, 这里就不需要再次提取了, 直接返回。其代码如下:
```
public String dispPerson() {
   return "dispPerson";
}
```
② modifyPerson()方法, 用来完成个人信息的修改, 与 StudentAction 类的 modifyPerson() 方法相似, 仅仅构造 SQL 语句有所差异, 其余一样。SQL 语句如下:
```
sql="update teacher set name='"+teacher.getName()+"',";
sql=sql+"sex='"+teacher.getSex()+"',";
sql=sql+"phone='"+teacher.getPhone()+"',";
sql=sql+"password='"+teacher.getPassword()+"' ";
sql=sql+"where tno='"+teacher.getTno()+"'";
```
③ dispClass()方法, 列出该教师某学期工作情况, 即所教的课程, 代码如下:
```
public String dispClass() throws SQLException, NoSuchMethodException,
         SecurityException, InstantiationException, IllegalAccessException,
         IllegalArgumentException, InvocationTargetException {
   String sql;
   sql="SELECT a.tno AS 'tno',a.cno AS 'cno',b.name AS 'cname',
         a.dept AS 'dept',c.name AS 'deptname' ,a.term AS 'term', grade_type
      FROM subject a, course b, speciality c";
   sql=sql+" WHERE a.cno=b.cno AND a.dept=c.no AND ";
   sql=sql+"tno='"+subject.getTno()+"' AND ";
   sql=sql+" term='"+subject.getTerm()+"'";
   DB db=new DB();
   TClass obj=new TClass();
   List<TClass> list=db.queryToListObject(sql, obj);
   if(list.isEmpty())
      return "error";
   else {
      ac.getSession().put("list", list);
      return "dispClass";
   }
}
```
④ inputScore()方法, 用来生成录入所教课程的学生成绩界面, 返回后的结果视图 inputScore.jsp 才是录入成绩的界面。其代码如下:
```
public String inputScore() throws SQLException {
   String sql;
   if(tclass.getGrade_type()<1) {    // 判断成绩类型, 若是百分制, 则查询 grade0 列
      sql="SELECT a.id, a.sno, b.name, a.grade0";
      sql=sql+" FROM sc a,student b ";
      sql=sql+" WHERE a.sno =b.sno AND b.dept ='"+tclass.getDept()+"' ";
      sql=sql+" AND tno='"+tclass.getTno()+"' AND term='";
      sql=sql+tclass.getTerm()+"'";
      sql=sql+" AND cno='"+tclass.getCno()+"'";
   }
   else {                    // 若是等级百分制, 则查询 grade1 列
      sql="SELECT a.id, a.sno, b.name, a.grade1";
      sql=sql+" FROM sc a, student b ";
      sql=sql+" WHERE a.sno =b.sno AND b.dept ='"+tclass.getDept()+"' ";
      sql=sql+" AND tno='"+tclass.getTno()+"' AND term='";
      sql=sql+tclass.getTerm()+"'";
```

```
        }
        DB db=new DB();
        Object obj=new Object();
        List<Object> list=db.queryToList(sql, obj);
        if(list.isEmpty())
            return "error";
        else {
            ac.getSession().put("list", list);
            ac.getSession().put("tclass", tclass);
            return "inputScore";
        }
    }
}
```

⑤ saveScore()方法，用来保存学生成绩到数据库中，采用批量处理的方法。其代码如下：

```
public String saveScore() throws Exception {
    String sql[];
    HttpServletRequest request = ServletActionContext.getRequest();
    int cc=Integer.parseInt(request.getParameter("cc"));      // 表示保存的记录数
    // 成绩类型
    int grade_type=Integer.parseInt(request.getParameter("grade_type"));
    sql=new String[cc];
    for(int i=0;i<cc;i++) {
        String s;
        if(grade_type1<1) {
            s=request.getParameter("grade0"+i);
            sql[i]="update sc set grade0="+s;
        }
        else {
            s=request.getParameter("grade1"+i);
            sql[i]="update sc set grade1='"+s+"' ";
        }
        s=request.getParameter("id"+i);
        sql[i]=sql[i]+"  where id="+s;
    }
    DB db=new DB();
    int ret[]=db.updateBatch(sql);
    if(ret.length>0) {
        resultMessage="保存成功！";
        ac.getSession().put("resultMessage", resultMessage);
        return SUCCESS;
    }
    else {
        resultMessage="保存失败！";
        ac.getSession().put("resultMessage", resultMessage);
        return "error";
    }
}
```

4．AdminAction 类

教务管理系统的核心是教务员，负责整个系统的基础数据的维护，由 8 部分组成，分别处理以教务员身份登录的 8 个功能：教务员信息管理、学院信息管理、专业信息管理、教师信息管理、学生信息管理、课程信息管理、开课信息管理、查询等功能模块。每个功能模块中均包含显示、增加、修改、删除等相应信息的子功能，这些都由 AdminAction 类的相应方法实现，包括：dispXXX()、deleteXXX()、modifyXXX()、insertXXX()、updaOneXXX()，分别表示显示、删除、修改、插入、更新一个对象的功能。除了处理的具体对象不同即 SQL 语句有差异，方法的架构都一样。由于 AdminAction 类几乎要处理所有的数据，因此需要给所有的实体类声明为属性，并实现相应的 get()和 set()方法。

（1）dispXXX()方法

例如，dispSpeciality()方法表示显示所有专业信息，因为专业信息中含有所属学院代码，而一般显示时应该转换成学院名，学院名在 college 表中，所以将学院 college 的信息封装到 listc 对象中。其代码如下：

```java
public String dispSpeciality() throws NoSuchMethodException,
    SecurityException, InstantiationException, IllegalAccessException,
    IllegalArgumentException, InvocationTargetException, SQLException {
    DB db=new DB();
    String sql="SELECT *  FROM speciality";
    Speciality obj=new Speciality();
    List<Speciality> list=db.queryToListObject(sql, obj);
    DB db1=new DB();
    sql="SELECT no,name, dean  FROM college";
    College objc=new College();
    List<College> listc=db1.queryToListObject(sql, objc);
    if(list.isEmpty()) {
        resultMessage="查询失败！";
        ac.getSession().put("resultMessage", resultMessage);
        return "error";
    }
    else {
        ActionContext  ac=ActionContext.getContext();
        ac.getSession().put("list", list);
        ac.getSession().put("listc", listc);
        return "dispSpeciality";
    }
}
```

本案例还有 dispPerson()、dispAllAdmin()、dispCollege()、dispTeacher()、dispAllStudent()、dispCourse()、dispSubject()等方法，除了 dispPerson()方法，其他都相似。dispPerson()方法是显示当前登录成功的教务员个人信息，因为已在 user 对象中，所以方法体中仅需返回"dispPerson"。

（2）deleteXXX()方法

例如，deleteSpeciality()方法用于删除指定的专业，即给定专业代码，删除该记录，其主要代码如下：

```java
public String deleteSpeciality() {
    String sql;
    sql="DELETE FROM speciality  WHERE no='"+speciality.getNo()+"'";
    DB db=new DB();
    int ret=db.update(sql);
    if(ret>0) {
        resultMessage="删除成功！";
        ac.getSession().put("resultMessage", resultMessage);
```

```
        return SUCCESS;
    }
    else {
        resultMessage="删除失败！";
        ac.getSession().put("resultMessage", resultMessage);
        return "error";
    }
}
```

本案例还有 deleteAdmin()、deleteCollege()、deleteTeacher()、deleteStudent()、deleteCourse()、deleteSubject()等类似的方法。

（3）modifyXXX()方法

例如，midifyXXX()方法采用了三种技术实现。一种是直接修改，一次修改一条，即根据定关键字修改，以 modifyPerson 方法为例，根据工号修改。其主要代码如下：

```
public String modifyPerson() {
    String sql;
    sql="update Admin set name='"+admin.getName()+"',";
    sql=sql+"phone='"+admin.getPhone()+"',";
    sql=sql+"password='"+admin.getPassword()+"' ";
    sql=sql+"where eno='"+admin.getEno()+"'";
    DB db=new DB();
    int ret=db.update(sql);
    ActionContext  ac=ActionContext.getContext();
    ac.getSession().put("user",admin);
    if(ret<=0) {
        resultMessage="修改失败！";
        ac.getSession().put("resultMessage", resultMessage);
        return "error";
    }
    else {
        resultMessage="修改成功！";
        ac.getSession().put("resultMessage", resultMessage);
        return SUCCESS;
    }
}
```

第二种也是一次修改一条，但是间接修改，实际是先让用户输入关键字，将该关键字的其他信息检索出来并显示，供用户修改。

例如，modifySubject()方法给定要修改的序号，检查标志位是否为 0，然后将该记录检索出来交由 updateOneSubject.jsp 视图页面显示，用户修改后，再由 updateOneSubject()方法完成实际修改。modifySubject()方法的主要代码如下：

```
public String modifySubject() throws NoSuchMethodException, SecurityException,
    InstantiationException, IllegalAccessException, IllegalArgumentException,
    InvocationTargetException, SQLException {
    String sql="select * from subject where id="+subject.getId()+" and flag=0";
    DB db=new DB();
    Subject obj=new Subject();
    List<Subject> list=db.queryToListObject(sql, obj);
    if(list.isEmpty())
        return "error";
    else {
        obj=(Subject)list.get(0);
```

```
            ActionContext ac=ActionContext.getContext();
            ac.getSession().put("obj", obj);
            return "updateOneSubject";
        }
    }
```

类似的方法还有 modifyCourse()、modifyStudent()，最后都是交由 updateOneCourse()、updateOneStudent()方法完成实际修改。

第三种是把所有的数据以表的形式显示给用户，用户可以修改除关键字外的部分指定或全部数据。这种方法简明直观，适用记录数较少的情形，否则效率较低。

例如，modifySpeciality()方法的主要代码如下。

```
    public String modifySpeciality() throws Exception {
        String sql[];
        HttpServletRequest request = ServletActionContext.getRequest();
        int cc=Integer.parseInt(request.getParameter("cc"));   // 表示要修改的记录数
        sql=new String[cc];
        for(int i=0;i<cc;i++) {
          String s;
          s=request.getParameter("name"+i);
          sql[i]="UPDATE speciality set name='"+s+"', college='";
          s=request.getParameter("college"+i);
          sql[i]=sql[i]+s+"' WHERE no='";
          s=request.getParameter("no"+i);
          sql[i]=sql[i]+s+"'";
        }
        DB db=new DB();
        db.updateBatch(sql);
        return SUCCESS;
    }
```

本案例中与此类似的方法还有 modifyAdmin()、modifyCollege()、modifyTeacher()，也采用了批量修改的方法。

（4）insertXXX()方法

insertXXX()方法用于在表中添加记录，比较简单，如 insertSpeciality()方法向表 speciality 中插入一条记录。

insertSpeciality()方法的主要代码如下：

```
    public String insertSpeciality() {
        String sql;
        sql="INSERT INTO speciality(no,name,college) values('";
        sql=sql+speciality.getNo()+"','";
        sql=sql+speciality.getName()+"','";
        sql=sql+speciality.getCollege()+"')";
        DB db=new DB();
        int ret=db.update(sql);
        if(ret>0)
          return "insertSpeciality";
        else
          return "error";
    }
```

类似方法还有 insertAdmin()、insertCollege()、insertTeacher()、insertStudent()、insertCourse()、insertSubject()等。

（5）updaOneXXX()方法

updaOneXXX()方法一次更新一条记录。例如，updateOneCourse()方法的主要代码如下：

```
public String updateOneCourse() {
    String sql;
    sql="update course set name='"+course.getName()+"',";
    sql=sql+"credit="+course.getCredit()+",
                grade_type="+course.getGrade_type();
    sql=sql+" where cno='"+course.getCno()+"'";
    DB db=new DB();
    int ret=db.update(sql);
    if(ret<=0) {
        resultMessage="修改失败！";
        ac.getSession().put("resultMessage", resultMessage);
        return "error";
    }
    else {
        resultMessage="修改成功！";
        ac.getSession().put("resultMessage", resultMessage);
        return SUCCESS;
    }
}
```

类似的方法还有 updateOneStudent()、updateOneSubject()。

（6）insertToSC()方法

insertToSC()方法的功能是根据开课信息生成成绩记载表，即将选课的学生名单添加到成绩记载表 SC 中，同时将标志位 flag 从 0 置为 1。其主要代码如下：

```
public String insertToSC() throws Exception {
    resultMessage="生成失败！";
    String sql;
    sql="SELECT sno, a.cno,a.term, a.tno  FROM subject a, student b";
    sql=sql+" WHERE a.dept=b.dept AND a.flag=0";
    DB db=new DB();
    SC obj=new SC();
    List<SC> list=db.queryToListObject(sql,obj);
    if(list!=null) {
        int cc=list.size();
        String sql2[]=new String[cc];
        for(int i=0;i<cc;i++) {
            sql2[i]="insert into sc(sno,cno,term,tno) values('";
            sql2[i]=sql2[i]+list.get(i).getSno()+"','";
            sql2[i]=sql2[i]+list.get(i).getCno()+"','";
            sql2[i]=sql2[i]+list.get(i).getTerm()+"','";
            sql2[i]=sql2[i]+list.get(i).getTno()+"')";
        }
        DB db1=new DB();
        int r[]=db1.updateBatch(sql2);
        if(r.length>0) {
            sql="UPDATE subject SET flag=1  WHERE flag=0";
            DB db2=new DB();
            db2.update(sql);
            resultMessage="生成成功！";
            ac.getSession().put("resultMessage", resultMessage);
```

```
            return SUCCESS;
        }
        else {
            resultMessage="生成失败！";
            ac.getSession().put("resultMessage", resultMessage);
            return "error";
        }
    }
    ac.getSession().put("resultMessage", resultMessage);
    return "error";
}
```

（7）查询方法

本例设计了 4 个查询方法。

① queryStudentScore()方法，是根据给定的学号和学期查询该学生的所有课程的成绩。由于有些课程是百分制，有些是等级制，而且存放在不同的列中，因此用 case 语句统一转换，查询结果由视图 queryStudentScore.jsp 负责输出。其主要代码如下：

```java
public String queryStudentScore() throws SQLException, NoSuchMethodException,
            SecurityException, InstantiationException, IllegalAccessException,
            IllegalArgumentException, InvocationTargetException {
    String sql;
    DB db=new DB();
    sql="SELECT a.cno as 'cno',b.name AS 'cname',";
    sql=sql+"'grade'=case when b.grade_type=0  then cast(grade0 as char(6))
                  else cast(grade1 as char(6)) end ";
    sql=sql+" FROM sc a, course b";
    sql=sql+" WHERE a.cno=b.cno  AND a.term='";
    sql=sql+sc.getTerm()+"'  AND a.sno='";
    sql=sql+sc.getSno()+"'";
    Object obj=new Object();
    List<Object> list=db.queryToList(sql, obj);
    ac.getSession().put("list", list);
    sql="SELECT name  FROM student  WHERE sno='"+sc.getSno()+"'";
    DB db1=new DB();
    Student t=new Student();
    List<Student> listt=db1.queryToListObject(sql, t);
    ac.getSession().put("sname", listt.get(0).getName());
    return "queryStudentScore";
}
```

② queryCourseScore()方法，是根据给定的课程号和学期查询选修该课程的所有学生的成绩，查询结果由视图 queryCourseScore.jsp 负责输出。其代码如下：

```java
public String queryCourseScore() throws SQLException, NoSuchMethodException,
            SecurityException, InstantiationException, IllegalAccessException,
            IllegalArgumentException, InvocationTargetException {
    String sql;
    DB db=new DB();
    sql="SELECT a.sno AS 'sno', c.name AS 'sname',";
    sql=sql+"'grade'=case when b.grade_type=0  then cast(grade0 as char(6))
                     else cast(grade1 as char(6)) end";
    sql=sql+" FROM sc a, course b, student c";
    sql=sql+" WHERE a.cno=b.cno AND a.sno=c.sno AND a.term='";
    sql=sql+sc.getTerm()+"' AND a.cno='";
```

```
        sql=sql+sc.getCno()+"'";
        Object obj=new Object();
        List<Object> list=db.queryToList(sql, obj);
        ac.getSession().put("list", list);
        sql="SELECT name FROM course WHERE cno='"+sc.getCno()+"'";
        DB db1=new DB();
        Course t=new Course();
        List<Course> listt=db1.queryToListObject(sql, t);
        ac.getSession().put("cname", listt.get(0).getName());
        return "queryCourseScore";
    }
```

③ querySpecialityScore()方法，功能是根据给定的专业号和学期查询所有学生的全部课程成绩，查询结果由视图 querySpecialityScore.jsp 负责输出。其代码如下：

```
    public String querySpecialityScore() throws SQLException,
            NoSuchMethodException, SecurityException, InstantiationException,
            IllegalAccessException, IllegalArgumentException,
            InvocationTargetException {
        String sql;
        DB db=new DB();
        sql="SELECT a.sno AS 'sno', c.name AS 'sname', b.name AS 'cname',";
        sql=sql+"'grade'=case when b.grade_type=0  then cast(grade0 as char(6))
                              else cast(grade1 as char(6)) end ";
        sql=sql+" FROM sc a, course b, student c";
        sql=sql+" WHERE a.cno=b.cno AND a.sno=c.sno AND a.term='";
        sql=sql+subject.getTerm()+"' AND c.dept='";
        sql=sql+subject.getDept()+"'";
        Object obj=new Object();
        List<Object> list=db.queryToList(sql, obj);
        ac.getSession().put("list", list);
        sql="SELECT name FROM speciality WHERE no='"+subject.getDept()+"'";
        DB db1=new DB();
        Speciality t=new Speciality();
        List<Speciality> listt=db1.queryToListObject(sql, t);
        ac.getSession().put("spname", listt.get(0).getName());
        return "querySpecialityScore";
    }
```

④ queryTeacherScore()方法，是根据给定的教师工号和学期查询所教的所有课程的学生成绩，查询结果由视图 queryTeacherScore.jsp 负责输出。其主要代码如下：

```
    public String queryTeacherScore() throws SQLException, NoSuchMethodException,
            SecurityException, InstantiationException, IllegalAccessException,
            IllegalArgumentException, InvocationTargetException {
        String sql;
        DB db=new DB();
        sql="SELECT a.sno AS 'sno', c.name AS 'sname', b.name AS 'cname',";
        sql=sql+"'grade'=case when b.grade_type=0  then cast(grade0 as char(6))
                              else cast(grade1 as char(6)) end ";
        sql=sql+"  FROM sc a, course b, student c";
        sql=sql+"  WHERE a.cno=b.cno and a.sno=c.sno AND a.term='";
        sql=sql+sc.getTerm()+"' AND a.tno='";
        sql=sql+sc.getTno()+"'";
        Object obj=new Object();
```

```
            List<Object> list=db.queryToList(sql, obj);
            ac.getSession().put("list", list);
            sql="select name from teacher where tno='"+sc.getTno()+"'";
            DB db1=new DB();
            Teacher t=new Teacher();
            List<Teacher> listt=db1.queryToListObject(sql, t);
            ac.getSession().put("tname", listt.get(0).getName());
            return "queryTeacherScore";
        }
```

10.2.7 设计视图

本案例的视图分为公共视图、学生视图、教师视图、教务员视图 4 部分，分别放置在项目的根目录、student、teacher、admin 子目录中。教务员视图部分又分为教务员信息管理、学院信息管理、专业信息管理、教师信息管理、学生信息管理、课程信息管理、开课信息管理、查询等 8 部分，分别放置在 admin 目录下的 admin、college、speciality、teacher、student、course、subject、query 子目录中，见图 10-8。这些视图的命名一般应该与前面 Action 中的方法相对应，例如：导航视图、dispXXX.jsp、modifyXXX.jsp、inputXXX.jsp、insertXXX.jsp、deleteXXX.jsp、updateOneXXX.jsp、queryXXXScore.jsp 等。

1. 视图组织架构

本案例涉及的视图较多，必须分类组织存放，根目录的视图架构如图 10-9 所示，student 和 teacher 的视图架构如图 10-10 所示，admin 视图架构如图 10-11 所示。

2. 公共视图

本案例的公共视图有 4 个，其中 index.jsp 是系统主页即登录页面，运行结果如图 10-3 所示。其代码如下：

```
<%@ page contentType="text/html; charset=UTF-8"  pageEncoding="UTF-8"%>
<%@ taglib prefix="s" uri="/struts-tags" %>
<!DOCTYPE html PUBLIC "-//W3C//DTD HTML 4.01 Transitional//EN"
                      "http://www.w3.org/TR/html4/loose.dtd">
<html>
<head>
    <meta http-equiv="Content-Type" content="text/html; charset=UTF-8">
```

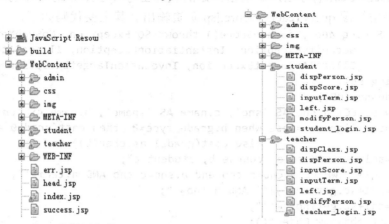

图 10-9　根目录视图架构　　　　　　　图 10-10　student 和 teacher 架构

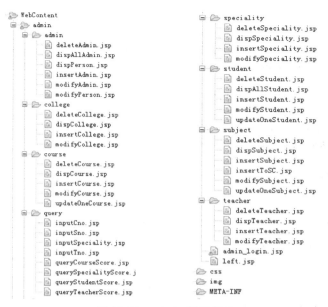

图 10-11　admin 视图架构

```
    <link rel="stylesheet" type="text/css" href="../css/main.css"/>
</head>
<body>
   <div id="main_index">
   <h3>  欢迎使用教务管理系统</h3>
      <s:form action="loginAction">
         <s:textfield label="用户号" name="userNo" size="20"/>
         <s:password label="密    码" name="userPwd" size="22"/>
         <s:radio name="operator" label="身份"
                 list="#{'teacher':'教师','student':'学生','admin':'教务员' }"
                 listKey="key" listValue="value" value="#{'student':'学生'}"/>
         <s:submit value="登录" align="center"/>
      </s:form>
   </div>
</body>
</html>
```

第 2 个是 success.jsp，操作成功时显示，核心代码就一句显示返回的状态信息：

`<s:property value="#attr.resultMessage"/>`

第 3 个是 err.jsp，操作失败时显示，核心代码也是显示返回的状态信息：

```
<s:property value="#attr.resultMessage"/>
<a href="index.jsp" target="_top">返回</a>
```

第 4 个是 head.jsp，其作用是在窗口页面的顶部显示一张 log 图片，代码为：

```
<body bgcolor="#D9DFAA">
   <img src="img/banner.jpg" width="100%" height="100%"/>
</body>
```

3. 导航视图

导航视图用来展示功能菜单、指定显示输入输出区域的，有 left.jsp 和 XXX_login.jsp，其中 XXX_login.jsp 有 3 个：admin_login.jsp、student_login.jsp 和 teacher_login.jsp，分别位于 admin、student、teacher 目录下，代码内容基本相似。例如，admin_login.jsp 的代码如下：

```html
<html>
<head>
    <meta http-equiv="Content-Type" content="text/html; charset=UTF-8">
    <link rel="stylesheet" type="text/css" href="../css/main.css"/>
</head>
<frameset rows="18%,*" border="0">
    <frame src="head.jsp" scrolling="no">
       <frameset cols="22%,*" id="bd" frameborder="1">
          <frame id="bg" src="admin/left.jsp"/>
          <frame name="right" />
       </frameset>
    </frameset>
</html>
```

left.jsp 也有 3 个：student 目录下的 left.jsp、teacher 目录下的 left.jsp、admin 目录下的 left.jsp，其中的差异仅仅是菜单内容。

注意：在超链接中的 action 请求的内容都是 XXX_ZZZ 或者 XXX_YYY_ZZZ 格式，其中 XXX 代表 action 名，YYY 均代表目录名，ZZZ 代表方法名。例如，student_dispPerson 表示请求 StudentAction 的 dispPerson()方法，admin_college_dispCollege 表示请求 AdminAction 的 dispCollege()方法，college 代表 admin 中的子目录名为 college。在 action 的配置中要用这种约定，这样可以极大地简化 struts.xml 文件的配置，见本章的 10.2.9 节。

student 目录中 left.jsp 页面如图 10-12 所示，其主要代码如下：

图 10-12 显示学生个人信息

```html
<!DOCTYPE html PUBLIC "-//W3C//DTD HTML 4.01 Transitional//EN"
                 "http://www.w3.org/TR/html4/loose.dtd">
<html>
<head>
    <meta http-equiv="Content-Type" content="text/html; charset=UTF-8">
    <title>Insert title here</title>
    <link rel="stylesheet" type="text/css" href="../css/main.css"/>
    <base target="right"/>
</head>
<body>
    <div id="main">
       <p>欢迎<s:property value="#attr.user.name" escape="false"/>同学</p>
```

```
        <ul>
            <li><a href="student_dispPerson" >查看个人资料</a></li>
            <li><a href="modifyPerson.jsp" >修改个人资料</a></li>
            <li><a href="dispScore.jsp" >查看成绩</a></li>
            <li><a href="student_quit" target="_top">注销</a></li>
        </ul>
    </div>
</body>
</html>
```

teacher 目录下的 left.jsp 页面如图 10-13 所示，其部分代码为：

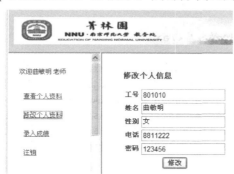

图 10-13 修改教师个人信息

```
<ul>
    <li><a href="teacher_dispPerson">查看个人资料</a></li>
    <li><a href="modifyPerson.jsp">修改个人资料</a></li>
    <li><a href="inputTerm.jsp">录入成绩</a></li>
    <li><a href="teacher_quit" target="_top">注销</a></li>
</ul>
```

admin 目录下的 left.jsp，因为教务员的功能比较多，分为 8 部分，所以用了 JavaScript 技术实现二级菜单，运行的效果见图 10-6。其主要代码如下：

```
<%@ page language="java" contentType="text/html; charset=UTF-8"pageEncoding="UTF-8"%>
<%@ taglib prefix="s" uri="/struts-tags" %>
<!DOCTYPE html PUBLIC "-//W3C//DTD HTML 4.01 Transitional//EN"
                     "http://www.w3.org/TR/html4/loose.dtd">
<html>
<head>
    <base target="right"/>
    <script type="text/javascript"><!--//--><![CDATA[//>
    <!-- startList = function() {
            if(document.all&&document.getElementById) {
                navRoot = document.getElementById("menu");
                var allli = navRoot.getElementsByTagName("li")
                for (i=0; i<allli.length; i++) {
                    node = allli[i];
                    node.onmouseover=function() {
                        this.className+=" current";
                    }
                    node.onmouseout=function() {
                        this.className=this.className.replace(" current", "");
                    }
                }
```

```html
            }
        }
        window.onload=startList;
//--><!]]></script>
    <meta http-equiv="Content-Type" content="text/html; charset=UTF-8">
    <title>Insert title here</title>
    <link rel="stylesheet" type="text/css" href="../css/main.css"/>
    <link rel="stylesheet" type="text/css" href="../css/admin.css"/>
</head>
<body>
    <div id="menu">
    <ul>
    <li><a href="@#">教务员</a>
       <ul>
       <li><a href="admin_admin_dispPerson" >显示教务员信息</a></li>
       <li><a href="admin/modifyPerson.jsp" >修改教务员信息</a></li>
       <li><a href="admin_admin_dispAllAdmin" >显示所有教务员</a></li>
       <li><a href="admin/insertAdmin.jsp" >增加教务员</a></li>
       <li><a href="admin/modifyAdmin.jsp" >修改教务员信息</a></li>
       <li><a href="admin/deleteAdmin.jsp" >删除教务员</a></li>
       </ul>
    </li>
    <li><a href="#">学院</a>
       <ul>
       <li><a href="admin_college_dispCollege" >显示学院信息</a></li>
       <li><a href="college/insertCollege.jsp" >增加学院信息</a></li>
       <li><a href="college/modifyCollege.jsp">修改学院信息</a></li>
       <li><a href="college/deleteCollege.jsp">删除学院信息</a></li>
       </ul>
    </li>
    <li><a href="#">专业</a>
       <ul>
       <li><a href="admin_speciality_dispSpeciality">显示专业信息</a></li>
       <li><a href="speciality/insertSpeciality.jsp">增加专业信息</a></li>
       <li><a href="speciality/modifySpeciality.jsp">修改专业信息</a></li>
       <li><a href="speciality/deleteSpeciality.jsp">删除专业信息</a></li>
       </ul>
    </li>
    <li><a href="#">教师</a>
       <ul>
       <li><a href="admin_teacher_dispTeacher">显示教师信息</a></li>
       <li><a href="teacher/insertTeacher.jsp">增加教师信息</a></li>
       <li><a href="teacher/modifyTeacher.jsp">修改教师信息</a></li>
       <li><a href="teacher/deleteTeacher.jsp">删除教师信息</a></li>
       </ul>
    </li>
    <li><a href="#">学生</a>
       <ul>
       <li><a href="admin_student_dispAllStudent">显示学生信息</a></li>
       <li><a href="student/insertStudent.jsp">增加学生信息</a></li>
       <li><a href="student/modifyStudent.jsp">修改学生信息</a></li>
       <li><a href="student/deleteStudent.jsp">删除学生信息</a></li>
       </ul>
```

```html
        </li>
        <li><a href="">课程</a>
          <ul>
            <li><a href="admin_course_dispCourse">显示课程信息</a></li>
            <li><a href="course/insertCourse.jsp">增加课程信息</a></li>
            <li><a href="course/modifyCourse.jsp">修改课程信息</a></li>
            <li><a href="course/deleteCourse.jsp">删除课程信息</a></li>
          </ul>
        </li>
        <li><a href="#">开课</a>
          <ul>
            <li><a href="admin_subject_dispSubject">显示开课信息</a></li>
            <li><a href="subject/insertSubject.jsp">增加开课信息</a></li>
            <li><a href="subject/modifySubject.jsp">修改开课信息</a></li>
            <li><a href="subject/deleteSubject.jsp">删除开课信息</a></li>
            <li><a href="admin_subject_insertToSC">生成成绩记载表</a></li>
          </ul>
        </li>
        <li><a href="#">查询</a>
          <ul>
            <li><a href="query/inputSno.jsp">按学生查询成绩</a></li>
            <li><a href="query/inputSpeciality.jsp">按专业查询成绩</a></li>
            <li><a href="query/inputTno.jsp">按老师查询成绩</a></li>
            <li><a href="query/inputCno.jsp">按课程查询成绩</a></li>
          </ul>
        </li>
        <li><a href="admin_admin_quit" target="_top">注销</a></li>
      </ul>
    </div>
  </body>
</html>
```

4. dispXXX.jsp 类视图

本案例的 dispXXX.jsp 类视图分为以下两种情形。一种是 dispPerson.jsp，登录成功时用户的信息已经保存在 user 对象中，因此这里仅仅按格式显示 user 中的内容。本案例有 3 类 user：Student、Teacher、Admin，不同类的属性不一样。例如，对于学生 user 而言，有 sno、name、sex、dept 等属性，而专业代码 dept 显示时应该转换为专业名称，需要事先将专业代码表 speciality 中的数据查询出来保存到 lists 对象中（在 StudentAction 中的 dispPerson() 方法中完成的）。

显示学生个人信息的 dispPerson.jsp 页面见图 10-12，主要代码如下：

```jsp
<%@ page language="java" contentType="text/html; charset=UTF-8" pageEncoding="UTF-8"%>
<%@ taglib prefix="s" uri="/struts-tags" %>
<!DOCTYPE html PUBLIC "-//W3C//DTD HTML 4.01 Transitional//EN"
                      "http://www.w3.org/TR/html4/loose.dtd">
<html>
<head>
  <link rel="stylesheet" type="text/css" href="../css/main.css"/>
  <meta http-equiv="Content-Type" content="text/html; charset=UTF-8">
</head>
<body>
  <div id="main">
```

```
        <h3>个人信息</h3>
        <table border="1" cellspacing="0" cellpadding="5">
           <tr><td>学号<td><s:property value="#attr.user.sno"/>
           <tr><td>姓名<td><s:property value="#attr.user.name"/>
           <tr><td>性别<td><s:property value="#attr.user.sex"/>
           <tr><td>电话<td><s:property value="#attr.user.phone"/>
           <tr><td>密码<td><s:property value="#attr.user.password"/>
           <tr><td>专业<td>
           <s:select list="#attr.lists" listKey="no" listValue="name"
                     value="#attr.user.dept" escape="false" theme="simple"/>
           <tr><td>出生日期<td><s:property value="#attr.user.birth"/>
        </table>
     </div>
   </body>
</html>
```

另一种 dispXXX.jsp 类视图是显示查询结果的，查询结果一般保存在名为 list 的对象中，因此仅需根据 list 中对象的类型分别将属性值按需要的格式显示出来。这类视图包括 dispAllAdmin.jsp、dispCollege.jsp、dispCourse.jsp、dispSpeciality.jsp、dispAllStudent.jsp、dispSubject.jsp、dispTeacher.jsp、dispScore.jsp。除了 dispScore.jsp，其他分别位于 admin 路径的相关子目录中，dispScore.jsp 不在 admin 中，而是位于 WebContent 中的 student 目录中。

例如，显示课程信息表 course 内容的 dispCourse.jsp 位于 admin/course 目录中，界面如图 10-14 所示。其中的部分代码如下：

图 10-14　显示课程信息

```
<h3>课程信息</h3>
<table border="1" cellspacing="0" cellpadding="5">
<tr><th>课程号</th><th>课程名</th><th>学分</th><th>成绩类别</th></tr>
<s:iterator value="#attr.list" status="st">
   <tr><td><s:property value="#attr.list[#st.index].cno"/></td>
      <td><s:property value="#attr.list[#st.index].name"/></td>
      <td><s:property value="#attr.list[#st.index].credit"/></td>
      <td>
         <s:set name="t1" value="#attr.list[#st.index].grade_type"/>
         <s:if test="#t1==0">百分制</s:if>
         <s:if test="#t1==1">等级制</s:if>
      </td>
   </tr>
```

5. modifyXXX.jsp 类视图

modifyXXX.jsp 类视图分为如下几种。第 1 种是 modifyPerson.jsp 修改个人信息的，初始值都在 user 对象中，如修改教师个人信息的 modifyPerson.jsp 的页面见图 10-13。其主要代码段如下：

```
<s:form action="teacher_modifyPerson" theme="simple">
  <table><tr>
    <th>工号<td><s:textfield name="teacher.tno" value="%{#attr.user.tno}"
                                readonly="true"/>
    <tr><th>姓名<td><s:textfield name="teacher.name" value="%{#attr.user.name}"/>
    <tr><th>性别<td><s:textfield name="teacher.sex" value="%{#attr.user.sex}"/>
    <tr><th>电话<td><s:textfield name="teacher.phone" value="%{#attr.user.phone}"/>
    <tr><th>密码<td><s:textfield name="teacher.password"
                                value="%{#attr.user.password}"/>
    <tr><th colspan="2"><s:submit value="修改"/></th></tr>
  </table>
</s:form>
```

第 2 种是修改一条记录，有 modifyCourse.jsp、modifyStudent.jsp、modifySubject.jsp，这类视图仅提供一个输入课程号或学号或开课信息序号的页面表单，请求提交后由 Action 中相关的 modifyXXX() 方法处理，取出相关的其他数据后转到相应的 updateOneXXX.jsp 页面，这些页面显示了相应的供用户修改其他信息的表单，用户修改完成后提交请求才由 action 中相关的 updateOneXXX() 方法完成修改。例如，modifyCourse.jsp 的主要代码段为：

```
<s:form action="admin_course_modifyCourse" theme="simple">
  输入要修改课程的课程号<s:textfield name="course.cno" size="8" escape="false"/>
  <s:submit value="确定" escape="false"/>
</s:form>
```

注意上面 action 中的请求是 XXX_YYY_ZZZ 格式，其中 XXX 代表 Action 名，YYY 均代表目录名，ZZZ 代表方法名。即 admin_course_modifyCourse 表示请求 AdminAction 中的 modifyCourse() 方法，course 代表 admin 中的子目录名为 course，在 action 的配置中要用。

第 3 种是修改多条记录，有 modifyAdmin.jsp、modifyCollege.jsp、modifySpeciality.jsp、modifyTeacher.jsp，由 Action 中的相关方法给这类视图提供相应的初始值，保存在 List 对象中。根据这些初始值动态生成一个表单供用户修改，然后提交请求由 Action 中的相应方法完成数据库数据修改。例如，modifyAdmin.jsp 的界面如图 10-15 所示，主要代码段如下：

图 10-15 批量修改教务员信息

```
<s:form action="admin_admin_modifyAdmin">
    <table border="1" cellspacing="0" cellpadding="5">
        <tr><th>工号</th><th>姓名</th><th>电话</th><th>密码</th></tr>
            <s:iterator value="#attr.list" status="st">
                <tr><td><s:textfield name="eno%{#st.index}"
                        value="%{#attr.list[#st.index].eno}" theme="simple"/></td>
                    <td><s:textfield name="name%{#st.index}"
                        value="%{#attr.list[#st.index].name}" theme="simple"/></td>
                    <td><s:textfield name="phone%{#st.index}"
                        value="%{#attr.list[#st.index].phone}" theme="simple"/></td>
                    <td><s:textfield name="password%{#st.index}"
                        value="%{#attr.list[#st.index].password}" theme="simple"/></td>
                </tr>
            </s:iterator>
            <tr><td><s:hidden name="cc" value="%{#attr.list.size()}">
            </s:hidden><td >
            <s:submit value="修改"/></td></tr>
    </table>
</s:form>
```

6. updateOneXXX.jsp 类视图

updateOneXXX.jsp 类视图有 3 个：updateOneCourse.jsp、updateOneStudent.jsp、updateOneSubject.jsp，由 action 中的相关方法给这类视图提供相应的初始值,保存在 obj 对象中。根据这些初始值动态生成一个表单供用户修改,然后提交请求,由 Action 中的相应方法完成数据库数据修改。例如, updateOneCourse.jsp 的运行界面如图 10-16 所示,其主要代码段如下。

图 10-16　修改课程信息

```
<h3>修改课程号为<s:property value="#attr.obj.cno" escape="false"/>课程的信息</h3>
<s:form action="admin_course_updateOneCourse" theme="simple">
    <table><tr><th>课程号</th>
    <td><s:textfield name="course.cno" value="%{#attr.obj.cno}" readonly="true"/></td></tr>
    <tr><th>课程名</th>
    <td><s:textfield name="course.name" value="%{#attr.obj.name}"/></td></tr>
    <tr><th>学分</th>
    <td><s:textfield name="course.credit" value="%{#attr.obj.credit}"/></td></tr>
    <tr><th>成绩类别</th><td>
    <s:radio name="course.grade_type" list="#{'0':'百分制','1':'等级制'}"
            listKey="key" listValue="value"
            value="%{#attr.obj.grade_type}"/></td></tr>
    <tr><th colspan="2"><s:submit value="修改"/></th></tr>
    </table>
</s:form>
```

7. inputXXX.jsp 类视图

inputXXX.jsp 类视图有 inputTerm.jsp、inputCno.jsp、inputSno.jsp、inputTno.jsp、inputSpeciality.jsp、inputScore.jsp,除了 inputScore.jsp,都是提供一个表单让用户输入学期和课程号、学号、老师工号、专业号两个值,由 Action 请求生成相应的查询结果并保存在 list

对象中，再由相关视图显示。例如，学生查询本人成绩的 inputTerm.jsp 界面如图 10-17 所示，查询结果由 dispScore.jsp 显示，如图 10-18 所示。

图 10-17　学生查询本人成绩　　　　　　　图 10-18　成绩显示界面

inputTerm.jsp 的主要代码段如下：

```
<h3>查询本人成绩</h3>
<s:form action="student_dispScore" theme="simple">
    请输入要查询的学期：<s:textfield name="sc.term" size="10"/>
    <s:hidden name="sc.sno" value="%{#attr.user.sno}"/>
    <br><s:submit value="查询"/>
</s:form>
```

inputScore.jsp 视图用于教师录入学生成绩。先显示任课教师指定学期（由 inputTerm.jsp 完成）所承担课程（由 dispClass.jsp 完成，如图 10-19 所示）。单击相应课程的录入成绩超链接，进入 inputScore.jsp 界面，如图 10-20 所示。由于有的课程是百分制，有些是等级制，因此成绩录入界面要根据课程成绩类型来动态判断。

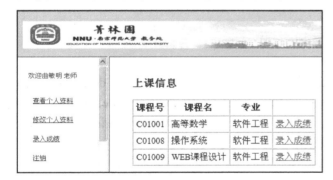

图 10-19　任课教师所教课程　　　　　　　图 10-20　任课教师录入成绩

inputScore.jsp 的主要代码段如下。

```
<h3>欢迎<s:property value="#attr.user.name" escape="false"/>老师录入成绩</h3>
课程名：<s:property value="tclass.cname" escape="false"/><br>
<s:if test="tclass.grade_type<1">
    <s:form action="teacher_saveScore" theme="simple">
        <table border="1" cellspacing="0" cellpadding="5">
            <tr><th>学号</th><th>姓名</th><th>成绩(百分制)</th><th>备注</th></tr>
            <s:iterator value="#attr.list" status="st">
                <tr><td><s:property value="#attr.list[#st.index].sno"/></td>
                    <td><s:property value="#attr.list[#st.index].name"/></td>
                    <td><s:textfield name="grade0%{#st.index}"
                        value="%{#attr.list[#st.index].grade0}" /></td>
```

```
                <td><s:hidden name="id%{#st.index}"
                            value="%{#attr.list[#st.index].id}"></s:hidden></td>
            </tr>
        </s:iterator>
    </table>
    <s:hidden name="cc" value="%{#attr.list.size()}"></s:hidden>
    <s:hidden name="grade_type1" value="%{#attr.tclass.grade_type}"></s:hidden>
    <br><s:submit value="提交"/>
</s:form>
</s:if>
<s:else>
    <s:form action="teacher_saveScore" theme="simple">
    <table border="1" cellspacing="0" cellpadding="5">
    <tr><th>学号</th><th>姓名</th><th>成绩(等级制)</th><th>备注</th></tr>
    <s:iterator value="#attr.list" status="st">
    <tr><td><s:property value="#attr.list[#st.index].sno"/></td>
        <td><s:property value="#attr.list[#st.index].name"/></td>
        <td><s:textfield name="grade1%{#st.index}"
                        value="%{#attr.list[#st.index].grade1}" /></td>
        <td><s:hidden name="id%{#st.index}"
                        value="%{#attr.list[#st.index].id}"></s:hidden></td>
    </tr>
    </s:iterator>
    </table>
    <s:hidden name="cc" value="%{#attr.list.size()}"></s:hidden>
    <s:hidden name="grade_type1"
                value="%{#attr.tclass.grade_type}"></s:hidden>
    <br><s:submit value="提交"/>
    </s:form>
</s:else>
```

8. deleteXXX.jsp 类视图

deleteXXX.jsp 类视图由教务员操作，根据输入的关键字删除相关记录，有 deleteAdmin.jsp、deleteCollege.jsp、deleteCourse.jsp、deleteSpeciality.jsp、deleteStudent.jsp、deleteSubject.jsp、deleteTeacher.jsp，表示删除教务员、学院、课程、专业、学生、教师的一条记录，为了便于教务员操作，在页面上列出了表中相关的数据。

图 10-21 是删除课程信息的 deleteCourse.jsp 界面，其主要代码段如下：

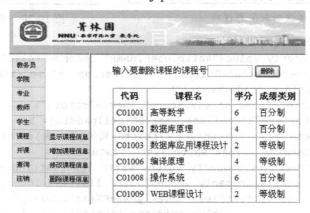

图 10-21 删除课程信息

```
    <s:form action="admin_course_deleteCourse" theme="simple">
输入要删除课程的课程号<s:textfield name="course.cno" size="8" escape="false"/>
        <s:submit value="删除" escape="false"/>
</s:form><br>
<table border="1" cellspacing="0" cellpadding="5">
    <tr><th>代码</th><th>课程名</th><th>学分</th><th>成绩类别</th></tr>
    <s:iterator value="#attr.list" status="st">
        <tr><td><s:property value="#attr.list[#st.index].cno"/></td>
            <td><s:property value="#attr.list[#st.index].name"/></td>
            <td><s:property value="#attr.list[#st.index].credit"/></td>
            <td><s:set name="t1" value="#attr.list[#st.index].grade_type"/>
                <s:if test="#t1==0">百分制</s:if>
                <s:if test="#t1==1">等级制</s:if>
            </td></tr>
    </s:iterator>
</table>
```

9. insertXXX.jsp 类视图

insertXXX.jsp 类视图由教务员操作，用于增加新的相关数据，包括 insertAdmin.jsp、insertCollege.jsp、insertCourse.jsp、insertSpeciality.jsp、insertStudent.jsp、insertSubject.jsp、insertTeacher.jsp 等 7 个，分别表示增加新的教务员、学院、课程、专业、学生、开课信息、教师等。例如，insertStudent.jsp 用于增加新学生，如图 10-22 所示，因为学生表中的专业是以专业代码存储的，这里应该转换为专业名称显示，所以这里采用下拉框供用户选择专业。其主要代码段如下：

图 10-22 增加新学生

```
<h3>增加学生</h3>
<s:form action="admin_student_insertStudent" theme="simple">
    <table>
        <tr><th>学号<td><s:textfield name="student.sno" value=""/>
        <tr><th>姓名<td><s:textfield name="student.name" value=""/>
        <tr><th>性别<td><s:textfield name="student.sex" value=""/>
        <tr><th>专业<td>
            <s:select list="#attr.lists" listKey="no" listValue="name"
                name="student.dept" escape="false" theme="simple"/>
        <tr><th>出生日期<td><s:textfield name="student.birth" value=""/>
        <tr><th>电话<td><s:textfield name="student.phone" value=""/>
        <tr><th>密码<td><s:textfield name="student.password" value=""/>
```

```
<tr><th colspan="2"><s:submit value="增加"/></th></tr>
    </table>
</s:form>
```

10. queryXXXScore.jsp 类视图

queryXXXScore.jsp 类视图用于查询学生指定学期的成绩，包括 queryCourseScore.jsp、querySpecialityScore.jsp、queryStudentScore.jsp、queryTeacherScore.jsp，分别表示查询某课程某学期所有学生的成绩、某专业某学期的所有学生的全部课程成绩、某学生某学期的全部课程成绩、某教师某学期所教全部课程的所有学生成绩。这些视图都是先由 inputXXX.jsp 提供输入两个参数，一个是学期，另一个是课程号或专业代码或学号或教师工号，查询请求提交后由 queryXXXScore.jsp 视图显示结果。

例如，查询某学生某学期的全部课程成绩，先由 inputSno.jsp 页面输入要查询的学号和学期参数，如图 10-23 所示，提交查询请求后由 queryStudentScore.jsp 页面显示查询结果，如图 10-24 所示。queryStudentScore.jsp 的主要代码段如下。

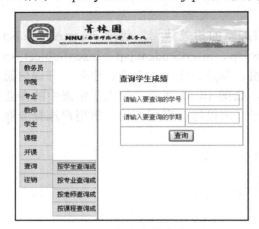

图 10-23　学生成绩查询界面

图 10-24　学生成绩查询结果

```
<h3><s:property value="#attr.sname" escape= "false"/>同学</h3>
<s:property value="sc.term"/>学期的成绩：
    <table border="1" cellspacing="0" cellpadding="5">
        <tr><th>课程号</th><th>课程名</th><th>成绩</th></tr>
            <s:iterator value="#attr.list" status="st">
            <tr><td><s:property value="#attr.list[#st.index].cno"/></td>
            <td><s:property value="#attr.list[#st.index].cname"/></td>
            <td><s:property value="#attr.list[#st.index].grade"/></td>
        </tr>
    </table>
</s:iterator>
```

10.2.8　设计样式表

本例的样式文件有两个：一个是 admin.css，主要修饰二级菜单界面用的。其代码如下：
```
body { font-family: Verdana; font-size: 12px; line-height: 1.5; }
img { border-style: none; }
a { color: #000; text-decoration: none; }
a:hover { color: #F00; }
```

```
#menu { width: 60px; border: 1px solid #CCC; border-bottom:none;}
#menu ul { list-style: none; margin: 0px; padding: 0px; }
#menu ul li { background: #eee; padding: 0px 8px; height: 26px;
        line-height: 26px; border-bottom: 1px solid #CCC; position:relative; }
#menu ul li ul { display:none; position: absolute; left: 60px; top: 0px;
            width:100px; border:1px solid #ccc; border-bottom:none; }
#menu ul li.current ul { display:block;}
#menu ul li:hover ul { display:block;}
```

另一个是 main.css，主要是修饰各个页面的，主要代码如下：

```
#main_index{ position:absolute; float:none; clear:none; z-index:1;
        height:400px; width:300px;margin-top:5px;left:60px;top:80px;  }
#bg{ background-color:grey;bg-color:grey  }
#bd{ border:1pt;  }
body { bg-color:#2E3033; font-family:Arial, Helvetica, sans-serif;
            font-size: 12px;line-height: 17px;color: #333;  }
#main{ position:absolute; float:none; clear:none; z-index:1; height:800px;
        width:600px; margin-top:10px; left:20px; top:5px;  }
#main ul{ list-style:none; width:200px; margin:0px; padding:0px; }
#main ul li{ padding: 0px 8px; height: 36px; line-height: 36px; }
#main p{ height:26px;  }
#log{ position:absolute; float:none; clear:none; z-index:1; height:70px;
        width:400px; margin-bottom:10px; left:10px; top:0px;
        background-image:url("../img/head.gif");  }
#top{ position:absolute; float:none; clear:none; z-index:1; height:50px;
        width:600px; margin-bottom:10px; left:10px; top:90px;  }
#content{ position:absolute; float:none; clear:none; z-index:1;
        height:800px; width:600px; margin-top:5px; left:10px; top:10px;  }
```

10.2.9 设计配置文件

本例中核心配置文件有两个：struts.xml 和 web.xml。

Struts2 框架的核心配置文件是 struts.xml，所有的业务控制器 Action 均由此负责管理，所有的视图均由此负责调度。由于本例在规划设计时，对项目的组织架构做了统一安排，目录名、文件名、方法名、请求信息的命名合理科学，充分利用了配置文件的通配符，使得 struts.xml 配置文件异常简洁。本例的 struts.xml 配置信息如下：

```xml
<?xml version="1.0" encoding="UTF-8"?>
<!DOCTYPE struts PUBLIC "-//Apache Software Foundation//DTD Struts Configuration 2.1//EN"
                "http://struts.apache.org/dtds/struts-2.1.dtd">
<struts>
    <package name="default" extends="struts-default">
        <global-results>
            <result name="error">/err.jsp</result>
            <result name="success">/success.jsp</result>
            <result name="index">/index.jsp</result>
        </global-results>
        <action name="loginAction" class="com.action.LoginAction" >
            <result name="student">/student/student_login.jsp</result>
            <result name="teacher">/teacher/teacher_login.jsp</result>
            <result name="admin">/admin/admin_login.jsp</result>
        </action>
        <action name="student_*" class="com.action.StudentAction" method="{1}">
```

```xml
        <result name="{1}">/student/{1}.jsp</result>
    </action>
    <action name="admin_*_*" class="com.action.AdminAction" method="{2}">
        <result name="{2}">/admin/{1}/{2}.jsp</result>
        <result name="updateOneStudent">/admin/student/updateOneStudent.jsp</result>
        <result name="updateOneCourse">/admin/course/updateOneCourse.jsp</result>
        <result name="updateOneSubject">/admin/subject/updateOneSubject.jsp</result>
    </action>
    <action name="teacher_*" class="com.action.TeacherAction" method="{1}">
        <result name="{1}">/teacher/{1}.jsp</result>
    </action>
</package>
</struts>
```

web.xml 文件负责加载 Struts2 框架的核心控制器，与第 9 章中的一样，配置内容如下：

```xml
<?xml version="1.0" encoding="UTF-8"?>
<web-app version="2.5"
    xmlns="http://java.sun.com/xml/ns/javaee"
    xmlns:xsi="http://www.w3.org/2001/XMLSchema-instance"
    xsi:schemaLocation="http://java.sun.com/xml/ns/javaee
    http://java.sun.com/xml/ns/javaee/web-app_2_5.xsd">
    <display-name></display-name>
    <welcome-file-list>
        <welcome-file>index.jsp</welcome-file>
    </welcome-file-list>
    <filter>
        <filter-name>struts2</filter-name>
        <filter-class>org.apache.struts2.dispatcher.ng.filter.StrutsPrepareAndExecuteFilter</filter-class>
    </filter>
    <filter-mapping>
        <filter-name>struts2</filter-name>
        <url-pattern>/*</url-pattern>
    </filter-mapping>
</web-app>
```

本章小结

本章通过两个实例介绍了 Web 应用系统的开发过程，作为综合运用所学知识的实践项目，具有实用价值，并且通用性强。经过实例训练，读者能够有效地掌握 Java EE 架构的设计模式、体系结构、技术规范，有利于提高 Web 系统的设计和开发能力。

附录 A HTML 常用标记和属性

1. 文件头标记

<head>…</head>：HTML 文件头部开始和结束标记。

2. 文件标题标记

<title>…</title>：HTML 文件标题，是显示于浏览器标题栏的字符串。

3. 样式标记

<style>…</style>：CSS 样式定义标记。属性 type，指明样式的类别，默认值为 text/css。

4. 搜索引擎标记

<meta>：为搜索引擎定义页面主题及页面刷新等信息。其属性包括：
- name —meta 名字。
- http-equiv —说明 content 属性内容的类别。
- content —定义页面内容，一些特定内容要与 http-equiv 属性配合使用。

例如：
```
http-equiv="refresh"          // content 中是页面刷新的时间
http-equiv="content-language"  // content 中是页面语言
http-equiv="PICS-Label"       // content 中是页面内容的等级
http-equiv="expires"          // content 中是页面过期的日期
```

5. 文件体标记

<body>…</body>：表明 HTML 文件体部的开始和结束，body 标记的属性列于表 A-1 中。

表 A-1 body 标记属性

属性	取值	含义	默认值
bgcolor	颜色值	页面背景颜色	#FFFFFF
text	颜色值	HTML 文件中文字的颜色	#000000
link	颜色值	HTML 文件中待链接的超链接对象的颜色	
alink	颜色值	HTML 文件中链接中的超链接对象的颜色	
vlink	颜色值	HTML 文件中已链接的超链接对象的颜色	
background	图像文件名	页面的背景图像	无
topmargin	整数	页面显示区距窗口上边框的距离，以像素点为单位	0
leftmargin	整数	页面显示区距窗口左边框的距离，以像素点为单位	0

6. 图像标记

<img>：向页面中插入一幅图像。<img>标记的属性有如下几种。
- src —指定图像文件的地址。该属性值必须指明。值的形式可以是一个本地文件名，

也可以是一个 URL。
- border —指定图像边框的粗细，值为整数。若为 0，表示无边框；值越大，边框越粗。
- width —指定图像宽度，值为整数，单位为屏幕像素点。若不指出该属性值，则浏览器根据图像的实际尺寸显示。
- height —指定图像高度，值为整数，单位为屏幕像素点。若不指出该属性值，则浏览器根据图像的实际尺寸显示。
- alt —若设置了该属性值，则当鼠标移至该图像区域时，将以一个小标签显示该属性的值。

7. 文字显示和段落控制标记

文字显示属性主要有字体、字号、颜色，段落控制显示对象的分段。常用的文字显示和段落控制标记列于表 A-2 中。

表 A-2　文字显示和段落控制标记

标　记	含　义
\<font\>…\</font\>	分别以属性 face、size、color 控制字体、字号、字的颜色显示特性
\<I\>…\</I\>	斜体显示
\<B\>…\</B\>	粗体显示
\<U\>…\</U\>	加下划线显示
\<sub\>…\</sub\>	下标字体
\<sup\>…\</sup\>	上标字体
\<big\>…\</big\>	大字体
\<small\>…\</small\>	小字体
\<h1\>~\<h6\>	标题，数字越大，显示的标题字越小
\<p\>…\</p\>	分段标记，属性有布局方式 align：left —左对齐，center —居中对齐，right —右对齐
\<div\>…\</div\>	块容器标记，其中的内容是一个独立段落
\<hr\>	分隔线，属性有 width（线的宽度）、color（线的颜色）
\<center\>…\</center\>	居中显示

8. 超链接标记

\<a\>…\</a\>：创建超链接，有以下两种属性：
- href —指出目标页面的 URL。
- target —指明目标页面显示的窗口。

9. 列表标记

\<ul\>…\</ul\>，\<ol\>…\</ol\>，\<dl\>…\</dl\>，分别为无序列表、有序列表和定义列表，定义内部需使用\<li\>给出各表项。

10. 预定格式标记

\<pre\>…\</pre\>：预定格式的信息。

11. 表格标记

\<table\>…\</table\>：定义表格的开始和结束。其属性如表 A-3 所示。
\<tr\>…\</tr\>：定义表格一行的开始和结束。其属性如表 A-4 所示。
\<td\>…\</td\>：定义表格中一个单元格的开始和结束。其属性如表 A-5 所示。

表 A-3 table 标记属性

属性	取值	含义	默认值
border	整数	表格边框粗细，该值为0，则表格没有边框；值越大，则表格边框越粗	0
width	百分比值	表格宽度，以相对于充满窗口的百分比计，如 60%	100%
	整数	表格宽度，以屏幕像素点计	
cellpadding	整数	每个表项内容与表格边框之间的距离，以像素点为单位	0
cellspacing	整数	表格边框之间的距离，以像素点为单位	2
bordercolor	颜色值	表格边框的颜色	#000000
background	图像文件名	表格的背景图像	无
align	left|center|right	表格的位置	left

表 A-4 tr 标记属性

属性	取值	含义	默认值
align	left|center|right	本行各表格项的横向排列方式	left（左对齐）
bgcolor	颜色值	本行各表格项的背景色	#000000
valign	top|middle|bottom	本行各表格项的纵向排列方式	middle
width	百分比值|整数	本行宽度（受<table>的 width 属性值制约）	
height	整数	本行高度，以像素点为单位	

表 A-5 td 标记属性

属性	取值	含义	默认值
align	left|center|right	本表格项的横向排列方式	left（左对齐）
bgcolor	颜色值	本表格项的背景色	#000000
valign	top|middle|bottom	本表格项的纵向排列方式	middle
width	百分比值|整数	本表格项宽度	
height	整数	本表格项高度，以像素点为单位	
background	图像文件名	本表格项的背景图像	无
colspan	整数	按列横向结合	1
rowspan	整数	按行纵向结合	1

12．表单标记

<form>…</form>：定义表单的开始和结束。其属性有：

- method（方法）属性 —取值为 post 或 get。
- action 属性 —指出用户所提交的数据将由哪个服务器的哪个程序处理，可处理用户提交的数据的服务器程序种类较多，如 CGI 程序、ASP 脚本程序、PHP 程序等。

<textarea>：允许输入多行文字。

<select>：下拉列表选择，以<option>标记给出各选项。

<input>：定义表单的输入域，由 type 属性值给出。可由 type 属性给出的输入域类型如表 A-6 所示。

<input>标记的其他属性还有以下两种：

- name —输入域的名称。
- value —输入域的值。

13．框架标记

<frameset>…</frameset>：定义框架特性，其属性如表 A-7 所示。

<frame>：指明框架对应的 HTML 或脚本文件。其属性如表 A-8 所示。

表 A-6 表单 input 标记定义的输入域

输 入 域	说　明
Text（文本框）	输入一行文字
Radio（单选钮）	当有多个选项时，只能选其中一项
Checkbox（复选框）	当有多个选项时，可以选其中多项
Submit（提交按钮）	将数据传递给服务器
Password（密码输入框）	用户输入的字符以"*"显示
Reset（重置按钮）	将用户输入的数据清除
Hidden（隐藏域）	在浏览器中不显示，但可通过程序取其值或改变值。主要用于浏览器向服务器传递数据而不想让浏览器用户知道的情形
Button（按钮）	普通按钮，按下后的操作需设计程序完成

表 A-7 框架 frameset 标记属性

属　性	取　值	含　义	默认值
rows	百分比值	将窗口上下（横向）分割，每个框架高度占整个窗口高度的百分比	无
	整数	将窗口上下（横向）分割，每个框架高度的像素点数	
cols	百分比值	将窗口左右（纵向）分割，值的格式和含义与 rows 属性类似	无
	整数		
frameborder	yes | no	帧框架边框是否显示	yes
bordercolor	颜色值	框架边框颜色	gray（灰）

表 A-8 框架 frame 属性

属　性	取　值	含　义	默认值
src	HTML 文件名	框架对应的 HTML 文件	无
name	字符串	框架的名字，可在程序和<a>标记的 target 属性中引用	无
noresize	无	不允许用户改变框架窗口大小	无
scrolling	yes | no | auto	框架边框是否出现滚动条	auto
marginwidth	整数	框架左右边缘像素点数	0
marginheight	整数	框架上下边缘像素点数	0

附录 B CSS 样式表属性

1. 字体属性（见表 B-1）

表 B-1 字体属性

属性	说明
font-family	字体
font-size	字号
font-style	字体风格
font-weight	字加粗
font-variant	字体变化
font	字体综合设置

2. 颜色和背景属性（见表 B-2）

表 B-2 颜色和背景属性

属性	说明
color	指定页面元素的前景色
background-color	指定页面元素的背景色
background-image	指定页面元素的背景图像
background-repeat	决定一个被指定的背景图像被重复的方式。默认值为 repeat
background-attachment	指定背景图像是否跟随页面内容滚动。默认值为 scroll
background-position	指定背景图像的位置
background	背景属性综合设定

3. 文本属性（见表 B-3）

表 B-3 文本属性

属性	说明
letter-spacing	设定字符之间的间距
text-decoration	设定文本的修饰效果，line-through 是删除线，blink 是闪烁效果。默认值为 none
text-align	设置文本横向排列对齐方式
vertical-align	设定元素在纵向上的对齐方式
text-indent	设定块级元素第一行的缩进量
line-height	设定相邻两行的间距

4. 方框属性（见表 B-4）

表 B-4 方框属性

属性	说明
Margin-top	设定 HTML 文件内容与块元素的上边界距离。值为百分比时参照其上级元素的设置值。默认值为 0
Margin-right	设定 HTML 文件内容与块元素的右边界距离
Margin-bottom	设定 HTML 文件内容与块元素的下边界距离

续表

属 性	说 明
Margin-left	设定 HTML 文件内容与块元素的左边界距离
Margin	设定 HTML 文件内容与块元素的上、右、下、左边界距离。如果只给出 1 个值，则被应用于 4 个边界，如果只给出 2 个或 3 个值，则未显式给出值的边用其对边的设定值
padding-top	设定 HTML 文件内容与上边框之间的距离
padding-right	设定 HTML 文件内容与右边框之间的距离
padding-bottom	设定 HTML 文件内容与下边框之间的距离
padding-left	设定 HTML 文件内容与左边框之间的距离
padding	设定 HTML 文件内容与上、右、下、左边框的距离。设定值的个数与边框的对应关系同 margin 属性
border-top-width	设置元素上边框的宽度
border-right-width	设置元素右边框的宽度
border-bottom-width	设置元素下边框的宽度
border-left-width	设置元素左边框的宽度
border-width	设置元素上、右、下、左边框的宽度。设定值的个数与边框的对应关系同 margin 属性
border-top-color	设置元素上边框的颜色
border-right-color	设置元素右边框的颜色
border-bottom-color	设置元素下边框的颜色
border-left-color	设置元素左边框的颜色
border-color	设置元素上、右、下、左边框的颜色。设定值的个数与边框的对应关系同 margin 属性
border-style	设定元素边框的样式。设定值的个数与边框的对应关系同 margin 属性。默认值为 none
border-top	设定元素上边框的宽度、样式和颜色
border-right	设定元素右边框的宽度、样式和颜色
border-bottom	设定元素下边框的宽度、样式和颜色
border-left	设定元素左边框的宽度、样式和颜色
width	设置元素的宽度
height	设置元素的高度
float	设置文字围绕于元素周围。left—元素靠左，文字围绕在元素右边；right—元素靠右，文字围绕在元素左边。none—以默认位置显示
clear	清除元素浮动。none —不取消浮动；left —文字左侧不能有浮动元素；right —文字右侧不能有浮动元素；both —文字两侧都不能有浮动元素

5．列表属性（见表 B-5）

表 B-5　列表属性

属 性	说 明
list-style-type	表项的项目符号。disc —实心圆点；circle —空心圆；square —实心方形；decimal —阿拉伯数字；lower-roman —小写罗马数字；upper-roman —大写罗马数字；lower-alpha —小写英文字母；upper-alpha —大写英文字母；none —不设定
list-style-image	用图像作为项目符号
list-style-position	设置项目符号是否在文字里面，与文字对齐
list-style	综合设置项目属性

6．定位属性（见表 B-6）

表 B-6　定位属性

属 性	说 明
top	设置元素与窗口上端的距离
left	设置元素与窗口左端的距离
position	设置元素位置的模式
z-index	z-index 将页面中的元素分成多个"层"，形成多个层"堆叠"的效果，从而营造出三维空间效果

附录 C JavaScript 常用对象的属性、方法、事件处理和函数

1. 对象

（1）Array 对象：创建并操作数组。其属性和方法见表 C-1。
（2）String 对象：处理字符串。其属性和方法见表 C-2。

表 C-1 Array 对象

属 性	说 明
length	数组中元素数
prototype	为 Array 对象添加一个属性
方 法	说 明
join()	返回由数组中所有元素连接而成的字符串
reverse()	逆转数组中各元素
sort()	对数组元素排序

表 C-2 String 对象

属 性	说 明
length	字符串长度
方 法	说 明
charAt(position)	返回 String 对象实例中位于 position 位置上的字符，其中 position 为正整数或 0。注意，字符串中字符位置从 0 开始计
indexOf(str) indexOf(str, start-position)	字符串查找，str 是待查找的字符串。在 String 对象实例中查找 str，若给出 start-position，则从 start-position 位置开始查找，否则从 0 开始查找；若找到，返回 str 在 String 对象实例中的起始位置，否则返回 1
lastIndexOf(str)	与 indexOf() 类似，差别在于它是从右往左查找
substring(position) substring(position1, position2)	返回 String 对象的子串。如果只给出 position，返回从 position 开始至字符串结束的子串；如果给出 position1 和 position2，则返回从二者中较小值开始的位置至较大值结束处的子串
toLowerCase() toUpperCase()	分别将 String 对象实例中的所有字符改变为小写、大写
big()	大字体显示
Italics()	斜体字显示
bold()	粗体字显示
blink()	字符闪烁显示
small()	字符小字体显示
fixed()	固定高亮显示
fontsize(size)	控制字体大小等
Anchor()	返回一个字符串，该字符串是网页中的一个锚点名
link()	返回一个字符串，该字符串用来在网页中构造一个超链接
fontcolor(color)	返回一个字符串，此字符串可改变网页中的文字颜色
fontsize()	返回一个字符串，此字符串可改变网页中的文字大小

（3）Math 对象：关于数学常量、函数的属性、方法，见表 C-3。

表 C-3 Math 对象

属性	说明
E	常数 e，自然对数的底，近似值为 2.718
LN2	2 的自然对数，近似值为 0.693
LN10	10 的自然对数，近似值为 2.302
LOG2E	以 2 为底，E 的对数，即 $\log_2 e$，近似值为 1.442
LOG10E	以 10 为底，E 的对数，即 $\log_{10} e$，近似值为 0.434
PI	圆周率，近似值为 3.142
SQRT1_2	0.5 的平方根，近似值为 0.707
SQRT2	2 的平方根，近似值为 1.414

方法	说明
sin(val)	返回 val 的正弦值，val 的单位是 rad（弧度）
cos(val)	返回 val 的余弦值，val 的单位是 rad（弧度）
tan(val)	返回 val 的正切值，val 的单位是 rad（弧度）
asin(val)	返回 val 的反正弦值，val 的单位是 rad（弧度）
exp(val)	返回 E 的 val 次方
log(val)	返回 val 的自然对数
pow(bv, ev)	返回 bv 的 ev 次方
sqrt(val)	返回 val 的平方根
abs(val)	返回 val 的绝对值
ceil(val)	返回大于或等于 val 的最小整数值
floor(val)	返回小于或等于 val 的最小整数值
round(val)	返回 val 四舍五入得到的整数值
random( )	返回 0～1 之间的随机数
max(val1, val2)	返回 val1 和 val2 之间的大者
min(val1, val2)	返回 val1 和 val2 之间的小者

（4）Number 对象：给出了系统最大值、最小值以及非数字常量的定义，见表 C-4。

表 C-4 Number 对象

属性	说明
MAX_VALUE	数值型最大值，值为 1.7976931348623517e+308
MIN_VALUE	数值型最小值，值为 5e 324
NaN	非合法数字值
POSITIVE_INFINITY	正无穷大
NEGATIVE_INFINITY	负无穷大

（5）Date 对象：封装有关日期和时间的操作。属性无，其方法见表 C-5。

表 C-5 Date 对象

方法	说明
getYear()	返回对象实例的年份值。如果年份在 1900 年后，则返回后两位，如 1998 将返回 98；如果年份在 100～1900 之间，则返回完整值
getMonth()	返回对象实例的月份值，其值在 0～11 之间
getDate()	返回对象实例日期中的天，其值在 1～31 之间
getDay()	返回对象实例日期是星期几，其值在 0～6 之间，0 代表星期日
getHours()	返回对象实例时间的小时值，其值在 0～23 之间
getMinutes()	返回对象实例时间的分钟值，其值在 0～59 之间
getSeconds()	返回对象实例时间的秒值，其值在 0～59 之间
getTime()	返回一个整数值，该值等于从 1970 年 1 月 1 日 00:00:00 到该对象实例存储的时间所经过的毫秒数

续表

方法	说明
getTimezoneOffset()	返回当地时区与 GMT 标准时的差别，单位是 min（GMT 时间是基于格林尼治时间的标准时间，也称为 UTC 时间）
SetDate()	设置日期时间值
SetHours()	设置时间的时数
SetMinutes()	设置时间的分数
SetSeconds()	设置时间的秒数
SetTime()	以整数值设置小时值，该值等于从 1970 年 1 月 1 日 00:00:00 到该对象实例存储的时间所经过的毫秒数
SetYear()	设置年份值
ToGMTString()	将日期时间值转换为 GMT 值串
ToLocalString()	将日期时间值转换为本地时间值串
ToString()	将日期时间值转换为字符串
UTC()	静态方法，将字符串参数表示的日期转换为一个整数值，该值等于从 1970 年 1 月 1 日 00:00:00 计算起的毫秒数
Parse()	静态方法，将数值参数表示的日期转换为一个整数值，该值等于从 1970 年 1 月 1 日 00:00:00 计算起的毫秒数

（6）Navigator 对象：包含正在使用的浏览器版本信息，其属性和方法见表 C-6。

表 C-6 Navigator 对象

属性	说明
appName	以字符串形式表示的浏览器名称
appVersion	以字符串形式表示的浏览器版本信息，包括浏览器的版本号、操作系统名称等
appCodeName	以字符串形式表示的浏览器代码名字，通常值为 Mozilla
userAgent	以字符串表示的完整的浏览器版本信息，包括 appName、appVersion 和 appCodeName 信息
mimeType	在浏览器中可以使用的 mime 类型
plugins	在浏览器中可以使用的插件
方法	说明
javaEnabled()	返回逻辑值，表示客户浏览器可否使用 Java

事件处理：无。

（7）Window 对象：Window 对象描述浏览器窗口特征，是 Document、Location 和 History 对象的父对象，其属性、事件和方法见表 C-7。

表 C-7 Window 对象

属性	说明
parent	代表当前窗口或框架（frame）的父窗口
self	代表当前窗口
top	代表主窗口
window	代表当前窗口或框架（frame）的父窗口
status	浏览器当前状态栏显示的内容
defaultStatus	浏览器状态栏显示的默认值
opener	窗口名，该窗口是由方法 open() 打开的最新窗口
frames	数组，数组的各成员是窗口内的各框架
事件	说明
Load	HTML 文件载入浏览器时触发，事件处理名为 onLoad
UnLoad	离开页面时触发，事件处理名为 onUnLoad

方　法	说　明
alert()	产生警告对话框
confirm()	产生带有确定和否认的对话框
prompt()	产生带有提示信息的对话框
open()	生成一个新窗口
close()	关闭一个窗口
focus()	使窗口获得焦点
blur()	使窗口失去焦点
setTimeout()	设置超时
clearTimeout()	清除超时设置
scroll()	使窗口滚动到指定位置处

（8）Document 对象：对应 HTML 文件的页面，其属性和方法见表 C-8。

表 C-8　Document 对象

属　性	说　明
alinkColor	被激活的超链接文本颜色，即鼠标单击超链接时超链接文本的颜色
bgColor	页面背景颜色
fgColor	页面前景色，即页面文字的颜色
laseModified	HTML 文件最后被修改的日期，是只读属性
linkColor	未被访问的超链接的文本颜色
referrer	用户先前访问的 URL
title	HTML 文件的标题，对应<title>标记
URL	本 HTML 文件的完整的 URL
vlinkColor	已被访问过的超链接的文本颜色
anchors 数组	HTML 文件中 anchor 对象的序列
images 数组	封装页面中的图像信息
links 数组	HTML 文件中的超链接，通过它可以得到超链接的信息并可加以控制
方　法	说　明
write	输出内容到 HTML 文件中
writeln	输出内容到 HTML 文件中
open	打开一个已存在的文件或创建一个新文件来写入内容
close	关闭文件
clear	清理文件中的内容

事件处理：无。

（9）Form 对象：封装了网页中由<form>标记定义的表单信息，其属性和方法见表 C-9。

表 C-9　Form 对象

属　性	说　明
action	表单提交后启动的服务器应用程序的 URL，与 form 定义中的 action 属性相对应
name	表单的名称，与 form 定义中的 name 属性相对应
method	指出浏览器将信息发送到由 action 属性指定的服务器的方法，只可能是 GET 或 POST。Form 对象的此属性对应 form 定义中的 method 属性
target	指出服务器应用程序的执行结果返回的窗口，对应 form 定义中的 target 属性
encoding	指出被发送的数据的编码方式，对应 form 定义中的 enctype 属性
elements	一个数组，其元素是表单的各输入域对象
length	表单中输入域的个数

方 法	说 明
submit	触发 Submit 事件，引起 onSubmit 事件处理的执行
reset	清除表单中的所有输入，并将各输入域的值设为原来的默认值，将触发 onReset 事件处理的执行

事件处理：onSubmit、onReset。

（10）History 对象：历史清单对象，保存窗口或框架在某个时间段内访问的 URL 列表，并提供在列表中查找它们的方法，其属性和方法见表 C-10。

表 C-10 History 对象

属 性	说 明
current	当前历史项的 URL
length	历史列表中的项数
next	下一个历史项的 URL
previous	前一个历史项的 URL

方 法	说 明
back()	装载历史列表中的前一个 URL
forword()	装载历史列表中的下一个 URL
go()	其参数可以是整数，也可以是字符串。当参数是整数 i 时，该方法将装载历史列表中与当前 URL 位置相距 i 的 URL，i 既可为正数，也可为负数；当参数是字符串时，该方法将装载历史列表中含该字符串的最近的 URL

事件处理：无。

（11）Location 对象：用于存储当前的 URL 信息，可通过对该对象赋值来改变当前的 URL，其属性见表 C-11。

表 C-11 Location 对象

属 性	说 明
Hash	对应 Hash 数，即锚点名，如#follow-up
Host	主机名或主机 IP 地址，如 www.njim.edu.cn
Hostname	是主机和端口的组合，如 www.njim.edu.cn:2000
Href	代表整个 URL
Pathname	路径，如/java/index.html
Port	服务器端口号，如 2000
Protocol	代表协议，如 HTTP
Search	查询信息，查询数据前加"?"，这些数据包含在 URL 的最后一项

（12）Frame 对象：一个 Frame 对象对应一个<frame>标记定义，其属性和方法见表 C-12。

事件处理：onBlur、onFocus、onLoad 和 onUnload。

表 C-12 Frame 对象

属 性	说 明
name	框架的名称，对应<frame>定义中的 name 项
length	框架中包含的子框架数目
parent	包含当前框架的 Window 或 Frame
self	代表当前框架
top	指包含框架定义的最顶层窗口
window	与 self 含义相同
frames 数组	对应当前窗口中的所有框架

续表

方法	说明
Focus()	使窗口获得焦点
Blur()	使窗口失去焦点
SetTimeout()	设置超时
ClearTimeout()	清除超时设置

2．函数

（1）eval()：参数 string 是一个字符串，该字符串的内容应是一个合法表达式。eval()函数将表达式求值，返回该值。语法格式：

```
eval(string)
```

（2）isNaN()：测试参数表达式的值是否为 NaN，若是，则返回 true，否则返回 false。语法格式：

```
isNaN(testValue)
```

（3）parseInt()：参数分析。参数 str 是一个字符串，可选参数 radix 是整数，若给出，则表示基数，否则表示基数为 10。parseInt()函数先对字符串形式的表达式求值，若求出的值是整数，则应转换为相应基数的数值，否则返回 NaN 或 0。语法格式：

```
parseInt(str[, radix])
```

（4）parseFloat：参数分析。parseFloat 函数的使用与 parseInt 类似，其所求的值为浮点数。语法格式：

```
parseFloat(str)
```

附录 D JSP 内置对象

1. Request 对象（见表 D-1）

表 D-1 Request 对象的主要方法

方法	功能
String getParameter(String name)	获取表单提交的名为 name 的参数值；若参数不存在，则返回 null
String[] getParameterValues(String name)	获取表单提交的所有名为 name 的参数值，常用于复选框值的获取
Enumeration getParameterNames()	获取客户端提交的全部参数名
String getProtocol()	获取使用的协议（如 HTTP/1.1、HTTP/1.0）
String getRermoteAddr()	获取客户端 IP 地址
String getRemoteHost()	获取客户机的主机名称
String getRemotePort()	获取客户机的主机端口
String getMethod()	获取客户提交信息的方式（GET/POST）
void setCharacterEncoding (String code)	设置 Request 的字符编码方式
String getHeader()	获取 HTTP 头文件中的 accept、accept-encoding 和 Host 的值。
String getServerName()	获取接收请求的服务器主机名
int getServerPort()	获取服务器接收请求的端口号
getRequestURI()	获取发出请求字符串的客户端地址

2. Response 对象（见表 D-2）

表 D-2 Response 对象的主要方法

方法	功能
void sendRedirect(String URL)	将网页定位到 URL 指向的页面
void setHeader(String head, String value)	用新的值覆盖原 HTTP 头部属性值。例如，response.setHeader("Refresh","5")
void addHeader(String head, String value)	添加一个新的响应头及其值。例如，response.addHeader("Content-type", "text/html; charset=uft-8")
void setContentType(String type)	设置 MIME 类型
void setStatus(int sc)	设置状态码
void sendError(int sc)	向客户端发送 HTTP 状态码
void addCookie(Cookie c)	将 Cookie 写入客户端
ServletOutputStream getOutputStream()	向客户端返回一个二进制输出字节流
PrintWriter getWriter()	向客户端返回一个输出字符流

3. Session 对象（见表 D-3）

表 D-3 Session 对象的主要方法

方法	功能
long getCreationTime()	返回 Session 对象被创建的时间，以毫秒为单位，相对于 1970-1-1 零点
Object getAttribute(String name)	返回 Session 对象中与指定名称绑定的对象，如果不存在，则返回 null
long getLastAccessedTime()	返回客户端最后访问的时间，以毫秒为单位，相对于 1970-1-1 零点

续表

方法	功能
String getId()	返回 Session 对象的 ID。服务器每创建一个 Session 对象都分配一个 ID，作为会话的唯一标识
int getMaxInactiveInterval()	返回 Session 最大生存时间，以秒为单位
void setMaxInactiveInterval(int interval)	设置 Session 失效时间，以秒为单位
void invalidate()	取消 Session 对象
boolean isNew()	返回是否为一个新的客户端
void setAttribute(String name, Object value)	使用指定的名称和值来产生一个对象并绑定到 Session 中
void removeAttribute(String name)	移除 Session 中指定名称的对象

4．Application 对象（见表 D-4）

表 D-4 Application 对象的主要方法

方法	功能
Object getAttribute(String name)	返回 application 对象中与指定名称绑定的对象，如果不存在，则返回 null
void setAttribute(String name, Object value)	设置指定名称的属性值
void removeAttribute(String name)	从 application 对象中删除名为 name 的属性
String getInitParameter(String name)	获取应用程序中名为 name 的初始化参数值
Enumeration getInitParameterNames()	获取应用程序中全部初始化参数名
Enumeration getAttributeNames()	获取所有 application 属性的名称
String getServerInfo()	获取服务器名称和版本

5．Out 对象（见表 D-5）

表 D-5 Out 对象的主要方法

方法	功能
void print () void println()	向客户端输出字符串。二者区别在于，println()会在输出数据（即 HTML 代码）后加上换行符
void flush()	将缓冲区内容输出到客户端
void clear()	清除缓冲区，不将数据输出到客户端
void clearBuffer()	清除缓冲区，并将数据输出到客户端
int getBufferSize()	返回缓冲区字节数，单位为 KB
int getRemaining()	返回缓冲区剩余可用字节数
boolean isAutoFlush()	当缓冲区已满时，是否自动清空
void close()	关闭输出流

6．Page 对象（见表 D-6）

表 D-6 Page 对象的主要方法

方法	功能
class getClass()	返回当前 Object 的类
int hashCode()	返回当前 Object 的 hash 代码
String toString()	将 Object 对象转换为 String 类的对象
boolean equals(Object obj)	比较对象和指定的对象是否相等
void copy(Object obj)	将对象复制到指定的对象中
Object clone()	复制对象

7. PageContext 对象（见表 D-7）

表 D-7 pageContext 对象的主要方法

方法	功能
int getAttributesScope(String name)	获取属性名为 name 的属性范围
Object getAttribute(String name, int scope)	获取指定范围的 name 属性值。范围参数有 4 个：PAGE_SCOPE、REQUEST_SCOPE、SESSION_SCOPE、APPLICATION_SCOPE
Enumeration getAttributeNamesInScope(int scope)	获取 scope 范围内的属性名
void setAttribute(String name, Object value, int scope)	设置指定范围的属性值
Object findAttribute(String name)	查找在所有范围中属性名为 name 的属性对象
void removeAttribute(String name, int scope)	移除范围 scope 内、名为 name 的对象
forward(String relativeUrlPath)	将当前页面转发到另一个页面或 Servlet 组件上

8. Config 对象（见表 D-8）

表 D-8 Config 对象的主要方法

方法	功能
String getInitParameter(String name)	获取名为 name 的初始化参数值
Enumeration getInitParameterNames()	获取所有初始化参数的名称
ServletContext get ServletContext ()	获取 Servlet 的名称

9. Exception 对象（见表 D-9）

表 D-9 Exception 对象的主要方法

方法	功能
String getMessage()	返回描述异常的消息
String toString()	返回描述关于异常的简短描述
void printStackTrace()	显示异常及其栈轨迹
Throwable FillInStackTrace()	重写异常的执行栈轨迹

参考文献

[1] Peter Lubbers, Brain Albers, Frank Salim．HTML5 程序设计．柳靖等译．北京：人民邮电出版社（第 2 版），2019．
[2] 夏辉，杨伟吉．HTML5 移动 Web 开发技术．北京：机械工业出版社，2018．
[3] 郭真，王国辉．JSP 程序设计教程（第 2 版）．北京：人民邮电出版社，2014．
[4] 史胜辉．Java EE 轻量级框架 Struts2+Spring+Hibernate 整合开发（第 2 版）．北京：清华大学出版社，2017．
[5] 李唯，程永恒．Java EE 轻量级框架应用开发教程．北京：人民邮电出版社，2016．
[6] 贾志城．JSP 程序设计教程（慕课版）．北京：人民邮电出版社，2016．
[7] 余乐．网页设计与网站建设从入门到精通．北京：清华大学出版社，2017．
[8] 龙马高新教育．网页设计与网站建设从入门到精通．北京：北京大学出版社，2017．
[9] Obscreinc．配色设计原理．暴凤明译．北京：中国青年出版社，2018．
[10] 耿祥义，张跃平．JSP 基础教程（第 2 版）．北京：清华大学出版社，2017．
[11] 明日科技．案例学 Web 前端开发．长春：吉林大学出版社，2018．
[12] 明日科技．Java Web 从入门到精通（第 2 版）．北京：清华大学出版社，2017．
[13] 明日科技．Java Web 程序设计（慕课版）．北京：中国工信出版社/人民邮电出版社，2016．
[14] 叶核亚．Java 程序设计实用教程（第 4 版）．北京：电子工业出版社，2013．
[15] 吴黎兵，彭红梅，赵莉．网页与 Web 程序设计（第 2 版）．北京：机械工业出版社，2014．
[16] 孙修东，王永红等．Java 程序设计任务驱动式教程（第 2 版）．北京：北京航空航天出版社，2013．
[17] 贾志城，王云．JSP 程序设计（慕课版）．北京：人民邮电出版社，2016．
[18] 石志国，薛为民，董洁编．JSP 应用教程．北京：清华大出版社，2004．
[19] 王英瑛，乔小燕，吕廷华．JSP Web 开发案例教程．北京：清华大出版社，2013．
[20] 王占中、崔志刚．Java Web 开发实践教程．北京：清华大出版社，2016．
[21] 刘彬．JSP 数据库高级教程．北京：清华大出版社，2006．
[22] George Reese. Database Programming with JDBC and Java. Sebastopol. CA: O'Reilly Media, 2000．
[23] （日）MICK．SQL 基础教程（第 2 版）．孙淼，罗勇译．北京：人民邮电出版社，2017．